协调论科学哲学论丛

马 雷◎主编

Conflict and Coordination

A New Theory of Scientific Rationality

冲突与协调
科学合理性新论

（修订版）

马 雷◎著

科学出版社

北 京

内 容 简 介

什么是科学？科学在进步吗？这种进步是合理的吗？如何理解合理性？诸如此类关于科学的哲学问题，令人迷惘，十分难解。本书总结了 20 世纪逻辑主义、历史主义和解题主义对这些问题的回答。特别是，本书在各种合理性模式，尤其是劳丹的解题合理性模式的基础上，提出了一种新的合理性模式——协调力模式。该模式倡导协调主义的科学观，它从更为精致、更为开放的视角就上述问题提出一系列新颖、独到的见解。

本书适合科技哲学、问题哲学的教学者和研究者研读，也适合理工类师生研读。特别希望本书对提高人文社科学生的科学素养，培养理工类研究生的科学创造能力有所裨益。

图书在版编目（CIP）数据

冲突与协调：科学合理性新论 / 马雷著. -- 修订版. -- 北京：科学出版社，2024.7. -- (协调论科学哲学论丛 / 马雷主编). -- ISBN 978-7-03-078875-7

Ⅰ. G301

中国国家版本馆CIP数据核字第202405MW65号

责任编辑：任俊红 陈晶晶/ 责任校对：何艳萍
责任印制：师艳茹 / 封面设计：有道文化

科 学 出 版 社 出版
北京东黄城根北街 16 号
邮政编码：100717
http://www.sciencep.com

北京天宇星印刷厂印刷
科学出版社发行 各地新华书店经销
*

2024 年 7 月第 一 版 开本：720×1000 1/16
2024 年 7 月第一次印刷 印张：25 1/2
字数：416 000

定价：**188.00** 元

（如有印装质量问题，我社负责调换）

总　序

逻辑、历史与解题
——科学哲学的发展

　　半个多世纪以来，科学哲学界关注最多、争议最大的问题是科学进步的合理性问题。科学进步的标准是什么？科学发现模式和科学评价模式是分离的还是统一的？理性和非理性因素能否在一种描述和规范相结合的科学进步模式中得到合理安排？科学哲学家们提出了各种解答，大致说来，我们把这些解答所表达的科学进步观划分为逻辑主义、历史主义与解题主义。

一、科学哲学中的逻辑主义和历史主义

　　逻辑主义科学哲学追求科学进步的逻辑合理性，以真理为科学目标，以逻辑为比较手段，以理论的经验成功为真理标准，由此形成累积式科学进步观。观察经验成为知识大厦的基础，凡超越以经验为基础的研究都属于形而上学，应当从科学领域剔除出去。20世纪上半叶，主流科学哲学是逻辑实证主义，它沿袭古典经验论，把确实性和可靠性作为真理标准，提出"可证实性"概念。科学命题必须有意义，必须可以被证明为真。有意义的命题包括重言式的分析命题和陈述经验事实的综合命题。形而上学命

题没有意义，其真假无法用逻辑分析判明，也不必通过经验方法检验。[①]这样，逻辑实证主义废除了形而上学在科学中的地位，确定了科学的意义标准和划界标准。

逻辑实证主义的科学理论呈现双层结构，下层是经验，上层是公理化系统，连接上下层的是对应规则，它把理论名词和观察名词联系起来，通过可解释的语义规则可以把理论名词还原为观察名词。观察语言与理论语言的严格区分是逻辑实证主义的关键理念，但它受到普特南（Putnam）、汉森（Hanson）、波普尔（Popper）等人的质疑和批评，特别是汉森关于"观察渗透理论"的论断，给所谓"科学大厦的经验基础"以沉重打击。亨佩尔[②]（Hempel）不得不在逻辑主义内部对正统观点进行修改，他把意义的基本单位从单个陈述扩大为整个陈述系统，并且根据理论陈述与经验的接近程度对科学理论的意义进行分层。他的"安全网模型"形象地说明了这一变化：下层是观察平面，上层是安全网络，安全网络中的线是定义和定理，由线交叉连接的结是理论谓词。安全网络悬浮于观察平面之上，由"解释规则"之线与观察平面相连接。该模型强调"意义"是指向整个系统的，由可观察术语对整个理论系统进行解释。因此，意义从"有无"问题转变为"程度"问题，有时转变为比较不同理论系统的标准：清晰性和准确性、说明力和预测力、形式简单性、经验证据证实理论的程度。[③]对二元边界的整体论和谱系化处理，以及对意义范围的扩大是一种值得肯定的理论进步，也是协调论思想的一个重要来源。

波普尔是一名逻辑主义者，他敏锐地察觉到，只有摈弃归纳法，代之以演绎证伪原则，才能挽救逻辑主义。证实和证伪（falsification）在逻辑上不对称：归纳用于证实，前提真，结论不一定真；演绎用于证伪，结论假，前提必然假。波普尔据此得出证伪主义的科学划界标准：一个理论如果在逻辑上或事实上有可能被证伪就是科学，否则就是非科学。这种逻辑起点的转换导致证伪主义所关心的问题的方向发生了变化，与实证主义关注科学理论的静态结构不同，证伪主义关注科学理论的动态演进。在证伪主义视角下，科学发展呈现出一种不

①　参见 Carnap R. Der logische Aufbau der Welt. Hamburg: Felix Meiner Verlag, 1999：258-259.
②　有时译作"亨波"或"亨普尔"。
③　参见亨波. 经验主义的认识意义标准：问题与变化 // 洪谦. 逻辑经验主义. 北京：商务印书馆，1989：121-122.

断被证伪的过程。科学发展的第一个环节是提出有价值的问题；第二个环节是提出各种猜想或假说来解决问题；第三个环节是通过先验或后验评价来反驳理论，排除错误；第四个环节是针对理论错误提出更加深刻的问题。科学的发展就是这四个环节的不断循环。从这一"猜想与反驳"的科学发展模式来看，理论对科学发展的贡献，并非僵化的内容，而是它提出的新问题。波普尔的思想集中在可证伪性（falsifiability）概念上，他用"先验评价"说明一个理论的可证伪性程度越高越好，用"后验评价"说明单一证据对理论的支持程度的强弱。波普尔将问题放进科学发展模式中，而且强调理论经验内容和证据支持力的重要性，这是一个重要的理论突破，但没有与科学史家十分关注的那些好的理论特征，即亨佩尔所谓的渴望之物（desiderata）联系起来进行仔细的分类研究，从而与某种解题合理性模式失之交臂。

逻辑实证主义强调科学知识的不断增加，体现累积的科学发展观；波普尔的证伪主义强调科学理论的不断更替。两种发展观都不符合科学史的实际，前者看不见科学史中非累积的发展过程，即科学革命阶段；后者则忽视了遵循传统的常规科学活动，而把破坏传统的科学革命看成科学活动的全部。逻辑实证主义者着力于语言的逻辑分析，视科学理论为一种静态的、理想化的逻辑结构，因而看不见科学的实际演变。科学证明似乎变成科学哲学的全部，科学发现则被视为心理学家、社会学家和历史学家的事业而被排除在科学哲学之外。库恩（Kuhn）从丰富的科学史的实际出发，批评这种严重背离科学史实的科学观，主张历史地、动态地研究科学的进化，将社会的、心理的因素纳入科学发展模式中。协调论也吸收了历史主义的这一观点，把科学发现中的社会的、心理的因素纳入到科学发展的实践模型中，并赋予与经验模型和概念模型同等的地位。

波普尔注意到科学问题的重要性并追寻一种科学发现的逻辑，这本来也是走向解题主义方向的一个契机，但波普尔企图为科学活动制定一种一成不变的方法，这使他的问题意识陷入僵化。库恩明确否认科学中存在普遍适用的方法。科学史上的重大发现，例如哥白尼理论和牛顿理论，都曾遭遇过很多反例，如果按照波普尔的证伪方法，这些理论早就夭折了。波普尔的规范方法论与科学史并不相符。科学内容、科学方法、科学标准，都处在变化中。科学史不是事件的集合，而是在时间上有规律展开的过程。库恩的科学观打破了逻辑主义的刻板方法论，特别重视科学的实际发展，开创了科学哲学的历史主义方向。

　　然而，库恩没有厘清范式、理论和理论评价标准之间的关系。库恩没有将"符号""模型""范例""标准"等分析单元剥离出来进行细致的研究，既没有对理论进行分层划分和分析，也没有对理论评价标准进行全面的阐明，因而，抽象理论、具体理论、例示理论，以及标准体系不可能在库恩的范式概念中被清晰地表达出来。后期库恩强调科学理论的主体，更加关注科学共同体概念。科学共同体概念是对以往科学理论概念的突破，科学理论的纯客观印象被打破，人在科学活动中的主体地位进一步得到凸显和提升。这是对"科学大厦的经验基础"的进一步动摇，也是对协调论经验、概念和背景平权理论的一种支持。而且，库恩的科学共同体概念已经孕育了某种解题合理性。库恩已经认识到科学共同体的极端重要性，他指出，那些通过范式转换得以解决的问题的数量和精确度通过科学共同体的工作可以达到极致。①

　　库恩对知识发展进行的动态考察突破了逻辑主义对知识的静态考察的局限性。库恩把波普尔对进步过程的质的关注上升为对进步的量与质的交互变化的关注。由此，库恩消除了科学与非科学的绝对对立，前科学、常规科学、科学危机和科学革命的演变成为库恩的关键词。在常规科学阶段，科学进步具有累积特征；而在科学革命阶段，科学进步具有非累积特征。这里，范式转换成了科学进步的主要代名词。

　　库恩理解科学进步的方式较逻辑主义者有更加开阔的视野。首先，科学和非科学的严格界限被打破了，这与协调论坚持的协调力标准是一致的，理论没有"科学的"和"非科学的"严格划界，只有协调力"较强"和"较弱"的比较评价。不同的是，库恩是从科学演变的角度来打破这个界限的，而协调论是从协调力标准的角度来打破这个界限的。协调论展示了一套规范性的协调力标准，虽然在不同历史阶段或对不同科学家而言存在着对某些标准的偏好，但总体而言，这些标准是科学家群体共同认可的标准。其次，库恩将科学看成一种释疑活动，与波普尔的问题模式有异曲同工之妙。但与波普尔不同的是，库恩为了使不可通约的理论和范式可以比较，给出了一些合理比较的标准，如精确

---

① 参见 Kuhn T S. The Structure of Scientific Revolutions. Chicago: The University of Chicago Press, 1962: 169.

性、一致性、广泛性、简单性和有效性等。可惜的是，库恩对诸如此类的标准可能具有的严格定义持一种悲观的态度，而且夸大了某些标准之间的冲突，更没有与问题联系起来进行考察，从而使得科学哲学的发展失去了一种可能的方向。

二、解题主义科学哲学的兴起

不同于逻辑主义和历史主义，解题主义的基本特征是把问题置于科学哲学分析的中心，将逻辑和历史作为两个纵横的维度来审视科学的静态结构和动态发展。逻辑主义的合理性模式背离了科学史的实际，难以解释科学发展中的大量事实；历史主义模式过于强调非理性因素在科学中的决定作用，难以发现与科学史实相符的更好的进步模式。劳丹（Laudan）在逻辑与历史的结合点上提出一个更丰富、更精致、更具解释力的进步模式，即以解题为核心的科学合理性模式。不可通约性论题似乎使得科学理论之间的比较变得困难，但劳丹找到了一种新的比较路径，那就是在相互竞争的理论之间发现共同的有意义的问题，通过理论对共有问题的解决程度对竞争理论进行比较。我们不必预设一种绝对不变的真理并把它作为科学的终极目标。科学的目标是追求具有高度解题效力的理论。科学的合理性源于它的进步性，即理论解题效力的增长。这样，科学进步目标和评价标准合一。由此，劳丹开辟了科学哲学的解题主义方向。

但是，劳丹的理论也遭受各种质疑。对竞争理论进行合理评价的标准到底是什么？劳丹对此也是十分困惑的。劳丹曾比较了他与科迪格（Kordig）[①]对不可通约性的研究。尽管不同理论之间的实质性翻译难以完成，但两人都承认仍然存在理论比较的方法论标准。劳丹把理论与问题的关系看成比较评价的标准，而科迪格强调理论的经验确证、可扩展性、多种联系、简单性和因果关系，认为这些理论特征才是理论比较评价的最好标准。劳丹并不反对科迪格强调的这些标准，但他批评科迪格的这些概念仅仅停留在直觉水平上，没有把这些概念提升为理论比较评价的精致的分析工具。[②]显然，劳丹希望科迪格的这些标准能

---

① 参见 Kordig C R. The Justification of Scientific Change. Dordrecht: D.Reidel Publishing Company, 1971.

② 参见 Laudan L. Progress and Its Problems: Towards a Theory of Scientific Growth. Berkeley: University of California Press, 1977: 237.

够得到精确的定义，使之在理论比较评价中真正发挥作用。可惜的是，劳丹本人并没有在这个方向上进行探索，没有把科迪格的标准与他本人提出的"问题标准"联系起来进行深入考察。

协调论是笔者提出的解题主义科学哲学的开拓性新方案，这个方案对劳丹解题模式进行了精致化处理，其核心是把劳丹的"解题效力"拓展为一系列可统一定义的科学合理性标准。它以一条主线把科学的诸多标准串联起来，形成科学标准的多元形式化体系，对标准涉及的量化问题给出独特的理解和分析。这样，协调论大大拓展了科迪格标准的范围，并把新的系列标准与问题标准结合起来，对劳丹和科迪格希望完成而没有完成的工作进行了大胆的尝试。协调论的突出特点是在冲突与协调中探寻科学进步的合理性标准模型，并充分体现历史与逻辑的统一、内容与形式的统一、描述与规范的统一。

协调论主张，科学标准只有在理论比较中才能建立起来。理论比较不是逻辑和内容的比较，而是协调力的比较，即理论解题方式和解题力度的比较。它们表现为科学标准，并可以统一地、精确地定义。这些定义保留某种新的形式和非形式的统一，并超越逻辑和历史。协调论把科学标准划分为三大标准，即经验标准、概念标准和背景标准。经验标准包括经验新奇性、经验一致性、经验精确性、经验过硬性、经验确定性、经验简洁性、经验多样性、经验明晰性、经验统一性和经验和谐性等。这些单一的经验标准共同构成理论的经验协调力。概念标准包括概念新奇性、概念一致性、概念过硬性、概念确定性、概念简洁性、概念多样性、概念明晰性、概念统一性、概念和谐性、概念深刻性和概念贯通性等。这些单一的概念标准共同构成理论的概念协调力。背景标准包括实验、技术、思维、心理和行为等，它们作为单一的背景标准共同构成理论的背景协调力。经验协调力、概念协调力和背景协调力这三种协调力同等重要，每种协调力中的所有单一协调力同等重要。局部协调力决定理论的可追求性，综合协调力决定理论的可接受性。增强理论的协调力是间接把握真理的手段。协调力较强的理论具有更大的真理性。

协调论从科学标准的内在逻辑出发，将科学理论划分为两大类，即经验理论和概念理论。经验问题和对经验问题的解答构成经验理论，它具有直接的经验协调力、概念协调力和背景协调力。经验理论是直接从观察实验所得的经验材料中提炼出来的。概念理论由概念问题和对概念问题的解答构成。有的概念理论是在回答经验理论问题的基础上产生的。例如，倍比定律是经验理论，道尔顿原子论是回答了倍比定律难题的概念理论；黑体辐射公式是经验理论，普朗克能量子理论是回答了黑体辐射难题的概念理论。协调论把概念理论划分为亚经验理论、工作理论和超理论。亚经验理论可以直接回答一些经验问题，与经验理论一样具有直接的经验协调力。道尔顿原子论、普朗克能量子理论都是亚经验理论。经验理论和亚经验理论合称为具体理论。工作理论和超理论合称为抽象理论，它们没有直接的经验协调力，不能直接回答经验问题。工作理论不能直接推导出具体理论，但能为具体理论的构建提供概念框架。例如，"能量不是无限可分的，而是应该有最小单元"，这一工作理论并不能回答具体的经验问题，但它指导了普朗克能量子理论和爱因斯坦光量子理论的构建。为工作理论直接或间接提供概念框架的是超理论。超理论不能直接推导出工作理论，但参与指导构造工作理论。例如，达尔文进化论的工作理论有一个超理论：物种是变化的。

协调论还从理论构成角度把理论划分为单一理论、复合理论和集合理论三类。单一理论由单个问子和单个解子构成，是理论的最小单位，如欧几里得第五公设、细胞定义、倍比定律等。一些单一理论如果密切关联，自成系统，则构成复合理论，如达尔文进化论、麦克斯韦电磁场理论、普朗克能量子理论、爱因斯坦相对论等复合理论，其内部的所有单一理论都是自洽体系的一部分。集合理论是由一组单一理论或复合理论组成的没有内容上的自洽性但有意义的集合体。为了解决某个棘手问题，不同领域的专家可能联合起来，他们所运用的单一理论和复合理论可能完全不同，但所有这些理论能够共同帮助解决该棘手问题。这样就形成一个有意义的理论集合体。单一理论的成败不仅由它对经验问题的回答质量决定，也由它所属的复合理论或集合理论决定。但复合理论和集合理论的成败不完全由它们内部的单一理论决定，因为它们可以通过修改或替换其内部的单一理论来获得成功。

协调论把问题看作理论的一部分，从不同视角对理论进行了详细的分类研究，弥补了库恩范式理论、拉卡托斯研究纲领理论、劳丹研究传统理论对"理论"理解的很多缺陷。协调论对理论的分类研究有利于我们深刻理解科学和哲学的互动方式，有利于我们根据协调力标准重新分析和评判科学哲学中的很多疑难问题。协调论通过对科学理论的层次、结构及其演变规律的研究刻画了科学的动态进步模式——协调力模式。协调力模式不仅使得科学标准必然牵涉的问子和解子的量化问题的解决方案更为明晰，还为理论比较评价的合法（legitimate）认知态度奠定了理论基础。该模式与科学标准体系一道形成相互关联、不可分割的完整理论形态。

协调论的科学标准体系是一个自洽的体系，各单一标准之间具有内在一致性。某些标准在同一时刻看来可能发生冲突或失去某种关联性，但这只是表象。在某一历史时刻或时段，并非每条标准都同样引人注目，总有一些标准率先显示出来，发挥作用，另一些则藏匿起来，似乎没有影响。但这并不意味着得到重视的标准就比暂未引起注意的标准更为重要、更具合理性价值。实际上，在科学创造的过程中，往往是科学家首先从某个标准中获得突破，从而带动其他科学家在其他标准上获得成功。关键是，我们必须对诸多标准之间的内在深刻联系进行深入探讨，从而分析其内在一致性。

协调论导致对科学哲学理解的诸多方面发生新的变化。一种新的真理观——协调论真理观产生了。不同于符合论、融贯论和实用论三种真理观各自分立、相互排斥，协调论真理观兼具三种真理观的优点。经验协调吸取了符合论的优点，概念协调吸取了融贯论的优点，而背景协调则吸取了实用论的优点。与逻辑主义把经验证据和逻辑方法看成科学的中立裁判不同，协调论把经验证据和逻辑方法看作构成不同科学指标的因子，从而放弃了它们的基础地位。与历史主义放弃科学的深刻性目标，把科学看作工具性的历史描述不同，协调论承认逻辑主义者波普尔对科学深刻性的挽救策略，预设了科学的真理目标，要求我们在时间的推移中，在冲突与协调的动态关系中逐步接近真理。与解题主义仅仅把科学看作解决问题的工具，从问题本身的数量和质量角度来判定科学进步不同，协调论把问题看作理论的一部分，把问题与理论的关系所显示的一系列自洽标准看作理论追求、评价和进步的统一模式，看作相对真理和绝对真理的统一。协调论将协调性视为理论的合理性的核心概念，其原则是"凡是协调的就是合理的"；一个理论的协调力越强，越进步，它就越具有真理性。协调论实际上提出了一种新的科学观——协调主义科学观。

三、协调论及其影响

协调论思想最初是笔者在 1999 年武汉大学博士学位论文《劳丹科学合理性理论研究》中提出来的，该论文由张巨青教授指导。2003 年，人民出版社出版了《进步、合理性与真理》一书，这是该论文的扩展版，进一步论述了协调论思想。2006 年，商务印书馆出版了《冲突与协调——科学合理性新论》一书，这是对协调论思想详细的、系统的阐发。该书出版后，产生了广泛的社会影响，商务印书馆于 2008 年重印该书，《光明日报》《科学时报》《中华读书报》《自然辩证法研究》《江海学刊》《南开大学学报》《社会科学论坛》等刊物发表了评论文章，给予充分的肯定。评论者的主要观点有以下几点。

（1）协调论批判地考察了各种科学合理性理论，特别是当代美国科学哲学家劳丹的解题合理性理论，综合了各家合理性理论的优点，扩大了合理性的范围。协调论提供了超越逻辑主义模式和历史主义模式的一种更为开放的科学哲学理论形态，提供了关于科学合理性的一家之言，提供了中国特色的科学哲学的一个样本。这是与西方学者真正平等的对话。①

（2）协调论试图突破以往科学哲学的狭隘视界，坚持一种"大科学哲学观"。它从更为开阔的视角提出了科学哲学的统计学问题，设计了科学理论的统计学研究模式，其符号化表达和量化评估标准别具特色。这一模式为科学哲学与人工智能的结合开辟了广阔的前景。②

（3）协调论赋予科学哲学作为一门哲学的纯粹性、独立性、完整性和自治性，同时也强调它的开放性，扩大了科学哲学的研究空间，把更多的科学史重建为合理的。作为整体论科学观新的理论形态，协调论预示着科学哲学一种新的研究进路。这种研究可以说是计算主义在科学哲学中的渗透，也可以说是计算的科学哲学。这种研究是值得肯定的。③

（4）从逻辑合理性、历史合理性，经由解题合理性到协调合理性，对科学合理性问题的探讨越来越深入，每一种合理性模式都试图克服前一种模式的局

---

① 参见陶德麟.科学合理性问题研究的创新之作//陶德麟.陶德麟文集.武汉：武汉大学出版社，2007：936.

② 参见刘大椿.在冲突与协调间寻找合理性.光明日报，2006-07-26（10）.

③ 参见潘天群.《冲突与协调——科学合理性新论》阅评.江海学刊，2007，（3）：230-231.

限性，向更高的层次迈进，具备更大的涵盖性和普遍性。在科学哲学研究的演进过程中，关于科学的协调合理性模式为我们展示了一种令人耳目一新的科学哲学体系。与以往科学合理性模式排斥矛盾不同，该体系不支持矛盾，但容忍矛盾。在一些单一评价指标中，矛盾仅仅是影响协调力大小的因素，不是决定理论成败的关键。可以说，协调论是一种次协调型科学哲学。①

协调论的阶段性研究成果之一"Empirical Identity as an Indicator of Theory Choice"（《作为理论选择指标的经验一致性》）曾在国际期刊 *Open Journal of Philosophy*（《哲学开放杂志》）2014 年第 4 卷发表。2023 年 9 月 28 日，该刊给笔者发来贺信，贺信显示，截至发信日，文章全球浏览量达 8444 人次，下载量达 7260 人次，远超同期论文。2024 年 1 月，该文增补版被收入 Recent Research Advances in Arts and Social Studies（《人文与社会研究最新进展》）②。

协调论的代表性著作《冲突与协调——科学合理性新论》是笔者承担的 2005 年国家社会科学基金一般项目"科学的内指指标研究"的成果，曾于 2007 年 12 月获江苏省第十届哲学社会科学优秀成果奖，2009 年 9 月获教育部高等学校科学研究优秀成果奖，2010 年 11 月获第三届江苏省逻辑与思维科学优秀成果特别荣誉奖。本书是 2018 年国家社科基金重大项目"问题哲学理论前沿与理论创新研究"的阶段性成果。

协调论虽然得到很多赞誉，产生较大影响，但作为协调主义科学哲学的初始理论，还有很长的路要走。例如，在研究体系的严密性方面，需要进一步探讨经验协调、概念协调和背景协调诸多标准之间的深刻联系，使得理论体系更为完整，更为严谨；在评价标准的精确性方面，需要深入研究问子和解子的量化方法和统计方法，深入研究标准体系的权重和统计学方案，形成一门新的科学统计学；在科学问题的重要性方面，需要细致研究问题域、问题序、问题预设、问题疑项、问题指项、问题情境等诸多问题的构成要素，细致研究问题的生成和解答过程中的每个环节，催生科学问题学。

"协调论科学哲学论丛"是我国一些优秀青年学者从协调论的视角对某些科学哲学问题进行的探索，它不是对协调论本身的拓展性研究，但从一个侧面反

① 参见李蒙，桂起权.次协调型科学哲学解读：从逻辑的观点看.自然辩证法研究，2007，（9）：16-19.
② Ma L. Empirical Identity: A Guiding Factor in Theory Selection//Camino Escolar-Llamazares. Recent Research Advances in Arts and Social Studies Vol.4, 2024: 47-63.https://doi.org/10.9734/bpi/rraass/v4/2655G.

映该纲领对我们深刻理解科学哲学领域的很多问题具有很大启发性。希望该论丛能够引起广大读者对协调论的兴趣和重视，从而进一步推动协调论的研究、应用和发展。

　　鉴于协调论产生的广泛影响和方便读者系统、全面了解和研读协调论科学哲学，科学出版社决定将《冲突与协调——科学合理性新论》一书由作者增订后纳入"协调论科学哲学论丛"再版。在该套论丛的策划方面，刘溪先生的热情和洞见给我留下深刻印象！刘红晋先生、任俊红女士为该套丛书的编辑付出了很多辛劳，他们的认真和敬业令人难忘！我的博士研究生陈哲、谭长国帮助我完成琐碎的文献校对工作，费力颇多！我对他们表示由衷的感谢！该套丛书的出版得到国家社会科学基金重大项目（18ZDA026）、南华大学、华侨大学和东南大学哲学社会科学发展基金的支持，谨致谢忱！

2024 年 1 月 9 日于鹭岛

第一版　序一

　　科学对当代人类生活和社会进步的巨大影响已经成为毋庸置疑的事实。科学本身的发展规律、科学发展中提出的科学合理性问题，也理所当然地成为哲学家和科学家共同关注的重大课题。什么是科学？什么是合理性？合理性与理性、非理性的关系是怎样的？千百年来，人们苦苦思索，给出诸多答案。这些答案在一定程度、一定层面上追寻着科学发展和科学发现的实际情形，推动科学和社会的进步，但是，这些答案往往走向极端，不能自拔，到头来又对科学和社会进步产生消极影响。富有理论建树和研究经验的科学家对此有切身的体会，他们往往从各派哲学中取长补短，为科学实践寻找哲学指南。爱因斯坦曾这样描写科学家：从一个有体系的认识论者看来，他必定像一个肆无忌惮的机会主义者；就他力求描述一个独立于知觉作用以外的世界而论，他像一个实在论者；就他把概念和理论看成是人的精神的自由发明（不能从经验所给的东西中逻辑地推导出来）而论，他像一个唯心论者；就他认为他的概念和理论只有在它们对感觉与经验之间的关系提供出逻辑表示的限度内才能站得住脚而论，他像一个实证论者；就他认为逻辑简单性的观点是他的研究工作所不可缺少的一个有效工具而论，他甚至还可以像一个柏拉图主义者或毕达哥拉斯主义者。①在当代，科学以前所未有的规模和速度发展着，并深刻影响着人类生活的各个方面。科学以不同的形态向我们展示了其复杂而又迷人的面貌，向我们提出了许多令人困惑而又亟待回答的新的哲学问题，特别是科学哲学问题。当代马克思主义哲学工作者应当去关注、研究这些问题，在兼收并蓄各派哲学的合理内核的基础上，做出新的超越性的努力，否则，就会为时代所抛弃，也谈不上坚持和发展马克思主义哲学。

西方科学哲学对科学合理性问题的研究有许多很有价值的成果。特别是20世纪以来，逻辑经验主义、批判理性主义、精致证伪主义、科学历史主义、科学实在论等科学合理性理论都从不同的侧面透视科学的内在本性、科学的发现、科学的标准、科学的判据、科学的发展和进步、科学的目的等重大理论问题。应当说，这是人类的共同财富，我们绝不能对它们采取盲目拒斥、全盘否定的愚蠢态度。但是，我们又应当看到，现代西方科学哲学的诸流派在总体上都有偏离科学发展和科学发现的实际图景的缺陷，都混杂着这样那样的偏见和迷误，都没有唯物辩证法那样广阔的视野，因此，又绝不能对它们抱着盲目崇拜、亦步亦趋的卑屈心态。正确的做法应该是在马克思主义世界观的指导下对它们进行研究、分析、鉴别、批判、吸收和改造。同时，还应该独立地提出问题和回答问题，经过艰苦的努力，建立和发展我们自己的以马克思主义哲学为指导的科学哲学，这是坚持和发展马克思主义哲学这个庞大工程的一个不可或缺的部分。

马雷教授的《冲突与协调——科学合理性新论》是继《进步、合理性与真理》（人民出版社2003年版）之后推出的又一部力作。我们欣喜地看到，作者关于科学的协调合理性的独特观点在新著中全面展开了，呈现在我们面前的是一个令我们耳目一新的系统的科学哲学体系。该体系批判地吸收了各种科学合理性理论的优点，特别是对当代美国著名科学哲学家劳丹的科学合理性理论进行批判性的考察，突破了其狭隘的视界，提供了科学哲学超越逻辑模式和历史模式的一种新的更为开放的理论形态。该著为下述观点提供论证和辩护：进步、合理性、真理三者统一于协调。科学的直接目标是增强理论的协调力，间接目

---

① 参见爱因斯坦. 爱因斯坦文集. 第 1 卷. 许良英，范岱年编译. 北京：商务印书馆，1976：480.

标是真理。科学是进步的，其进步是合理的。科学是在理论与理论之间的冲突与协调运动中发展的。冲突是科学进步的动力，没有冲突，就没有进步。进步在于理论协调力的不断增强。合理性在于协调性，协调是进步的理想状态，是间接逼近真理的手段。一个理论被称为真理，是因为它具有较大的协调力。因此，合理性标准、理论进步标准、真理标准三者实际上是一个标准，即协调力标准。理论只有在比较中才有优劣之分，才能体现进步，得到评价。合理性的最高标准与科学发展的实际目标是一致的，那就是具体理论、工作理论和超理论的对称性协调。这些观点对于我们深入地理解科学和科学理论，深入地理解科学发展和科学发现，深入地理解科学合理性与理性和非理性的关系等哲学问题都具有重要的启示意义。

可以说，马雷教授以其学术眼界、理论创新勇气和开拓精神为我们提供了关于科学合理性的一家之言，提供了中国特色的科学哲学的一个样本。这是与西方学者的真正平等的对话。我自己从马雷教授的新著中受到不少教益，也相信学术界的朋友们会对这本新著给予应有的重视。

是为序。

陶沱麟

2004 年 6 月 26 日
于武汉大学珞珈山

第一版　序二

　　青年学者马雷近年来在科学哲学领域勤于耕耘，多有佳作。不久前出版了《进步、合理性与真理》一书，提出了协调合理性模式。眼下这本新著《冲突与协调——科学合理性新论》，又对协调合理性模式作了全面、深入的展开和应用。

　　科学哲学自 19 世纪和 20 世纪先后两次实证主义运动以来，已有一二百年的历史。其间的辉煌曾令人瞩目，但现在似乎正日益走向边缘化。马雷教授有志于强化科学哲学的基础研究，在逻辑与历史相结合的道路上开辟一条科学哲学的新出路。这种努力值得鼓励。

　　协调合理性模式旨在继承逻辑主义、历史主义和新历史主义（解题主义）科学哲学的诸多优点，特别是劳丹合理性理论的优点，试图突破以往科学哲学的狭隘视界，坚持一种"大科学哲学观"，并从更开阔的角度提出科学哲学的统计学问题，其理论评价标准的符号化表达和量化处理方式别具特色，为以后进入计算机应用领域开辟了广阔的前景。

　　作者的几个主要观点都是很有启发性的。

　　第一，将进步、合理性、真理三者统一于协调。作者认为，科学的直接目标是增强理论的协调力，间接目标是真理。直接目标是逼近间接目标的手段，只有通过直接目标，才能逼近间接目标。科学是进步的，又是在理论与理论之间的冲突与协调运动中发展的。冲突是科学进步的动力，没有冲突，就没有进步。进步在于理论协调力的不断增强。协调是进步的理想状态，是间接逼近真理的手段，合理性在于协调性。一个理论被称为真理，是因为它具有较强的协调力。因此，合理性标准、理论进步标准、真理标准三者实际上是一个标准，即协调力标准。

第二，规范性和描述性统一于渴望之物。如果一个理论被看成由问子和解子两部分构成，我们就可以通过理论比较，借用问子和解子概念来统一定义所有的渴望之物。作者认为，这些定义与传统的一些理解相契合，但又不完全等同于传统理解。它们不是从传统理解出发演绎出来的，而是从科学史的实际中总结、概括出来的。对诸渴望之物的定义应体现某种规范、某种形式，但它不是纯逻辑的，它包含逻辑，又超越逻辑。利用对诸渴望之物的定义去解释和评价科学的实际历史，应体现某种描述、某种非形式，但它不是纯历史，它包含历史，又超越历史。所以，寻求规范性和描述性的这种新的统一方式重在保留某种新的形式和非形式的统一，并超越逻辑和历史。

第三，作者强调理论比较评价的可行性。理论只有在比较中才有优劣之分，才能体现进步，得到评价。但是，理论比较不是纯逻辑的比较，不是理论具体内容的比较，也不单纯是理论解决问题的数量和权重的比较，而是协调力的比较。协调力，即理论解决问题的效力，包括经验协调力、概念协调力和背景协调力三大方面。协调力不仅涉及理论解决问题的数量和权重，还牵涉理论解决问题的方式和力度，即哲学家们渴望得到的渴望之物。渴望之物体现了理论比较中的不对称性的冲突与协调关系。科学哲学对渴望之物的研究应上升到十分突出的高度，而不再像以前那样使它们处于附属地位。

第四，作者认为，劳丹对经验问题和概念问题的一些分析和看法具有很大的启发性，但也有相当的局限性。只有在劳丹的基础上有所改进、补充和发展，才能消解劳丹所面临的一些困难。劳丹对经验问题和概念问题的分类是好的，但对经验问题的看法不应局限于理论解决问题的数量和权重，而应把理论解决经验问题的方式和力度也包括进来。对概念问题的看法也不应局限于冲突的方面，应把协调的方面也考虑在内，同时考虑理论解决概念问题的数量、权重、方式和力度。为了打破劳丹只在认知范围内谈科学进步的这种封闭性，有必要增加背景问题，并从科学史的实际中总结出背景问题的各个方面，包括实验、技术、思维、心理、行为等。对于背景问题，不能从纯理论的角度理解，还要从实践的角度理解，从实际的人类活动或物质运动中去理解。没有这种理解，科学进步的源头活水和根本动力就无从谈起。

第五，为了消除劳丹"研究传统"概念定义上的困难及其含混性，作者把理论作为科学进步的基本分析单元，并从科学史的实际出发，对"理论"作出重新划分，使理论概念进一步明晰化。由此进一步论证：方法论、逻辑不是理论选择的唯一裁决者，研究传统本身不能作为中立的合理性标准。合理性的最高标准与科学发展的实际目标是一致的，那就是具体理论、工作理论和超理论的高度的对称性协调。应当在冲突与协调中考察知识增长或科学进步的方式、机制和规律性。合理认知态度应该是：接受综合协调力较强的理论；追求综合协调力较弱但局部协调力较强的理论。

我认为，马雷教授的这些考虑值得引起大家的关注，并希望对我国科学哲学的理论建设有所促进。

是为序。

2004 年 7 月 3 日于

中国人民大学宜园

目　录

总　序 / i

第一版　序一 / xiii

第一版　序二 / xvii

第一章　导论 / 1

    第一节　科学进步的逻辑合理性 / 3

    第二节　科学进步的历史合理性 / 23

    第三节　科学进步的解题合理性 / 40

    第四节　科学进步的协调合理性 / 66

第二章　经验冲突与经验协调 / 87

    第一节　经验新奇性 / 87

    第二节　经验过硬性 / 95

    第三节　经验明晰性 / 102

    第四节　经验一致性 / 111

    第五节　经验精确性 / 121

    第六节　经验和谐性 / 129

    第七节　经验多样性 / 139

第八节　经验简洁性 / 145

第九节　增强抑或减弱：特设性与理论协调力 / 156

第十节　经验统一性 / 159

第十一节　经验确定性 / 169

第十二节　论可检验性 / 176

第十三节　小　　结 / 181

第三章　**概念冲突与概念协调 / 183**

第一节　概念问题的分析空间 / 183

第二节　概念新奇性 / 188

第三节　概念过硬性 / 194

第四节　概念明晰性 / 202

第五节　概念一致性 / 209

第六节　概念和谐性 / 219

第七节　概念多样性 / 229

第八节　概念简洁性 / 236

第九节　概念贯通性 / 245

第十节　概念统一性 / 252

第十一节　概念确定性 / 271

第十二节　概念深刻性 / 275

第十三节　小　　结 / 279

第四章　**背景冲突与背景协调 / 281**

第一节　实验冲突与实验协调 / 281

第二节　技术冲突与技术协调 / 288

第三节　思维冲突与思维协调 / 293

第四节　心理冲突与心理协调 / 304

第五节　行为冲突与行为协调 / 310

第六节　小　　结 / 316

第五章　理论：理解科学的钥匙 / 318

第一节　对理论的重新划分 / 318

第二节　理论比较中的对称性冲突和对称性协调 / 328

第三节　具体理论与工作理论的分离与结合 / 334

第四节　工作理论的进化 / 336

第五节　工作理论的分解与综合 / 340

第六节　理　论　评　估 / 342

第七节　再论特设性 / 350

第六章　进步与革命 / 351

第一节　进步、合理性与真理 / 351

第二节　科学革命的特征 / 354

第三节　理论比较评价的合理性 / 356

第四节　进步的性质 / 359

第五节　科学与成熟科学 / 362

主要参考文献 / 365

第一章

导　论

    科学进步的合理性问题是 20 世纪下半叶以来西方科学哲学界争议最多的问题，也仍然是当前科学哲学关注的焦点。逻辑实证主义者、证伪主义者和某些科学实在论者坚持科学进步的逻辑合理性，他们把观察陈述看成自明的、可靠的，把逻辑和方法看成不变的，把真理或逼近真理看成科学的目标，通过理论之间的逻辑联系比较不同理论趋向真理而进步的程度。他们不仅要求新理论能充分解释旧理论在经验上的成功，还要求新理论比旧理论解释和预见更多的经验事实。

    这种把逻辑和方法的不变性作为合理性标准的观点遭到历史主义学派的抨击。库恩和费耶阿本德（Feyerabend）等人从科学发展的实际出发，以科学史的研究成果批驳了逻辑合理性模式所必然导致的累积式的科学进步观。他们看到了科学发展的连续性，也看到了科学发展的革命性。他们相信理论和范式只是我们认识世界的工具，工具只有好坏之分，没有真假之别。因而，不存在与自然界完全符合的科学理论。他们还抨击了"正统派"的经验基础，反对依赖经验判决理论真伪，因为观察渗透着理论，受到理论的污染。他们否认存在一种客观的、中立的、超越理论的绝对评价标准，认为相互竞争或前后相继的理论之间不可通约，理论和范式之间的竞争采取宣传、劝说、多数战胜少数等非逻辑方式。他们不承认科学进步的逻辑合理性，认为科学进步的合理性在于科学共同体或科学家集团在具体的历史处境中为理论或范式提供好的选择。因此，对于历史主义者来说，科学进步的合理性是历史的合理性。

在劳丹看来，科学进步的逻辑合理性模式背离了科学史的实际，面临着众所周知的失败；科学进步的历史合理性模式过分强调非理性因素在科学中的作用，忽视了可能存在的与科学实际相符的更丰富、更精致的合理性模式。致力于寻求逻辑与历史的结合，劳丹在 20 世纪 70 年代提出了一个以解决问题为核心的科学进步模式。劳丹承认理论之间不可通约，但不认为理论之间不可比较。如果不同理论能够有意义地处理同样的问题，就可以对它们进行比较和评价。劳丹反对预设一种绝对不变的真理，并把它作为科学的终极目标。劳丹认为，科学的目标就是追求具有高度解题效力的理论，即尽量扩大理论解决经验问题的范围，尽量缩小理论面对的反常和概念问题的数目。与传统观点使科学目标与评价标准分离不同，劳丹把科学进步目标和评价标准合一。他指出，科学合理性在于它的进步性，即在于理论解决问题效力的增长。劳丹以问题为核心谈论科学进步的合理性，此种合理性既不同于逻辑合理性，又不同于历史合理性，不妨称为解题合理性。

由于抓住了理论解决问题这一重要的功能，劳丹获得了一种对科学进步和科学合理性的新颖、独特的见解。但是，劳丹的解题模式也面临种种缺陷和困难。为了打破劳丹模式的狭隘性和封闭性，深入挖掘劳丹模式的潜在活力，笔者尝试提出一种更开放、更系统、更规范和更精致的科学进步的合理性模式——协调力模式。该模式着眼于历史的经验研究，重新确立真理性的地位，重新理解理论解决问题的效力，进一步扩大合理性的范围。

协调力模式认为，合理性探索不应放弃对科学某种总体目标的追求，也不应放弃对科学的某些不变的局部目标的追求。所谓科学目标的变化应当理解为认识主体对科学某些不变的局部目标的选择在发生变化，而不应对这些局部目标本身固有的价值产生怀疑。

科学的总体目标是消解冲突，追寻协调。科学目标的最小单元是单一协调力，如经验一致性、概念统一性、背景技术等。某些单一协调力之和构成科学的局部协调力，如经验协调力、概念协调力和背景协调力等。所有局部协调力之和构成科学的综合协调力。在一定时间内，综合协调力的提升是科学的最大目标。科学的任何单一目标都具有相同的重要性，没有任何一个单一目标处于优越地位。

协调力模式尝试在规范和描述之间、在逻辑和历史之间、在形式和非形式之间、在稳定性和流变性之间找到一个更好的立足点。该模式把"协调"作为核心概念，认为真理性在于协调性，凡是协调的就是合理的，进步在于理论协调力的增长。以此为出发点，该模式在科学哲学的诸多问题上得出与现行观点迥异的新结论。该模式所提到的合理性，可称为协调合理性。

第一节　科学进步的逻辑合理性

一、真理：科学进步的目标

自巴门尼德（Parmenides of Elea）和柏拉图（Plato）以来的相当长的时期里，几乎所有的哲学家和科学家都把追求真理作为他们的科学理想。直到近代科学发蒙，培根（Bacon）和笛卡儿（Descartes）仍然为科学制订了宏大的目标：科学追求业已认识、业已证明的绝对可靠无误的真知识——这是真实性理想；科学由许多真理组成，能说明许多现象，甚至为现象提供终极说明——这是深刻性理想。但是，反思一下科学发展的历史，人们最终发现，没有任何理论能在严格的意义上被证实为真的，也没有任何理论能够提供对现象的终极说明。人们不禁要问：科学把不能达到的真理作为目标，这是合理的吗？休谟（Hume）就问："有保持真实性的扩展知识的推理吗？"休谟的回答是："没有，这样的推理是没有的。"不能确保从已知经验归纳推出的经验范围之外的知识是真实的。

休谟之后，科学的真实性和深刻性的两大理想逐渐弱化，没有人能够担保科学知识是绝对无误的，也没有人能够担保科学理论能够提供对实在的终极描述，而且，真实性理想和深刻性理想似乎不能相容，追求其中一个，就要放弃另一个。当科学深入到事物表象下的本体时，科学的猜测性就更大了。所以，为了追求真实性，就要放弃深刻性，将理论非本体论化，以期得到近似的真实性。

作为现象论者，逻辑实证主义者采取一种较为温和的立场，他们相信，科学固然不能揭示必然真理，却能揭示或然真理，因为经验证据虽然不能完全证实理论，却能给理论以一定概率的归纳确证。科学进步的目标就是提高理论的概率，追求概率越来越高的理论，拥有越来越多的或然性真理。他们用确证（confirmation）代替了证实（verification），用概率的真代替完全的真。这种在归纳问题上的退却导致逻辑实证主义发展了概率逻辑。

卡尔纳普（Carnap）[①]把概率引入对归纳逻辑的理解中，用 c（h，e）表示观察陈述 e 对理论假说 h 的相对的确证程度。例如，有证据（或前提）e："芝加哥的人口数为三百万；两百万人是黑头发的；b 是芝加哥的一个居民。"并有假设 h："b 是黑头发的。"就可以得到归纳逻辑的一个初等命题：c（h，e）=2/3。他认为，如果"确证程度"的定义是给定的，则可以不顾 h 和 e 的经验内容，通过语句 h 和 e 的意义作逻辑分析来建立该初等命题。对该初等命题，我们不需要引入任何归纳的规则。[②]

卡尔纳普希望通过这种努力，使得归纳逻辑和演绎逻辑一样具有纯粹分析的性质，这确实克服了传统归纳法的简单化观点，但仍然无法从根本上解决定量的关键问题。而且，他把任何个别证据对假说的支持程度看作是等价的，没有说明不同的证据为什么对同一假说的支持程度是相同的。例如，1846 年，英国的亚当斯（Adams）与法国数学家勒维耶（Le Verrier）根据牛顿（Newton）的万有引力定律预言的一颗新星（后来被命名为海王星）被柏林天文学家伽勒（Galle）用望远镜发现了。首次发现海王星为牛顿万有引力定律提供了有力的支持，这与以后观察到海王星具有相同的意义吗？虽然每一次的观察陈述是一样的，并且都对理论提供了支持，但这种支持程度是一样的吗？很多人强烈地坚持认为首次观察陈述比重复的观察陈述对于理论来说具有更大的确证意义。这是需要认真回答的问题。

更麻烦的是，概率逻辑会使任何一个普遍理论的确证程度等于零。理论陈

---

① 也可译作"卡尔那普"。

② 参见 Carnap R. The Nature and Application of Inductive Logic, Consisting of Six Sections from: Logical Foundations of Probability. Chicago: The University of Chicago Press, 1951: i–viii, 161–202, 242–279；另外参见卡尔那普. 归纳逻辑与演绎逻辑 // 洪谦. 逻辑经验主义. 北京：商务印书馆，1989：339-341.

述的数目是无限的，而观察陈述的数目是有限的，按照概率论，普遍理论的概率等于有限除以无限，结果为零。波普尔论证说，一个陈述的概率越高，它的内容就越贫乏、空洞，能够由它推导出的陈述就越少，在逻辑上就越弱。例如，一个重言式的概率为 1，是最高的，但它的内容最少。这是因为内容和概率相反，遵从不同的规律。因此，如果高概率是科学的目标，科学家就应当尽量少说，并且只说同语反复。[①] 概率归纳在本质上仍然是传统枚举归纳的性质，只考虑证据的量，忽视证据的质。据此就难以对理论作出完全合理的评价。因此，不仅完全证实是一个幻想，归纳确证同样也是幻想。逻辑实证主义牺牲了科学理论的深刻性，却未能挽救科学理论的真实性。理论陈述和观察陈述只能在有限的数目区间内进行比较，理论评价只能是某段时间内的时效性评价，因为理论本身处在变化和发展之中。

波普尔希望在放弃关于科学能够对实在作出终极说明的观点的情况下挽救科学的深刻性理想，他从塔尔斯基（Tarski）的客观真理论中得到极大的启发，满怀信心地认为，科学虽然不能对实在作出终极说明，但完全可以对实在作出越来越深刻的说明。波普尔拒斥概率观念，但并不拒斥真理观念。"我们接受这样的观念：科学的任务是追求真理，即真的理论（即便像色诺芬所指出的，我们可能永远得不到它们，就是得到了也不知道它们就是真的）。然而，我们也要强调，这种真理并非科学的唯一目标。我们不仅需要纯粹真理，而且还探寻引人入胜的真理——难以得到的真理。在自然科学（不同于数学）中，我们寻求具有高度解释力的真理，这意味着逻辑上未必存在确实的真理。"[②]

塔尔斯基的客观真理论区分了对象语言和元语言。对象语言是正在被谈论的语言，元语言是用来谈论对象语言的语言。一个句子要么是对象语言，要么是元语言，不可能既是对象语言，又是元语言。设想有一张卡片，一面写着："在该卡片背面写着的句子是真的"，另一面写着："在该卡片背面写着的句子是假的"。如果我们承认其中一句话是真的，就会推出该句话为假的结论；如果我们承认其中一句话为假，就会推出该句话为真的结论。这就出现了悖论：每句

---

① 参见 Popper K R. Conjectures and Refutations: The Growth of Scientific Knowledge. London: Routledge & Kegan Paul, 1963: 286.

② 参见 Popper K R. Conjectures and Refutations: The Growth of Scientific Knowledge. London: Routledge & Kegan Paul, 1963: 229.

话既真又假。按照塔尔斯基的理论，只要我们确认卡片上的两个句子都是对象语言，就可以避免这个悖论，因为这两个对象语言不能互指。

根据塔尔斯基的理论，波普尔试图使"真理是科学的目标"这一主张具有深刻的意义。他首先明确规定，"真理"是"符合事实"的同义语，进而定义"符合事实"的观念。

> 我们不妨先考虑以下两种表达方式，每一种都十分简单地说明（用元语言）在什么条件下某一断言（属对象语言）符合事实。
>
> （1）"雪是白的"这一陈述或断言符合事实，当且仅当雪的确是白的。
>
> （2）"草是红的"这一陈述或断言符合事实，当且仅当草的确是红的。①

这样，与主观真理论或认识真理论不同，波普尔的客观真理论就可以无矛盾地断言：一种理论，即使我们没有任何理由承认它是真的，它也可以是真的；另一种理论，即使我们有较好的理由承认它，它也可以是假的。由此，波普尔很自然地提出"逼真性"（verisimilitude）概念，用"逼真性"代替"概率"，认为科学虽然不能达到真理，但可以逼近真理，科学的目标就是追求逼真度更大的理论。在波普尔看来，逼真性概念与概率观念完全不同，逼真性表示接近于全面的真理，把真理和内容合二为一；概率表示通过逐渐减少内容以接近于逻辑确实性或重言式真理，把真理和内容的贫乏结合起来。②

逼真性概念的量化概念是逼真度。波普尔费了很长时间才为逼真度概念找到了一个简单定义。他用 Vs（a）表示理论 a 的逼真性的测度，即逼真度，用 Ct_T（a）表示 a 的真内容的量度，用 Ct_F（a）表示 a 的假内容的量度，给出公式：

$$Vs（a）=Ct_T（a）-Ct_F（a）$$

这就是说，一个理论 a 的逼真度等于它的真实内容（truth content）的量减去虚假内容（falsity content）的量。波普尔认为，两个理论 T_1 和 T_2，如果（1）T_2 的真内容超过 T_1 的真内容，或（2）T_1 的假内容超过 T_2 的假内容，则可

---

① 参见 Popper K R. Conjectures and Refutations: The Growth of Scientific Knowledge. London: Routledge & Kegan Paul, 1963: 224.

② 参见 Popper K R. Conjectures and Refutations: The Growth of Scientific Knowledge. London: Routledge & Kegan Paul, 1963: 215-250.

以说，T_2 比 T_1 更接近真理，或者说，T_2 比 T_1 具有更高的逼真度。总之，科学进步意味着理论逼真度的不断提高。[①]

波普尔放弃了追求绝对可靠无误的科学理论的真实性理想，试图通过理论比较对理论进行相对性评估，这是科学哲学理论设计的一大进步。但是，波普尔力图挽救的科学理论的深刻性理想却面临巨大的困难。他的逼真性概念受到许多哲学家的批评。米勒（Miller）[②]和蒂奇（Tichy）[③]指出，对于任何两个相区别的假理论 A 和 B，说 A 比 B 或 B 比 A 具有较少的逼真性都是错误的，波普尔把理论的真内容和假内容加以定性比较，会导致矛盾的出现，这是行不通的。他们证明如下：

（1）假定 A 和 B 是假的；A 和 B 是不同的理论；A 和 B 是可比较的，即 $C(A) \leqslant C(B)$ 或 $C(B) \leqslant C(A)$。

（2）用 "……< v……" 表示 "……比……具有更少的逼真性"，波普尔的逼真性定义可以表示为

A<vB，当且仅当① $A_T < B_T$ 且 $B_F \leqslant A_F$；或② $A_T \leqslant B_T$ 且 $B_F < A_F$

（3）令 $p \in A_F$（即 p 是假的，且 p 是 A 的一个推断）并令 $q \in B_F$。因此，$(p \lor q)$ 是假的，且 $(p \lor q) \in C(A)$ 且 $(p \lor q) \in C(B)$。

（4）假定 $A_T < B_T$ 且 $B_F \leqslant A_F$

令 $r \in B_T$ 且 $r \notin A_T$

则 $r \& (p \lor q) \in B_F$

如果 $r \& (p \lor q) \in A_F$，则 $r \in A_F$。但是，r 是真的。

∴ $r \& (p \lor q) \notin A_F$

$B_F > A_F$，这与假定 $B_F \leqslant A_F$ 相反。

（5）假定 $A_T \leqslant B_T$ 且 $B_F < A_F$

令 $s \notin B_F$ 且 $s \in A_F$

① Popper K R. Conjectures and Refutations: The Growth of Scientific Knowledge. London: Routledge & Kegan Paul, 1963: 233-234.

② Miller D. Popper's qualitative theory of verisimilitude. The British Journal for the Philosophy of Science, 1974, 25(2): 166-177.

③ Tichy P. On Popper's definition of verisimilitude. The British Journal for the Philosophy of Science, 1974, 25(2): 155-160.

s假，且 $\neg$（p $\vee$ q）真。

$\therefore$ s $\vee \neg$（p $\vee$ q）$\in A_T$

$\therefore$（p $\vee$ q）$\to$ s $\in A_T$

如果（p $\vee$ q）$\in B_T$，则 s $\in B_F$。但是，s $\notin B_F$。

$\therefore$（p $\vee$ q）$\to$ s $\notin B_T$

$\therefore A_T > B_T$ 与我们的假定 $A_T \leqslant B_T$ 相反。

（6）结果，（2）中的两种情况都导致矛盾。因此，A $\not< vB$。同样，B $\not< vA$。因而，任何两个假理论的逼真性都无法比较。[①]

面对波普尔逼真性概念的困难，一些人试图改进、完善波普尔的定义，但他们一直找不到一个满意的关于真理的语义学表征，而判断一个理论比另一个理论更加接近真理更是难上加难。因此，有不少人如马斯格雷夫（Musgrave）、阿加西（Agassi）等，开始放弃把逼真性概念作为描述科学进步的合理性模式的必要概念。这种转向，对以后所形成的新的合理性模式产生了重大影响。

二、合理性的逻辑标准

如果把科学的目标看成是真理或逼近真理，那么，如何判断在前后相继或相互竞争的理论中哪个理论达到了真理或更接近真理呢？逻辑主义者认为，应该找到一种方法论原则或规范来作为科学进步或理论选择的合理性标准。他们寻求对方法论的明确表述，并把方法论局限于科学探索的各种逻辑特征中。在他们看来，方法论只涉及在假说与经验证据之间确定逻辑联系，从而判断科学进步，在理论之间作出合理选择。

逻辑主义者区分了发现（discovery）和辩护（justification），他们认为对发现无法进行逻辑分析，逻辑只涉及辩护。因此，只有辩护的逻辑，没有发现的逻辑。他们把辩护的逻辑建立在归纳法之上，但与古典归纳主义者不同，他们放弃了证明知识必然为真的努力，只寻求或然性的科学知识，从作为证据的观察陈述与假说的归纳关系中得出一个假说的确证程度或概率，并要求人们选择具有高确证度或高概率的理论。赖欣巴赫（Reichenbach）[②]和卡尔纳普后期的主

---

① Newton-Smith W H. The Rationality of Science. London: Routledge & Kegan Paul Ltd, 1981: 58.

② 又译为"莱辛巴哈"或"赖兴巴赫"。

要工作就是建立这样的概率归纳逻辑或确证逻辑。

逻辑经验主义者追求知识的合理性，但是，他们不关心理论的实际的历史发展，而是构造了一种抽象的合理性模式。这种模式只关心理论的形式结构和经验证据，把经验证据看成辩护假说的唯一合法依据。为此，必须严格地区分观察语言和理论语言。观察语言的语词指称事件或事物的可直接观察的属性（如"蓝""热""大"等）或它们之间可直接观察的关系（如"x比y高""x接近y"等）。理论语言则包含着这样的语词，它们可以指称不可直接观察的事件、事件的不可直接观察的方面和特点，例如物理学中的微观粒子、电子或原子、电磁场或引力场，心理学中各种各样的内驱力和潜能，等等。可直接观察是不使用工具并且通过较少次数的观察即可确定对象的属性或关系的那类观察，不可直接观察是使用工具并且需要通过较多次数的观察才能鉴别对象属性和关系的那类观察。

卡尔纳普最先提出这种"正统"的"两层语言模型"[1]，但是，观察语言与理论语言的严格区分受到越来越多的批评。阿钦斯坦（Achinstein）[2]、丘奇兰德（Churchland）[3]、赫西（Hesse）[4]、苏佩（Suppe）[5]、普特南[6]等人注意到观察语词和理论语词的严格区分所面临的困难。

第一，"用工具观察"含糊不清。所谓的"理论语词"，如"熵""质量""电荷"等往往不用仪器也可以观察到它们的变化，那么，它们是否应当被归入"观察语词"呢？所谓的"观察语词"，如"水""重量""红色"等不用仪器就不能测量它们的性质，那么，它们是否应当被纳入"理论语词"呢？

第二，"较少的观察"也不确切。物理学家通过一两次观察就能鉴别出云室中的 α 粒子发射，而一个物体是否有"佛青"这样的颜色可能需要很多次观察才能确定。

---

① Carnap R. Beobachtungssprache und theoretische sprache. dialectica, 1958, 12（3-4）: 236-248.

② Achinstein P. Concepts of Science: a Philosophical Analysis. Baltimore: Johns Hopkins University Press, 1968.

③ Churchland P M. Scientific Realism and the Plasticity of Mind. Cambridge: Cambridge University Press, 1979.

④ Hesse M. The Structure of Scientific Inference. London: Macmillan, 1974.

⑤ Suppe F. The Structure of Scientific Theories. Chicago: University of Illinois Press, 1974.

⑥ Putnam H. Mind, Language and Reality. Cambridge: Cambridge University Press, 1975.

第三，有的语词既指称可观察物，又指称不可观察物，而不改变其意义。例如，牛顿把"红色"定义为由以太的最大振动引起的感觉。

第四，观察报告能够并常常含有理论语词。当观察报告说"电子束高速通过磁场时发生偏斜"时，就使用了理论语词"电子束""磁场"等。

第五，一个科学理论可以仅仅指称可观察物。达尔文进化论最初提出时就指称可观察物，但用的是理论语词。

逻辑实证主义关于存在"中性观察语言"的断言，也曾受到汉森①的有力批判。汉森最早提出"观察渗透理论"，认为持不同理论的人在同一对象中会看到不同的东西。第谷（Tycho）和开普勒（Kepler）两人看到的太阳是不同的。第谷看到的太阳是绕地球转动的，而地球是固定不动的；开普勒看到的太阳是静止不动的，太阳运动是地球绕日转动形成的错觉。虽然他们凭视觉看到同一样东西，但是凭经验的概念组织，他们又看到了不同的东西。从第谷的"太阳"到开普勒的"太阳"，是作为整体实现的，这类似于心理学中的"格式塔转换"②。

亨佩尔也认识到以卡尔纳普为代表的正统观点的缺陷，试图加以改进。例如，他把意义的基本单位确定为整个陈述系统，而非单个的陈述；并且根据理论陈述与经验的接近程度，把科学理论的意义分为若干不同的层次。他强调对理论意义的认识必须着眼于理论系统的特征，着眼于可观察术语对整个理论系统的解释。意义问题只是程度问题，而不是有无问题。而且，意义还指向理论系统的精确性、简单性、说明力、预测力和证实度等特征。这些从整体论出发而提出的至关重要的特征虽然还处于科学进步观的辅助位置，但为后来的历史主义科学进步观，进而为解题主义和协调主义科学进步观提供了重要的思想资源。

亨佩尔提出的"安全网模型"是一种较为形象的说明。下层是观察平面，上层是安全网络。安全网络中的线是定义和定理，由线交叉连接的结是理论谓词。安全网络悬浮在观察平面之上，由"解释规则"之线与观察平面相连接。

---

① Hanson N R. Patterns of Discovery. Cambridge: Cambridge University Press, 1958: 99-105.

② "格式塔"是德语 Gestalt 的音译，意指整体和组织结构。格式塔心理学认为，心理现象最基本的特征是在人的意识经验中显现的结构性或完整性。人的知觉不是先感知到个别成分，再注意到整体形象的，而是先感知到整体，才注意到构成整体的成分的。

亨佩尔把一分为二的意义理论发展为一种整体观的意义理论，极大地模糊了有意义命题和无意义命题的严格区分，也极大地模糊了观察语言和理论语言的严格区分。整体观的意义理论的提出使得"强逻辑主义"科学进步观变成"弱逻辑主义"科学进步观，为历史主义科学进步观奠定了一个重要基础。

波普尔也反对严格区分观察语言和理论语言，认为理论与观察没有天然的屏障，不仅理论可错，观察也是可错的。例如，早晚的太阳看起来比正午的太阳要大些。但是，波普尔仍然从逻辑主义的基本立场出发，希望保证经验证据对理论评价的基础作用。他采取了一种约定主义的策略，约定观察陈述是真实的、可靠的。他写道："从逻辑的观点看来，理论的检验依靠基础陈述，而基础陈述的接受或拒斥则依靠我们的决定（decisions）。因此，正是决定左右了理论的命运。就此而言，我对'我们怎样选择理论'这一问题的回答类似于约定主义者给出的回答；而且像他们一样，我认为这种选择部分地取决于对效用的考虑。尽管如此，我的观点和他们的观点仍然有天壤之别。因为，我认为，经验方法的特点正是：约定（convention）或决定不直接确定我们对全称陈述的接受，相反，它直接确定我们对单称陈述即基础陈述的接受。"[①]

波普尔的约定主义的策略是为了配合他的演绎证伪原则，以避免归纳证实的困难。他认为证实和证伪存在着一种逻辑上的不对称性。归纳用于证实，前提的真不一定传递到结论上；演绎用于证伪，结论的假必然要传递到前提上。根据古典逻辑假言推理的否定后件式，如果从一个理论假设中导出的结论被事实证明为假，则该理论就被事实上证伪了。不论看到多少只白天鹅都不能证实"凡天鹅皆白"的理论；但是，只要看见一只黑天鹅，就可以证伪该理论。这样，波普尔给出了自己的科学和非科学的划界标准，即一个理论只要在逻辑上或事实上有可能被证伪，就是科学，否则就是非科学[②]。其实，波普尔关于证实

---

① Popper K R. The Logic of Scientific Discovery. London: Hutchinson, 1968: 108-109.

② 划界问题是科学和非科学（non-science）的划分标准问题，也是科学和伪科学（pseudo-science）的划分标准问题。伪科学是被证伪的科学；或者，按照波普尔证伪主义，科学正是因为具有可证伪性或事实上被证伪才是科学，科学是可错的，终究要变成伪科学。与伪科学不同，非科学完全不具有科学的特征，不符合科学的标准。可以说，科学和伪科学的划分是科学内部的划分，确切地说，是真科学和伪科学的划分；科学和非科学的划分则涉及科学外部，如把哲学、心理学等看成伪科学是错误的，因为它们本来就不是科学。波普尔自己所称的划界问题指科学和非科学的划分标准问题，"找到一个标准，使得我们区分经验科学为一方，数学、逻辑和形而上学系统为另一方，这样的问题，我称之为划界问题"（Popper K R. The Logic of Scientific Discovery. London: Hutchinson, 1968: 34.）。

和证伪的不对称观点只是一种假象。对于经验科学而言，证伪一个被检验的理论并不存在逻辑的必然性。如果理论是一个由很多命题组成的系统，即便理论预测结果与经验相矛盾，也不能证伪系统中的所有命题。证实与证伪实际上处于同一水平上，难以分割。

不同的逻辑起点导致波普尔证伪主义比逻辑实证主义更关心科学理论的动态演进。波普尔认为科学的发展不是一种累积式的渐进过程，而是一种不断被证伪的革命过程。波普尔把他的科学发展模式概括为四段图式：

$$P_1 \rightarrow TT \rightarrow EE \rightarrow P_2$$

波普尔认为科学既不是始于观察，也不是始于理论，而是始于问题（P_1）。科学家从问题出发寻找尝试性理论（TT），这是四段图式的解题环节；然后，科学家对理论进行先验的或后验的评价，旨在排除错误（EE），这是证伪环节，是四段图式的中心环节；尝试性理论被证伪后又会产生新的问题（P_2），由此开始科学发展新的循环。[①]波普尔高度重视科学问题在科学进步和知识增长中的作用。一般人都相信科学理论对知识增长的贡献就在于正确地回答了问题，而波普尔不同，他确信科学理论对知识增长所作出的最为持久的贡献，就是它提出的新问题。因为科学和知识的增长总是始于问题，终于问题。这些问题不断深化，而且不断启发更多的问题。[②]

与逻辑实证主义者的区别并不表明波普尔不是逻辑主义者。波普尔证伪主义与逻辑实证主义一样，都是用证据与理论的关系来评价一个理论。波普尔关注证据的质，以"证伪"代替"证实"和"确证"，把"可证伪性"作为合理性的标准。在波普尔看来，个别的具体观察陈述再多，也不能必然证实作为理论的全称命题，但个别具体陈述的否定陈述能够单独地、必然地证伪作为理论的全称命题，因此，理论的经验内容就在于禁止某类事件的实际存在或实际出现。这些禁止存在或出现的事件就是理论的"潜在可证伪者"，当它们被实际观察到时，就转化为理论的实际证伪者。

波普尔认为，理论可检验的程度或可证伪的程度对于理论的选择来说是有

---

① 参见 Popper K R. Conjectures and Refutations: The Growth of Scientific Knowledge. London: Routledge & Kegan Paul, 1963: 406-407.

② 参见 Popper K R. Conjectures and Refutations: The Growth of Scientific Knowledge. London: Routledge & Kegan Paul, 1963: 222.

意义的。为此，波普尔设想以子类关系比较可证伪度。

（1）说陈述 x 比陈述 y 具有更高的可证伪度，当且仅当 x 的潜在可证伪者类包含作为一个真子类的 y 的潜在证伪者类，记为：Fsb（x）> Fsb（y）。

（2）如果两个陈述 x 和 y 的潜在证伪者类同一，则它们有相同的可证伪度，记为：Fsb（x）= Fsb（y）。

（3）如果这两个陈述的潜在证伪者类并不作为真子集互相包含，则这两个陈述没有可比的可证伪度，记为：Fsb（x）‖ Fsb（y）。①

波普尔对可证伪度概念所下的定义是纯逻辑的，它涉及理论经验内容的量度或比较问题。格林鲍姆（Grünbaum）怀疑波普尔估量经验内容的办法是否可行②；费耶阿本德论证，不可能进行理论内容的比较，因为内容并不互为子集③。但是，可证伪度概念帮助波普尔提出另外两个有价值的概念，即先验标准和后验标准。先验标准要求选择那些对广大范围的现象作出准确断言的理论，即那些更容易被证伪的理论；后验标准要求选择那些经受得住严峻检验的理论。这里的"严峻"有"大胆""新颖""惊人预测"等含义，它表示经验证据支持理论的强度。例如，伽勒发现海王星、赫兹（Hertz）发现电磁波、爱丁顿（Eddington）观测到日食、鲍威尔（Powell）观察到汤川介子（π介子）等。波普尔设想有背景知识 K、理论 T、检验理论的证据 e，在 K 的情况下，e 越是不可信或概率越低，而对于 K 和 T 来说，这个 e 的概率越高，则检验越严峻。可以记为：P（e|K）< P（e|K&T）。严峻检验是相对背景知识而言的，如果理论的惊人预测得到实验确证，那么，背景知识就要被修改，那些原先被接受的与该理论矛盾的陈述就要被淘汰。④

按照波普尔的可错论，一切理论都是可错的，最终都会遭到反驳或被怀疑为是错误的。如果两个相比较的理论事实上都被证伪，那么它们只有最低的确

---

① Popper K R. The Logic of Scientific Discovery. London: Hutchinson, 1968: 115-116.

② Grünbaum A. Can We Ascertain the Falsity of a Scientific Hypothesis?//Grünbaum A. Philosophical Problems of Space and Time. Boston Studies in the Philosophy of Science. Vol.12. Dordrecht: Springer. 1973: 569-629.

③ Feyeraben P. Against Method: Outline of an Anarchistic Theory of Knowledge. London: New Left Books, 1975: 223-285.

④ Popper K R. Conjectures and Refutations: The Growth of Scientific Knowledge. London: Routledge & Kegan Paul, 1963: 388-391.

证度。在此种情形下，后验标准就不能为我们的理论选择提供好的理由。如果所有理论都被证伪，那么确证度概念就是多余的。为此，波普尔引入逼真性概念，这一概念使得两个错误理论在与真理相接近的程度上可以进行比较，那些具有较多"真内容"或较少"假内容"的理论将更进步、更可取。但是，正如前述所言，逼真性概念有难以克服的致命弱点，用形式化语言准确定义逼真性似乎根本不可能，比较理论的真假内容，进而比较理论的逼真度十分困难。

逼真性标准比先验标准和后验标准具有更大的概括力。"逼真"就是越来越与事实相符，越来越接近真理。不妨看看波普尔对"经验内容"和"可检验性"更为详细的说明。在波普尔看来，理论 T_2 的经验内容超过理论 T_1 的经验内容，就说明 T_2 比 T_1 更好地符合事实，更为逼真，因而可以取代 T_1。他列举了六条自认为不太严密的情况。

（1）T_2 的论断比 T_1 更精确，受到比 T_1 更严峻的检验。

（2）T_2 比 T_1 说明和解释了更多的事实。

（3）T_2 比 T_1 更详细地描述或解释了这些事实。

（4）T_2 通过了 T_1 应当通过却不能通过的检验。

（5）T_2 通过了 T_1 不曾提出的新的实验检验。

（6）T_2 把以前各种不相干的问题统一或联结起来。[①]

波普尔关于逼真性的概念已经包含科学的一些指标，尽管他没有严格区分经验指标和概念指标，而是把它们混合在一起加以陈述。第一条和第三条涉及理论的精确性，第二条、第四条和第五条涉及理论的一致性，第六条涉及理论的统一性。波普尔意识到这些指标对于"逼真性"的极端重要性，因此，对这些指标所涉及的"可检验性"又加上了三个必不可少的条件。

第一，简单性。新理论应该能将迄今不相联系的事物（如行星和苹果）或事实（如惯性质量和引力质量）或新的"理论实体"（如场和粒子）联系起来（如万有引力），获得简单的、新奇的、有力的和统一的思想。简单性要求含混，似乎难以清楚地说明。简单性观念中的某个重要成分可加以逻辑分析。

第二，独立性。新理论应该是可检验的，除了解释本应解释的事实，还要

---

① 参见 Popper K R. Conjectures and Refutations: The Growth of Scientific Knowledge. London: Routledge & Kegan Paul, 1963: 232.

有可检验的新推断，这一"推断"可能是对迄今未被发现过的现象的预测。

第三，严峻性。新理论应当通过一些新的、严峻的检验。①

前两个条件是"形式的要求"，只要对新旧理论进行逻辑分析就可以得到满足。第三个条件是"内容的要求"，只有在经验上检验新理论，才能知道该条件是否被满足。在这里，波普尔区分了概念指标和经验指标，而且发现"证伪"不是合理性的决定性依据，暂时的"确认"也是必要的。首先，如果新理论在判决性实验中被反驳，就不能放弃旧的理论；只有当新理论的预测得到确认，才可能认为新理论比旧理论具有较大的逼真性。其次，过去，由于背景知识被约定为是没有问题的，证伪的矛头总指向受检验的理论；现在，预测的失败应归咎于背景知识还是受检验的理论只有由理论在以前的预测中获得的确认来提供可靠线索。②

在逻辑主义的迷宫中，证伪主义者从坚决反对实证主义出发，兜了一个圈子，最后又不得不抓住实证主义的尾巴。这表明，通过"证伪"来否定"证实"也是行不通的。这是因为，证伪和证实同样蕴含着科学评价指标的基本元素，而且这些元素可能是交叉的。尽管证伪主义与实证主义有不少区别，但这是逻辑主义内部的区别。两者都坚持寻求一种判别知识进步并进行理论比较和选择的方法论规则，都相信，"在理论的历史变化下面……有着逻辑和方法的不变性，这种不变性把每一个科学时代与其他时代统一起来……这种不变性不仅包括形式演绎的规则，还包括使假说面对经验的检验和经受比较评价的那些标准"③。这种逻辑合理性标准已经蕴含着一系列的理论评价的子指标，但由于这些子指标没有经过严格的哲学分析，这就导致对科学进步的哲学刻画呈现累积特征，与科学史的实际形象发生很大偏差。

三、拉卡托斯的合理重建

为了使波普尔派的分析尽量符合科学史，拉卡托斯（Lakatos）提出合理重

---

① 参见 Popper K R. Conjectures and Refutations: The Growth of Scientific Knowledge. London: Routledge & Kegan Paul, 1963: 241-242.

② 参见 Popper K R. Conjectures and Refutations: The Growth of Scientific Knowledge. London: Routledge & Kegan Paul, 1963: 242-244.

③ 参见 Scheffler I. Science and Subjectivity.Indianapolis: Bobbs-Merrill, 1967: 9-10.

建构想。这种构想基于一种对方法论进行比较评价的"历史"方法，其要旨是：①科学哲学提供规范方法论，历史学根据这种规范方法论重建科学史的"内部历史"，以便合理解释科学的进步或客观知识的增长；②对相互竞争的方法论作出评价必须借助经过规范解释的历史。

拉卡托斯认为，一方面，任何一部科学史都是在某种方法论的指导下写成的。例如，由确凿的事实命题和归纳概括构成的科学史就是以归纳主义方法论为指导写出的。另一方面，无论哪种方法论都不能合理说明全部历史事实。例如，为什么科学家在最初的实例中选择一些事实而排斥另一些事实？对于这个问题，归纳主义不能给出合理说明，因为归纳主义不允许有任何理论预想；而证伪主义允许科学家受自己理论预想的支配，所以能给出合理的解释。

拉卡托斯把某种方法论能够合理说明的那部分历史称为"内部历史"或"合理重建"。例如，归纳主义的合理重建是发现事实和归纳概括；证伪主义的合理重建是猜想和反驳；研究纲领的合理重建则是纲领间的理论和经验竞争、进步和退化的问题转移、一个纲领对另一纲领的逐步胜利。所以，不同方法论决定科学进步或知识增长不同的独特模式。

拉卡托斯所称的"外部历史"是指某一方法论给出合理说明范围之外的那部分历史。在拉卡托斯看来，外部历史是不可或缺的，当方法论与实际历史发生冲突时，外部历史可以起补充说明的作用。例如，按照拉卡托斯的合理重建，1543 年的哥白尼理论在经验、启发法上都比托勒密①理论进步；但事实上，哥白尼理论却被取缔了。这一事实不能用科学研究纲领方法论给出合理解释，但可以用教会的影响、日心说与当时的常识相悖等社会心理因素给出解释。

拉卡托斯认为，不同的方法论各有自己独特的内部历史和外部历史。例如，在归纳主义那里，归纳概括由内部历史解释，猜测则由外部历史解释；而在证伪主义那里，猜测可以由内部历史解释。拉卡托斯强调内部历史的重要性，认为内部历史是主要的，外部历史是次要的，那种能将更多的历史事实组织到内

---

① 托勒密（Ptolemy），一般认为他的生卒年约是公元 100—178 年，大概出生于生活在埃及的希腊人家庭。他创立了一种数学模式，用以解释围绕地心运行的太阳、月亮和行星的运动。他的地心说后来被哥白尼日心说逐步取代，但在天文学和宗教上的影响持续了一千多年。托勒密留存下来的四部重要著作是《天文学大成》（Almagest）、《地理学指南》（Geography）、《占星四书》（Tetrabiblos）、《光学》（Optics）。其中，《天文学大成》记述了他对天体运动的解释，影响最为显著和持久。

部历史中的方法论是较好的方法论。"所有方法论都发挥编史学的（或元历史的）理论（或研究纲领）的作用，因此，可以通过批评它们所指导的历史的合理重建来批评这些方法论。"① 这就是说，把越来越多的充满价值的历史重建为合理的，就标志着科学合理性理论的进步。按照这一标准，拉卡托斯认为他的科学研究纲领方法论优于朴素证伪主义，因为它能将更多的历史事实解释为合理的。例如，以往方法论不能合理解释科学发现中的优先权之争，只好将它归于虚荣心、沽名钓誉等外部因素；而科学研究纲领方法论把首先作出新发现归入纲领的进步与退化问题，这就在内部历史中解释了优先权的问题，扩大了合理性的范围。

拉卡托斯通过对科学理论的系列分析赋予"证伪"以理性和历史的双重特点。与波普尔将孤立理论与理论系列混合起来导致模棱两可的应用不同，拉卡托斯持有一种清晰的连续展开的系列理论观，从而成功地扩展了证伪主义的基本思想。

在拉卡托斯看来，纲领由理论系列 T_1、T_2、T_3……组成，后续理论是为了消除某个反常，必须对先行理论做新的语义解释或加上辅助条件方始产生。每个后续理论至少有与它的先行理论一样多的未被反驳的经验内容。这样的理论系列叫研究纲领（research programme）或大理论（maxi-theories），理论系列中的各种具体理论叫小理论（mini-theories）。

研究纲领由两个方法论规则构成：反面启发法（negative heuristic）和正面启发法（positive heuristic）。反面启发法告诉科学家应当避免哪些研究途径。它禁止把反常事例的矛头或否定后件式指向纲领的硬核（hard core），硬核一旦崩溃，整个研究纲领的大厦就要坍塌。硬核是研究纲领的核心内容和发展基础，它由理论的公理、公设、基本原理、定律构成，不包括非理性的东西。例如，牛顿纲领的硬核是运动三定律和万有引力定律，这种机械体系禁止将矛头对准硬核，禁止研究与它相反的科学理论，如笛卡儿的接触作用。为了保护硬核，应当发明一些辅助假说，规定一些初始条件，形成围绕硬核的保护带（protective belt），它们具有很大的灵活性和弹性，在经验检验中，如果与事实不

---

① Lakatos I. The Methodology of Scientific Research Programmes. Cambridge: Cambridge University Press, 1978: 122.

符，就可以通过调整甚至替换的办法来保卫硬核，使之免受攻击。如果这种努力把不利问题转化为有利问题，则纲领就是成功的、进步的；如果这种努力不能消除不利问题，甚至产生新的不利问题，则纲领就是失败的、退化的。牛顿的万有引力理论就是这种成功纲领的典范，它在刚产生时，就把每一个反例转变为正例，把纲领的每一个新的困难转变成新的胜利。

正面启发法告诉科学家应当遵循哪些研究途径。它包括一组更改、完善保护带的建议或暗示，它要求科学家能够预见反常，通过修改、完善或更替保护带（或"可反驳的变体"）消除反常，发展研究纲领。其基本策略是关注纲领支持的一系列模拟实在的模型（一组初始条件，可能还有一些观测理论），不理睬实际存在的反例，即可资利用的经验材料。牛顿最初设计了一个行星系模型，它由一个固定的点状太阳和一个点状行星构成。该模型导出了开普勒椭圆定律。但是，牛顿的第三定律却拒斥这一模型，所以，牛顿提出一个新的替代模型：太阳和行星都围绕它们共同的引力中心旋转。拉卡托斯认为，牛顿做出这一改变的原因不是观察经验，而是纲领发展中的理论困难。牛顿后来提出的"质点""自旋球体"等概念都没有顾及经验事实，直至研究行星的"摄动"时才开始关注事实。因此，精致证伪主义就能解释为什么实际的科学发展能够不顾反常的存在而继续发展，这一合理事实（理论科学的相对自主性）是波普尔证伪主义不能说明的。

朴素证伪主义将一个理论直接与经验对照，以确定其方法论规则。与此不同，精致证伪主义强调从理论与其竞争理论的比较中确定其方法论规则。精致证伪主义提出两条不同于朴素证伪主义的方法论规则：其一是接受规则（或"划界标准"）。朴素证伪主义者强调"证伪"，在他们看来，一个理论只要能够被解释为在实验上可证伪，就是"可接受的"或"科学的"。精致证伪主义者的"证伪"含义与朴素证伪主义不同，系列理论中的某个理论"被证伪"是因为它被另一个具有更高证认内容的理论所取代。实际上，精致证伪主义在一定程度上恢复了逻辑主义的"证实"。在他们看来，一个理论的经验内容超过其前者（或竞争者）时，我们通过逻辑分析即可确定其可接受性；而当这些超量经验内容（新事实）的一部分已被经验检查证实时，我们也可确定其可接受性。

其二是证伪规则（或"淘汰规则"）。在朴素证伪主义看来，一个理论是被一条同它冲突的"观察陈述"证伪的。在精致证伪主义看来，一个科学理论 T_1 被证伪，当且仅当另一科学理论 T_2 已被提出，并且具有下述特点。

（1）T_2 的经验内容比 T_1 多，即 T_2 预测了 T_1 没有预测的甚至禁止的新事实。

（2）T_2 能够解释 T_1 所能解释的一切内容，即在观察误差范围内，T_1 的所有未被反驳的内容都包括在 T_2 之中。

（3）T_2 中有些超量的经验内容得到确证。[①]

根据接受规则和证伪规则，拉卡托斯从理论系列的角度把科学研究纲领划分为进化的和退化的，以此来说明科学的发展。他认为进化和退化的标准在于是否导致进步的问题转换。纲领"进步的问题转换"包括理论和经验两方面。理论上进步的问题转换就是纲领中的新理论能够预测新颖的事实；经验上进步的问题转换就是纲领中的新理论所预测的事实确实被发现了。只有当问题转换至少在理论上是进步的，我们才把它当成"科学的"来"接受"，否则只能作为"伪科学"加以"拒斥"。如果后续理论不能预测新的事实，还要借助不能独立检验的特设性假说来消除反常，那么纲领就是退化的。进步与否取决于理论系列引导我们发现新事实的程度。通过这种设计，拉卡托斯就把不同科学研究纲领之间的比较和更替解释为合理的，从而确定科学是依据一定的科学研究纲领进行经验预测的理性活动。这样，划界问题就不是由逻辑一劳永逸地决定的，而是历史地决定的。同一研究纲领在进化阶段是科学的，在退化阶段是伪科学的。这样，精致证伪主义把如何评估理论的问题转化为如何评估理论系列的问题。"科学"和"伪科学"不再针对单一理论，而是针对理论系列。[②]

拉卡托斯的全部努力在于使逻辑主义对科学的刻画尽量符合科学史，他试图通过对理论概念的再考察，以及理论与理论之间的比较使得"证伪"具有更大的包容性，从而将朴素证伪主义原先不能合理解释的科学史解释为合理的，扩大其合理性的范围。拉卡托斯的理论硬核和保护带的划分使得科学理论在保持自身特质的前提下具有更大的弹性，从而更好地解释了许多理论面对经验反常而继续发展的事实。拉卡托斯的接受规则实际上区分了概念和经验两个层次，

---

① 参见 Lakatos I. Falsification and the methodology of scientific research programmes//Lakatos I, Musgrave A. Criticism and the Growth of Knowledge. Cambridge: Cambridge University Press, 1970: 116.

② 参见 Lakatos I, Musgrave A. Criticism and the Growth of Knowledge. Cambridge: Cambridge University Press, 1970: 119.

"先验可接受性"是对理论的逻辑后承的一个论断，作出新颖预测的"理论上的进步"是概念层次的进步；而"经验可接受性"是对理论的经验验证的一个论断，新颖预测得到经验验证的"经验上的进步"是经验层次的进步。拉卡托斯的"证伪规则"似乎是波普尔逼真性概念的翻版，却使得"证伪"具有更为丰富的内涵并成为理论竞争的一个标准。但拉卡托斯没有将波普尔的理论简单性、独立性和严峻性概括到新的方法论规则中，这使得他在扩大波普尔理论的某些合理性范围的同时又丢失了另一些合理性指标。拉卡托斯的精致证伪主义兼有概念论和经验论的双重特征，但以经验论为归宿。其理论进步的核心是必须从逻辑上推演出新的经验预测，然后将经验预测与观察实验结果进行对照，看两者是否相符，其概念层次的进步论断似乎是为经验层次的进步论断作铺垫。拉卡托斯从来都没有把概念和经验作为两个同样重要的层次对待，因而也不可能对这两个层次的理论评价标准作更为深入和细致的考察。拉卡托斯混淆了具体理论和抽象理论的不同层次，研究纲领有时指一系列具体理论的集合，有时指这些具体理论同时具有的某些不可反驳的内容，因而不可能对理论概念作透彻的分析。研究纲领的进化和退化具有时效性，这打破了逻辑主义的"真理论"和"假理论"的绝对界限，使得理论竞争的动态变化成为合理性和进步性考察的一部分，使得理论的优劣比较只能在某一刻或某一段时间才具有确定的结果。拉卡托斯希望扩大逻辑主义的合理解释范围，但无意中冲破了逻辑主义的界限，为历史主义打开了一扇窗户。

四、奎因对逻辑必然性的拒斥

当逻辑主义的合理性模式还占据主导地位时，奎因（Quine）就敏锐地发现经验论的逻辑模式不利于科学进步和知识增长。经验论只对旧理论有利，而对新理论不利，因为新理论在刚开始时与经验证据相匹配的程度往往不如旧理论。

奎因尖锐地批评经验论进步观所追求的绝对化形式和具体内容，指出经验对理论的决定不仅在事实上不充分，在原则上也不充分。物理理论不被过去的观察所充分决定，因为未来的观察可能与该理论相冲突；物理理论也不被过去和未来的观察共同充分决定，因为某些与该理论相冲突的观察可能碰巧未被发现。这是经验决定理论在事实上的不充分。这种不充分性上升到原则的高度就是，物理理论不被所有可能的观察所充分决定，人们不可能根据观察预见理论的形式，相对于所有可能的观察而言，理论可以采取各种各样的形式，因为理论词项的观察标准是可变的、不充分的，理论是通过一系列不可还原的类比跳跃而建立起来的。奎因后来对这种原则上的不充分决定给出一种弱化的表达：必定有某些理论形式在经验上等价，但在逻辑上不相容；而且，如果我们碰巧发现这种理论形式，我们也无法通过对谓词的重新解释来使它们在逻辑上等价。

以经验决定理论的不充分性为根据，奎因发展了一种科学进步的整体论观点。奎因的"整体论论题"或"迪昂—奎因论题"可以总结为以下三点。

第一，我们关于外在世界的陈述不是个别地，而是作为一个整体面对感觉经验的法庭的。具有经验意义的单位不是语词，也不是陈述，而是整个科学。整个科学，从地理或历史的最偶然的事件到原子物理学乃至数学或逻辑的最深刻的定律，是一个信念之网或知识场，它的边缘是经验。

第二，信念之网或知识场的外围同经验的冲突将引起整体内部的再调整。对整体内部的某些陈述的再评价将引起对内部其他陈述的再评价或再调整，以及对其真值的重新分配。因为它们在逻辑上相互联系，而逻辑规律也不过是系统的另外某些陈述、知识场的另外某些元素。

第三，在任何情况下任何陈述都可以被认为是真的，假如我们对系统的其他部分做出足够剧烈的调整的话。一个很靠近外围的陈述即使面对证伪它的经验，也可以借口发生幻觉或修改某类所谓逻辑规律而被认为是真的。反之，由于同样的原因，没有任何陈述是免受修改的。为了简化量子力学，甚至逻辑的排中律也可以被修改。①

整体主义的知识观使得奎因认识到，人们不能仅仅根据证据与理论是否相一致来决定哪个理论更好，观察证据不是理论评价的唯一标准，对科学理论的评价必须考察许多其他因素。奎因认为，除了经验观察与理论一致，合理可接受的科学理论还应具备下述六个优点，即六个比较评价的标准。②

第一，保守性（conservatism）。科学假说应尽可能与人们已有的信念保持一

---

① 参见 Quine W V O. From a Logical Point of View: 9 Logico-Philosophical Essays. 2nd ed. Cambridge: Harvard University Press, 1964: 42-43.

② 参见 Quine W V O, Ullian J S. The Web of Belief. 2nd ed. New York: McGraw-Hill, Inc., 1978: 66-82.

致。为了解释现象，必须构造假说。该假说可能不得不与我们以前的某些信念相冲突，但冲突越小越好。接受假说与接受信念一样，它要求拒斥任何与之相冲突的东西。假如其他方面相同，一个假说要求拒斥的已有信念越少，它就越合理。

第二，温和性（modesty）。科学假说应在逻辑上更弱或它假定的事件更为常见。如果假说 A 在逻辑上比另一个假说 B 更弱，即如果 A 被 B 蕴涵而不蕴涵B，则 A 比 B 更温和。一个假说 A 比一个联合的假说 A 和 B 更温和。另外，如果一个假说更为平凡，即它假定已发生的事件更为常见，更为人们所熟知，因而也更为人们所期待，那么，这个假说就更温和。

第三，简单性（simplicity）。简单性是一个重要的合理性标准，但是，给简单性下一个确切的一般定义相当困难。因为简单性观念中有一个主观性问题。对概念的简要的、统一的叙述依赖我们的语言结构，依赖合用的词汇，但它们并不反映自然的结构。如果假说的简单性是为合理性准备的，那么简单性的主观性就令人困惑。观察用于检验已被采纳的假说，而简单性则促使采纳这些假说用于检验。并且，决定性的观察通常会拖延很久或完全不可能，而至少在这个范围内，简单性是最终裁决者。简单性比保守性更重要，因为当简单性和保守性支持相反的方案时，自觉的方法论裁决总是支持简单性的。[①]

第四，普遍性（generality）。某个假说所适用的范围越大，它就越普遍。普遍性是一种重要的合理性标准，因为，一个假说的合理性主要取决于它在多大程度上与我们随机地处于世界中的观察者保持一致。奇怪的巧合经常发生，但它们不能作为构成合理的假说的材料。我们据以说明当前观察的假说越普遍，这种观察就越不会属于某种巧合。因而，普遍性在某种程度上具有产生合理性的力量。

第五，可反驳性（refutability）。必须有某种可设想的事件，它将构成对一个合理假说的反驳。不具有可反驳性的假说不会是合理的，因为它事实上不预测任何东西，也不为任何东西所确认。

第六，精确性（accuracy）。假如一个假说的预测仅仅是由于无关的原因偶然被证实为真，那么这只是一个巧合。一个假说越精确，出现这种巧合的可能

---

① 参见 Quine W V O. Word and Object. Cambridge: The MIT Press, 1960: 19-20.

性就越小，假说由预测成功而得到的支持就越强。所以，精确性也是增强假说合理性的一种方式。

　　奎因指出，上述一些合理性标准，如简单性、温和性、保守性等显然涉及科学活动中社会与个人的心理特征，所以，不能根据逻辑必然性去评判一个理论。当两个互不相容的科学理论同样好地符合于证据时，根据逻辑标准就无法评判这两个理论哪个更好。即使一个理论与经验证据一致，而另一理论与经验证据相冲突，拒斥后一理论也是不妥的，因为经验证据所检验的只是整个科学理论的系统，检验结果并不告诉我们在这个系统中究竟哪部分出了问题。奎因正确地认识到把逻辑标准作为理论评价和科学进步的唯一合理性标准是错误的，合理性必须纳入社会学、心理学等多方面因素。奎因对逻辑主义合理性标准的批判预示了科学进步的历史合理性学说的诞生。

第二节　科学进步的历史合理性

一、不可通约性论题

　　内格尔（Nagel）曾提出一个逻辑经验主义的科学进步模型，这个模型认为，科学进步永远是内容较多的理论取代内容较少的理论，并且前者逻辑上蕴涵后者。当新理论逻辑上蕴涵旧理论时，就可以说，它们之间有可通约性，这种可通约性是理论之间能够合理比较的基础。只要我们在中性观察经验的基础上，借助于逻辑对理论的经验内容进行比较，就可以作出进步的合理选择。[①]

　　库恩和费耶阿本德认为，这种科学进步模型根本不符合科学的实际，他们提出了不可通约性（incommensurability）论题。库恩提出的不可通约性是与范式概念联系在一起的。库恩在科学史中发现一个基本事实，那就是，科学共同体通常并不拥有逻辑主义所假定的那种具有明确演绎结构的理论，而只有一种指导共同体进行科学研究的框架性的"范式"。库恩没有给"范式"一个统一的

---

① 参见 Nagel E. The Structure of Science: Problems in the Logic of Scientific Explanation. New York: Harcourt, Brace, and World, Inc., 1961: 336-397.

和精确的定义，在不同的场合，他在不同的意义上使用"范式"一词。范式概念虽然较为含混，却具有革命性的意义，引发了科学哲学的历史主义转向。

库恩最初用"范式"一词表达"解题范例"，这类似于教科书中的例题，供学生解题时模仿。后来，库恩注意到范式的社会学含义，用"专业母质"（disciplinary matrix，也译为"专业母体"）表示范式的含义。"专业"是指对于特定学科的研究者而言存在共同的领域；"母质"是指需要特别说明的规定的构成要素。例如，共有的符号概括，如 U=IR 或"欧姆定律"；共有的模型，不论是形而上学的如原子论，还是启发式的如电流的流体动力学模型；等等。这样，"范例"被概括进"专业母质"中。

一开始，库恩并未分清"范式"和"科学共同体"这两个概念。他一方面把范式看成科学共同体成员所共有的东西，另一方面又指出科学共同体是由掌握了共同范式的人所组成的。从经验概括上看，这无可非议；但若当成定义，就会造成循环，引出错误结论。库恩后来认识到这点，认为要正确地阐明"范式"一词，必须首先认识到科学共同体的独立存在。① 于是，库恩更加关注"科学共同体"，他试图避开范式概念来解释科学共同体：共同体的组成人员有共同的语言和目标，受过共同的教育和训练，学有所长。共同体可以分为不同的等级，如高一级的全体自然科学家、低一级的主要科学专业集团（如物理学家共同体、化学家共同体、天文学家共同体等）。

在解释科学共同体概念之后，库恩问：是什么共同因素决定共同体内部具有专业交流充分、专业见解一致的特点呢？他给出的答案是"专业母质"。专业母质的核心意义或成分包括三种：符号概括、模型、范例。不难看出，库恩想避开对"范式"的批评，才使用"专业母质"一词。其实，这个词与"范式"没有本质区别，但其在学术界的使用频率远远不如"范式"。库恩没有把科学共同体共有的价值，如精确性、一致性、广泛性、简单性和有效性等纳入范式之中，这是耐人寻味的。当库恩认为这些标准连同其他共同特征构成理论选择的全部共同基础时，他应该能够看出在不同科学共同体之间具有共同的沟通桥梁，而这正是打破不可通约性的特殊路径。可惜，库恩没有强调这一点，反而夸大

---

① 参见 Kuhn T S. The Essential Tension: Selected Studies in Scientific Tradition and Change. Chicago, London: The University of Chicago Press, 1979: 295.

24

这些标准之间可能存在的暂时的不一致或矛盾，当面临理论选择时，科学家可能根据某个标准选择一个理论，而根据另外的标准选择另一个理论，比如根据精确性选择托勒密系统，而根据简单性选择哥白尼系统。这样，似乎不同的科学家会持有不同的理论选择标准。库恩忽略了这种矛盾的"暂时性"，在一段时间内在竞争理论之间可能显现标准上的矛盾，但这并不意味着这种矛盾会一直持续，比如，哥白尼体系的不精确性在六十多年后由开普勒得以弥补，这使得精确性与简单性共同形成其理论优势。同一共同体内部或不同共同体之间在某段时间内对理论选择标准可能产生某种偏好，因此，不把理论价值标准作为范式的一部分是有道理的。这也恰恰表明价值评价的综合标准是科学共同体选择和发展理论的最终和根本的依据。

范式在科学活动中的作用至少可以概括为以下四种。

第一，研究定向作用。范式作为科学共同体的研究纲领和共同信念，是科学活动的指南。它告诉科学家选择什么，不选择什么；做什么，不做什么。例如，在 18 世纪，对于是否寻找光粒子对固体产生压力的证据，遵循微粒说范式的物理学家持肯定态度，而遵循波动说范式的物理学家则持否定态度。

第二，实用工具作用。范式作为范例，提供具体的解题方式，成为一种实用工具。例如，学生模拟例题的解法做习题，在此过程中掌握基本概念。

第三，社会组织作用。接受同一范式的科学家很容易组织起来，成立专门的学会，编辑、发行专业出版物。这就便于交流和深入研究，并产生广泛的社会影响。

第四，认识框架作用。科学共同体的研究活动必须遵循一定的规则和理论框架，只有这样，才能吸收、同化观察和实验材料，并反过来充实和发展该理论框架。

在常规科学时期，科学家根据范式规定的研究范围、方法和标准进行释疑活动，科学显现内格尔所说的那种累积增长的特征；但是，在科学革命时期，新旧范式相互竞争，范式各自的合理性是由内在于这些范式的评价标准来决定的，新旧范式的思维方式和描述自然现象的方式都不同，不存在中立的评价标准，因而在革命期间，科学不再呈累积增长的特征。库恩称这种情况为革命前后常规科学的不可通约性。

不可通约性有三个方面的含义。

第一，不同范式通常在科学问题、解题标准、方法和定义上有重大区别。一个运动理论是否必须解释物质粒子间的吸引力？亚里士多德和笛卡儿的理论重视对引力的解释，而牛顿理论只简单指出引力的存在；到广义相对论，这个问题又得到另外的解答，万有引力被解释为由巨大质量引起的时空弯曲效应。为什么金属都很相像？燃素说询问并解答过这一问题，但 19 世纪的拉瓦锡化学理论却禁止询问并拒绝解答这一问题。

第二，旧的概念之间、旧的概念和实验之间的相互联系在新范式中发生变化，新旧范式中的术语或术语间的关系很难相互翻译或相互定义。燃素说中的"燃素"及其相关概念在氧化学说中无法得到定义。让地球运动，在哥白尼看来，对物理学和天文学具有重大意义；而对于另外一些人来说，不让地球固定下来是不可思议的。牛顿物理学的空间是平直的、均匀的、各向同性的，并且不受物质存在的影响，而爱因斯坦（Einstein）的广义相对论的空间却是弯曲的，并与物质存在相关性。

第三，范式的转换是一种格式塔转换，不同范式内的科学家在不同的世界中从事自己的研究。这是不可通约性最根本的方面。在不同世界中工作的科学家从同一点注视同一方向时，看到的东西完全不同。在一个世界中的科学家看到的溶液是混合物，在另一个世界中的科学家看到的同样溶液却是化合物；在一个世界中的科学家看到的空间是平直的，在另一个世界中的科学家看到的同样空间却是弯曲的。库恩指出，只要科学家所唯一依靠的这个世界是通过他们所见所为而得到的，我们就可以说，在一场科学革命后，他们所面对的是一个不同的世界。[1] 费耶阿本德说，普遍原则的改变带来了整个世界的改变，也就是说，只要突破某一特定观点的范围，我们就可以不再假定客观世界不受我们的认识活动的影响。[2] 正因为革命前和革命后的常规科学家看到的是不同的世界，所以他们会提出不同的问题，发现不同的性质和规则以及不同的对象联系方式。

从库恩和费耶阿本德为不可通约性所举的具体实例分析来看，不可通约的理论框架确实存在。那些批评不可通约性论点在哲学上和逻辑上不可能，在方

---

① 参见 Kuhn T S. The Structure of Scientific Revolutions. Chicago: The University of Chicago Press, 1962: 11.

② 参见 Feyerabend P. Science in a Free Society. London: New Left Books, 1978: 70.

法论上不合意的人①忽略了重要的一点，即不可通约性论点是一个必须由历史（人类学的）证据予以支持的历史（人类学的）论点。②在逻辑实证主义和波普尔证伪主义那里，科学合理性就在于遵守一组普遍有效的科学方法论原则和评价标准，违背它们就无合理性可言。这种逻辑合理性决定了一种累积增长的科学进步模式，它要求将一个理论从另一个理论中逻辑地推导出来。费耶阿本德指出，这种要求必须满足两个条件，即一致性条件和意义不变条件，而这两个条件在科学史中很少得到满足。一致性条件要求在某一领域中，说明性理论的推断必须与被说明的理论相一致。这一点难以得到满足，例如，伽利略定律和开普勒定律不能从牛顿引力理论中演绎出来。另外，一致性条件是建立在理论必须与事实一致的基础之上的，而这是不必要的，甚至是有害的。因为在知识发展的各个阶段都存在理论的多元化，强调无条件服从经验事实，就只能承认唯一的一个理论，就会消除可能起反驳作用的事实，遮蔽原有理论的弱点，并把它变成教条。对理论的承认和拒斥如果视其是否与经验一致来决定，就像医生给能够自愈的患者治病一样没有意义。为了满足一致性条件，逻辑主义者提出意义不变条件，要求说明性理论的描述词的意义与被说明理论的同样描述词的意义相同。这一条件也难以得到满足，例如，"质量"一词在古典力学和相对论中意义不相容，在古典力学那里，它指物质的一种内在性质；而在相对论那里，则指一种关系。因此，费耶阿本德认为，在相互竞争的理论之间存在着无法弥合的逻辑裂隙。③

　　逻辑主义者坚持进步性和合理性的经验基础是客观的、中立的观察语言。不可通约性论点大大动摇了这一信念。库恩和费耶阿本德等人指出，观察渗透理论，受理论污染。所以，观察不同，理论也不同；反之，理论不同，观察也不同。格式塔心理学实验证明，视网膜成象相同的人可以看到不同的东西，而视网膜成象不同的人也能看到相同的东西。汉森的科学史研究表明，在视觉印象相同的情况下，拥有不同理论的人可以有不同的观察结果。例如，拥护地心

① 参见 Davidson D. On the Very Idea of a Conceptual Scheme//Adler J E, Rips L J, eds. Reasoning: Studies of Human Inference and Its Foundations. Cambridge: Cambridge University Press, 2008: 986-994.

② 参见 Feyerabend P. Against Method: Outline of an Anarchistic Theory of Knowledge. London: New Left Books, 1975: 271.

③ 参见 Feyerabend P. Changing patterns of reconstruction. The British Journal for the Philosophy of Science, 1977, 28(4): 351-369.

说的第谷看到太阳向地平线上方移动，而拥护地动说的开普勒则看到地平线在太阳下滚动，尽管他们的视觉印象相同。奎因的语言学研究表明，凭经验观察，不能确认某种异族文化的成员划分世界对象的方式是否和我们一样，甚至不知道他们是否将世界划分为各种对象类。这些研究得出一个共同的结论：感觉与知觉之间以及基本词汇、知觉与对象之间都不存在固定不变的联系，客观的、中立的观察语言是没有的。

　　费耶阿本德重点批判了逻辑主义在理论和方法上的一元主义，主张理论多元和方法多元。费耶阿本德抨击事实自主原则，认为事实不是独立自主的，不是与描述它的理论无关的。不能把事实看成衡量理论是否成功的唯一标准，因为任何事实中都隐含着未经检验的假设，而以这样的假设去反驳一个理论是不对的。观察与事实之间的关系并不像传统的看法那样简单。事实在不同理论中的意义是不同的，而且这种意义还伴随着理论的变化而变化。每一个理论都有自己特殊的经验，不存在多种理论或所有理论的共同经验，更不存在作为理论比较基础的观察词汇。不同理论中的问题、方法和解释都不同，因此也不存在判定事实归属和作用的普遍标准。要发展理论，就必须把它与其他理论相比较，而不是与事实相比较。为此，费耶阿本德反对理论上的一元主义，主张理论多元。他认为，理论可以承受与经验事实不一致的压力而存在和发展，允许与事实不一致的其他各种理论存在和发展。与库恩把理论多元限制在前科学阶段不同，费耶阿本德的理论多元贯穿科学发展的始终，这本可以为不同理论之间的比较提供更广阔的空间，但由于费耶阿本德没有测量进步的统一标准，又使得这种比较成为不可能。

　　费耶阿本德不承认存在普遍的方法论原则，有归纳法就有反归纳法，不能保证哪一种方法是最有效的，任何方法都有局限性。承认存在普遍的方法论原则，就是用超历史的逻辑范畴来规范和解释科学知识，而科学本身的真实的历史发展是复杂的，不能用简单的逻辑关系来把握和刻画。科学史表明，引进一个与某个有效规则相对立的规则往往是必要的，科学家不仅是理论的发明者，也是事实、标准和合理性形式的发明者。科学家不需要方法论者或理性主义者给他一些规则，不依靠确定的规则行事。科学研究的合理性由科学家自身的行动来决定。为此，费耶阿本德反对方法上的一元主义，主张方法论多元。不存在指导科学实践的普遍有效的方法论规则，单独采用某个特定的规则或方法只会阻碍科学进步。要认识世界，就必须采用一切方法、一切手段。唯一不阻碍科学进步的永恒的原则是：怎么都行。①方法论多元所导致的一个必然结果是，任何用某种方法来证明科学理论的企图都注定要失败。

库恩和费耶阿本德的不可通约性概念在最根本上是一致的，都否定用一种中立的语言陈述两种理论，否定在它们之间作纯客观的比较或把它们与自然界作纯客观的比较的可能性。当然，他们的观点也有细微的区别，库恩强调某个术语或一组术语在不同理论中的差异性和不可翻译性，而费耶阿本德更强调理论变化所导致的所有术语的意义的整体变化。需要注意的是，不可通约性并不简单地等同于不可比较性。库恩和费耶阿本德都承认理论比较的可能性，只要不是针对意义的比较，在其他方面，理论比较是可能的，如产生一个特定观察语句的因果关系、某些审美标准等。可惜的是，他们大力宣扬术语意义的不可比较性，而对其他方面的可比较性并没有进行深入的探讨。他们旨在动摇科学进步的逻辑合理性模式，这为确立科学进步的历史合理性模式开辟了道路。

二、合理性观念的根本转变

不可通约性论题引起很多哲学家的疑虑和反对。波普尔、拉卡托斯、图尔明（Toulmin）、夏佩尔（Shapere）②等人都指责库恩陷入了相对主义和非理性主义。如果不可通约性论题成立，事实和逻辑不能决定理论选择，理论选择岂不是非理性的吗？如果没有客观根据和是非标准，如何断言一个范式比另一个更进步呢？

其实，库恩并不反对合理性，他反对的只是逻辑合理性。库恩力图阐明的是一种反传统的全新的合理性，即历史合理性。库恩强调理论选择的复杂性和艰难性，指出范式之间的争端只有在历史过程中才能得到解决。

库恩指出，新范式刚开始时很弱小，在证据支持程度和其他方面不一定比得上旧范式，按逻辑主义的合理性标准，新理论一出现就会被扼杀。但科学史

---

① 参见 Feyerabend P. Against Method: Outline of an Anarchistic Theory of Knowledge. London: New Left Books, 1975: 23.
② 又译为"夏皮尔"。

表明，新范式取代旧范式是由于起初有几个人接受它、发展它、完善它，而正是这几个人的"不合理"行为（不顾大量证据，依据美感、个性、荣誉等非理性因素）促进了科学的发展。

库恩也并不把非理性因素看成判断是非的标准。他说，大多数科学家是以经验证据为准则选择范式的，他们通常不会理会新范式最初几个支持者的口干舌燥的宣传、劝说，而继续忠于旧范式。只是在新范式发展到显示出足够的解题效力，积累了大量的有力证据之后，多数科学家才转向新范式。库恩反对把某种证据看成理论选择的唯一裁决者，因为任何证据，无论多有力，都难以说服所有人，即使新范式已得到大多数科学家的确认，也会有少数抵制者；而任何理由，无论多离奇，总会有支持者，尽管可能是少数。

在库恩看来，理论选择虽然并不遵从传统模式，但并非没有合理的理由。他指出：

> 我的多数读者猜测，当我把理论说成不可通约的时候，我的意思是说不能对它们进行比较。但是，"不可通约"是从数学中借用来的术语，在数学中，它并没有这种含义。等腰直角三角形的斜边与它的直角边不可通约，但是它们可以在所要求的任何精确度上进行比较，缺少的不是不可比较性，而是一个可对它们进行直接和精确度量的长度单位。在把"不可通约性"这一术语用于理论时，我的意思只是坚持说，能将两个理论完全表达出来，并因而可用来在它们之间作出逐点比较的共同语言是没有的。①

费耶阿本德也持有类似的观点，他说：

> 有许多对不可通约的框架进行比较的方式，科学家充分利用了这些方式……对某些幼稚的（以内容增长来描述说明、逼真性和进步的）哲学观点来说，不可通约性是一个困难，它表明这些观点无法用于科学实践。其实，它对科学实践本身并不造成任何困难。②

① Kuhn T S. Theory-change as structure-change: comments on the Sneed formalism//Butts R, Hintikka J. Historical and Philosophical Dimensions of Logic, Methodology and Philosophy of Science. Dordrecht: D.Reidel Publishing Company, 1977: 300-301.

② Feyerabend P. Realism, rationalism and scientific method (Volume 1): Philosophical Papers. New York: Cambridge University Press, 1981: XI.

库恩和费耶阿本德否认的不是理论比较的可能性，而是理论的逻辑比较方式，即把一种理论语言翻译成另一种理论语言，或以一种中性观察语言把两个理论的推断充分表达出来进行逐点比较。那么，如何对不可通约的理论或范式进行合理的比较呢？库恩尝试给出一些合理比较的标准，即一些好的理由。亨佩尔称这些好的理由为渴望之物。①

第一，精确性（accuracy）。理论应当精确，即在该理论范围内导出的结论应同观察实验结果相符。

第二，一致性（consistency）。理论应当一致，不仅内部自我一致，而且与现行适合自然界一定方面的公认理论相一致。

第三，广泛性（broad scope）。理论应当有广阔的视界，尤其是，理论的结论应远远超出它最初想要解释的特殊观察、定律或分支理论。

第四，简单性（simplicity）。理论应当简单，给现象以秩序，否则现象就会各自孤立，一片混沌。

第五，多产性（fruitfulness）②。理论应当产生大量新的研究成果，揭示出新现象或已知现象之间的未知关系。③

库恩认为，虽然这五种特征（characteristics）是不完全的，但都是评价一种理论是否恰当的准则（standard criteria）。库恩并不否认传统的看法：当科学家必须在现行理论与竞争理论之间进行选择时，这五种特征起着至关重要的作用，它们连同其他类似的特征提供了理论选择的全部共同基础。因此，不管什么时候要在两个相互竞争的理论之间进行选择，选取一种更能满足这些渴望之物的理论总是合理的。

但是，库恩对把这些渴望之物作为理论选择的精确规则持有一种悲观的态度。在库恩看来，人们在根据这些准则进行理论选择时通常会遇到下述两类困难。

首先，这些准则很模糊，很难给各种渴望之物和满足这些渴望之物的整体

---

① 参见 Hempel. Valuation and objectivity of science//Cohen R, Wartofsky M. A Portrait of Twenty-five Years: Boston Colloquium for the Philosophy of Science 1960–1985. Dordrecht: D.Reidel Publishing Company, 1985: 295.

② 也有学者译为有效性。

③ 参见 Kuhn T S. The Essential Tension. Chicago: The University of Chicago Press, 1977: 321-322.

条件以严密的、适当的定义，这些定义一旦涉及计算现象的种类及理论解决问题的种类，就不可能得到解决。例如，人们对简单性有不同的理解，对简单性提不出恰当的一般性定义。有人建议，如果一种理论使用的基本假定较少，就较简单。库恩反驳说，不管一种理论使用多少假定，这些假定的合取都构成一个假定。库恩认为，定义理论的广泛性也很困难。因为理论所覆盖的事件的数目难以统计，一个理论所覆盖的事件类可以划分为任意数目的子类，而每一子类的现象都在理论覆盖的范围之内。总之，库恩对给出渴望之物以精确的一般性定义不抱任何希望。

其次，对于两个竞争的理论，一种准则支持其中一个理论，另一种准则可能支持其中另一个理论。例如，对于精确性和广泛性这两种准则，精确性支持氧化理论，因为氧化理论能够说明化学反应中所观察到的数量关系，而燃素说从未尝试过这种说明；广泛性支持燃素说，因为与氧化理论不同，燃素说能够说明为什么各种金属之间比金属与孕藏该金属的矿石之间更相似。一致性和简单性也有矛盾。作为天文学理论，托勒密地心说和哥白尼日心说都存在内在一致性，但与其他领域有关理论的关系迥然不同。地心说要求地球处于中心静止的位置上，是组织严密的学说，是已有物理学理论的必要组成部分，它解释了石头怎样下落，抽水唧筒如何作用，云为什么慢慢飘过天空；日心说要求地球动起来，就与这些地面现象的现有解释不一致。因此，在地心说和日心说之间，一致性支持地心说。但是，简单性偏向日心说。如果按照预测行星在一定时刻的位置所需实际计算量对这两个系统进行比较，哥白尼并没有为天文学家提供任何节约劳动的技术，就此而言，两个体系在简单性上可以看作是等价的。如果按照解释行星运动的总的定性特点——受限的延长线、逆行运动等——的数学机制的数量来比较，则哥白尼理论更简单，因为哥白尼只需要一个圆周，而托勒密则需要两个。

因此，在库恩看来，他所提到的五种理论选择的准则并不是传统所期望的客观标准，只是理论选择的价值标准。虽然像精确性、广泛性、多产性等价值是科学的永恒属性，但是这些价值的实际应用，或相对重要性都随时间和应用领域的不同而发生显著变化。而且，许多价值上的变化同科学理论的特定变革有关，理论变革影响价值，从而导致价值变化。价值较难获得哲学上的论证，它们从经验中获得，并随经验而变化。精确性越来越指明量的或数的一致，有时却忽略了质的一致。在近代初期以前，精确性只是天文学的准则，后来才扩展到机械力学、化学、电学、热学和生物学等领域。实用性（utility）也是在科学发展中必然形成的，但对化学家比对数学家和物理学家更有利、更稳定①。广泛性虽然是一种重要的科学价值，但重大的科学进展往往以放弃广泛性为代价，其相对重要性也大大减少。

很多人批评库恩把理论选择归结为主观的因素，搞成"心理学问题"。库恩为回应这种批评，开始重视理论选择的标准问题，认为每个人在相互竞争的理论之间进行选择，都取决于客观因素和主观因素的混合，或共有准则与个人准则的混合。②库恩把渴望之物归入科学共同体的意识形态中。但是，并不是所有单个科学家都以相同方式运用相同的价值标准，所以即使科学家具有共同的意识形态，也可能在同样的具体情况下作出不同选择。另外，库恩又坚持认为，科学家最终确实会形成一种一致意见，以决定选择某个理论，但这种一致决定不可能受明显的理论选择规则的支配，它最终取决于共同体的共同信念和共同职业标准。

库恩的分析不能令人满意，在理论比较和选择的问题上他并没有真正找到主观因素和客观因素相统一的一般标准。库恩认为渴望之物不可被定义，似乎不精确的表述、意义和权重的变化是渴望之物的本质特征。这一结论过于轻率。例如，在分析简单性时，如果我们分清单一假定和复合假定，规定单一假定是相对独立的不能再分解的假定，而复合假定是单一假定的合取，那种把任意数量的假定用合取归结为一个假定的反驳就没有力量。在分析广泛性时，库恩忽视了一个以解题为核心的分层分类的问题，对于这样需要深入研究的重大问题，库恩却简单地给出否定性答案。至于一些理论选择准则之间的矛盾只能表明单一的标准不是理论选择的充分条件。这种表面上的矛盾会随时间的发展和理论的进展而得以消解。哥白尼理论最初不能解释的那些现象后来由于相关理论的发展而得以解决。当不同的标准支持互相竞争的两个不同理论时，只能表明两个理论都具有科学性和追求的价值。理论选择最终取决于各种标准的综合效应。

---

① 库恩没有把实用性放入他的价值或准则列表中，但在分析这些价值时谈到实用性。参见 Kuhn T S. The Essential Tension. Chicago: The University of Chicago Press, 1977: 335.

② 参见 Kuhn T S. The Essential Tension. Chicago: The University of Chicago Press, 1977: 325.

在科学标准的问题上，应当建立一种主观因素和客观因素自然融会的一般的模型体系，以便真正地把科学的描述性和规范性统一起来。库恩在标准问题上的主观和客观因素的混合并不自然，他最终还是把理论选择纯粹归入意识形态、信念、职业标准之中，这不可避免地导致描述性走向极端而丧失了规范性。

逻辑合理性是一个狭隘的抽象合理性概念，它不能恰当地处理科学变革过程和理论选择过程的各种复杂考虑，从而把大部分科学决定和科学信念都归入非理性范畴。库恩希望打破这种狭隘性，揭示合理性理论的缺陷，对此加以调整或改变，以说明科学发展的真正原因。[①] 在库恩看来，一切有利于常规科学的发展、有利于科学革命的行为都是合理的。因此，对于科学家实际做出的理论选择的合理性必须给以描述性说明。对于方法论，库恩和费耶阿本德都采取了实用主义观点，突出强调方法论论断的描述性方面。他们认为，一个充分的方法论理论必须从实际科学探求行为的历史研究以及社会学和心理学研究中得到，只有经过恰当描述和说明的论述才能真正解释理论选择或科学进步的合理性。

库恩和费耶阿本德批判逻辑合理性，试图扩大合理性的范围，这是值得肯定的。他们使人们认识到，逻辑的合理性或形式的合理性仅仅是合理性的一部分，而且可能是一个不重要的部分，在科学方法的形式化行不通或不成功的地方，非形式的合理性常常起着关键的作用。但是，他们对理论选择和科学进步的合理性说明采取了历史主义的描述立场，过分强调非形式的合理性，完全否认了任何形式的合理性。他们最终把科学方法论和科学合理性研究等同于科学社会学和科学心理学，这就从逻辑合理性极端走向了历史合理性极端。

三、历史主义的科学进步观

库恩和费耶阿本德反对逻辑主义的累积性的科学进步模式，这种模式使科学进步采取日益接近真理的形式。他们认为，科学进步的目标不是真理，而是理论或范式解题效力的提高。费耶阿本德把科学看成人所发明的应对环境的工具之一，认为它不是唯一的工具，也不是绝对可行的。[②] 库恩认为，范式不是关

---

① 参见 Lakatos I, Musgrave A. Criticism and the Growth of Knowledge. Cambridge: Cambridge University Press, 1970: 264.

② 参见 Feyerabend P. Changing patterns of reconstruction. The British Journal for the Philosophy of Science, 1977, 28(4): 351-369.

于客观世界的知识，只是科学家从事科学创造活动的精神武器，是解决难题、应对环境的实用工具。工具只有好坏之分，没有真假之别。库恩不承认科学进步是对真理的逼近，不承认科学家发现了自然真理，或愈来愈接近真理，坚决主张放弃任何愈来愈接近真理的观点。[①]库恩看到，新理论之所以比旧理论好，不仅在于它在发现和解决问题的意义上是一种比旧理论更好的工具，而且还在于它是刻画自然界真实状况的更好的工具，牛顿力学无疑改进了亚里士多德力学，爱因斯坦理论无疑改进了牛顿理论。但是，库恩始终看不出在它们的前后相继中有什么本体论意义上的进展。[②]因此，库恩排斥逻辑主义的科学进步模式，甚至不相信存在其他任何进步模式。库恩建议把科学看成一个类似于达尔文进化论的进化过程，它不需要设置任何最终目标。库恩和费耶阿本德试图抛弃逻辑主义的真理概念，代之以解题概念，希望以此消解许多棘手问题，但是，事与愿违，我们将看到，新的棘手问题又产生了。

库恩科学哲学的基本意向不是静态地考察知识，而是研究知识的动态发展，研究科学进步的模式和动力。但是，与波普尔强调进步过程中的质变不同，库恩坚持进步过程中的量与质的交互变化。库恩反对把科学与非科学绝对对立起来，认为非科学实际上是前科学，其特征是学派林立、百家争鸣；前科学可以转化为成熟的常规科学。在常规科学阶段，科学共同体遵守并运用同一范式进行释疑活动，即解决范式规定的问题和遇到的反常。在这一阶段，科学家集中注意范式所规定的较为深奥的问题，避开争论，从事深入、细致的研究，产生大量成果。在物理学发展中，由于牛顿范式的指导，流体力学、分析力学、分子运动论、统计力学以及库仑定律、欧姆定律等才发展起来，在短短的二百年中为现代科学奠定了坚实的基础。

常规科学阶段的释疑活动似乎抓住了理论解决问题的功能。库恩要求同一范式下可接受的新理论满足两个基本条件。第一，新理论必须解决某些突出的、受到普遍关注的，以及其他方式不能解决的问题。第二，新理论必须有望保存旧理论相当大的一部分解决问题的能力。科学进步就在于能解决更多的难题，

---

① 参见 Kuhn T S. The Structure of Scientific Revolutions. Chicago: The University of Chicago Press, 1962: 176.

② 参见 Kuhn T S. The Structure of Scientific Revolutions. Chicago: The University of Chicago Press, 1962: 206.

更准确地解决难题。这似乎启发了后来劳丹提出的解决问题的科学进步模式，但与劳丹不同，库恩并未深入研究理论的这一重要功能，库恩的解题观深深地局限于他的科学共同体范畴。在库恩那里，哪些是难题，难题是否得到解决或准确的解决都只能由科学共同体决定，在不同的科学共同体之间也没有统一的、规范的评判标准。这样，不同的共同体对进步就会有不同的看法。那么，到底什么是进步呢？难道没有一种跨共同体的统一的、规范的标准去谈论进步吗？

在库恩看来，范式指导下的释疑活动迟早会遇到越来越多的困难，乃至一再失败而不得其解。例如，在化学史上，燃烧金属的增重问题到后来越来越难以理解，人们在燃素说范式下精心设计的许多方案，如舍勒（Scheele）的"火焰空气"说、普里斯特利（Priestley）的"脱燃素空气"说等，都无济于事。这时，人们就会把失败归咎于范式本身，开始争论最根本性的问题，从哲学上或基本原理上提出各种解决方案。人们在采纳何种新范式上争论不休，但最终总有一种新范式脱颖而出，以取代旧范式，如日心说取代地心说，氧化说取代燃素说。这就是科学革命，科学革命是范式的更替。

常规科学经由科学革命发展为新的常规科学。科学共同体在新的范式指导下，从事新的释疑活动。直至出现新的危机，再次爆发科学革命。这一过程周而复始。这里，范式成了划分科学进步不同阶段的关键范畴。库恩理解科学进步的方式较逻辑主义者有更加开阔的视野。不难看出，库恩的进步模式中有两种进步。其一是常规性进步，即在常规研究中的进步。这种进步是累积性的，有确定的逻辑标准或方法论标准。其二是革命性进步，即新范式取代旧范式的进步。这种进步固然是有理由的，却是跳跃性的，没有确定的逻辑标准或方法论标准。科学家始终在范式的支配下进行研究，放弃一个范式就意味着接受另一个范式。导致科学家作出这一决定的理由虽然不是逻辑的，但也不是没有规范的，因为仍然存在范式与自然的比较以及范式之间的比较，而比较是有标准的。[①]

旧范式并非由于"证伪"而被淘汰。新范式取代旧范式的必要条件是旧范式指导下的释疑活动出现危机，但是，仅仅出现危机是不够的，只有当新范式及其指导下的释疑活动越来越成功以后，旧范式才会被慢慢淘汰。新旧范式及

---

① 参见 Kuhn T S. The Structure of Scientific Revolutions. Chicago: The University of Chicago Press, 1962: 77.

其理论之间在逻辑上不相容，科学革命前后理论间不可通约或不可翻译。新理论能够得出与其先行理论的预测不同的预测；新理论和旧理论即使使用的词汇相同，这些词汇的意义也不会相同。

旧理论向新理论的转换没有逻辑的道路，没有客观的标准，这种转换是整体性的，是科学共同体的信仰的转换，团体的赞成、狂热的宣传等对这种跳跃式进步十分重要。这类似于格式塔转换。这一过程对长期坚持旧范式的科学家来说是很痛苦的。普里斯特利到死都坚持燃素说，不肯接受拉瓦锡（Lavoisier）的氧化说。这表明他无法实现格式塔转换。这对于科学发展是不利的。所以，库恩曾引用物理学家普朗克（Planck）的话说，一个新的科学真理并不是靠使他的反对者信服而胜出的，而是因为它的反对者死了，熟悉它的新一代成长起来了。[①]

库恩充分强调范式作为认识工具和行动指南的重要意义，充分强调心理的、社会的因素对科学认识的影响，这在一定程度上反映了科学史的实际。但是，由于库恩是在工具主义的意义上谈论科学进步的，他否认了科学的客观真理性，这就使得其历史主义科学观带有浓厚的相对主义和主观主义色彩。

费耶阿本德也是历史主义科学观的代表人物，但他不完全同意库恩的观点。在费耶阿本德看来，科学进步并非像库恩总结的那样简单。库恩关于常规科学和科学革命的划分并无道理。在科学发展中，常规科学和科学革命没有时间上的先后关系，它们同时并存于科学发展的始终。科学进步的动力也不是库恩所说的释疑活动，而是各种不同观点的相互作用。

费耶阿本德的科学进步图景是由两个原理描绘的，即韧性原理（principle of tenacity）和增生原理（principle of proliferation）。韧性原理要求科学家坚持某种很有希望的理论，不能因为该理论与经验不符就轻易放弃它，要保护它，给它以喘息的机会，以便对其本身加以调整，使其在新的基础上与经验相符。科学家应当从大量理论中选择这样的理论：该理论有望产出最丰富的成果；即使该理论遭遇相当大的实际困难，也要坚持这一理论。[②]

---

① 参见 Planck M. Scientific Autobiography and Other Papers. Gaynor F(trans.). London: Willian & Norgate LTD, 1950: 33-34.

② 参见 Lakatos I, Musgrave A. Criticism and the Growth of Knowledge. Cambridge: Cambridge University Press, 1970: 203.

为什么要遵循韧性原理？在费耶阿本德看来，韧性原理的合理性在于理论有发展能力，能得到改进，而且它们最终可能会克服它们的最初形式所不能克服的那些困境。而且，谨慎的态度是，我们不能过分相信实验结果。[①] 因为，我们遇到的反例并不表明一个新理论注定要失败，只是表明它目前还不能与科学的其他方面相适应。[②] 确实，理论与经验不符的原因很复杂，错误可能在经验那一方，也许它受到某种理论的污染，也许是由观测不准确造成的。而且，理论的合理内核要发展成熟或为人所知都需要一个过程。韧性原理直接针对的是波普尔的"证伪主义"，如果一个理论一遇反例就被证伪，那么再好的理论也会被扼杀在摇篮中而无法得到发展。

韧性原理保证科学家坚持和发展一个有前途的理论，但并不反对科学家提出新的理论。所以，费耶阿本德又提出增生原理作为补充。在采纳了韧性原理后，科学家不再利用难缠的事实放弃一个理论 T，即使这些事实十分清楚。不过，科学家可以利用其他理论，这些理论也有和 T 一样的困难，但也提供有希望解决的办法。科学家可能变革范式，引进和阐明对 T 的另一种取舍办法，那就是增生原理。[③]

增生原理要求科学家在遇到理论与经验不一致时对理论进行调整，从而衍生出许多不同的理论，形成理论竞争的繁荣局面，推动科学无止境地发展。增生原理鼓励科学家大胆研究，启发创新思维，改变认识方法，这可以帮助其认清和消除旧理论的偏差，推动科学不断进步。同时，增生原理也提醒科学家保护理论和学派的多样性，反对权威主义和教条主义，鼓励学术竞争。

与库恩强调释疑活动的科学进步模式不同，费耶阿本德的进步模式强调韧性和增生的相互作用。费耶阿本德指出，韧性和增生相互作用、相互补充，构成科学进步的本质特征。"一门科学，它要发展我们的思想，并以合理的方法来消除甚至是最基本的那些猜想，就必须同时运用韧性原理和增生原理。"[④] 即使面

---

① 参见 Lakatos I, Musgrave A. Criticism and the Growth of Knowledge. Cambridge: Cambridge University Press, 1970: 204.

② 参见 Lakatos I, Musgrave A. Criticism and the Growth of Knowledge. Cambridge: Cambridge University Press, 1970: 205.

③ 参见 Lakatos I, Musgrave A. Criticism and the Growth of Knowledge. Cambridge: Cambridge University Press, 1970: 205.

④ Lakatos I, Musgrave A. Criticism and the Growth of Knowledge. Cambridge: Cambridge University Press, 1970: 210.

对困难，我们也必须允许保留旧思想，但也必须允许引进新思想；我们每个人都能培养自己的爱好，但也必须提高自己捍卫更高意识水平的能力。

韧性和增生之间的相互作用既体现了科学发展的连续性，又能增加科学发展中的突破性倾向。理论增生不是后于科学革命，而是先于科学革命，它能扩大反常，推动科学进步。在科学进步中，释疑活动不能代替理论增生，它只是理论增生的补充。成熟科学是两种哲学传统的结合，即韧性所象征的挖掘某一理论潜质的传统和增生所象征的多元主义传统。

费耶阿本德的科学进步模式可以看作是对库恩模式的补充，也具有一定的辩证色彩，但费耶阿本德对这一模式的解释被很多批评者指责为相对主义、机会主义和非理性主义。韧性和增生本来是理性的方法，但费耶阿本德却特别看重其中的非理性因素，如"吸收荒谬的知识""疯子的胡思乱想"等。① 费耶阿本德还从中导出极端的多元主义方法论。他认为逻辑实证主义和波普尔的证伪主义，甚至库恩的范式，都是一元主义的方法论，都应该加以批判。费耶阿本德用他的多元方法论反对一元方法论。他认为科学方法的唯一原则就是"怎么都行"。多元方法论本身并非不符合科学实际，但如何在认可多元方法论的同时能够解释科学中可能达成的意见一致则是费耶阿本德理论需要突破的短板。

与库恩不可通约性论题局限于某些不可翻译的术语不同，费耶阿本德的不可通约性论题从整体论上强调前后理论的所有术语意义的变化。费耶阿本德和库恩都不承认"不可通约"等同于"不可比较"，但对于新旧理论在逻辑上的矛盾或不相容，对于科学中存在的评价进步的一般的、规范的合理性标准，以及科学探索真理的功能，他们或者不能给出清晰的说明，或者干脆予以否认。② 费耶阿本德把科学看作"无政府主义的事业"，把非理性的宗教、社会和心理的东西引进科学中，意在强调在科学研究中运用多元方法的合理性，但科学向真理收敛的特征③ 无法得到说明。库恩和费耶阿本德的历史主义的科学进步观构成了

---

① 　参见 Feyerabend P. Against Method: Outline of an Anarchistic Theory of Knowledge. London: New Left Books, 1975:33, 53.

② 　参见 Lakatos I, Musgrave A.Criticism and the Growth of Knowledge. Cambridge: Cambridge University Press, 1970: 219-229.

③ 　针对同一问题的回答可能产生很多不同的竞争理论，这些理论甚至可能在基本概念上不一致、冲突，但随着时间的推移和研究的持续，其中某个理论在某段时间内可能被广泛接受，成为一家独大的理论。这是科学的收敛特征，是真理的一种外在表征。

一幅科学活动和理论竞争的生动图景，在一定程度上描述了科学动态发展的特征。但是，库恩和费耶阿本德的历史主义进步观重描述而轻规范，对于科学中意见一致和意见分歧的形成和转化缺乏合理的解释。

第三节　科学进步的解题合理性

一、劳丹的研究路线和基本策略

科学进步的逻辑合理性把逻辑和经验作为判断科学是否进步的唯一标准，并倡导一种累积的科学进步观，这些都遭到科学史的大量反驳。面对这种传统模式的失败，有以下三种可能的选择路线。

（1）在传统逻辑合理性模式的框架内进行一些尚未被发现的细微的修改，对科学进步的经验基础和逻辑标准进行进一步的阐明和辩护，以此证明传统模式是一个有价值的合理性模式。

（2）放弃传统的逻辑合理性模式，将科学进步的评价完全植根于历史的实践中，否认有所谓超历史的、普遍的、中立的合理性标准。这种历史合理性模式最终导致将大量非理性因素看成是合理的，它过分强调描述性，而忽视规范性。

（3）设法避免导致逻辑合理性模式失败的关键预设或基本假定，重新分析科学进步的合理性，寻求一种将规范性和描述性结合起来的科学进步的合理性模式。

拉卡托斯、萨蒙（Salmon）、欣蒂卡（Hintikka）等做出了第一种选择，劳丹称赞他们的坚毅品格和创新精神，但认为他们仍然未能克服波普尔、卡尔纳普和赖欣巴赫等所遇到的大部分困难。

库恩和费耶阿本德选择了第二条路线，这条路线受到以历史为研究方向的思想家们的欢迎。这种选择导致出现基本上把科学决定看作是行政和宣传的影响的结果，其中声望、权力、年龄和辩论口才对相互竞争的理论选择起着明显的决定作用。劳丹认为，库恩和费耶阿本德的结论过于仓促，他们把大量非理性因素引入合理性模式中，而没有考虑是否有更好的合理性模式。

在劳丹看来，第一条路线似乎没有希望，第二条路线又不成熟，他选择了第三条路线。劳丹主张放弃一些传统的语言和概念，如确证度、解释内容、确认等，因为理论的合理性和进步性不与该理论的证实或证伪密切相关，而是与理论解题的有效性紧密相关。他将库恩常规科学时期的解谜活动充分加以发掘，让解谜活动贯穿科学发展的始终，把解决问题作为合理性的核心要素，使解题上升到科学哲学的空前高度，从而对科学本性有了一套不同的理解。他承认有一些重要的、非经验的，其至在通常意义上"非科学"的因素在科学的合理发展中起着作用。很多科学哲学家习惯把合理分析的基本单位看成是单个理论，这很容易导致对科学进步和科学评价的性质做出错误的判断，因而，劳丹提出研究传统概念，在库恩的范式、拉卡托斯的研究纲领基础上发展了对大理论的分析。劳丹还突破了传统把科学家对理论的认知态度限定为接受和拒斥这一范围，指出合法认知态度除了接受和拒斥，还应包括考虑和追求，因而不仅存在"接受的合理性"，还存在"追求的合理性"。这是一种注重历史的自然主义态度。

劳丹希望为发展科学进步理论扫除两个主要障碍。第一个障碍是关于科学进步和科学合理性的传统观点。这种观点认为，进步必定是时间性概念，而合理性可能与时间，即与它的历史渊源无关。因此，合理性优先于进步性，进步性依赖于合理性。所谓进步就在于连续地接受最合理的理论，对一系列个人的合理选择进行时间性的描述。要想进步，就要坚持一系列不断增长的合理的信念。劳丹对这种传统观点深感不安，认为这种观点是用含糊不清的合理性来解释本来很容易理解的进步，更为严重的是，没有任何令人信服的论证表明，为什么应该用合理性解释进步性。劳丹的策略是，把人们通常所设想的进步对合理性的依赖关系颠倒过来，即认为"合理性在于作出最进步的理论选择"。[①]这样，进步成为界定合理性的更基本的概念，因为进步可以比合理性优先得到更清楚的解释。这种理解有助于我们获得一个更清晰的科学进步模式，从而能够用科学的进步来定义科学信念的合理接受，并获得对科学性质的新见解。

---

① 参见 Laudan L. Progress and Its Problems: Towards a Theory of Scientific Growth. Berkeley: University of California Press, 1977: 6.

第二个障碍来自这样的一般假定，即认为进步是累积性的，仅当知识通过累积而增长时，才出现进步。累积进步观不论在历史上还是在概念上都存在难以克服的巨大困难。为了克服这个困难，劳丹希望给出不要求累积发展的科学进步的定义。在实现这个设想之前，为防止误解，他强调两点：第一，只为何时产生进步找到一个客观标准，不讨论有关进步的感情方面的因素；何为进步的问题完全不同于进步在道德上和认知上的价值问题。另外，"进步"只是认知上的进步，是科学理性目标方面的进步，不包括物质生活或精神生活条件的改善。第二，关于科学合理性和进步性的讨论应与科学的实际发展过程相关，而且能应用于科学的实际发展过程中。所以，说明和检验哲学主张的更好办法是采用大量的实际历史案例。由此看来，劳丹希望以一种历史的态度和方式追求逻辑合理性模式的那种客观性理想。

二、劳丹的科学进步观

（一）科学通过解决问题而进步

劳丹反对把为科学先验地预设一种绝对不变的真理作为终极目标。因为从巴门尼德、柏拉图、康德（Kant）到现代逻辑主义的预设主义者都先后失败了，没有任何一种知识体系成为一种确定不变的真理。针对波普尔的逼真性定义，劳丹指出，这个定义与科学发展的实际不符。逼真性要求后继理论继承和发展先前理论的合理内容，但科学史表明，后来的光的波动说并没有继承先前的微粒说的内容，而是全部抛弃了它的内容；后来的莱尔（Lyell）的均变说也没有继承居维叶（Cuvier）的突变论的内容，也是完全抛弃了它的内容。另外，逼真性在语义学和知识层次上也面临众所周知的困难。很多人乐此不疲地追求真理或逼真性，这也许是高尚的、有启发性的，却是遥不可及的。要解释科学理论是（或应当是）如何得到评估的，真理或逼真性并不是十分有用的。[①]

劳丹相信科学是一项合理性的事业，不可能像费耶阿本德所说的那样，只是一片知识杂乱无章地增长的海洋。虽然真理或逼真性难以企及，但科学目标不可或缺。我们设置的科学目标在原则上可以达到，而且它们还能使我们断定

---

① 参见 Laudan L. Progress and Its Problems: Towards a Theory of Scientific Growth. Berkeley: University of California Press, 1977: 127.

我们是否达到它们或正日益接近于达到它们。只有这样，我们才有希望对科学进步的特性进行刻画。^①劳丹承认，科学的目标不是单一的，而是多样的，科学家从事科学的动机更是多样的，各种目标在不同程度上都能为科学进步提供一定的说明，但它们在说明科学的合理性时会遇到很多困难。相比之下，劳丹认为他的解题科学观比其他科学观更有希望阐明科学最重要的特征。科学旨在解释和控制自然；科学家追求真理、影响力、社会效用、声望等目标。这些目标能够用于并且已经用于提供一个认识框架，使得人们可以在此框架中尝试解释科学的发展和性质。与这些认识框架相比，解题科学观更有希望抓住科学最重要的特征。^②解题科学观抓住了始终隐含在科学增长理论中的许多有价值的东西，而这些东西以前在很大程度上被忽略了。而且，解题科学观假定了一种不同于真理的、不是内在超验的目标，因而更接近认知过程。^③科学的目标不是追求真理，而是解决问题。一个理论是否能解决问题与真理或逼真度毫不相干。谁也说不清所谓的"接近真理"到底是什么意思，更谈不上提出评价这种接近性的标准了。^④如果科学进步在于追求一系列越来越接近真理的理论，那么证明科学进步就是不可能的，这样的努力也总是令人沮丧地失败；如果科学进步在于解决越来越多的重要问题，并且合理性在于作出进步的选择，那么我们就不难断定，一般科学或具体科学是否构建了一个合理的和进步的体系。劳丹的这种论证方式不仅可以避开波普尔逼真性概念所遇到的困难，还可以更好地解释科学史。

把科学的本质看成是一种解题活动使劳丹对科学进步的合理性获得了一种新的看法，他宣称，科学进步的合理性就在于后继理论能够比前驱理论解决更多的问题，同时避免或减少出现反常和概念问题。这样，劳丹突破了把科学进步目标与理论评价标准分离的传统观点，把目标和标准合二为一。他指出，科

---

① 参见 Laudan L. A problem-solving approach to scientific progress//Hacking I. Scientific Revolution. Oxford: Oxford University Press, 1981: 145.

② 参见 Laudan L. Progress and Its Problems: Towards a Theory of Scientific Growth. Berkeley: University of California Press, 1977: 12.

③ 参见 Laudan L. Beyond Positivism and Relativism: Theory, Method and Evidence. Oxford and New York: Westview Press, 1996: 78.

④ 参见 Laudan L. Progress and Its Problems: Towards a Theory of Scientific Growth. Berkeley: University of California Press, 1977: 125-126.

学进步的目标是追求解题效力最强的理论，而评价科学是否进步或理论选择是否正确也是看理论解题效力或有效性如何，以便优选出能解决最大数目的重要经验问题的理论。

什么是科学问题？波普尔、库恩等都强调科学问题的重要性，但没有对此进行细致的研究。劳丹第一次对科学问题进行了详细的分类研究，他把科学问题分为经验问题和概念问题两大类。经验问题直接来自人对自然的关注，如果我们对关于自然界的任何事情感到惊异，企图给出解释和说明，就构成了经验问题。例如，为什么重物会自然下落？玻璃杯里的酒精为什么很快就消散掉了？动植物的后代为什么酷似它们的父母？经验问题又分为未解问题、已解问题和反常问题三小类。未解问题指那些还没有被任何理论恰当解决的经验问题；已解问题指那些已经被某个理论恰当解决的经验问题；反常问题指那些某个理论没有解决，但该理论的竞争对手已经解决的问题。科学进步的标志之一就是把未解问题和反常问题转化为已解问题。

除了经验问题，还有一类更重要的但被长期忽视的问题，即概念问题。在劳丹看来，如果经验问题是一阶问题（first order question），那么概念问题则是用来回答一阶问题的概念结构或理论的良好基础的高阶问题（higher order question）。概念问题至少与经验问题同样重要，有时甚至比经验问题更重要。20世纪以来，科学中的重大争论不是围绕经验问题，而是围绕概念问题，如物理学的严重分歧主要集中在量子力学在"物质""实在""因果性"等哲学概念方面与经典力学的龃龉。概念问题分为两类，即内在概念问题和外在概念问题。内在概念问题指一个理论内部在逻辑上的不一致、不相容、模糊或循环论证；外在概念问题指众多理论之间的冲突或张力。消除这样的概念问题是科学进步的方式之一，科学家必须高度重视概念问题，否则对科学的描述将是不完善的。

对科学问题的阐明导致劳丹在一种统一的意义上把科学目标、解题效力和科学进步联系起来。科学目标就是尽量扩大已解问题的范围，并且尽量缩小反常和概念问题的范围。解题效力取决于理论已解问题的数量和权重，以及理论所产生的反常问题和概念问题的数量和权重。某个领域中科学理论解决问题的效力或有效性的增长是衡量科学在该领域内进步的最主要的标志。

（二）理论是科学进步的评价工具

劳丹坚持科学进步的合理性并为此寻求理论根据，并把科学理论的评价置于理论比较中进行。一个理论是否具有很高的解题效力或取得高度进步，只有在相互竞争的理论的比较中才能得到判定。我们是否有合理的理由接受或追求某个理论就取决于这种判定。劳丹不同意库恩和费耶阿本德的不可通约性论点，但他认为即使不同理论不可通约，也可以在理论间进行有效的比较，这是因为：第一，科学研究的大多数问题是独立于各种理论，并为它们所共有的，所以，即使没有中性的观察语言，人们仍然可以有意义地谈论关于同一科学问题的不同理论。这就是说，虽然我们找不到中性的观察语言作为评价理论的稳固的逻辑基础，但是，我们可以基于中性问题来比较理论的解题效力。第二，不同理论术语的含义不同，但并不妨碍人们通过它们内部术语上的一致性、连贯性、简单性和科学预见能力等来比较它们的进步性。

把这些科学进步中好的理由作为理论比较中的中性评价标准，不失为一种直觉上的深刻洞见，可惜的是，劳丹只是把它们作为弥补中性问题不足的补充标准，并没有给出明确的阐明（在这一点上不如奎因和库恩），更没有把它们看成解题的必要的不可分割的部分，从而使得科学进步评价中这些好的理由始终处在科学进步理论和合理性理论的边缘地带。

除了强调理论之间的可比性，劳丹还研究了构成理解和评价科学进步的主要工具，即所谓大理论——研究传统（research tradition）。研究传统是一系列关于"做什么"和"不做什么"的本体论和方法论规则，它决定什么是恰当的问题，什么是伪经验问题，它同时还产生概念问题；它通过本体论和方法论限制理论种类的范围，排除某些种类的理论；它在经验上不可直接检验，但它能帮助指导修改具体理论，启发构造新的具体理论，并通过构成它的具体理论恰当解决范围不断扩大的经验问题和概念问题，以提高这些具体理论的解题效力。研究传统对科学问题的范围和解答有着根本性的影响，因而研究传统从一个深刻的层面上成为解题效力的评价工具，并进而成为基于解题效力的科学进步的评价工具。但是，研究传统对上述进步性的第二方面产生作用的机制没有阐明，这是劳丹尚未开垦的处女地。

三、从"范式"到"研究传统"

（一）劳丹对"范式"的批判

库恩清楚地认识到，那些更一般、更普遍的理论或大理论（the more general theories, the more global theories, maxi-theories）和那些较为具体的理论或小理论（the more specific theories, mini-theories）有着不同的认知作用和启发作用。库恩可能是第一个强调普遍性理论的韧性（tenacity）和不屈品质（persevering qualities）的思想家，他还正确地驳斥了广泛假定的科学的累积特征①。劳丹承认并赞赏库恩对科学进步理论的上述贡献，但是，劳丹也指出，库恩以范式为核心的科学进步理论存在一些概念和经验上的突出困难。对范式的不满还来自其他科学哲学家。夏佩尔指出库恩在使用范式概念时存在许多不一致性，认为范式本身具有模糊和晦涩的特征。费耶阿本德和其他一些人则强调，库恩的"常规科学"不典型，不常规，不符合历史。还有许多批评家，因为找不到"危机点"（crisis point），批评库恩的危机理论是武断的。劳丹也敏锐地看出了库恩理论存在的其他严重缺陷。

（1）库恩忽视了概念问题在科学争论和范式评估中的重要性。库恩所认可的范式选择或评估其"进步性"的合理标准，是传统的实证主义的标准。在库恩的分析中，我们看不到对概念问题，以及概念问题与进步之间的联系所给出的任何认真的说明。

（2）库恩没有真正解决范式与其构成理论之间的关系这个关键问题。范式是蕴涵还是仅仅激发它的构成理论？范式与其构成理论之间的证明关系如何？谁最先产生？这些问题都是应当认真加以讨论的问题。

（3）范式结构僵化，这不利于范式在面临批评和反常时随时间进化。库恩给出了范式免受批评的核心假定，所以在范式与事实资料之间就不存在任何校正关系。范式的僵硬性与许多大理论随时间进化这一史实不符。

（4）范式或专业母质常常很含糊，从未得到充分阐明。这就很难理解科学史上的许多争论，因为科学家大概只能就明确表述的假定进行争论。范式的核

---

① 参见 Laudan L. Progress and Its Problems: Towards a Theory of Scientific Growth. Berkeley: University of California Press, 1977: 74.

心假定，并非如库恩学说的信奉者所认为的那样是不明确的。例如，对于牛顿物理学、达尔文生物学或行为主义心理学，目的论或方法论的框架一开始就很清楚。

（5）因为范式不清晰，只能通过其范例来识别，所以，在库恩看来，当两个科学家使用相同的范例时，根据事实本身，他们是相信同一个范式的。其实，不同的科学家往往使用相同的定律或范例，但在科学本体论和科学方法论的许多基本方面，他们却赞成完全不同的观点。[①]

（二）劳丹对"研究纲领"的批判

拉卡托斯提出超理论（super theories）或研究纲领理论，在很大程度上是为了回答库恩对传统科学哲学一些基本假设的攻击。劳丹认为，拉卡托斯的模式，在很多方面是对库恩模式的重要改进。与库恩不同，拉卡托斯考虑并强调在同一领域内几个可供选择的研究纲领同时并存的历史重要性。与库恩认为范式不可通约而难以比较不同，拉卡托斯认为，可以客观地比较相互竞争的研究纲领的相对进步性。比库恩更为进步的是，拉卡托斯试图解决超理论与构成它的小理论之间的关系这一棘手问题。

虽然认为研究纲领较范式有很大改进，但劳丹并不打算接受这一概念，他正确地看到，这一概念，除了改进的部分，其余不仅具有与范式一样的缺陷，还增加了新的缺陷。具体表现在以下几个方面。

（1）与库恩一样，拉卡托斯的进步概念完全是经验的，即认为对一个理论的唯一进步的修改是那些增加了理论断言的经验范围的修改。

（2）在构成研究纲领的小理论之间，拉卡托斯所允许的变化类型极其有限。在本质上，拉卡托斯只允许增加新的假定或在语义上重新解释术语。事实上，在绝大多数情况下，一个大理论中的小理论的更替既涉及增加假定也涉及删除假定，并且很少有能推导出它们先行理论的成功理论。

（3）研究纲领概念依赖于塔斯基 - 波普尔的"经验内容和逻辑内容"概念。拉卡托斯对进步的所有测度都要求对研究纲领的构成理论的经验内容进行比较。但是，没有任何历史案例表明拉卡托斯的进步定义是严格地适用的。

---

① 参见 Laudan L. Progress and Its Problems: Towards a Theory of Scientific Growth. Berkeley: University of California Press, 1977: 73-76.

（4）拉卡托斯认为理论接受基本上不合理，因为退步的纲领也可能转化为进步的纲领，所以不能把对进步的评价转变为关于认知活动的建议。结果在进步的理论与合理可接受的理论之间就失去了任何联系。

（5）拉卡托斯声称反常的积累对研究纲领的评价毫无影响，这一点与科学史严重不符。

（6）与库恩的范式一样，拉卡托斯的研究纲领的硬核也是僵化的，不允许作根本的变动。[①]

（三）劳丹提出"研究传统"概念

劳丹清楚地看到，试图理解大理论的性质和作用的努力遭遇很多分析上的困难和历史的困难。为了避免其先驱模式的那些困难，劳丹尝试构造了一个新的可供选择的科学进步模式，这就是研究传统（research traditions）模式。劳丹认为这个模式与库恩和拉卡托斯的模式之间存在很多相同原理，但也有相当大的差别。

研究传统有以下三个主要特征。

（1）每个研究传统都包含许多同时并存或前后相继的具体理论，它们阐明并部分地构成该研究传统。

（2）不同的研究传统赞成不同的形而上学和方法论。

（3）与具体理论不同，每一个研究传统都得到过各种不同的常常是相互矛盾的详细表述，并在一个相当长的历史时期中发挥作用。[②]

劳丹利用研究传统的这些特征对区别具体理论的大理论作了一些鉴别。他发现，符合这些特征的大理论就是本体论假定或方法论假定。例如，笛卡儿物理学的研究传统只假定物质和精神两个实体，排斥其他类型的实体；并且，这个传统还假定了实体的作用方式，即粒子只能通过接触发生作用。严格的牛顿研究传统只采纳归纳主义的方法论，只承认"归纳产生"的理论。研究传统的本体论成分和方法论成分虽然有时密切相关，但在大多数情况下，两者的联系

[①] 参见 Laudan L. Progress and Its Problems: Towards a Theory of Scientific Growth. Berkeley: University of California Press, 1977: 76-78.

[②] 参见 Laudan L. Progress and Its Problems: Towards a Theory of Scientific Growth. Berkeley: University of California Press, 1977: 78-79.

是微弱的。基于这种考察，他给研究传统下了一个初步的定义："一个研究传统是这样一套普遍性假定，它假定了一个研究领域的实体和过程，假定了一个研究领域中探究问题和构筑理论的恰当方法。"①

研究传统概念克服了库恩的范式和拉卡托斯的研究纲领的一些严重的困难，大大促进了对科学进步理论的研究。但是，研究传统理论仍然面临一些旧的问题，并且产生了新的问题。对于这些问题，笔者将在以后的论述中逐步展开。

（四）"研究传统"定义上的困难

劳丹给研究传统所下的初步（preliminary）定义，后来上升为一种标准（standard）定义。似乎还存在更好的定义来描绘研究传统的特征，劳丹清醒地认识到这一点。他指出，在科学中似乎也存在这样的传统和学派，虽然它们缺少本体论或方法论特征，甚至在某些情况下两个特征都没有，但是它们却有着真正理智上的一致性。例如，18 世纪的理论力学的传统几乎放弃了每一个可想象的形而上学和方法论传统，仅仅致力于对运动和静止的数学分析。19 世纪初叶法国重要的"分析物理学"传统似乎没有任何共同的本体论，尽管其支持者无疑有共同的方法论。20 世纪初的心理测验学传统似乎确信精神现象可以用数学手段表示出来。在当代，控制论和信息论似乎是对本体论没有恰当定义的学派。

对于上述这些具有理智上的一致性，但又缺少本体论或方法论特征的研究传统，劳丹的初步定义不能概括。劳丹一时不能解决，因而采取了一个"悬置"策略，即称已定义的研究传统为"标准的研究传统"，而称那些不能纳入定义的研究传统为"非标准（nonstandard）的研究传统"。那么，标准的研究传统与非标准的研究传统在本质上的共同性何在呢？为什么不能以共同的本质的东西来定义研究传统呢？不能说劳丹没有意识到这两点，他明确地提出了问题和希望：通过进一步的研究，是否能够证明这些非标准的研究传统具有本体论和方法论的成分；如果不能证明，这些非标准的研究传统是否在作用上区别于"较丰富的"研究传统，以上都是仍未回答的问题。对那些成熟的研究传统来讲太狭窄，

---

① Laudan L. Progress and Its Problems: Towards a Theory of Scientific Growth. Berkeley: University of California Press, 1977: 81.

而对具体理论来讲又太宽泛的研究单元，我们仍然需要做很多研究工作。[①]

劳丹已经在一定程度上意识到研究传统和具体理论的二分法不但不能完全刻画理论的丰富性和多样性，还会损害对"理论"分析的深刻性。这为解题模式的深入研究提出了一系列重要的课题：到底什么是"理论"？如何对理论进行细致地分类和刻画，使之尽量多地符合科学史？如何在不同层次的理论比较中理解科学进步和科学评价？

四、对解题模式的普遍关注

在劳丹于《进步及其问题》一书[②]中提出解决问题的科学进步的合理性模式后，该书立即引起科学哲学界的普遍关注。

美国哲学家尼克尔斯（Nickles）在 1980 年主编的《科学发现、逻辑和合理性》一书中评论说，可以期望，劳丹的《进步及其问题》在不久的将来会较之科学哲学的其他著作得到更多的批评性关注。[③]在那本书中，劳丹建议对科学活动作解释性的说明，它的哲学描述被认为是对库恩、费耶阿本德和拉卡托斯有吸引力的改变，其观点比夏佩尔等人的纲领阐述得更加充分。[④]

巴茨（Butts）称赞说，相对于拉卡托斯、库恩和费耶阿本德的理论，劳丹关于科学进步的专著又给我们提供了一个有用的，而且很成功的模式。[⑤]赫尔（Hull）认为，劳丹以前的其他科学模式对概念问题都没有足够的重视，但在劳丹的进步模式中，概念问题处在醒目的地位，它甚至比经验问题更重要，这是劳丹科学哲学的新颖之处。[⑥]

殷正坤高度赞赏劳丹对历史主义的发展，对科学进步、合理性的新的理解，对科学问题，特别是概念问题的深入研究，以及"研究传统"概念对"范式"和

---

① 参见 Laudan L. Progress and Its Problems: Towards a Theory of Scientific Growth. Berkeley: University of California Press, 1977: 106.

② 该书有不同的中译本，副标题的译法不统一，这里略去副标题。

③ 参见舒炜光，邱仁宗. 当代西方科学哲学述评. 北京：人民出版社，1987：250.

④ 参见 Nickles T. Scientific Discovery, Logic, and Rationality. Dordrecht: D. Reidel Publishing Company, 1980: 45-46.

⑤ 参见 Butts R E. Scientific progress: the Laudan manifesto. Philosophy of the Social Sciences, 1979, 9(4): 475-483.

⑥ 参见 Hull D L. Laudan's progress and its problems. Philosophy of the Social Sciences, 1979, 9(4): 457-465.

"研究纲领"的超越。殷正坤认为，劳丹把历史主义科学哲学的研究提高到一个新的水平，体现了开拓和进取精神。第一，他坚持科学是进步的、合理的，反对科学哲学中的非理性主义，同时批评科学哲学中正统的理性主义者们那种把科学合理性标准绝对化、形式化的预设主义观点，主张从一个新的角度来探讨科学合理性问题。第二，他对科学中的问题，即科学中的各种矛盾进行了详细的分类研究，强调概念问题在科学发现和理论评价中的重要性，弥补了经验主义科学哲学的缺陷，深化了波普尔和库恩的思想，更好地解释了科学进步的机制问题。第三，他提出的"研究传统"是与科学理论既有联系又有区别的科学结构单元。他对科学内部结构层次的描述比库恩的范式更为清楚，而且强调研究传统之间，理论之间，研究传统与理论之间多元的对应和竞争关系。这比范式一统天下的局面更为符合科学史的实际。第四，他强调研究传统自身的变化，即任何学说即使不被其他学说所取代，它的基本原理、基本观点也是可以变化和发展的，并不存在拉卡托斯"研究纲领"那种僵化不变的"硬核"，发展和变化是科学理论的精髓。[①]

张之沧和张继武充分肯定劳丹的科学进步模式，认为劳丹的进步模式比以往的累积式发展模式、非累积式发展模式和革命模式都更为符合科学发展的实际图景。他们认为，在劳丹所描述的科学进步模式中，既有累积式的进化，又有革命式的发展，前后相继的理论之间既有非连续的一面，也有连续的一面；在前后相继的研究传统之间既可能存在不可通约性，也存在着连续性，即可以对研究传统进行比较评价。劳丹的科学进步模式较归纳主义的累积式发展模式、波普尔的非累积式发展模式以及库恩的革命模式显然更全面、更准确和更辩证地反映了科学进步的实际状态。[②]

黄顺基和刘大椿基本肯定劳丹的科学发展模式，基本认同劳丹的理论评价观和研究传统论。劳丹理论与科学史所提供的事实相符合，对科学家如何评价科学理论具有一定的指导作用。他突破了传统科学哲学的合理性和用同一尺度估量的评价观，认为在具有同等解决问题效力的两个理论中，显然应选择有更大增殖前途的一个。[③]劳丹理论的基础是实用主义，但仍应肯定和重视其合理的

① 涂纪亮，罗嘉昌.当代西方著名哲学家评传.第3卷.济南：山东人民出版社，1996：319-320.
② 张之沧，张继武.科学发展机制论.石家庄：河北人民出版社，1994：436-437.
③ 黄顺基，刘大椿.科学技术哲学的前沿与进展.北京：人民出版社，1991：246.

因素和思想。例如，他明确地肯定并强化了本体论和方法论对具体科学研究的指导作用，明确地把本体论和方法论纳入研究传统中，并把它们看成整个研究传统的核心。① 刘大椿虽然认为劳丹把科学看成解决问题的工具，因而否认了科学认识的客观真理性，但也承认，劳丹的科学进步模式关注了科学理论发展过程中连续与间断、科学革命中批判与继承的关系。②

夏基松、罗慧生不认同劳丹的实用主义立场，但认为研究传统理论超越了库恩理论、拉卡托斯理论和夏佩尔理论。他们认为，研究传统理论是对库恩的范式理论与拉卡托斯的研究纲领理论的改造与发展。它的特点和优点是明确地肯定并强调了本体论和方法论对具体科学研究的指导作用。20 世纪 30 年代以后，逻辑实证主义把本体论和方法论斥为"形而上学"而逐出科学哲学之外，从而使西方的科学哲学陷入死胡同。50 年代以后，奎因重新承认"形而上学"对科学哲学的合法性，开始了西方科学哲学的"形而上学的复兴"。但是，无论是奎因还是后来的历史主义者库恩、拉卡托斯等人，他们都没有详细地讨论过本体论和方法论对实体理论研究的作用与意义。劳丹明确地把本体论和方法论纳入研究传统的核心，比较充分地肯定并研究了形而上学的作用与意义。尽管劳丹的理论基础是实用主义，但仍应肯定他这方面的优点。③ 他的研究传统继承了库恩理论中的"形而上学"因素，但比库恩的范式理论要灵活机动得多，这也是过分强调"信息"的夏佩尔理论所不如的。他的研究传统富于灵活性，能较好地调整与局部理论的矛盾，较能适应新事物的新要求。④

《进步及其问题——科学增长理论刍议》一书的中译本作者方在庆对劳丹学说作了一种描述性的评价，认为劳丹的研究与其他科学哲学家的研究一样，都是在科学史的险滩激流中构筑各自的解题大坝，不可能是完全客观的。他说，如果用个不十分恰当的比喻，即把科学的发展看作是在秀丽三峡的险滩和激流中行驶的船只，把我们所书写的科学史、思想史喻为葛洲坝修筑后在宽阔的长江中航行的游轮，那么可以说，任何一位研究者，面对他所处理的问题，不管他愿意与否，都会筑起自己心目中的葛洲坝，只有这样，他的研究才能进行下

---

① 黄顺基，刘大椿.科学技术哲学的前沿与进展.北京：人民出版社，1991：241-242.
② 刘大椿.科学哲学通论.北京：中国人民大学出版社，1998：131.
③ 参见夏基松，沈斐凤.西方科学哲学.南京：南京大学出版社，1987：265-266.
④ 参见罗慧生.西方科学哲学史纲.天津：天津人民出版社，1988：281.

去，但与此同时，他的研究不可避免地又是"失真"的。劳丹的研究也不例外。[①] 这一评价是对劳丹勇于探险的科学精神的赞赏，也表明了对劳丹理论的"失真"面的无奈。

但是，对劳丹理论的"失真"面的关注也很多。中国科学哲学界对劳丹理论的态度大都较为温和，基本上是在承认其优点的同时指出其缺点。中国批评家中对劳丹问题理论最早给出详细介绍和评论的是林定夷先生，他认为劳丹与波普尔尽管在问题观上存在巨大分歧，但都不愧为"20世纪伟大哲学家"[②]。但林定夷与许多外国批评家对劳丹的问题观提出严厉的批评，这些外国批评家有卡尔贝（Garber）[③]、加维（Jarvie）[④]、克里普斯（Krips）[⑤]、卡勒顿（Carleton）[⑥]、麦克穆林（McMullin）[⑦]、赛格尔（Siegel）[⑧]、萨卡（Sarkar）[⑨]等。可以把这些批评家的批评概括为下述几点。

第一，关于划界标准。科学与非科学和伪科学的界限在哪里？有没有一个统一的划分标准？这样的"划界"问题一直被看成是科学哲学的核心问题。逻辑实证主义把划界问题作为全部哲学的起点。石里克（Schlick）把可证实性作为意义标准，即划界标准，认为一个命题的意义就在于证实它的方法。波普尔把可证伪性作为意义标准，认为只有那些在逻辑上可能被证伪的理论才是科学的。拉卡托斯以理论是否具有超量的经验内容作为划界标准。劳丹虽然为科学的合理性和进步性辩护，但是，他没有提供划分科学与非科学或伪科学的标准，

① 参见拉里·劳丹.进步及其问题——科学增长理论刍议.方在庆译.上海：上海译文出版社，1991：9.
② 参见林定夷.问题学之探究.广州：中山大学出版社，2016：41.
③ 参见 Garber D. Learning from the past: reflections on the role of history in the philosophy of science. Synthese, 1986, 67(1): 91-114.
④ 参见 Jarvie I C. Laudan's problematic progress and the social sciences. Philosophy of the Social Sciences, 1979, 9(4): 484-497.
⑤ 参见 Krips H. Some problems for "Progress and Its Problems". Philosophy of Science, 1980, 47(4)：601-616.
⑥ 参见 Carleton L R. Problems, methodology, and outlaw science. Philosophy of the Social Sciences, 1982, 12(2):143-151.
⑦ 参见 McMullin E. Discussion Review: Laudan's progress and its problems. Philosophy of Science, 1979, 46（4）：623-644.
⑧ 参见 Siegel H. Truth, problem solving and the rationality of science. Studies in History & Philosophy of Science, 1983, 14(2): 89-112.
⑨ 参见 Sarkar H. Truth, problem-solving and methodology. Studies in History & Philosophy of Science, 1981, 12(1): 61-73.

这是不能令人满意的。

第二，关于真理。劳丹对真理的看法受到较多的批评。

（1）违背历史事实。科学史上许多伟大的科学家能够献身科学，取得成就，正是因为他们追求真理，目标远大。这是他们不断进取的原动力。他们不可能只满足于解决眼前的某些问题。所以，解题不是科学事业最根本的动力。

（2）引用的史料零碎而不完整，陈旧而不新颖，片面而不全面。他缺少对某个重大历史事件的案例研究，只利用史实的结果，而不顾其过程和背景；更多地利用 19 世纪以前的史料，很少关注科学发展的最新成就；只是选取有利于自己理论的材料，而不是从全部史料中总结出结论。

（3）忽视了现代自然科学最主要的特征之一，即人类关于物理世界诸多规律的经验知识的累积性。数千年来，人类不断探求真理，积累了丰富的经验知识。这些经验知识反映了某个时代科学进步的广度和深度，但不一定引起什么问题。解题进步观孤立地抓住眼前的"解题"，脱离了久远的历史背景。

（4）不承认现代自然科学的收敛性质，即各种科学理论日益向真理目标集中，日益接近客观世界的本来面目。他对"接近真理"的态度是虚无主义的。

（5）对科学中经验真理的忽视是违反直觉的，如果科学真的像他所说的那样，仅仅是解决问题的事业，那么就很难理解为什么我们会给它如此高的评价。因为，事实上，占星术、宗教、迷信也能"解决问题"。

（6）如果解题与真理不相干，那么它就允许我们把任何一个真理论和我们已知其为假的理论都当作是问题的解答者，因而，盖伦（Galenus）由于拥有他的体液理论，而把某些病理学问题看成是已解问题，这与当我们知道这个理论为假时仍然这样声称并无区别。但是，如果真理不是一个理论必须满足的条件，为什么上述断言又是错误的呢？

（7）虽然至今我们还没有找到一个满意的关于真理的语义学表征，也没有找到一种满意的对真值内容的形式化算法，但这并不能证明我们永远找不到这种表征和算法。

（8）解题模式虽然拒斥真理，但在许多地方又暗用真理的概念。例如，理论的解题效力部分地依赖于它所提出和解决的真正的经验问题，但是，什么可以当作真正的（不是假的）经验问题，这要依赖于我们对真理的考虑。所以，解决问题不可能像劳丹认为的那样是独立于真理概念的。

第三，关于经验问题，主要批评有以下三个方面。

（1）把问题划分为"经验问题"和"概念问题"（非经验问题）只具有表面上的合理性，任何经验的背后都是理论，任何经验反常的背后都是理论间的冲突。就概念系统的合理性而言，既然强调"科学的目标就是解决问题"，并认为未解决的问题不是真正的问题，那就把未解决的问题逐出科学的视野之外，这显然与科学实际不符。

（2）批评者认为传统科学哲学能消化"非反驳的反常"这样的经验问题。这并不是反对劳丹的弱主张，即传统科学哲学的科学史错误地排除了非反驳的反常；但它确实反击了劳丹的强主张，即传统科学哲学不能给"非反驳的反常"以说明。

（3）已解问题不能作为进步的基本单元，因为问题在性质上不稳固。如果已解问题是进步的单元，那么也许所谓的描述或解释就属于作为已解问题的事物状态。但这会导致一个问题，即已解问题很难从未解问题的事物状态中分离出来，因为已解问题可能变成未解问题，而未解问题的事物状态也是描述或解释。

第四，关于概念问题，主要批评有以下三个方面。

（1）劳丹并不是第一个重视概念问题的哲学家，在他以前已有许多哲学家认识到概念上的考虑在理论选择中的作用。例如，亨佩尔在《自然科学的哲学》第四章中论及"理论的支持"（theoretical support）；波普尔在《猜想与反驳》中谈到"新理论如有可能，应尽量解决理论困难"；库恩在《发现的逻辑还是研究的心理学》一文中指出，科学理论"与其他理论的联系"是一种重要的科学价值。特别是，图尔明在 Human Understanding（《人类的理解力》）一书中以"概念问题在科学中的性质"为题专门详细论述了概念问题。在图尔明的概念进化论中，概念问题占有重要地位。他还对概念问题进行分类，如科学理论之间的矛盾所引起的概念问题、科学思想与非科学思想的冲突所引起的概念问题。尽管劳丹是当代第一个试图充分描述概念问题在科学史中的重要作用的哲学家，但是，他在讨论概念问题时，没有把任何种类的含糊性和循环性都包括进来，也就是说，他实际上没有穷尽含糊性和循环性的所有可能。而且，他对概念问题权重的考虑也只是初步的。

（2）"概念反常"遇到严重的困难。他不能解释，为什么一个理论不能给出解释或预测——因而对于科学的目标来说是无用的——在历史上已经被看作比对于其他目的来说是无用的具有更严重的认识上的缺陷。劳丹认为一个理论产生的概念问题对于该理论的评价只能起到消极的、负面的作用，应当避免。这个观点是不能成立的。任何一个具有创新性的理论势必要与传统理论、人们以前接受的理论，甚至人们以前接受的世界观发生冲突。在许多情况下，许多概念问题的产生对科学的发展起着革命性的影响，因而被许多科学家和哲学家所欢迎。

（3）他从解题角度对概念问题，尤其是方法论问题的说明是不恰当的，我们需要一个对概念革新的不同类别的理解。从研究传统的角度来看，借助图尔明的观点可以更好地理解概念进步。

第五，关于进步的算法。劳丹把解题作为科学进步的基本单位，认为科学进步可以通过对问题数目和权重的测度来评价。劳丹认为他的模式与归纳主义者和证伪主义者的模式不同，是可行的，基本的评价测度至少在原则上困难较小。[①] 确定理论解题有效性的方法有以下两种。

（1）用一个理论解决经验问题的数目和权重减去该理论所产生的反常和概念问题的数目和权重，这表示一个理论或研究传统在某一时刻的进步量。

（2）将一个理论或研究传统在前后不同的两个时刻的进步量相减，得出的差就表示这个理论或研究传统在这段时间内的"进步速度"（rate of progress）。

对此，有下述反对意见。

（1）劳丹的进步算法中只包括"解决问题"而不包括"提出问题"，这是一个不该有的遗漏。仅仅强调"解题"才是科学进步的标志，这与科学史不完全一致，在实际的科学发展中，提出新的问题或改变问题的提法，甚至仅仅看出正在被重视或花大力气进行着研究的问题是一个伪问题也标志着科学的进步。提出一个问题往往比解决一个问题更重要，提出问题，特别是深刻的问题，都是非凡的智力运作的结果，它们对科学有着巨大的推动作用。只要一门科学能

---

① 参见 Laudan L. Progress and Its Problems: Towards a Theory of Scientific Growth. Berkeley: University of California Press, 1977: 109.

够提出大量的问题，它就充满生命力；而问题的匮乏则预示着独立发展的衰亡和终止。古希腊的无理数悖论、17世纪的微积分悖论、20世纪初的罗素悖论都是劳丹意义上的"内部概念问题"，却对数学发展起到极大的推动作用。奥伯斯佯谬和双生子佯谬的提出以及宇宙微波背景辐射的发现都大大推动了物理学的进步。

（2）劳丹以为能够以一个理论所解决的经验问题和所产生的反常问题及概念问题来合理地计算理论进步，但实际上，大量的问题是有待去发掘的，我们不能以当时未曾被发现或知晓的东西作为"已知"的东西去合理地评价理论进步。任何科学理论所蕴含的大量问题都有待深刻的智力运作去发现和发掘，但在提出理论的一定时期内则是不清楚或不知道的。伽利略自由落体定律所蕴含的惯性质量等于引力质量的怪问题竟然在三百年间未曾被发现，直到爱因斯坦发现这个问题并苦苦思索，才创立了广义相对论。

（3）劳丹忽视了促成进步的其他因素。在科学范围以外的因素有社会、经济、文化、军事、心理、经验、历史等。这些因素不一定以"问题"形式出现。即使在科学范围之内，许多进步因素，如科学实验资料的积累、实验性定律的确定、各学科间的经验交流、理论移植或类比等，往往也不是以"问题"的形式出现的，却可能导致重大进步。把"未解决问题"排除在进步计算之外，也是不对的。一个理论，如果留下很多未解决的问题，就不能表明它有高度的进步性。排除"未解决问题"的理由并不充分。比如，他说"未解决问题"的真假难以断定，一个问题只有被解决后才能断定其真假；"未解决问题"的归属也难以确定，各学科为了各自的利益会相互推诿。这些都是不常见的局部问题，不能因噎废食，忽视"未解决问题"对于计算进步的重大作用。

（4）问题的数目难以统计，问题的权重也难以测度。假如理论所要解决的问题的数目很大，甚至无穷大，并且各问题的重要性参差不齐，怎样进行比较呢？问题的权重如何定量化？问题的数目和权重怎样平衡？有没有一个减法规则？这些问题都相当困难。不重要的问题数量再多，对科学进步的意义也不大；而重要的问题，即使有一两个（如黑体辐射问题），也可能对科学进步有极为重要的意义。以解题效力衡量重要性，不准确；解题标准不明确，有些问题当时看来是解决了，后来却发现没有解决；问题真假不确定，有些问题当时看来是真的，后来却发现是假的。总之，情况很复杂，机械计量很难。再说，劳丹没有给出问题个体化的原则（a principle of individuation of problem），也没有告诉我们怎样计算问题的数目和权重。在科学研究中，科学家经常把一个大问题分解为若干小问题，甚至更小的问题，除非劳丹能够设想科学中存在的不可分解的"原子问题"，否则以解决问题的数量来计算理论进步是很难操作的。科学家对问题重要性的看法带有很多主观色彩，如何计算问题的重要性也是一个棘手问题。劳丹在这里所遇到的困难与逻辑经验主义和证伪主义对于计算确证概率和逼真度所遇到的困难是相似的。

（5）在科学进步的算法中把反常问题和概念问题看作科学进步的消极因素，这是不妥的。因为反常问题是科学进步的先声，能启发人们发现流行理论的缺陷。由理论之间的矛盾引起的概念问题，是人们探索新理论的推动力。另外，对反常问题的规定不合常理。一般只要出现与流行理论不符或相反的情况，反常问题就会出现。没有必要加上一个附加条件，即只有当这反常问题被某个理论解决了，才构成对其他理论的反常问题。一个反常情况如果没有任何理论能解决它，即使它与流行理论严重违背，也不能成为反常问题。这一附加条件缺乏充分的根据。

（6）以解题效力计算研究传统的进步实际上贬低了研究传统的重大作用。研究传统有高度的继承性，劳丹只看到其最新形态而忽视其过去的演变。而且，研究传统的进步性不限于解题，其主要的进步在于从认识论和方法论上启发科学家的工作，使其更快地接近真理。

第六，关于研究传统。对研究传统理论的主要批评有以下四种。

（1）研究传统的认识论因素没有得到充分的关注，研究传统的概念需要进一步扩充和明晰。

（2）尽管对库恩理论进行了一系列重要改革，但劳丹仍囿于"世界观分析"。[①]

（3）过分强调研究传统的综合，而忽视研究传统的危机和革命。实际上，

---

① 所谓"世界观"是某个时代的人们对自然的最基本看法，它是无须证明的公理，或有待证实而又无须怀疑的原理。例如，哥白尼世界观是日心说和行星自转说，牛顿世界观是万有引力定律和三大力学定律。所谓"世界观分析"是由图尔明首创、库恩等加以发展的一种重要的分析方法，认为世界观决定人们对世界的总的看法和对具体事物的看法，是科学理论的来源和证明的标准。要证实一个理论，主要看它是否符合当时占主导地位的世界观，是否符合一个最高的抽象体系，如库恩的"范式"、图尔明的"自然秩序"。"世界观分析"方法夸大理论对感觉的影响，轻视事实证明。

就历史或现实而言，综合模式和革命模式都可能出现，都同样重要。

（4）研究传统最根本的问题仍然是实用主义的进步观和相对主义的真理观。

五、劳丹的科学价值观

面对众多的批评，劳丹对解决问题模式进行了必要的辩护，同时也意识到这一模式确实面临一些难以克服的困难。到 20 世纪 80 年代，劳丹在研究方向上进行了调整，解决问题不再被看作唯一的价值取向，尽管他坚持认为这可能是最好的价值取向。劳丹尝试从新的角度探讨科学进步和科学合理性问题，即从事实、理论、方法论和价值论等不同层次之间的关系中考察科学变化的动力和机制，寻求一个新的、更好的合理性模式。

（一）对传统价值观的考察

劳丹仔细考察了 20 世纪以来科学哲学和科学社会学不同学派的观点，发现他们对科学本质特征的看法大相径庭。

20 世纪 40 年代和 50 年代，逻辑经验主义和波普尔派科学哲学家，以及像默顿（Merton）这样的早期科学社会学家发现，科学，尤其是自然科学，不同于宗教、哲学等其他思想活动，这就是科学中的高度意见一致（consensus 或 agreement）。尽管科学中的新旧理论交替频繁，但最终科学家们总会在一个理论上达成一致意见，普遍接受某个理论。这是因为科学家们持有某种共同的逻辑规则或方法论规则。

到 20 世纪 60 年代和 70 年代，关于科学中意见一致的经典观点受到了以库恩为代表的新潮派的猛烈攻击。新潮派学者通过对科学史的细致研究发现，在科学中存在大量的，并非转瞬即逝的分歧和争论。例如，波动说和微粒说争论了半个世纪，日心说和地心说争论了大约一个世纪。不可通约性论题表明，不同的科学家可能有不同的方法论标准和认知价值；观察渗透理论表明，科学活动不受逻辑和方法论规则的控制，科学家违反常规的方法和价值标准反而常常导致成功。所以，只有在科学家中存在各种不同意见、不同价值，才会有思想解放，才会有科学进步。因而，科学中的意见分歧（dissensus 或 disagreement）更像是科学的本质特征。但是，新潮派研究也有缺陷，例如，库恩关于分歧的理论（不可通约、危机、科学革命）和关于一致的理论（常规科学）常常受到指责，库恩没有一套"意见一致如何形成"的理论，也没有一套"意见分歧如何形成"的理论，即不能说明科学在"危机"和"常规"之间是如何转化的。

劳丹力图克服上述两种对立的观点各自的缺点和不足。他认为，纵观科学史，科学发展实际上是意见高度一致和间发性的意见分歧交替的过程，二者都从不同方面揭示出科学的本质特征。问题是，还没有一种理论能综合说明这两种特征。为了解决这一问题，劳丹希望能建立一个统一的科学进步的合理性模型。他首先考察了一种为波普尔、亨佩尔和赖欣巴赫所主张的，关于意见一致如何形成或意见分歧如何结束的合理性理论。劳丹称这种流行的合理性理论为意见一致合理形成的简单塔式模型（表 1-1）。①

表 1-1　意见一致合理形成的简单塔式模型

分歧的层次	解决的层次
价值论	无
方法论	价值论
事实	方法论

这一模型表明，科学可能在三个层次上形成意见分歧，即事实层次、方法论层次和价值论层次。科学中的大多数争论发生在事实层次上。这一层次上的争论发生时，科学家只要在塔式模型中向上移动一层，凭借共有的方法论规则，就可消除这些争论，从而形成在事实层次上的意见一致。当科学家对某一事实的意见分歧反映一个更深刻的方法论层次上的分歧时，只要在塔式模型中再向上移动到价值论层次，就可以借助共同的关于科学的目标来解决分歧，即看哪种方法论能更好地帮助实现目标。有关科学目标在价值论层次上的分歧或者不存在（科学家拥有相同的认知目标），或者存在了也不可能得到合理解决。

劳丹承认，塔式模型在事实层次和方法论层次的解释上有一定可取之处，尤其是，它开始重视科学认知目标在科学进步和科学合理性理论中的作用。但是，劳丹认为，这个模型也存在一些明显的缺陷。

第一，在关于事实一致的形成上，塔式模型假定方法论规则总是（至少在

---

① 参见 Laudan L. Science and Values: The Aims of Science and Their Role in Scientific Debate. Berkeley: University of California Press, 1984: 27.

原则上）能够选定某一确定的事实陈述而排除其他事实陈述。这种"莱布尼茨式的理想"不符合科学实际，方法论确实可以排除某些理论，但方法论不能决定我们对理论的选择，只能指导我们对理论的偏好。

第二，在关于方法论一致的形成上，塔式模型假定特定的方法论规则与某种认知目标的实现之间具有一一对应关系。正如方法论规则不充分决定事实理论，认知价值同样不充分决定方法论规则。某个认知目标的实现不一定必须通过某一特定规则，不同方法论规则可以同样好地达到同一目标。

第三，最严重的问题是，塔式模型认为科学家在价值论层次上的意见分歧不可能得到合理解决。这是错误的。因为即使具有同样认知目标的科学家也可能在本体论或理论上产生分歧，而在持有不同认知目标的科学家之间也可能具有相同的方法论规范。所以，价值论的一致对于事实一致或理论一致来说，既不是充分条件，也不是必要条件，应该合理说明价值论层次上的分歧和一致的形成机制。

第四，塔式模型假定了一种从本体论到方法论，再到价值论的单向说明关系。实际上，三者之间的关系要复杂得多。例如，科学家关于事实的信念在很大程度上会影响他们对方法论的选择，所以科学方法论本身就是一门可以用事实来检验的经验科学。[①]

基于上述认识，劳丹希望构筑一个新的科学进步的合理性模型，它不仅能够解释科学家在事实和方法论层次上意见一致的形成，而且能够解释科学家在价值论层次上意见一致的形成，同时，它还能够充分说明科学认知目标或认知价值在科学合理发展中的重要作用。

（二）科学合理性的网状模型

为了克服塔式模型的缺点，劳丹构造了科学合理性的网状模型。该模型是一个三合一的辩护网络[②]，它消除了塔式模型中的等级次序，强调理论、方法和目的不同层次之间相互依赖、相互辩护的水平原理（图1-1）。

---

① 参见 Laudan L. Science and Values: The Aims of Science and Their Role in Scientific Debate. Berkeley: University of California Press, 1984: 23-41.

② 参见 Laudan L. Science and Values: The Aims of Science and Their Role in Scientific Debate. Berkeley: University of California Press, 1984: 63.

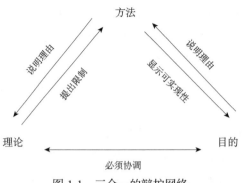

图 1-1　三合一的辩护网络

在这个模型中，理论选择必须符合某种方法论原则和某种科学目标或价值，而已接受的理论对方法论和科学目标的选择又提出限制和要求。解决方法论分歧不仅要看共同的认知目标，还要看遵循哪种方法论得到的理论能更好地体现认知目标。确定某种认知目标是否可以实现，可以把方法论作为一种判断标准，如果没有已知的方法论来帮助实现目标，则这种目标就是不可实现的。科学家对理论的评价要受他们持有的价值观的影响。所以，科学合理性存在于一个网状结构中，不能孤立地谈论理论、方法或目的的合理性，谈论其中任何一方的合理性都要看到它与另外两方的关系。例如，不能孤立地说某个有目的的行为是否合理，应该仔细审查这个目的能否实现，指导该行为的方法论是否能确保目的的实现。网状模型的认知要素之间存在相互作用的协调关系，这就避免了传统塔式模型的某些缺陷和不足，是对塔式模型的进一步发展。[①]

网状模型从科学内部的变化来说明科学中意见一致在各个不同层次上合理形成的机制，避开了库恩整体变化观的困难。劳丹认为，他的渐变论的科学变化理论更加符合科学史的实际。17 世纪的科学革命引起了本体论、方法论和价值论的变化。20 世纪相对论和量子力学的产生也唤起了理论物理学中方法论和价值取向的转变。这些变化都是分段逐步进行的，不是同步进行的。理论、方法和目的三者的变化没有先后之分，其中任何一方都可率先变化，从而引起其他两方逐步发生变化。科学史上绝大多数理论的转变都不是格式塔式的整体变化，而是只发生在一个层次或同时发生在两个层次上，很难看到在三个层次上

① Laudan L. Science and Values: The Aims of Science and Their Role in Scientific Debate. Berkeley: University of California Press, 1984: 62-66.

同时发生突然的整体变化。从创世主义生物学到进化论、从关于物质本质的动能学观点到原子论观点、地理学上从灾变论到均变论、光学上从微粒说到波动学等等，无不反映这种科学分段逐步变化的图景。所以，科学家即使在某一层次上意见不一致，在另外两个层次上仍有可能保持高度的意见一致，而任何层次上的意见分歧都可能通过其他层次的合理调节得到解决。劳丹用单一传统的变化图式表示这种渐变论的科学变化（图 1-2）[①]。

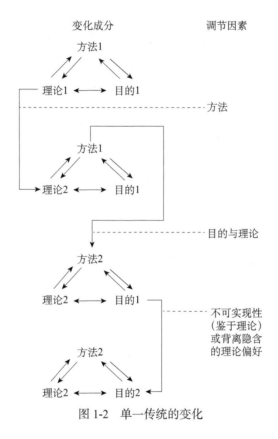

图 1-2　单一传统的变化

相对于传统塔式模型，网状模型受到好评。卢格（Lugg）认为，劳丹的主要目标是描述、说明科学中高度的意见一致和普遍存在的意见分歧。通过批评早期哲学家要么专注一致而忽视分歧，要么调整分歧而牺牲一致，劳丹提供了

① Laudan L. Science and Values: The Aims of Science and Their Role in Scientific Debate.Berkeley: University of California Press, 1984: 76.

一个单一的、统一的合理性理论来解释科学中这些明显的特征。为努力澄清这一问题，劳丹把关于科学的传统思维与科学实践协调起来。[①]萨普斯（Suppes）基本同意劳丹的很多看法，例如，科学目标上的分歧或科学的认知价值能被合理地论证和调整；理论、方法和目的三个层次之间有一个相互调整和相互辩护的复杂过程；实在论不仅是规范的，还是描述的；等等。[②]网状模型对解决科学合理性问题提出了一种新的构想，殷正坤称赞该模型开拓了人们的思路，突破了以往观点的局限。该模型是环状的系统运动模型，应用了系统论和控制论方法，其中每个因素都可能在系统发展的不同阶段起着主导或调节作用。该模型吸收了迪昂 - 奎因观点中关于科学内部各种因素相互影响、相互关联的合理思想，又避免了库恩范式内部结构含混不清，以至于难以合理说明科学变化具体过程的弊端。网状模型还有可能为科学哲学中某些长期争论不休的问题指出解决的途径，例如，究竟科学是始于观察应重视归纳，还是始于问题应重视演绎呢？根据网状模型的观点，我们可以认为每一次理论的发现、选择和评价都有以某个具体因素为主导而其他因素参加调节的过程，并非有某个固定的模式或固定的起点，因而具有更大的灵活性。[③]

上述评论主要肯定了网状模型的统一性、系统性、规范性、描述性和灵活性。特别是，殷正坤强调了网状模型背后的系统论和控制论方法，肯定了网状模型所坚持的整体论观点，称赞该模型对科学变化过程的清晰阐明，以及主导因素和辅助因素相互调节的发现模式。

但是，网状模型面临的一些批评也不无道理。萨普斯指出，网状模型虽然强调对认知方法和目标的评价需要广泛的经验研究，但其在很大程度上是一种哲学分析，而且哲学分析的精确性和明晰性与卡尔纳普等人相比是一次倒退。关于认知价值在科学研究中的作用的案例分析也不能令人满意。劳丹的探讨方式在本质上是错误的，他的定量分析计划并没有真正完成。科学哲学家应重视通过科学史个案的详细研究来了解科学中认知价值的作用。劳丹积极倡导经验

---

① Lugg A. An alternative to the traditional model? Laudan on disagreement and consensus in science. Philosophy of Science, 1986, 53(3): 419-424.

② Suppes P. Science and values: The aims of science and their role in scientific debate.Larry Laudan. Philosophy of Science, 1986, 53(3): 449-451.

③ 参见涂纪亮，罗嘉昌. 当代西方著名哲学家评传. 第3卷. 济南：山东人民出版社，1996：322.

方法，但他自己的方法仍然具有初步的和不成熟的特点。萨普斯希望劳丹转向严格细致的经验工作。① 卢格指出，网状模型不是另一个全新的模型，它只是塔式模型的一个精致的翻版，它对科学实际的说明仍不太清楚。劳丹在两个极端之间摇摆不定，当他转向历史案例时，就把发展合理性理论的计划放到一边；当他特别关注认识论时，各种分歧和传统模型就会重新登场。在科学中，要取得一种对于一致和分歧来说清晰的观点，就必须跨出认识论和知识的传统框架。科学研究不需要一般的合理性的哲学理论。要解决关于科学变化的一些基本问题，应该寻求一条比劳丹更彻底的路线。②

上述批判主要是针对劳丹的哲学分析、定量分析和案例分析，认为它们是初步的、不成熟的，指出网状模型仍然囿于传统认识论和知识论的框架，建议突破这个框架，在知识论和历史案例之间寻求一种更彻底的合理性方案。殷正坤从社会实践角度批评网状模型，认为应当将科学共同体的科学实践活动纳入网状模式中，在更大范围内探索科学进步的合理性模式。网状模型只是描述了科学理论、方法和目的三者之间的关系，虽然有利于从科学内部合理地说明科学变化，似乎达到了试图避免库恩引入过多的社会和心理等非理性因素的目的，但实际上却丧失了库恩范式论中把科学看成是一种实践活动的精髓。离开了科学共同体的科学实践活动，很难说明上述科学因素最初变化的动因。尤其是科学的价值取向和方法论的选择，固然可以从他所持有的理论、方法和目的三者之间的相互影响来说明，但这并不能排除当时社会环境、生产实践水平、科学家自身的性格、情绪和机遇的影响。完全把科学变化的动因局限于科学的内部未免太狭窄了，这在某种程度上似乎又回到了逻辑经验主义的窠臼，也违背了劳丹本人试图用认知社会学来补充科学哲学以及把20世纪科学哲学和科学社会学结合起来一起考察的初衷。殷正坤主张拓展网状模型，在更大范围内合理说明科学变化。③

对网状模型的评论各有各的角度，但集中反映出这个理论的优缺点，也为

---

① 参见 Suppes P. Science and values: The aims of science and their role in scientific debate. Larry Laudan. Philosophy of Science, 1986, 53(3): 449-451.

② 参见 Lugg A. An alternative to the traditional model? Laudan on disagreement and consensus in science. Philosophy of Science, 1986, 53(3): 419-424.

③ 参见涂纪亮, 罗嘉昌. 当代西方著名哲学家评传. 第3卷. 济南：山东人民出版社, 1996: 322.

我们进一步探索更加符合科学史实际的进步模式和合理模式提供了很好的参照，甚至指明了方向。劳丹的价值论确实为我们探寻科学进步的合理性理论提供了一些富有启发性的思想，它破解了库恩关于科学整体变化图景的困难，确立了在科学的若干要素之间进行分段变化的新图景，更加符合科学史的实际。但是，劳丹没有给出科学分段变化的内在根据和内在机制。在解题模式中，科学还有一个明确的解题目标，在网状模型中，这个目标却隐遁起来并逐渐消失了。网状模型认识到目标是多元的，但是，这些多元目标不仅与解题脱离，而且是可变的。我们不知道（甚至不能问）科学的目标是什么。科学失去了确定的目标，科学进步如何可能呢？网状模型没有以解题为核心建立一套目标体系，并在语义上加以恰当表达，所以，这一模型没有发展解题模式，反而弱化了解题模式。我们遗憾地看到劳丹的某种退却。

第四节　科学进步的协调合理性①

一、协调性：科学的一般特性

文化具有地方性特征，各种文化在时空中生发、传承、碰撞和发展。任何特色文化都声称自身的合理性，倘若如此，不同的文化就有不同的合理性。如果我们将科学的合理性归为文化的合理性，那么就会有各种各样的科学合理性。例如，一定时代的地方性的、具体的、特定的科学探究模式和科学评价模式就体现那个时代的区域文化特征。从某些层面、某些角度来看，这未尝不可。但是，我们是在异中求同，在变中求不变。我们要探求一个统一的科学合理性层面，在这一层面上，科学合理性不受区域特定文化的制约，摆脱了具体的时间和空间的限制。这是一种普遍合理性，是从各种局域合理性中抽象出来的合理性。这种普遍合理性既是描述的（不同于历史主义）又是规范的（不同于逻辑主义），既是理论的又是实践的，它是我们理解人类信念和人类活动的最普遍的

---

① 该节参见马雷.合理性究竟是什么 // 马雷.进步、合理性与真理.北京：人民出版社，2003：237-283.

方式。从根本上讲，它是一种解题方式、一种贯通方式、一种沟通方式。它包容具体的时空，包容特定的文化，同时也超越它们；它包容具体的、特定的科学探究模式，同时也超越它们。

那么，科学的最一般特性是什么呢？是协调性。"协调"一词一般有"一致""配合得好"的意思，在一些学科中也有特殊的解释。本书中的"协调"是与"冲突"同时加以定义的，有自己特定的内涵。在解释"冲突"和"协调"概念之前，笔者想先提出"问子"和"解子"两个概念。

在传统看来，理论的外在表征似乎就是命题或命题系统，而与这些命题和命题系统密切联结的问题反而被隐匿起来；或者问题被视为不包括在理论之中，理论就是对问题的解答。这是从狭义上理解的"理论"。我们所理解的"理论"是广义的，问题包括在理论之中，是理论的一部分，理论的外在表征是问题、命题或命题系统。任何理论都由两部分构成，即问题部分和对问题的解答部分。问题部分由问子和提问方式构成。问子是那些我们感到好奇、渴望理解并对之提问的东西。提问方式就是"为什么？""是什么？""怎么样？""是否如此？"等疑项。对问题的解答部分由解子或解子的联结构成。解子是所有单一的内在策略和外在策略的通称。内在策略构成判断理论间关系的内在理由，它表现为静态的观念形态，有定义、假设、定律、原理、规则、方法等。外在策略构成判断理论之间关系的外在理由，它表现为动态的非观念形态，如观测、实验的过程，技术客体的功能释放，科学共同体的确认，政策支持，等等。

根据提问对象的不同，问子与解子可以划分为经验问子与经验解子、概念问子与概念解子、背景问子与背景解子三大类。

（1）经验问子与经验解子。当我们感到有必要以某种方式对某个或某些经验事实或检验蕴涵提问时，就形成经验问题。经验问子是被提问的经验事实或检验蕴涵。对经验问题的解答形成经验解子。经验问子有两种：一种来自观测[①]实验，它是经验事实，可以根据不同的提问方式产生一个经验问题集，可称为观测型经验问子。例如："苹果落地的原因是什么？"对于这一经验问题，牛顿

---

① 观测包括直接观测和间接观测，直接观测是纯粹通过肉眼对对象的观测，间接观测是肉眼通过工具对对象的观测。对象的属性和关系能够通过观测获得或验证的属于经验范围；对象的属性和关系从理论中推导出来的属于概念范围。经验范围和概念范围有一个交叉，就是从理论中推导出来的对象的属性和关系可以通过观测进行验证。

的回答是："在地球与苹果之间有相互引力。"这里，"苹果落地"就是一个观测型经验问子，牛顿的解答就是一个经验解子。另一种经验问子来自理论，它是从理论中推导出来的，是理论的检验蕴涵，原则上可以通过观测实验检验，它本身也可以产生一个经验问题集，可称为理论型经验问子。爱因斯坦的相对论预言光线弯曲，则相对论的一组推导前提是经验解子，"光线弯曲"是理论型经验问子。如果不是从提问的角度，而是从回答的角度来看，理论型经验问子同时也是最低层次的经验解子，它是对经验事实最简单、最直接的回答。

（2）概念问子与概念解子。当我们感到有必要以某种方式对经验解子提问时就形成最低层次的概念问题；当我们感到有必要以某种方式对概念解子提问时就形成更高层次的概念问题。对概念问题的解答形成概念解子。被提问的经验解子或概念解子叫"概念问子"。例如："行星为什么会按椭圆轨道运行？"为了回答这个概念问题，牛顿给出了引力的平方反比定律：行星每一质点对于另一质点的引力，与两点的质量的乘积成正比并与其间距离的平方成反比。这里，"行星按椭圆轨道运行"是作为经验解子的概念问子。引力的平方反比定律就成为概念解子。再如："绝对空间与绝对时间是可靠的吗？"对于这个概念问题，爱因斯坦的回答是：绝对空间与绝对时间的概念是想象中的虚构，是一种形而上学的概念，而不是直接由物理学的观察和实验得来的。时间与空间不是绝对的，而是与观察者相对的。这里，"绝对空间与绝对时间"是概念问子，爱因斯坦的回答形成概念解子，它成为相对论的一个重要思想来源。

（3）背景问子与背景解子。当我们感到有必要以某种方式对内在策略与外在策略之间的关系提问时就形成背景问题。被提问的内在策略与外在策略之间的关系状态叫"背景问子"。对背景问题的解答形成背景解子。例如，当沙伊纳（Scheiner）在1611年用望远镜观察到太阳黑子时，不免产生疑问："这是不是由于望远镜有缺陷？"于是沙伊纳和他的朋友用八架不同的望远镜观察太阳，结果都无一例外地观察到了黑子。因此，沙伊纳断定他的望远镜没有缺陷，黑子确实存在。这里，当沙伊纳对太阳黑子与望远镜之间的关系提问时就产生了一个背景问题，而太阳黑子与望远镜之间的关系状态则成为背景问子。沙伊纳和他的朋友对这个问题的解答就形成背景解子。再如："麦克斯韦（Maxwell）电磁场理论有什么应用？"在这个背景问题中，"麦克斯韦电磁场理论的应用"

是背景问子，对应这个背景问子的可以是这些解子：在 20 世纪电子管被发明以后，麦克斯韦电磁场理论先是应用在无线电广播和电视上，然后又应用于远距离无线电定位，最后，应用于许多复杂电子装置，尤其是电子计算机的发展。

问子和解子的概念可以帮助我们在新的意义上发展一种冲突观或协调观。我们首先用"协调力"一词来表达理论解题的有效性或效力，即理论解题的方式或力度。理论的协调力只能在理论与理论之间的比较中才能反映出来，它表现为一组将理论评价标准和理论进步目标统一起来的可量化的测定体系。该种测定的可操作性来自对理论各自的问子和解子的数量关系的运算。运算的结果显示理论比较中的两种相对关系状态，即协调力上升的状态和协调力下降的状态。在相比较的两个理论中，某理论"协调力上升"意指该理论的可信度因某种内在或外在条件而增强；反之，在相比较的两个理论中，某理论"协调力下降"意指该理论的可信度因某种内在或外在条件而减弱。内在条件来自经验和概念方面，外在条件来自背景方面。对于"增强"或"减弱"的判断来具有历史连续性的共鸣的直觉。我们称"协调力上升的状态"为"协调"，称"协调力下降的状态"为"冲突"。

根据理论比较时协调力的关系特征，可以将其区分为两种不同性质的冲突与协调，即对称性冲突与对称性协调和不对称性冲突与不对称性协调。

（1）对称性冲突与对称性协调。当 T_1 和 T_2 的协调力同时下降时，我们说 T_1 与 T_2 处于对称性冲突状态；当 T_1 和 T_2 的协调力同时上升时，我们说 T_1 与 T_2 处于对称性协调状态。

两个理论处于对称性冲突状态时有不同情况。如果两个理论不同的内在条件（如不同的范式或世界观）对对方的可信度都构成一种削弱，那么，在这种情况下，我们称这两个理论处于"对称性冲突状态"。例如，17 世纪产生两种关于光的学说，即牛顿的微粒说和惠更斯（Huygens）的波动说。牛顿认为光是从发光体发出的以一定速度运动的实心、结实、坚硬、不可入、可运动的微粒，给出关于光线及其运动的 8 个定义、8 个公理和 11 个命题，解释了光的反射、折射、颜色等光学现象。[①]惠更斯认为光是在"以太"中像波一样传播的。其关

[①]　参见 Newton I. Opticks: or, A Treatise of the Reflections, Refractions, Infletions and Colours of Light. 4th ed. London: Printed for William Innys at the Weft-End of St. Paul's, 1730.

键原理是：波阵面上的任何一点都可以看成一个新的波源，各向前发生波动；各次波的包络面即为下一时刻的新的波阵面。知道了波阵面在任意时刻的位置，就可以知道波的传播方向。它成功地解释了光的直线传播定律、发射和折射定律。①牛顿微粒说和惠更斯波动说对光的本质持有不同的看法，每一方都因为对方的存在导致协调力下降。基于一种内在条件，我们说这对理论处于对称性冲突状态。

理论的内在条件是多样化的，如果两个理论的范式或世界观相同，但其他内在条件不同，甚至对立，那么，这两个理论也可能处于冲突状态。例如，1925—1927年，玻尔（Bohr）②和海森伯（Heisenberg）③等人提出量子力学的哥本哈根诠释，对波恩提出的波函数的概率解释进行了超越经典概率解释的推广，特别强调以下四点。①互补原理：物质具有波粒二象性，一个实验可以展现物质的粒子行为或波动行为，但两种行为不能同时出现；②不确定性原理：一个粒子的位置和动量无法同时被准确测量；③对应原理：大尺度宏观体系的量子行为接近经典行为；④经典原则：外部经典世界是诠释量子力学所必需的，测量仪器必须是经典的。1957年，埃弗里特（Everett）在《物理学评论》中发表《量子力学的"相对态"表述》一文④，该文认为，微观世界的量子态不能孤立存在，它必须相对于它外部的一切，包括仪器、观察者乃至环境中的各种要素。因此，微观系统不同分支量子态也必须相对于仪器状态、观察者状态和环境状态来定义，从而微观系统状态是所有分支波函数的叠加。量子测量过程的相互作用导致世界波函数的幺正演化，测量结果存在于它的某一分支中，每一个分支都真实存在，只是某个观察者恰好处在那个分支中。这样的观点后来被称为量子力学的多世界诠释。量子力学的哥本哈根诠释和多世界诠释都坚守"量子"范式，但对波函数持有不同的看法，因而每一个诠释都因为对方的存在导致协

---

① 参见 Huygens C. Treatise on Light. Thompson S P（trans.）. Chicago: The University of Chicago Press, 1912.

② 参见 Moore R. Niels Bohr: The Man, His Science, and the World They Changed. Cambridge: Harvard University Press, 1966.

③ 参见 Heisenberg W. Physik und Philosophie. 6. Stuttgart: S.Hirzel Verlag, 2000: 221-233; Hanson N R. Copenhagen interpretation of quantum theory. American Journal of Physics, 1959, 27(1): 1-10.

④ 参见 Everett H. "Relative state" formulation of quantum mechanics. Reviews of Modern Physics, 1957, 29(3): 454-462.

调力下降。基于一种内在条件，我们说这对诠释处于对称性冲突状态。

两个理论的对称性冲突状态也可能基于外在条件。第一类永动机是一种不需要外界输入能源、能量或在仅有一个热源的条件下就能够不断运动并对外做功的机械；第二类永动机是在没有温度差的情况下，从自然界中的海水或空气中不断汲取热量而连续产生机械能的机械。我们现在说这两类永动机的原理面临对称性冲突，不仅是因为基于内在条件这两类永动机原理与人们后来公认的热力学定律相矛盾，也即第一类永动机原理违反热力学第一定律[①]，第二类永动机原理违反热力学第二定律[②]，还因为基于外在条件迄今为止人类试图发明这两类永动机的努力全部失败。

两个理论处于对称性协调状态时有不同情况。如果一个理论是从另一个理论延伸出来或推演出来的，则两个理论基于内在条件处于对称性协调状态。例如，20 世纪 80 年代初，人们提出各种理论，如退相干理论、自洽历史理论和量子达尔文主义。这些理论都是多世界诠释思想的拓展和推广，因而在这些理论与多世界理论之间存在基于内在条件的对称性协调关系。如果两个理论试图解决的问题不完全相同，但都遵循同一个研究范式或世界观，则这两个理论可能处于对称性协调状态。例如，1830 年，英国人莱尔出版《地质学原理》一书，该书研究了欧洲许多地方的地貌，分析了大多数地貌的变化都是缓慢的、分步发生的，河流冲出山谷需要上千年时间，火山喷发上万年才能形成一座新山。由此推断，地球可能有几百万年的历史，在《圣经》描述的时间以前还存在相当长的时间，在这段史前时间里已经存在生物，但后来灭绝了。化石可能是这种生命的遗骸。达尔文接受了莱尔的进化论观点。1831—1836 年，达尔文随"猎犬号"前往南美洲考察，坚定了物种变化的观点。1859 年 11 月 24 日，《物种起源》面世，该书提出优胜劣汰理论，解释了新的动物物种和植物物种是如何在时间中产生和变化的。莱尔的地理理论和达尔文的生物进化论都坚持渐变论、进化论，虽然两个理论的问题有较大差异，但两个理论基于内在条件处于

---

① 热力学第一定律也称"能量守恒定律"，其内容是，一个热力学系统的内能增量等于外界向它传递的热量与外界向它所做的功的和；或一个孤立于环境的系统，其内能将不会发生变化。

② 热力学第二定律有不同表述方式。克劳修斯的表述是，热量能够自发地从高温物体传递到低温物体，但不能自发地从低温物体传递到高温物体；开尔文 - 普朗克的表述是，不可能从单一热源汲取热量，并将这热量完全变为功而不产生其他影响。

对称性协调状态。对称性协调也可能基于外在条件而呈现。例如，1944—1945年，美国梅隆工业研究所共进行了 94 项工业研究，招聘了 242 名科学家和 232 名助手，该所的服务人员有 169 人，总开支达 200 多万美元。[①]我们说该所的任何两个研究课题，如溪流废物处理技术的改进与棉纤维的性能之间，基于一种外在的条件，都处于对称性协调状态，因为它们得到了该研究所同样有力的支持。再如，2011—2015 年有 15 人获得 89 项资助，其中 3 项荣获中国国家自然科学奖一等奖。[②]我们说中国国家自然科学基金 2011—2015 年资助的所有科研项目之间，以及获奖项目之间，基于一种外在的条件，都处于对称性协调状态，因为它们都得到国家层面的强有力支持。

（2）不对称性冲突与不对称性协调。理论 T 与理论 T′ 处在不对称性冲突与不对称性协调状态，当且仅当，理论 T 和 T′ 双方的协调力出现反比关系，即一方协调力上升，另一方协调力相对下降；一方协调力下降，另一方协调力相对上升。对于协调力相对下降的理论，它的可信度也相对下降，处于不对称性冲突状态；对于协调力相对上升的理论，它的可信度也相对上升，处于不对称性协调状态。例如，到 19 世纪中叶，光的微粒说与光的波动说相比，基于一种外在的条件，前者的可信度下降，处于不对称性冲突状态；相对而言，后者的可信度上升，处于不对称性协调状态。因为法国的两个业余科学家斐索（Fizeau）和傅科（Foucault）分别在 1849 年和 1850—1862 年用实验证实了波动说的预言，否定了微粒说的预言，致使波动说的协调力上升，微粒说的协调力相对下降。本书重在考察理论比较中的相对优劣，对于理论比较中的不对称性冲突和不对称性协调关系，将在以后几章详细论述。

科学的合理性在于理论具有一定的协调力。"协调力"不同于劳丹的"解题效力"，它是对"解题效力"的拓展和精致化处理。"解题效力"仅仅限于理论是否解决了问题，解决了多少问题以及所解决问题的重要性。假如两个理论解决经验问题的数量和重要性都相同，遇到劳丹所谓的"概念问题"也相同，那么这两个理论之间的比较只好依据劳丹的"反常问题"。但是，如果两个理论相

---

① 转引自巴伯.科学与社会秩序.顾昕，郏斌祥，赵雷进译.北京：生活・读书・新知三联书店，1991：192.

② 参见国家自然科学基金委员会.国家自然科学基金资助项目优秀成果选编（六）.北京：科学出版社，2016：211.

对于第三个理论都遇到同样的"反常问题",又如何比较它们呢?理论解决问题的效力是多方面的。两个理论,如果同时解决了某个或某些相同的问题,也并不意味着两个理论在解决问题的综合效力上是相同的。所以,"解题效力"具有很大局限性,需要加以拓展。理论解决问题的效力还应包括理论解题的其他方式和力度,如一致性、简单性、多样性、明晰性、统一性等。所有这些标志理论解决问题的效力的方面都被以前的科学哲学家视为理论比较评价的主观标准而被置于合理性模式的边缘地带,只是在必要的时候简单地列举,模糊地界定,更没有与解决问题联系起来。笔者强烈主张把这些标准纳入"解题效力"之中,进行分门别类的细致研究,结合科学史实际,在普遍的意义上给出精确的语义学表征。笔者将拓展后的"解题效力"称为"协调力"。只有把这些标准置于科学哲学考察的核心,结合解题模式,消除模糊性的认识,才能为我们讨论科学的具体问题提供更加全面的、深刻的分析机制。逐一考察上述协调力的每一个方面是解题主义科学哲学的进一步推进,应当视为科学哲学未来发展的必由之路。

很多科学哲学家已经明确指出解题模式的诸多局限性,这里结合协调力标准着重强调以下三点。

第一,解题模式忽视了背景问题与理论解题效力之间的关系,使得涉及实验、技术、工程、社会、思维、心理等本来能够给予规范说明的科学事件被排除在科学哲学之外,这大大压缩了科学内史的空间。按照拉卡托斯的论述,好的科学哲学是那些能够更多地把科学外史转化为科学内史的科学哲学。

第二,劳丹对概念问题的考察尚待拓宽,从概念模糊、冲突的方面拓宽到概念协调的方面。劳丹的概念问题指概念的模糊,理论之间以及理论与世界观之间的不一致或矛盾,都是应当避免的消极问题;对于大量中性概念问题和积极概念问题,以及理论解决概念问题的方式和力度,劳丹都忽略了。这样,对于概念问题的分析与对于经验问题的分析就出现不对称性,后者丰富而前者贫乏,甚至出现要求解决经验问题而回避概念问题的理论模式设计。难道不应当积极寻找和解决大量存在的概念问题吗?

第三,劳丹对经验问题的考察也是片面的、不完整的,他只看到理论是否解决了问题以及解决问题的数量和权重,没有看到理论解决经验问题的方式和力度。因此，劳丹对经验问题的分类考察仅限于已解问题、未解问题和反常问题，而漠视理论以何种方式或在多大力度上解决问题，对什么是"已解"、什么是"未解"缺乏深入考察；问题分类本身也缺乏逻辑一致性，已解问题和未解问题的定义不涉及理论比较，而反常问题的定义却涉及问题比较。

协调力模式力图克服解题模式的局限性，在一个更广阔的层面和更深入的层次上探讨科学进步的合理性问题。该模式将协调力划分为经验协调力、概念协调力和背景协调力三类。理论解决经验问题的效力称为"经验协调力"。经验协调力不仅关注理论是否解决了经验问题以及解决的经验问题的数量和权重，还关注理论解决经验问题的方式和力度。经验协调力体现经验解子与经验问子之间的关系。劳丹对于经验问题的划分，对于我们理解经验协调力具有启发意义。但是，从反常问题来看，劳丹对经验问题的划分具有一定的含混性。按照劳丹对反常问题的定义，它是理论 T 的未解问题，但已经被 T 的竞争对手解决了；再按照劳丹对已解问题的定义，只要一个问题被某个理论解决，它就是已解问题。这样，反常问题既是已解问题又是未解问题，岂不矛盾？劳丹要求"把反常问题转变为已解问题"等于是说"把已解问题转变为已解问题"，这岂不是同语反复？

如果我们相对于某个特定具体理论来划分问题的类型，就可以消除这种含混性。按照同样的标准，经验问题划分为两类：①未解问题——对于某一经验问题 p，如果某一理论 T 不能构成对 p 的恰当解答，则 p 相对于 T 而言是未解决的经验问题；②已解问题——对于某一经验问题 p，如果某一理论 T 构成了对 p 的恰当解答，则 p 相对于 T 而言，是已解决的经验问题。这里，未解问题和已解问题的定义比劳丹的定义更为清晰。如果一定要从理论比较的角度提出反常问题，那么它是第二层次的问题，不能与第一层次的未解问题和已解问题混淆。我们可以把反常问题看成一种起有限作用的特殊问题，它所涉及的相比较理论的认知价值可以通过理论的一致性和过硬性标准来测算。按照对未解问题和已解问题的新定义，"把反常问题转变为已解问题"可以合理地改进为"把理论 T 的竞争对手的已解问题转变为 T 理论的已解问题"。在理论一致性和过硬性的比较中，增加理论已解经验问题的种类的数量，减少理论未解经验问题的种类的数量是十分重要的。

理论解决概念问题的效力称为"概念协调力"。概念协调力关注理论内部的概念、观点之间的冲突和协调关系，关注理论与理论之间、理论与更广泛的科学信念之间的冲突和协调关系。这些关系在我们还没有搞清楚之前，是以概念问题的形式出现的。但是，到底什么是概念问题？这是需要深入研究的。

对概念问题的理解和界定应既包含概念冲突的方面，也包含概念协调的方面。基于此，可以断言，当我们对概念、命题或理论体系提问时，自然就产生概念问题。对于这些抽象的提问对象，我们产生疑问，可能以"疑项"的形式表达，如"怎么样？""为什么？""是否如此？"等，也可能以其他形式表达，它们都会形成概念问题。当我们这样问时，我们可能是为理论寻找理由，或为理论的对应物寻求合理解释。例如，"开普勒定律的动力学原因是什么？"这个问题要求为开普勒定律寻找合理的动力学解释，这个解释只能来自其他理论，与经验无关。因此，这是一个概念问题。再如，"什么是绝对时间？""什么是绝对空间？"这两个问题不是对"经验对象"的提问，而是对"概念对象"的提问，希望从概念出发理解概念，因而也是概念问题。上述问题并不意指概念之间的对称性冲突关系，而是意指概念之间的对称性协调关系。不一定非得在发生概念框架之间的冲突时才出现概念问题，把协调性关系考虑进去，可以扩大概念问题的分析空间。

劳丹曾阐释"内部科学的困难"，指出不一致关系的对称性及其对理论评价的影响。他认识到，如果一个特定理论与另一个公认理论不一致，则对于两个理论来说都产生了概念问题。内部科学的概念问题必然对不一致理论双方都提出假定性的怀疑。这就看到了不一致关系的对称性。这种概念不一致的对称性关系并不强迫科学家放弃其中一个甚至两个理论。[①]劳丹还认识到，概念不一致的对称性关系对两个竞争的理论双方都提出挑战，因而不能根据对称性关系进行理论比较。[②]

那么，不一致关系的这种对称性是否表明理论之间的不一致性程度的比较是不必要的呢？不是的。劳丹注意到理论之间的某种与对称性关系不同的关系，

---

① 参见 Laudan L. Progress and Its Problems: Towards a Theory of Scientific Growth. Berkeley: University of California Press, 1977: 56.

② 参见 Laudan L. Progress and Its Problems: Towards a Theory of Scientific Growth. Berkeley: University of California Press, 1977: 65.

也注意到这种新型关系对理论评估的重要性。他说，如果一个理论产生了另一个理论没有产生的某些概念问题，那么这些问题在评估这两个理论的相对价值时有着十分重要的意义。[①] 这种新型关系其实就是不对称性关系，它无疑是理论比较评估的依托。遗憾的是，劳丹没有对这种不对称性关系给予充分关注，没有对这种关系进行详细的分类研究并将它们应用于实际的理论比较。

确立这样的不对称性关系是必要的。例如，如果理论 T_2 内包含的矛盾少于理论 T_1 内包含的矛盾，那么，我们就可以说，T_2 相对于 T_1 具有更大的明晰性或过硬性。这对于理论的比较评估是必需的、不可忽视的。理论双方的对称性关系不参与理论双方协调力大小的直接比较，因为两个理论间的对称性协调关系或对称性冲突关系只会导致两个理论协调力的同时增强或同时减弱，所以，两个理论协调力大小的直接比较只能根据理论的不对称性关系来进行。长期以来，人们严重忽视了这种不对称性关系，导致科学哲学特别是解题主义科学哲学陷入困境。鉴于此，本书将重点考察不对称性的冲突与协调关系。

当代思想家对解题主义合理性模式的批判在一定程度上暴露了该模式的狭隘性、封闭性和工具性特点。但是，解题模式从一种全新的视角反对科学哲学中的非理性主义，坚持了科学的进步性和合理性，批判了正统的理性主义者试图把合理性标准从逻辑上绝对化、形式化的预设主义观点，这反映了解题模式一定的辩证特征。另外，解题模式力求把科学认识论和科学方法论当作一门经验科学来研究，强调科学合理性和科学进步模式要接受历史记录和科学实践的检验，这表明了解题模式一定的客观性。我们的路径选择是，既继承解题模式的优点，又突破解题主义的框架，不再排斥真理概念，提出更开放、更精致的协调主义合理性模式。当然，这种理想不可能一蹴而就，但是，如果我们一步步开拓和推进，实现这种理想不是没有希望的。

解题主义对经验和概念两方面的考察，相对于逻辑主义是一种动态考察，但相对于协调主义是一种静态考察。在解题主义框架中，理论被看成一个独立的既成结果，因此，即使我们谈理论的变化、发展，也只是局限在理论相互间的关系中。这就形成了一个封闭的圈子，我们看不到理论如何参与一种实际的

[①] 参见 Laudan L. Progress and Its Problems: Towards a Theory of Scientific Growth. Berkeley: University of California Press, 1977: 65.

运动，并在这种运动中体现其价值。长期以来，科学哲学家们停留在这个圈子里，自得其乐。他们把科学实验仅仅看作一种研究方法，而不是看作一种可操作的运动和实验仪器的一种相互作用；把技术看成技术理论，而不是客体的功能释放；如此等等。这种科学哲学不关心理论到底从哪里来，又要到哪里去，因而既不知道理论的源头活水，也看不到理论的终极价值。解题主义科学哲学的一大缺点就是没有突破这种封闭性。要突破这种封闭性，理论所牵涉的看来不仅仅是经验问题和概念问题，还应该有一个背景问题，即有一个背景冲突与背景协调的问题。理论的背景协调力，即理论解决背景问题的效力，在理论评估上具有理论的经验协调力和概念协调力不可替代的重要作用，忽视了这种作用，科学合理性问题是不能得到真正解决的。

其实，在最近几十年中，背景问题已受到一些学者的特别关注。反经验论者劳斯（Rouse）就把理论看成我们用来操纵和控制现象的模型，而非单纯描述和说明现象的方式，强调实际存在的东西会随着科学实践的改变而改变。[①]刘大椿在 20 世纪 80 年代中后期认识到，科学不仅仅是知识体系，它还是一种人类活动，这种活动在当代具有特定的结构。他把科学作为活生生的过程，作为一种特殊的人类活动来进行研究，同时考虑到科学活动的内在方面和它与其他人类活动的关系及其在整个人类活动中的地位，从而使得作为建构尝试的"科学活动论"形成一种富有特色的完整体系。[②]到 20 世纪 90 年代，人们越来越关注"科技－经济"关系研究，包括 STS 研究、发展战略研究、经济哲学研究、经济方法论研究等。这些研究后来在"科学技术是第一生产力"命题的推动下形成"科学－技术－经济－社会"一体化的研究方向。当然，协调合理性所讲的背景问题有着自身的特殊内容。

二、一个元合理性问题

我们所探讨的科学合理性模式本身有多大的合理性？这是一个元合理性问题。林德宏在研究科学认识思想史时就提出了这一问题。林德宏问："我们关于

---

①　参见江天骥.西方科学哲学的新趋向——最近几十年来的科学哲学（1951—现在）.自然辩证法通讯，2000，（4）：18-22.

②　参见刘大椿.科学活动论.北京：人民出版社，1985：10.

科学认识模式这个结论究竟有多大合理性？从根本上说，我们所拥有的科学认识模式究竟有多大合理性？"

林德宏在试图回答这一问题时，遇到一个根本性的困难：我们所考察的是一套地球人类的科学认识模式，我们可以对这套模式中的各种模式进行比较，但我们找不到另一套模式来同地球人类的科学认识模式进行比较，我们缺少进行这种比较的对照物，因此我们很难说我们这套认识模式在总体上有多大的合理性。① 由此，他得出以下两点结论。

第一，我们将越来越认识到我们的科学史和科学方法论研究的局限性。这将加深我们对科学认识相对真理性的理解。

第二，认识到我们的科学认识的局限性，是向"地球人类优越意识"的挑战，是为了对我们的工作和成就有个冷静的、恰当的评价。认识局限性，是为了超越局限性。②

笔者赞同林德宏的观点。要探讨合理性，就有一个比较的问题，如理论与理论的比较、方法与方法的比较、各种合理性模式之间的比较等。俗话说："不怕不识货，就怕货比货""货比三家"。就人类已有的各种科学合理性模式而言，我们可以进行比较，判断优劣。但是，如果把人类已有的科学合理性模式作为整体来进行考察，我们确实犯难，因为地外文明尚未发现，我们没有可比的对象。即使我们发现了一个地外文明，我们发现，我们的合理性模式比他们的优越，我们仍然不能肯定我们的合理性模式不可超越。因为"山外有山""天外有天"。如果还有未知的文明存在，我们怎么能够断定我们的合理性模式肯定超过他们的呢？所以，任何合理性模式都有局限性，同时也有超越自身局限性的可能。我们要去除优越感，多一些忧患意识；同时，我们也要增强自信心，少一些自卑心理。

我们有大量的工作要做。我们已有的各种科学发现模式、科学评价模式、科学发展模式等已经为我们提供了大量可供比较的材料。另外，要比较就有一个标准问题。我们无法回避这一问题。不同的标准可能导致不同的比较结果。因此，我们需要探寻合理性的标准，从特殊标准中抽象出一般标准。可以说，

① 参见林德宏，肖玲，等.科学认识思想史.南京：江苏教育出版社，1995：634.
② 参见林德宏，肖玲，等.科学认识思想史.南京：江苏教育出版社，1995：652-653.

合理性的根本问题是确定比较标准的问题。各种具体的合理性模式、各种特定的比较标准，都应当克服自身的局域性、局限性，向更高的层次超越，具备更大的涵盖性和普遍性。协调合理性模式试图做出这种努力，突破解题主义合理性模式的局限，将人类已知的合理模式的"水滴"汇成汩汩清泉，形成江河，奔流到海。

我们还可以从思维科学的角度看"元合理性"问题。我们要构建科学合理性模式，就要思维，那么，我们是如何思维的呢？我们怎样思维才合理呢？或者说，我们所构建的科学合理性模式的合理根据在哪里呢？笔者最初研究解题合理性模式，并进而设计协调合理性模式时，并没有考虑这些问题。直到2002年11月笔者才想到这些问题。当时，第五次全国科学逻辑讨论会在南京召开，武汉大学的桂起权教授送笔者一本新出版的书，书名叫《次协调逻辑与人工智能》。这本书使笔者大开眼界，引发笔者不少深度思考。正如次协调逻辑创始人达科斯塔（da Costa）在该书序言中所说的，从根本上说，我们能够用次协调逻辑来处理不协调的但有意义的理论。有意义的理论不允许我们从一个矛盾命题推证一切，像在经典逻辑和一些非经典逻辑中发生的那样。次协调逻辑几乎适用于一切知识领域。[1]笔者认为，次协调逻辑可以促进对科学哲学的元层次的思考。

对于次协调逻辑在不协调知识库中的成功应用，桂起权有一个形象的说明：人工智能领域最有成效的成果之一就是专家系统。可是，原先由于它以经典逻辑为基础逻辑（经典逻辑承认司各脱规则[2]，即承认由矛盾命题可以推出任意命题），好端端一个知识库（如有一万个自洽论断）却因加进一个矛盾命题（矛盾会任意扩散）就整个地不能用了。然而，作为专家系统原型的人类专家（如中医和西医在看病时）都经常会产生出矛盾的判断和决策。怎么办？现在不要紧了。对于不协调医学专家系统，只要改用次协调逻辑为基础逻辑，每个"医生"程序只管按自己的诊断规则各行其是，即使是在某个交叉点上偶然产生矛盾，那个矛盾也能被"搁置起来"（因为司各脱规则失效而不会扩散），整体上仍能照常运行。

---

① 参见桂起权，陈自立，朱福喜. 次协调逻辑与人工智能. 武汉：武汉大学出版社，2002: 1.

② 也称爆炸原理（principle of explosion）或演绎爆炸（deductive explosion）；或称为伪司各脱原理（principle of Pseudo-Scotus），因为该原理或规则被错误地归因于邓斯·司各脱。

桂起权还提到科学哲学的问题，称赞费耶阿本德的多元主义方法论所提倡的理论增生原则，该原则主张引进或发明同可信的、公认的背景理论相背离的新观点、新概念系统。桂起权认为这一创新原则对非经典逻辑同样具有启发力。[①]

笔者这里要说的是，不仅科学哲学对非经典逻辑有启发力，而且非经典逻辑对科学哲学同样有启发力！从科学哲学思想的发展进路来看，其理论设计的思维导向是从经典逻辑向非经典逻辑转移。

逻辑主义者把逻辑的不变性作为合理性的标准。在他们看来，理论名词和观察名词是非此即彼的关系，理论陈述和观察陈述也是非此即彼的关系；观察名词和观察陈述是自明的、可靠的，逻辑方法是不变的、可靠的。理论只有通过观察和逻辑才能得到辩护。这是典型的经典逻辑的思维方式。

历史主义者从科学史的实际出发，批驳了逻辑模式所导致的累积的科学进步观。他们看到科学发展的连续性和累积性，也看到科学发展的非连续性和非累积性；看到理论对自然的描述，也承认这种描述的可错性；他们把理论和范式看成认识世界的工具，废弃了非此即彼的真假概念，代之以没有严格界限的好坏概念。由于观察渗透理论，人们无法依赖经验判断理论真伪。没有超越理论之上的绝对中立的逻辑标准，理论和范式之间的竞争采取宣传、劝说、多数战胜少数等非逻辑方式。他们认为合理性在于科学共同体在具体的历史境况中对理论或范式作出好的选择。由此可以看出，历史主义者的思维方式是非经典逻辑的，他们打破了许多泾渭分明的界限。但是，他们同时又陷入新的经典逻辑的思维方式中，设置了新的不可逾越的界限，例如，认为理论之间不可通约，过分强调非理性而排斥理性，重视描述而轻视规范，等等。

这时，解题主义者又站了出来，继续打破新的界限。他们声称，只要相互竞争的理论是在解决同样的有意义的问题，它们之间就不是不可通约的。通过解题可以将规范与描述结合起来，解题主义者的经验问题理论、概念问题理论和认知态度理论都是这种结合的典范。但是，解题主义者也在新的层面上陷入经典逻辑的思维方式中，他们设置了新的界限，例如，他们把解题与真理割裂开来，将真实人物、真实信念与虚拟人物、虚拟信念对立起来，重视理论而轻

---

① 参见桂起权，陈自立，朱福喜.次协调逻辑与人工智能.武汉：武汉大学出版社，2002：7-8.

视实践，将科学哲学与科学社会学对立起来，等等。

协调合理性模式则试图在解题模式的基础上实现更大的超越，进一步打破解题主义者设置的界限，探寻更加统一的科学合理性模式。因此，协调合理性模式从总体思维方式上看，将更加非经典化。

非经典的次协调逻辑的思维方式对指导科学哲学研究是有用的。次协调逻辑的哲学动机是处理使经典逻辑束手无策的有意义的矛盾，仅从其思想来源和现实模型（辩证法、梅农本体论、含糊性、一些悖论问题）来看，具有相当大的吸引力。[①]就含糊性而言，客观事物的界限不固定、不分明，在生物界中就有无脊椎、无骨骼但有脊索的文昌鱼，使得人为划分的脊椎动物与无脊椎动物的严格界限被打破；既有鳃又有肺的总鳍鱼的出现，模糊了人为划分的鱼类与两栖类之间的界限；具有鸟类特征的爬虫类细颚龙和具有爬虫类特征的始祖鸟的发现，使得人为划分的爬虫类与鸟类之间的界限消失。恩格斯总结得好："一切差异都在中间阶段融合，一切对立都经过中间环节而互相转移，对自然观的这样的发展阶段来说，旧的形而上学的思维方法不再够用了。辩证的思维方法同样不承认什么僵硬和固定的界限，不承认什么普遍绝对有效的'非此即彼！'，它使固定的形而上学的差异互相转移，除了'非此即彼！'，又在恰当的地方承认'亦此亦彼！'，并使对立的各方相互联系起来。这样的辩证思维方法是唯一在最高程度上适合于自然观的这一发展阶段的思维方法。"[②]

当然，我们在元合理性层次上所谈的"次协调"概念或"次协调"中的"协调"概念与非元合理性层次的协调合理性中所谈的"协调"概念不是同一个概念。协调合理性中所谈的"协调"概念有自己的特殊规定。只有在对科学哲学中这样的普遍合理性模式的构建过程中，我们才牵涉到非经典的次协调逻辑思维中的"协调"概念。

三、进步能计算吗？

为了代替和取消真理问题，劳丹提出一个新的进步模式和算法，该算法包

---

① 参见桂起权，陈自立，朱福喜.次协调逻辑与人工智能.武汉：武汉大学出版社，2002：12-17.

② 中共中央马克思恩格斯列宁斯大林著作编译局编译.马克思恩格斯选集.第三卷.3版.北京：人民出版社，2012：909-910.

括下面几个要点：①解决问题的能力和效果均可数量化；②已解问题是推动科学进步的积极力量，反常问题和概念问题是阻碍科学进步的消极力量；③积极力量减去消极力量得出的差即表示科学进步；④以上三点衡量一个理论或研究传统在时间的某一点上的进步量，此外，还要衡量这个理论或研究传统在一段时间内的进步量，即"进步速度"，它是通过把这段时间前后两端点的进步量相减所得到的。

劳丹理论面临的最多批评之一是，进步的算法不符合历史，问题数目难以个体化或数量化，所以进步难以计算。麦克穆林就坚决反对计算进步，认为这种算法太简单，并未达到回避真理的目的，劳丹的方法在理论上没有根据，在历史上没有完整的先例，劳丹本人也没有用一个完整的史实示范性地亲自进行这种计算。这种方法实际上行不通。①

进步是否可以计算，关键要看是否能解决计算的对象、计算的程序、问子与解子的个体化问题。协调力模式对这些问题有不同的思考。理论选择中存在着通常所描述的一些好的理由，如清晰性、精确性、形式简单性、说明力、预测力、经验证据的证实度等，亨佩尔曾称这些好的理由为渴望之物。但亨佩尔局限于逻辑主义的框架，不可能让渴望之物从科学哲学的边缘进入中心。在奎因那里，渴望之物就是保守性、温和性、简单性、普遍性、可反驳性和精确性等。奎因用渴望之物破除了理论比较评价中的逻辑标准的垄断地位，但他重批判而轻建设，渴望之物只是他手头的批判工具，其领军地位远没有确立起来。库恩试图用精确性、一致性、广泛性和简单性等渴望之物否认理论的逻辑比较方式，并消除不可通约性论题的困难。但是，库恩认为这些渴望之物不能严密地定义，只能看成科学共同体的意识形态，它们仅仅构成了理论选择的价值标准，不能成为理论选择的规则。劳丹反对库恩的不可通约性概念，除了利用解决问题外，也利用渴望之物说明理论的可通约性。遗憾的是，他没有特别地重视渴望之物，没有设法探究渴望之物的定义，反而继承了库恩的渴望之物不可定义的观点。渴望之物不可定义，当然也就无法计算。他批评库恩最多，但常常又不能摆脱库恩的影响，由此可见一斑。

---

① 参见 McMullin E. Discussuon Review: Laudan's progress and its problems. Philosophy of Science, 1979, 46(4): 623-644.

渴望之物实现了规范性和描述性更好的统一。无论是逻辑主义者、历史主义者，还是解题主义者，都承认渴望之物在理论比较中的重要性。渴望之物显然具有超越逻辑和历史的优越性，它能在逻辑与历史的结合中反映科学进步的脉搏①。对渴望之物的深入研究可能导致我们对方法论和科学史看法的根本转变，从而对科学哲学的看法发生根本转变。对渴望之物的说明和解释不能代替统一的严密的定义。在协调论看来，一个理论是由问子和解子两部分构成的，问子和解子概念是说明理论评价的基础概念。因此，作为理论评价标准的渴望之物可以通过这两个基础概念来定义。这些定义与传统的一些理解相契合，但又不完全等同于传统理解，它们来自共鸣的直觉，符合历史，有严格的语义学表征，有计算上的可操作性。协调论把渴望之物看作"协调力"，对每个单一协调力的定义都力求体现某种形式、某种规范，但这种规范本身不是逻辑，因为逻辑方法只是作为解子在其中发挥作用。用协调力去解释和评价科学的实际历史，体现了某种描述、某种非形式，但这种非形式不是把所有科学事件都描述为合理的。协调力模式视渴望之物为经验上、概念上或背景上的基本单元，力求在问子与解子的数量关系的基础上给出渴望之物严格的定义。这些定义将体现规范和描述的统一、形式和非形式的统一。

理论只有在比较中才有优劣之分，才能体现进步，得到评价。但是，理论比较不能是纯粹的逻辑比较，因为竞争理论可能也会运用同样的逻辑；理论比较也不能是纯粹的经验内容的比较，因为对经验内容的真假的认识会随时间发生变化；理论比较也不单是理论的解题数量和权重的比较，因为集合理论比它的成员理论能够解决更多的问题，但科学家更喜欢内在自洽的复合理论，对问题重要性的认识也随时间发生变化。理论比较只能是协调力的比较。协调力包括经验协调力、概念协调力和背景协调力三大方面。协调力不仅涉及理论解题的数量和权重，还牵涉理论解决问题的其他方式和力度，如多样性、简洁性、统一性、精确性、深刻性、贯通性、技术性等。这些解题的方式和力度正是哲学家们渴望得到的渴望之物。渴望之物体现了理论比较中的不对称性冲突与协

---

① 脉搏是体表可触摸到的动脉搏动。脉象的产生与心脏搏动、心气盛衰、脉道通利和气血盈亏直接相关。脏腑、气血的病变与否可以从脉搏上表现出来，所以中医经常通过号脉诊断疾病。科学理论的逻辑结构和历史发展好比人体的脏腑和气血，其是否正常、是否合理、是否进步也可以从渴望之物反映出来。

调关系。协调力标准也是科学家在任何条件下都能够接受的标准，或者说，科学家始终在按照协调力标准从事科学研究。科学哲学应当把渴望之物从附属性的边缘地带带进核心地带，对渴望之物的研究应当上升到十分突出的高度。但是，如何定义渴望之物？是否因为渴望之物难以被定义就要永远满足于一种通常意义的模糊、混乱的理解？能否在一种统一的意义上定义渴望之物？作为一种探索，协调力模式尝试在理论比较中通过问子和解子的概念来统一定义渴望之物。这里遇到的难题是，我们有时需要统计相比较理论的问子数目和解子数目。很少有人同意这种"荒唐"的想法。有人认为问子数无限，有人认为再多的解子数也可归为一个。总之，大多数人相信，使问子和解子有限化和个体化的原则是没有的。这种论断是否过于匆忙呢？马克思说过，一门科学发展到应用数学的水平，是其走向成熟的一个标志。那么，绝对无条件地拒斥劳丹的量化思想是否过于草率呢？科学哲学应该在这里设置一个禁区吗？既然像"真理"这样难以定义的概念都挡不住世世代代的哲学家们去孜孜追求，那么还有什么不能去探索，去尝试的呢？

使问子数和解子数有限化的原则和方法并不是不可探求的。例如，我们可以把相比较的理论置于一定的时间和过程（发现过程和应用过程）中，借助原始资料，对相比较理论的问子和解子进行对应的分类分层，从而提出一些便于统计的规则。

关于问子数和解子数的统计问题，笔者考虑可以引入以下原则。

（1）以史为据原则。应从最原始的科学文献出发去统计理论问子数和解子数。例如欧几里得（Euclid）的《几何原本》是我们统计欧几里得几何学的问子数和解子数的根据，达尔文的《物种起源》是我们统计达尔文进化论的问子数和解子数的根据，爱因斯坦《广义相对论的基础》是我们统计爱因斯坦广义相对论的问子数和解子数的根据。

（2）时间限定原则。两个理论的比较是在一定时段或时刻的比较。一个理论在无穷时间中的问子数和解子数是无限的，是无法统计的，但在一个有限的时段或某一特定时刻，对其问子数和解子数是有可能进行统计的。

（3）内容消去原则。如果理论 T 的某个或某些问子和解子已经包含了另一些问子和解子，则该问子和解子可以消去，不在统计之列。例如，牛顿运动定律和万有引力定律这 4 个定律中已经包含了质量、动量、惯性、力、时间、空间、绝对空间等概念。所以，有了这 4 个定律，这些概念的数目就可以省略，不必再去统计。

（4）分层分类原则。一个理论不能解决所有方面的问题，在不同方面解决问题的数目也不可能完全相同，所以对理论的问子数和解子数进行分层统计是必要的。一个理论能解决同一类型的无数单个问题，所以从个别单个问题来看，问子数是无限的，但要从问题的类别来看，则问子数是有限的。问题类别表征问题"质"的方面，对问题进行分类统计是必要的。

四、进步的分析单元

库恩和拉卡托斯把那些比较普遍的而非具体的理论作为理解和评价科学进步的主要工具。劳丹对此没有异议，但不赞同他们对"大理论"的解释以及基于这种解释对科学进步的理解。劳丹用重新诠释的"大理论"——研究传统取代范式和研究纲领，旨在寻求历史上更稳妥或哲学上更恰当的科学进步理论。构成研究传统的一系列具体理论与经验相联系，由经验来检验，它们可能彼此不一致，处于竞争状态，因而对研究传统的本体论和方法论的看法也可能存在很大差异。研究传统强烈影响它的构成理论的经验问题的范围和权重，也决定性地影响它的构成理论的概念问题的范围。研究传统的本体论和方法论假定能够为构造具体理论提供重要思路，也为具体理论所假定的实体和因果关系提供辩护或修改意见。在有些情况下，具体理论可以从它所从属的研究传统中脱离出来。研究传统的变化采取两个迥然不同的方式：一是修改它的从属理论，二是改变研究传统的某些核心成分。研究传统内的某些因素具有更为重要的、牢固的地位，这一点与研究纲领是一样的。不同的是，研究传统的不可反驳的成分的范围会随时间变化。研究传统不仅与它的内部理论具有复杂的关系，也与外部的世界观密切关联。高度成功的研究传统可能导致人们放弃与该研究传统不一致的世界观，形成与它一致的新世界观。不同的研究传统可以综合起来，在某些情况下，一个研究传统可以转移到另一个研究传统中，并保留这两个研究传统的先决条件。在另一些情况下，两个或更多研究传统的综合要求放弃研究传统中的某些基本要素。对研究传统可以采取共时性和历时性两种评价模式。

劳丹对研究传统的分析弥补了范式和研究纲领的某些不足，加深了我们对科学进步的认识。但是，研究传统概念还是具有某种含糊性，我们需要深入探讨下述问题。

（1）既然研究传统对构成它的具体理论具有否定和肯定的功能，那么，能不能说，具体理论对它所归属的研究传统也具有同样的功能？

（2）具体理论与研究传统的分离与结合的动因是什么？具体理论只有在能与一个十分成功的研究传统相结合的情况下才能从另一个研究传统中分离出来吗？

（3）研究传统内的构成成分有所谓核心和非核心的区别吗？核心和非核心是如何确定的？区别核心和非核心有什么意义呢？

（4）劳丹用"共时恰当性"和"历时进步性"说明研究传统的进步，但是，这两个概念是清楚的吗？如何克服"合理追求"问题上的困难？

（5）什么是理论？如何理解理论的概念？它的内涵和外延究竟是什么呢？研究传统是一种理论吗？如果是，它在理论系统和问题系统中的位置和作用是什么？如何在理论系统和问题系统中全面描述科学进步？

第二章

经验冲突与经验协调

本章将定义并阐明经验协调力的十个评估标准。尽管这样做十分困难，要冒很大的风险，笔者还是乐意一试。给每一个经验标准下一个明晰的定义是必要的，因为规范地描述科学史需要形式化的、实际可行的分析机制。笔者的定义方法是以问子和解子为定义项的基本概念，着眼于理论之间的不对称性比较，规定各个单一协调力标准的特殊内涵并明确其特殊统计法或算法。根据这样的定义或模型，可以统计或计算相比较的理论的协调力的大小。协调力较小的理论处于经验冲突状态或下降状态，协调力较大的理论处于经验协调状态或上升状态。

第一节　经验新奇性

一、定义

假如 τ 时间（时刻或时段，下同）的理论 T 的经验解子 j（记为 j（Tτ））能导出 N 种与观测型经验问子相符（记为 r）的新奇（记为@）的理论型经验问子（记为 $rw_@$），则我们有

$$L（T\tau）= N（j（T\tau）\to rw_@）$$

即 τ 时间的 T 的经验新奇性协调力 L 等于 N，N 是从 T 的解子导出的与观测型经验问子相符的新奇的理论型经验问子的种类数（N 为整数，下同）。为简便起见，我们把该公式记为

$$L（T\tau）= N_L（T）$$

或

$$L（T\tau）= N_L$$

其中，$N_L \geqslant 0$。在 τ 时间的理论 T 和 τ' 时间的理论 T′ 的比较中，如果

$$N_L（T）< N_L（T'）$$

则

$$L（T\tau）< L（T'\tau'）$$

即 T 的经验新奇性协调力小于 T′。或者

$$L（T\tau）\downarrow \wedge L（T'\tau'）\uparrow$$

即 T 与 T′ 相比，T 面临经验新奇性冲突（"新奇性冲突"是"在新奇性方面处于冲突状态"的简称），T′ 呈现经验新奇性协调（"新奇性协调"是"在新奇性方面处于协调状态"的简称），或者说，T 的经验新奇性协调力下降（"下降"记为 ↓）且 T′ 的经验新奇性协调力上升（"上升"记为 ↑）。

这里不必统计解子 j 的数量，也不必在意 j 的形式，j 的任务是合乎逻辑地推导出"新奇的理论型经验问子"，以便我们统计其中有多少与观测型经验问子相符。时间 τ 和时间 τ' 可以相同，也可以不同。

二、新奇预测与经验验证

具体的科学理论可以是普遍性经验陈述，也可以是普遍性经验陈述的有机组成或集合。理论有了普遍性，就有了推测未知事物或事件的能力，从而帮助我们进行理论检验、科学决策、合理行动。不同理论的预测力（predictive power, PP）可能有很大的差别，有些理论只能给出一般性的预测，而另一些理论可能给出新奇的预测。例如，"所有天鹅都是白的"这样的理论会预测下一次见到的天鹅一定是白的；自由落体定律会帮助我们预测从高塔上落下的石

88

头在一定时间内落下的距离。但是，这些预测都不具有新奇性，而且预测的次数也无法统计。一个具有新奇性的理论应该给出新奇的预测。这种新奇性由预见与当时已有知识的距离来衡量，距离越大就越新奇。什么叫距离大？就是预测到的现象是我们从不知道的、无法理解的或不能接受的。比如门捷列夫（Mendeleev）的元素周期律预言了许多未知元素，牛顿力学预言了天王星、海王星和冥王星的存在，爱因斯坦的广义相对论预言了光线弯曲、光谱红移和水星近日点进动，狄拉克（Paul Dirac）的粒子空穴理论预言了反粒子的存在，等等。当初这些现象被提出时，基于人类当时的备用知识，我们确实不知道，也无法理解，甚至不能接受，因而，我们说这些预测的现象具有新奇性。这些预测的结果后来都得到观察经验的验证。这种新奇性可被称为"异常新奇性"。

还有一种预测的现象也可以认定是新奇的。这些现象是我们习以为常的，但根据当时的备用知识不能恰当地理解和准确地预测。例如，预测某地某时会下雨，预测太阳某时会从东方升起，虽然下雨和太阳东升都是常见的现象，但是在我们没有这些备用知识来理解、预测它的情况下，有人提出了恰当的理论来准确预测这种常见的现象，我们就可以说这种预测的现象也具有新奇性。例如，在古代中国，人们认为下雨是天神洒泪，打雷是天神发怒，风云是天神呼吸，太阳和月亮是天神盘古的眼睛，盘古驾九龙车驰骋天宇；在古印度，人们认为太阳神苏雅是天的眼睛，苏雅乘七马车飞驰太空。对自然现象的这些理解似乎是对世界的断言，但不可能据此给出精确预测，无法检验，只能满足心理需求。不过，一旦我们构造的理论不仅能解释这些现象，还能给出关于这些现象的精确预测，这些现象就变成新奇的了。这种新奇性可被称为"日常新奇性"。

奎因曾提出科学评价的温和性标准，要求科学假说应在逻辑上更弱或它假定的事件更为常见，这里，"假定的事件更为常见"意指，如果一个假说更为平凡，即它假定已发生的事件更为常见，更为人们熟知，因而也更为人们所期待，那么，这个假说就更温和。[①]这个层面的温和性类似于笔者提出的日常新奇性，即将常规事件通过理论创新而转化为非常规的预测事件的新奇性。但奎因似乎

---

① 参见 Quine W V O, Ullian J S. The Web of Belief. 2nd ed. New York: Random House Inc., 1978: 68.

没有区分解释和预测，解释一个已知事件和预测一个得到检验的未知事件，虽然在逻辑上等价，但在经验上是不等价的。从概念上看，预测意味着理论甘愿冒更大的遇到反例的风险；从经验上看，得到验证的经验预测越精确，其属于巧合的可能性越小。

波普尔提出的理论的独立性标准要求新理论可独立检验，除了解释本应解释的事实，还要推断出可检验的迄今尚未被观察过的现象的预测。他提出的严峻性标准要求新理论通过一些新的严峻的检验。[①] 独立性的第一个要求是解释常规现象，这可能使我们获得日常新奇的结果；独立性的第二个要求和严峻性要求是对异常新奇性的追求。波普尔主张选择那些经受住"严峻"检验的理论。"严峻"是相对于背景知识而言的，意指"作出惊人预测并得到实验验证"。波普尔的可证伪性标准包含了对概念新奇性和经验新奇性的要求，因为作为理论型经验问子的"惊人预测"如果得到实验验证，则成为与理论型经验问子相符的"新奇的"观测型经验问子。这样的观测型经验问子的数量越多，理论的经验新奇性越大，反之，理论的经验新奇性越小。

无论是异常现象还是日常现象，对它们的"新奇性"认定都与人类当时的备用理论和能力相关，"感到新奇"也是一种心理反应，所以，现象的新奇性认定具有时效性，随着时间的推移，随着人类认知能力和实践能力的提高，以往被视为新奇的现象会逐步变成常规现象。因此，异常新奇现象和日常新奇现象的判定应当是即时判定，是在现象最初发生时作出的判定。1821 年，英国化学家戴维（Davy）和法拉第（Faraday）用碳棒作灯丝，发明了能发出亮光的"电弧灯"，灯的寿命虽然短，发出的光线刺眼，但是在当时确是一种新奇的发明，然而，在 21 世纪的今天，谁还对"电弧灯"感到新奇呢？

对新奇现象的认定还有一个新奇度问题。新奇度的考量涉及当时的备用知识和技术、预测的精确性、观察范围、理解能力等。一般来说，面对新的现象，根据备用知识越是感到难以理解，根据当时的备用技术越是难以复现，该现象越新奇；预测的现象越精确，也越使人感到新奇；观察范围越小，越容易对未知现象感到新奇；理解能力越弱，越容易对新现象感到惊奇；人们对新现象的

---

① 参见 Popper K R. Conjectures and Refutations: The Growth of Scientific Knowledge. London: Routledge & Kegan Paul, 1963: 241-242.

探讨越多，该现象的新奇度越高。经验新奇性定义预设了相同的新奇度，因为在实际科学研究中，科学家构建的新理论也不可能预测大量的新奇现象，只要几个准确预测就足以产生广泛影响。

在科学上，存在一种最小一最大策略：理论的外在形式向最小处浓缩，理论的内在信息量向最大处扩展。新奇性意味着理论蕴含很大的经验信息量和具备非凡的解释力、预测力，导致人类可理解的经验知识的突变式扩展。追求理论的新奇性协调力与尽量扩大理论内在信息量是一致的。

劳丹的解题模式并不特别强调预测的重要性，因为在劳丹看来，预测也只是解题。从解题的数量来看，这是可以理解的。但劳丹没有从解题的质量上看到问题或理论的价值，在评价经验问题的价值时，劳丹认为一个问题，只要被解决了，价值就自然上升了，这当然也就意味着解决这个问题的理论的价值也自然上升了。这样，我们就无法根据劳丹的理论判断理论作出新奇预测的重要性，更谈不上对新奇预测的事实验证了。

预测现象比解释或说明现象要困难得多。待解释或说明的现象是已知的，凡已知现象都可以给出各种各样的解释性或说明性的理论，发明理论的主观性很强，要想在已知现象与某个理论之间建立一种逻辑上的联系并不是很难的事。例如，某人长得很像他（她）早已去世的祖先，我们可以发明很多理论来解释或说明这个现象：可以想象一种灵魂实体，认为这个人的祖先的灵魂转世投胎了；还可以想象一种基因实体，认为这个家族的某些遗传基因呈现显性的结果。无论你怀有什么信仰，你都可以设计出适合你口味的解释现象的理论来。所谓"事后诸葛亮"很多，道理就在这里。要预测现象，特别是新奇现象，就不那么容易了。因为预测的现象是未知的，要求从理论中推出事件，并希望它在事实上出现或再现，就对理论设计提出了更高的要求，可设计的理论必然被限制在更小的范围内，随意性就大大降低了。所谓"事前诸葛亮"很少，道理也在这里。因此，预测和解释（或说明）虽然在逻辑上对称，但在重要性上是不对称的。经验新奇性不是对新奇现象（观测型经验问子）的解释，而是使预言的新奇现象（理论型经验问子）得到观测型经验问子的验证。20世纪初，德国胚胎学家杜里舒（Driesch）提出生命过程的自主理论，即新活力论。1891年他做了海胆卵发育实验，把第一次分裂后的两个分裂球彼此分开培养，发现每个分裂球都能够发育为完整的较小胚胎。他认为卵是一个和谐的、有潜能的系统，隐藏着能调节生物发育的精神实体，即"隐德莱希"或"活力"。这个理论可以合理解释卵细胞的分裂，但不能给出任何关于生命现象的预测。对于人们发现某些新奇的"有机定向"类型的事实，它也只能给出特设性的解释。所以，就目前而论，"新活力论"仍然没有任何经验新奇性可言。实验胚胎学的另一研究传统否定胚胎中"精神实体"的存在，认为胚胎发育期间的细胞分化仍由物质因素控制并服从物质运动规律。分子生物学揭示，胚胎发育过程取决于基因活动的调节控制和胚胎整体各部分之间的相互作用。[①]现代遗传学假定所有疾病都和基因有关，试图通过对个体细胞中的 DNA 信息检测了解个体基因信息，预知身体患病风险。虽然提高这种预测的准确性有相当大的难度，但这仍然是人们努力的方向。现代预测医学和遗传算法的发展都证明生物学中的预测具有相当的重要性和可行性。[②]一个理论如果能给出与事实相符的新奇预测（当然越多越好），那么它必定能增强理论的经验新奇性协调力。当然，这种协调力的作用不能夸大。拉卡托斯把出现戏剧性的、出乎意料的、惊人的预测并得到经验验证看成研究纲领在经验上进化的核心标志，则是过分夸大了理论的经验新奇性的重要性。

三、经验新奇性的不充分决定

一个理论面临经验新奇性冲突这一事实并不能充分决定对该理论的抛弃，因为没有抛弃该理论的充分理由。

首先，理论的经验新奇性协调力只是理论协调力的一部分，一个面临经验新奇性冲突的理论很可能在其他协调力方面比较突出，所以在综合协调力比较中不一定是较差的。例如，比较理论 T 和 T′，在 τ 时间，T 面临经验新奇性冲突，T′ 呈现经验新奇性协调；同时，T′ 面临经验一致性冲突，T 呈现经验一致性协调；再假定 τ 时间的 T 和 T′ 的经验精确性相等，则可以断定，T 和 T′ 的预测力是等价的。在这里，理论的预测力是由理论的经验新奇性、经验一致性、经验

---

① 参见中国大百科全书出版社编辑部，中国大百科全书总编辑委员会《哲学》编辑委员会. 中国大百科全书：哲学. 2 版. 北京：中国大百科全书出版社，1998：324.

② 关于遗传算法，参见颜雪松，伍庆华，胡成玉. 遗传算法及其应用. 武汉：中国地质大学出版社，2018；关于预测医学，参见马慰国. 预测医学. 西安：陕西科学技术出版社，2006.

精确性共同衡量的。关于理论 T 在时间 τ 的预测力，我们可以有公式：

$$PP（T\tau）= L（T\tau）+ I（T\tau）+ A（T\tau）$$

或

$$PP（T\tau）= N_L + N_I + N_A$$

这是理论的一种局部协调力，其重要性超过任何单一协调力，但也不能完全决定理论的接受。[①]

其次，经验新奇性协调力追求不能走向极端，不能要求一个理论能够在一切可能的范围内预测每一个可能的事件，也不能要求理论所预测的每一个事件都能得到观察实验的验证。能够预测一切的大一统理论只是人类的一个梦想和追求，实际上是不能实现的，因为预测是基于对事物本质和规律的认识，而不同的事物具有不同的本质和规律。当然，理论的深刻性协调力可以帮助我们扩大理论预测的范围，但无论如何，预测一切的理论是没有的。我们可以努力逼近某个协调力的目标，但永远不可能达到那个终极的目标。这就是说，在公式

$$L（T\tau）= N（j（T\tau）\rightarrow rw_@）$$

中，整数 N 的数目可以趋近无穷大，但不能是无穷大。任何理论，无论其预测力多么强，都不可能给出无数的新奇预测。一个理论给出了新奇预测，其预测的事物或事件可以被看作理论型经验问子。在计算理论的经验新奇性协调力时，所统计的新奇的理论型经验问子数是与观测型经验问子数相符的那部分，未经观测型经验问子验证的部分不予统计。与观测型经验问子数相符的新奇的理论型经验问子数必然小于或等于新奇的理论型经验问子数。这可以用公式表示为

$$□（N（rw_@）\leqslant N（w_@））$$

其中，□ 表示必然，$w_@$ 表示新奇的理论型经验问子，$rw_@$ 表示与观测型经验问子相符的新奇的理论型经验问子。

经验预测牵涉验证的问题，即与观测型经验问子相映照的问题，一些理论在一定时刻面临经验新奇性冲突，可能是因为它预测的理论型经验问子暂时因为背景条件的限制还没有得到观测型经验问子的验证，而一旦背景条件成熟，其新奇的理论型经验问子可能得到验证，从而提高其经验新奇性协调力。牛顿

[①]　关于经验一致性，参照本书第二章第四节；关于经验精确性，参见本书第二章第五节。

理论预言的天王星的轨道，爱因斯坦广义相对论预言的光线弯曲都不能用肉眼直接观测，只有具备一定的外在工具和条件才有可能获得观测型经验问子的验证。

再次，一个经验新奇性协调力不高的理论有可能跟以后发展起来的其他理论组成复合理论，使复合理论的经验新奇性协调力上升。按照协调力大小比较，可以有公式：

$$\diamond \quad (L(T_1\tau_n) \leqslant L(T(T_1-T_2)\tau_{n+1}))$$

其中，$\diamond$ 表示可能，$T(T_1-T_2)$ 表示由 T_1 和 T_2 组成的复合理论 T，该公式意指在时间 τ_n 的理论 T_1 的经验新奇性协调力可能小丁或等丁后续时间 τ_{n+1} 的复合理论 $T(T_1-T_2)$。[①] 按照协调力状态比较，该公式也可表示为

$$\diamond \quad (L(T_1\tau_n)\downarrow \wedge L(T(T_1-T_2)\tau_{n+1})\uparrow)$$

例如，达尔文进化论对生物物种的变化就提不出什么新奇的预测，它不能告诉我们某一物种在某一时段会进化成什么样子，也不能预测在某一时段会出现什么新物种。但它与现代生态学、遗传学结合起来，就可能作出新奇预测。由进化论、生态学和遗传学理论组成的复合理论可以预测新的物种。因此，一个理论可以通过这种间接的方法提高其新奇性协调力。

最后，理论预测能力的极限难以确定。就目前的科学而言，对于原子和量子的运动，根本无法预测。根据测不准原理，若将电子的位置计算准确，则其速度就测不准；反之，若将其速度计算准确，则其位置就测不准。但是，"迄今所说的测不准，可能是由于知识的缺乏，到知识增长后，或可成为决定论。……将来或有一日，有一新的力学理论产生，使单个别的分子、原子与电子有变得可以测量的可能，但至今尚无此种学说的征兆。……我们在一小的误差限度内，可以预言英国一年将有多少婴孩死亡，或者预言某一年龄的人，可再活多少年。但是我们不能预言某一婴孩是否会死亡，或者某一保险凭单何时会来兑款。这里也如上述，或有一日，新的知识与技术，有可能给予我们预知的新本领，但至今还没有征兆。……为了求得有效的意志自由，自然界必须是有秩序的。……科学演进的下一阶段，或许是又向机械哲学方向摆动"。[②]

---

① 复合理论不同于集合理论，参见本书第五章第一节。
② 丹皮尔.科学史及其与哲学和宗教的关系.李珩译.北京：商务印书馆，1975：619-620.

经验新奇性冲突不完全决定理论的放弃，同样，经验新奇性协调也不完全决定理论的接受。经验新奇性协调与经验新奇性冲突是相对而言的，一个理论 T 在一定时刻相对于理论 T_1 呈现经验新奇性协调，相对于另一理论 T_2 可能呈现经验新奇性冲突。按照协调力状态比较，该现象可以表示为

$$\Diamond \ (L(T_1\tau)\downarrow \land L(T\tau)\uparrow)\land \Diamond \ (L(T_2\tau)\uparrow \land L(T\tau)\downarrow)$$

另外，理论本身在发展中，随着时间的流逝，两个理论在经验新奇性协调力上的力量对比可能发生变化，原来在经验新奇性上处于上升态势的理论可能丧失优势。可以用下面这个公式来描述该现象：

$$\Diamond \ (L(T_1\tau_n)\uparrow \land L(T\tau_n)\downarrow)\land \Diamond \ (L(T_1\tau_{n+1})\downarrow \land L(T\tau_{n+1})\uparrow)$$

科学家在一定时刻决定对一个理论的接受取决于该理论的综合协调力，如果在该时刻，该理论的综合协调力最强，则暂时接受它，同时围绕该理论进行常规性研究。但是，经过科学共同体一段时间的研究，理论的综合协调力的状况也会发生变化。所以，决定理论接受的综合协调力只有在一定时间内才有意义。

第二节　经验过硬性

一、定义

假如在 τ 时间，理论 T 的核心解子 j_0 不变，而使得外围解子 j_0 发生变化（记为 $\triangle j_0$），且共同导出了 N 种与观测型经验问子不符的（记为 $\neg r$）理论型经验问子，则我们有

$$M(T\tau)=1-N(\ (j_0 \land \triangle j_0)\ \tau \to \neg rw)$$

即在 τ 时间，理论 T 的经验过硬性协调力 M 等于 1 减去 N，N 是由 T 的核心解子和变化后的外围解子共同导出的与观测型经验问子不符的理论型经验问子的种类数。为简便起见，我们把该公式记为

$$M(T\tau)=1-N_M(T)$$

或

$$M(T\tau) = 1 - N_M$$

其中，$N_M \geqslant 0$。在 τ 时间的理论 T 和 τ' 时间的理论 T′ 的比较中，如果

$$N_M(T) > N_M(T')$$

则

$$M(T\tau) < M(T'\tau')$$

即 T 的经验过硬性协调力小于 T′。或者

$$M(T\tau) \downarrow \wedge M(T'\tau') \uparrow$$

即 T 与 T′ 相比，T 面临经验过硬性冲突，T′ 呈现经验过硬性协调，或者说，T 的经验过硬性协调力下降，且 T′ 的经验过硬性协调力上升。

这里的"不符"指超出 τ 时间允许的误差范围。时间 τ 和时间 τ' 可以相同，也可以不同。"变化"指被修改、被删除、增加新的解子或被新的解子替代。"核心解子"指理论围绕一个关键概念展开的解子，即针对该概念的一组理论陈述。"外围解子"指对核心解子起着辅助、保护和限制作用的那些假设和条件，如辅助性假设、初始条件、边界条件。这里的核心解子和外围解子的形式和数量可以忽略不计，它们在经验过硬性评估中的任务是"共同导出"，即合乎逻辑地得出"理论型经验问子"，以便与"观测型经验问子"相对照，取得不符的数目。

二、正例与反例

如果我们把与理论型经验问子相符的观测型经验问子称为"正例"，而把与理论型经验问子不符的观测型经验问子称为"反例"的话，那么，进步的经验一致性条件要求理论的正例越多越好，而进步的经验过硬性条件则要求理论的反例越少越好。在科学实践中，正例和反例不是一种可以简单转换的关系，即增加一个正例等于减少一个反例，或增加一个反例等于减少一个正例，或减少一个反例等于增加一个正例，或减少一个正例等于增加一个反例。正例多，不见得反例就少，可能正例多，反例也多；正例少，不见得反例就多，可能正例少，反例也少；反例多，不见得正例就少，可能反例多，正例也多；反例少，不见得正例就多，可能反例少，正例也少。

为什么正例和反例的数量之间没有必然的联系呢？因为自然界中待解释的事物或现象的数量是无限的，况且，在正例和反例之间还有一个中间地带，即如果理论推不出实验观测的结果，则既不能说观测结果与理论相符，也不能说观测结果与理论不符。

当科学家面对一个新出现的反例并且一时又难以解决时，他可能不顾及反例（甚至将反例排除在理论应当考察的范围之外），而致力于增加正例。在时段 τ_n 内，假定理论 T 推测暗箱 B 中有一个黑球、一个白球，经过实验检测，发现 B 中只有一个黑球，并无白球，这样，理论 T 就面临一个反例。这样，理论 T 的过硬性协调力和一致性协调力可以分别计算为

$$M(T\tau_n) = 1 - N_M = 1 - 1 = 0$$
$$I(T\tau_n) = N_I = 1$$

科学家经过深思熟虑，仍然不能把这个反例转化为正例，即问题得不到解决，这时，科学家可以暂时回避反例问题，即不顾及经验过硬性状况，把目光转向增强理论的经验一致性，集中从 T 中推测出更多的球来加以检验。科学家可能推测 B 中除了一个黑球、一个白球，还有一个红球和一个黄球。经过实验检测，果然发现 B 中有一个红球和一个黄球。这样，理论 T 的经验一致性协调力可以计算为

$$I(T\tau_{n+1}) = N_I = 3$$

在这个案例中，科学家增加了两个正例，但并没有排除那个反例。这也是一个合理的策略，因为 T 的经验一致性协调力增强了，并且，如果增加的正例具有新奇性，则 T 的经验新奇性协调力也随之增强。

当然，在科学实践中，通过维护理论的硬核或核心解子，修改辅助假设、初始条件和边界条件来完善理论，将反例转化为正例，既增强理论的经验过硬性协调力，也增强理论的经验一致性协调力，这也是可能实现的合理策略。当理论 T_1 面临一个不能解决的经验问题 p，即遇到一个反例时，科学家不一定通过修改理论 T_1 把 p 排除出去，他可以增添一个理论假定 T_2，使之和理论 T_1 一起，形成一个新的集合理论 T。如果 T 能解决 p，把反例转化为正例，则既能保留原理论 T_1，又能使 T 的经验过硬性和经验一致性相对于 T_1 而上升。就经验过硬性而言，可以有公式：

$$\Diamond \quad (M(T_1\tau_n) \leqslant M(T(T_1 \wedge T_2)\ \tau_{n+1}))$$

该公式意指在时间 τ_n 的理论 T_1 的经验过硬性协调力可能小于或等于后续时间 τ_{n+1} 的集合理论 $T(T_1 \wedge T_2)$。该公式也可以用协调力状态来表示：

$$\Diamond \quad (M(T_1\tau_n)\downarrow \wedge M(T(T_1 \wedge T_2)\ \tau_{n+1})\uparrow)$$

就经验一致性而言，可以有公式：

$$\Diamond \quad (I(T_1\tau_n) \leqslant I(T(T_1 \wedge T_2)\ \tau_{n+1}))$$

该公式意指在时间 τ_n 的理论 T_1 的经验一致性协调力可能小于或等于后续时间 τ_{n+1} 的集合理论 $T(T_1 \wedge T_2)$。该公式也可表示为：

$$\Diamond \quad (I(T_1\tau_n)\downarrow \wedge I(T(T_1 \wedge T_2)\ \tau_{n+1})\uparrow)$$

英国化学家布莱克（Black）是燃素说的信奉者，他提出关于热的本质的热质说，认为热也和燃素一样，是一种由彼此排斥但为物质所吸引的热粒子组成的无重量的弹性热流体。这种热粒子后来被人们称为热质或热素。早期热质说理论认为混合热守恒，即热素不灭。它能很好地解释这样的现象：40℃的水与同体积的80℃的水混合，两杯水的温度均为60℃。按这个理论，两杯水共有120个单位的热素，混合后，每杯水平均包含60个单位的热素，所以每杯水的平均温度为60℃。但是该理论不能解释经验问题 p：为什么把100℃的水与同体积的150℃的水银混合后，其平均温度不是所预料的125℃，而是120℃呢？布莱克并没有试图把这个问题排除出去，更没有轻易放弃这个理论。他引入一个新的假定：不同的物体有不同的比热，因为物体对热素的吸收能力不同。[①] 这样，布莱克实际上引入了一个新的理论，它是包含早期理论和新假定的集合理论。新理论有效地解决了 p：水银的比热比较小，所以水银下降30℃所放出的热量，只能使水上升20℃。新理论消除了早期理论的反例，也没有丢失其正例，它的反例数比早期理论的反例数少，可以说，新理论比早期理论过硬。后来，新理论又遇到一些困难，但这些困难都被布莱克按同样的办法一一克服了。因此，布莱克的理论在经验过硬性上一度呈上升趋势。人们称赞布莱克为"理论修补大师"，而笔者认为称布莱克为"增强理论经验过硬性的大师"更为恰当。虽然后来热质说由于不能解决新的问题导致综合协调力的下降而被热动说取代，但我们仍然应该肯定布莱克的努力

---

① Dondan A. James Hutton, Joseph Black and the Chemical theory of heat. Ambix, 1978, 25(3): 175-190.

是合理的，是值得称道的，因为他追求理论的经验过硬性协调力并一度取得成功。

增强（或减弱）一个理论的经验过硬性协调力不必然导致该理论的经验一致性协调力的增强（或减弱），两者之间没有必然的正比关系。这一点可以用如下公式表示：

$$\neg\Box \ ((M(T\tau)\uparrow \to I(T\tau)\uparrow)\vee(M(T\tau)\downarrow \to I(T\tau)\downarrow))$$

例如，当一个理论的经验过硬性协调力上升时，其经验一致性协调力可能反而下降。设想在 τ_n 时间，一个科学家提出理论 T，T 推测暗箱 B 中有一个黑球、一个白球、一个红球和一个黄球。经过实验观测，发现 B 中有一个黑球、一个绿球、一个红球和一个黄球。这样，理论 T 面临 1 个反例，因为观测到的"白球"其实是绿球。我们有

$$M(T\tau_n)=1-1=0$$

$$I(T\tau_n)=3$$

在 τ_n 时间，另一个科学家提出理论 T′，T′ 推测出 B 中有一个黑球、一个绿球，但推不出 B 中有红球和黄球。这样，T′ 的经验过硬性协调力增强了，因为 T′ 把一个反例转化为正例，使得 T′ 的反例数为 0，即

$$M(T'\tau_n)=1-0=1$$

但是，T′ 的经验一致性协调力却下降了，因为 T′ 丧失了 2 个正例，T 的正例数为 3，而 T′ 的正例数为 2，即

$$I(T'\tau_n)=2$$

在这种情况下，理论 T 和理论 T′ 的胜负在时间 τ_{n+1} 尚难预料。T 可能通过自身的发展和完善消除掉那个反例，而 T′ 也可能通过自身的发展和完善增加了正例；而且随着实验技术的改进和解释理论的变化，原来的所谓"反例"可能不再是反例，直接成为正例，而原来的"正例"也可能变成反例。在科学中，理论的"最终"取舍取决于理论的综合协调力的比较。科学的马拉松比赛只有暂时的相对终点，没有永恒的绝对终点，在这场比赛中，科学家的信念和毅力等背景因素起着重要的作用。

三、反常

传统的"反常"（anomalies）概念具有以下两个主要的特征：

（A）一个理论哪怕只面临一个反常，有理性的科学家也应放弃这个理论。

（B）某些经验事实对一个理论来说是反常的，当且仅当这些事实与理论发生逻辑矛盾。

经验过硬性冲突概念对上述观点作如下修正：

（A′）当一个理论面临经验过硬性冲突时，并不要求一定要放弃该理论，但可以对理论的可靠性提出怀疑。可以有公式：

$$（1）M(T'\tau)\uparrow \wedge M(T\tau)\downarrow \rightarrow \neg\hat{S}\,T_{\hat{F}}$$

$$（2）M(T'\tau)\uparrow \wedge M(T\tau)\downarrow \rightarrow \hat{A}T_{\hat{D}}$$

在上式中，$\hat{S}$ 表示"应当"，$\hat{F}$ 表示"放弃"，$\hat{A}$ 表示"允许"，$\hat{D}$ 表示"怀疑"。（1）意指，如果 τ 时间的理论 T 在与理论 T′的比较中处于经验过硬性冲突状态，那么不应当放弃 T；（2）意指，如果 τ 时间的理论 T 在与理论 T′的比较中处于经验过硬性冲突状态，那么允许怀疑 T。

（B′）某个理论 T 与理论 T′相比面临经验过硬性冲突，当且仅当，通过改变外围解子的策略，使得从 T 的解子中导出的与观察实验数据不符的经验问子数大于从 T′的解子中导出的与观察实验数据不符的经验问子数。可以用公式表示：

$$M(T'\tau)\uparrow \wedge M(T\tau)\downarrow \leftrightarrow N(T(j_{\circ}\wedge_{\triangle}j_{\circ})\rightarrow\neg rw) > N(T'(j_{\circ}\wedge_{\triangle}j_{\circ})\rightarrow\neg rw)$$

传统观点 A 的批评者曾为反对 A 而提出一些很有说服力的论证，所以，对于论点 A′，估计不会引起多少争议了。借用劳丹的说明，这种论证来自两个方面。

其一，模糊性（ambiguities）论证。一个产生了反常的特殊理论是否应该因为检验境况的一些不能消除的模糊性或歧义而被放弃，这是不能合理地判定的。检验境况的模糊性主要表现为以下两个方面。

（1）在任何经验检验中，要想导出一个实验上的预测，需要的是整个理论网络。假如实验预测被证明是错误的，我们就不知道在这个理论网络中究竟哪个理论错了。所以，不可能在一个理论网络中判定某个具体理论是假的。

（2）因为一个理论与实验数据不符就放弃这个理论，这就假定实验数据本身是真实的和不可错的。其实，实验数据本身也只是可能的，一个反常不能要求放弃一个理论。

其二，语用学（pragmatics）论证。历史上的每个理论几乎都有过一些反常或反驳的实例，事实上，没有一个人能够指出一个重要的理论没有碰到过一些反常。因此，如果我们认真对待 A，那么我们就等于放弃了我们全部理论的组成部分，因而根本不能谈论自然界的大多数领域。①基于上述理由，用一个较弱的但更为现实的观点 A′代替 A 就有很强的说服力。

对于 B′与 B 的区别，我们可以看到，B 中的反常出现在 B′中并不是经验过硬性冲突的充分条件，因为 B 没有理论比较，即没有把理论放到比较状态下来评估。传统反常使得理论与事实构成两角关系，事实成为理论真理性的判官。实际上，当理论与某个事实矛盾或不符时，科学家可能置之不顾，只有在当科学家看到其他同行理论认真对待和解决了这一事实时，他们才可能积极面对这一事实。因为科学家真正关心的不是理论是否与某个事实相符，而是理论在当下的协调力状况。相比较的两个理论都可能与某个或某些事实发生逻辑矛盾，但事实并不对两个理论都构成认知威胁，理论面对的认知威胁来自与理论相符或不符的事实在数量上的比较结果。所以，理论评价应当建立在"理论－理论－事实"的三角关系之上。

传统的"反常"概念由于在没有理论比较的情况下进行独断的判断，不能完善地解释科学史中的大量事例。在对待传统反常的问题上，劳丹很清醒。劳丹放弃传统反常概念，基于理论之间的比较提出一种新的反常概念——非反驳的反常（nonrefuting anomalies）："每当一个经验问题 p 已被某个理论解决时，p 以后就构成了相关领域中没有解决 p 的每一理论的反常。"②对于经验问题 p，如果理论 T 没有解决，但 T 的一个或更多竞争对手已经解决，则 T 面临一个反常。劳丹对这种反常的态度是，一个反常的出现是对显示反常的理论提出了怀疑，但用不着强迫放弃该理论。另外，"非反驳的反常"并不要求相比较的两个理论是矛盾的。

① 参见 Laudan L. Progress and Its Problems: Towards a Theory of Scientific Growth. Berkeley: University of California Press, 1977: 27-28.

② Laudan L. Progress and Its Problems: Towards a Theory of Scientific Growth. Berkeley: University of California Press, 1977: 29.

非反驳的反常概念可以用经验一致性和经验过硬性来分析。按照劳丹的反常概念，在理论 T 与理论 T′ 的 τ 时间的比较中，如果 T 解决了 α 个经验问题，并且 T′ 不能解决这 α 个经验问题，则 T′ 面临着 α 个非反驳的反常。如果 T 解决了 α 个经验问题，即 T 的理论推断与 α 个经验问子相符，则 $I(T\tau)=\alpha$。如果 T′ 不能解决这 α 个经验问题，即 T′ 的理论推断与 α 个经验问子不符，则 $M(T'\tau)=1-\alpha$。根据"非反驳的反常"这种情况，既不能断定 T 的经验一致性协调力超过 T′，也不能断定 T 的经验过硬性协调力超过 T′，因为，即使在这种情况下，T′ 也不是没有在解决经验问题的总量上与 T 持平或超过 T 的可能性。但是，可以肯定，在经验一致性协调力和经验过硬性协调力的比较中，T′ 的处境十分不利。因此，T′ 也必须尽量设法解决这 α 个经验问题。一个理论即使面临非反驳的反常，也不能马上确定是该理论错了，也许是经验证据有问题。我们的策略是把检查经验证据和修改理论同时纳入我们的视野，追求经验一致性协调力和经验过硬性协调力是我们始终不渝的目标的一部分。

第三节　经验明晰性

一、定义

假如在 τ 时间，理论 T 的外围解子 $j_{\circ}$ 不变，而使得核心解子 $j_{\odot}$ 发生变化（记为 $\triangle j_{\odot}$），且共同导出了 N 种与观测型经验问子不符的（记为 $\neg r$）理论型经验问子 w，则我们有

$$D(T\tau)=1-N(T\tau\,(\triangle j_{\odot}\wedge j_{\circ})\rightarrow\neg rw)$$

即在 τ 时间，理论 T 的经验明晰性协调力 D 等于 1 减去 N，N 是外围解子和变化后的核心解子共同导出的与观测型经验问子不符的理论型经验问子的种类的数目。为简便起见，我们把该公式记为

$$D(T\tau)=1-N_D(T)$$

或

$$D(T\tau)=1-N_D$$

其中，$N_D \geqslant 0$。在 τ 时间的理论 T 和 τ' 时间的理论 T′ 的比较中，如果

$$N_D(T) > N_D(T')$$

则

$$D(T\tau) < D(T'\tau')$$

即 T 的经验明晰性协调力小于 T′。或者

$$D(T\tau)\downarrow \wedge D(T'\tau')\uparrow$$

即 T 与 T′ 相比，T 面临经验明晰性冲突，T′ 呈现经验明晰性协调，或者说，T 的经验明晰性协调力下降，且 T′ 的经验明晰性协调力上升。

二、经验明晰性与经验过硬性

具有经验协调力的理论是具体理论，在具体理论的解子中，有些是围绕一个关键概念展开的一组理论陈述，这组理论陈述在各个方面对该关键概念的内涵和外延作出规定。该关键概念得到工作理论的支持，并成为这组理论陈述的贯通性解子。工作理论与其支持的这组理论陈述之间没有逻辑上的推导关系。这组理论陈述是科学家在创建理论时反复斟酌和调试的对象，当这组理论陈述为具体理论带来一定的明晰性协调力并得到科学共同体较大的认可时，它们就相对稳定，变动的难度随着具体理论的协调力的提高越来越大。这组理论陈述可被称为具体理论的核心解子。经验明晰性是对科学理论的核心解子进行的检查，在核心解子形成之初，当具体理论面临反例时，科学家往往将反例的矛头指向外围解子或核心解子。核心解子本身不足以推出检验蕴涵，必须与外围解子，如辅助假设、初始条件、边界条件等一起才能推出检验蕴涵。随着核心解子的地位越来越巩固，当具体理论面临经验反例时，科学家往往把反例的矛头指向外围解子，通过调节或修改这些解子来增强具体理论的经验过硬性。所以，经验过硬性是对科学理论的外围解子的检查，这些外围解子可能具有不同的关键概念，围绕这些关键概念的那些理论陈述可能构成复合理论，也可能构成集合理论。

经验明晰性和经验过硬性都涉及具体理论所遇到的反例和理论消化反例的能力，但两者关注的重点不同。经验明晰性关注科学理论的核心解子对理论消

化反例的能力的影响，一个具体的科学理论的经验明晰性强一般有两种可能的情况：其一是具体理论的关键概念本身逐渐清楚，越来越稳定，越来越难以反驳；其二是具体理论的关键概念被淘汰，在原有的基础上发展出新的关键概念，完成了关键概念的转换。经验明晰性协调力的上升意味着科学理论具有更强的消化反例的能力，它要求科学家具有更强的创新意识和创新能力，敢于冒更大的风险。经验过硬性关注科学理论的外围解子的变化对理论解决经验反常问题的能力的影响，一个具体的科学理论的经验过硬性强意味着该理论有着坚硬而稳定的核心，有较好的发展前景。如果具体理论的经验过硬性是通过减少外围解子而增强的，那么，该理论的经验简洁性协调力也会增强。如果具体理论的经验过硬性是通过更换外围解子而增强的，则理论的某些协调力维持不变，如经验简洁性、经验一致性等。但是，如果通过不断增加外围解子的办法来增强具体理论的经验过硬性，则会损害该具体理论的经验简洁性，而另一些协调力，如经验一致性、经验新奇性、经验统一性等保持不变。因此，当具体理论的经验过硬性协调力上升，却导致具体理论的综合协调力下降时，科学家可能把反例的矛头再次指向核心解子，致力于增强具体理论的经验明晰性协调力，从而提高具体理论的综合协调力。

具有经验过硬性的具体理论与拉卡托斯的科学研究纲领有所不同。科学研究纲领是"大理论"或"理论系列"，而不是一个给定的"小理论"。拉卡托斯认为，只有研究纲领才能被评价为科学的或伪科学的。这一标准仍然太过严格和僵硬，仍然囿于经验，而且忽视了对纲领内的小理论的直接评价。实际上，研究纲领本身无经验内容，它的经验内容来自自身内部的小理论。经验过硬性是就具体理论而言的，可以是一个给定的复合的或集合的具体理论，只有具体理论才有检验蕴涵，才有经验协调力。研究纲领似乎只涉及具体理论背后的工作理论和超理论，但从拉卡托斯的举例来看，有经验内容的牛顿定律（牛顿定律构成牛顿具体理论的核心解子）是纲领，无经验内容的超距作用（超距作用是牛顿具体理论的工作理论）也是纲领。工作理论和超理论本身并无经验内容，只有通过具体理论才有经验内容。工作理论和超理论只是构建具体理论的工具，它们在具体理论的体系中是隐性的，是超越具体理论层次的。在多个具体理论的比较评价中，作为工作理论或超理论的解子在隐性层面上同时存在，相互抵消，是不必计算的。工作理论和超理论所设想的理论实体是否符合实在，在多大程度上符合实在，要看其指导的一系列具体理论，特别是最新的具体理论的协调力状况，而且协调力也不完全是经验的，也应当包括概念协调力和背景协调力。

拉卡托斯的大理论有硬核与保护带之分。硬核由理论的基本原理和定律构成，如牛顿纲领的超距作用、运动三定律和万有引力定律以及笛卡儿纲领的接触作用，它们是连续性的成分，正是这种连续性把许多具体理论结合成研究纲领。保护带是围绕硬核的辅助假说、"观察"假说或初始条件。研究纲领由一些方法论规则构成，即反面启发法和正面启发法。反面启发法告诉科学家应当避免哪些途径，禁止科学家把否定后件式或反例的矛头指向"硬核"，"硬核"是"不可反驳的"。正面启发法告诉科学家应当遵循哪些途径，包括一组部分明确表达的建议或暗示，以说明如何改变、完善纲领的"可反驳的变体"或"保护带"。拉卡托斯把这种努力是否导致进步的问题转化看作区别科学和伪科学的标准。其错误之一是对科学和伪科学作出严格划界，错误之二是把科学的单一标准看成综合标准。

经验过硬性所言及的具体理论有核心解子和外围解子之分，它们不是工作理论和超理论，但它们背后有工作理论和超理论的指导。具体理论的核心解子和外围解子的确定很大程度上有科学家的主观因素，由于不同的核心解子的组合都可以形成新的具体理论的核心解子，当该新的具体理论形成的时候，我们有时很难区分它是属于哪个系列的。哥白尼日心说和托勒密地心说都吸收了亚里士多德物理宇宙论的部分核心解子并放弃了部分核心解子，但我们不能说哥白尼日心说和托勒密地心说是一个系列的，属于拉卡托斯所谓的同一研究纲领。经验过硬性要求将反例的矛头指向外围解子，通过调节、修改外围解子或提出新的外围解子来增强具体理论的协调力，但是，这只是一种可供选择的策略，并不强求一律。经验明晰性所指明的策略允许把反例的矛头指向核心解子，即通过调节、修改核心解子或提出新的核心解子来增强具体理论的协调力，这在具体理论的探索过程中屡见不鲜。布莱克将"温度"这一核心解子所引起的反例的矛头直接指向"温度"本身，构造了更加明晰的"热量"概念。细胞学说不能说明遗传问题，科学家并没有在外围解子上浪费时间，而是在核心解子"细胞"的基础上发现了新的核心解子"染色体"，构造了更加明晰的染色体学说。与研究纲领作出片面和强硬的方法论决定相反，不仅经验过硬性不提供完全的方法论决定，经验明晰性也不提供完全的方法论决定，它们都是科学探索过程中可供选择的策略，在科学理论的评价中也只起部分作用。

三、两组例子

（一）从哥白尼到开普勒

哥白尼（Copernicus）于 1543 年发表《天体运行论》（De Revolutionibus Orbium Coelestiun），彻底否定了地心说，首次提出日心说。日心说的核心解子是围绕关键的"日心"概念展开的，具体包括以下几个方面。

（1）太阳是宇宙的中心。

（2）太阳是静止的。[①]

（3）地球做自转、公转和倾角运动。[②]

（4）月球是地球的卫星。[③]

（5）水星、金星、火星、木星和土星等在各自轨道上绕日运行。[④]

（6）天体的运动是匀速的。[⑤]

（7）行星做圆周运动或由几个圆周组成的复合运动。[⑥]

上述第（6）点和第（7）点其实与前 5 点没有必然的联系。哥白尼把它作为核心解子是出于对亚里士多德物理宇宙论的敬畏。

亚里士多德的物理宇宙论有以下五个核心解子：①地球的中心性；②地球的静止性；③宇宙的月下区和月上区两界性；④天体运行的圆周性；⑤天体运行的均匀性。其中，第④和第⑤两个核心解子是由第③个核心解子决定的。所有天体都在月上区运动，它们应该是由以太组成的完美天体，因而其运动必然是均匀的圆周运动。哥白尼虽然大胆地抛弃了亚里士多德的地球中心性和静止

---

① 参见哥白尼. 天体运行论. 叶式辉译. 西安：陕西人民出版社，武汉：武汉出版社，2001：32-33.
② 参见哥白尼. 天体运行论. 叶式辉译. 西安：陕西人民出版社，武汉：武汉出版社，2001：36.
③ 参见哥白尼. 天体运行论. 叶式辉译. 西安：陕西人民出版社，武汉：武汉出版社，2001：32.
④ 参见哥白尼. 天体运行论. 叶式辉译. 西安：陕西人民出版社，武汉：武汉出版社，2001：34.
⑤ 参见哥白尼. 天体运行论. 叶式辉译. 西安：陕西人民出版社，武汉：武汉出版社，2001：18.
⑥ 参见哥白尼. 天体运行论. 叶式辉译. 西安：陕西人民出版社，武汉：武汉出版社，2001：17.

性原理，但仍然保留了天体运行的均匀性和圆周性原理，这样就避免了托勒密的地心说因为"等轴点"的设置[①]而面临与亚里士多德理论的概念冲突，从而部分地获得亚里士多德理论的概念支持。[②]实际上，沿用亚里士多德的完美天体观念也给哥白尼带来解释上的损失，他的第6个核心解子与观测到的天体运动的不均匀性相矛盾。他只好用特设性假设的外围解子去解释造成这种状况的原因。这个解释是不确定的，而且，为了维护圆周运动，他不得不利用托勒密的本轮和偏心圆。所幸的是，他的本轮和偏心圆的数目比托勒密的要少得多。

第谷是望远镜发明之前的最后一位伟大天文学家，他对天体方位进行了几十年的最仔细、最准确的观察，积累了大量的精确资料，为开普勒的伟大发现奠定了经验基础。[③]开普勒集中精力研究火星。为了奠定火星研究的基础，他研究了地球轨道，确定了地球以均匀角速度绕其运动的等分点的位置。他最后得出地球的面积定律：地球沿其轨道从一点运动到另一点所需的时间与这段时间内矢径所扫过的面积成正比。这就精确地描述了地球的轨道速度。接着，开普勒继续研究火星。他猜想火星的轨道不是圆形，而是卵形，因为根据火星在好几处与太阳的相对距离计算的曲线是卵形，这个卵形完全处在过去所设想的偏心圆之内，但与后者在两个拱点上相切。他尝试了许多两头大小不一的卵形，最后发现最简单的卵形——椭圆最适合作为火星的轨道。如此，地球的面积定律对火星也完全成立。这样，开普勒在1609年的著作《新天文学》中提出火星运动的两个定律：①火星的轨道是一个以太阳为一焦点的椭圆。②从太阳到火星的矢径在相等的时间内扫过的面积相等。

开普勒的研究一开始是按照三个平行的方向进行的，即托勒密体系、哥白尼体系和第谷体系，后来才逐渐发现哥白尼体系具有较大的综合协调力。但是，哥白尼体系对天体运行轨道的描述与第谷的精确观察不符。开普勒对哥白尼体系的核心解子"均匀的圆运动"的放弃不是一个格式塔转换的过程，而是更加

---

① 等轴点是物体以均匀角速度按圆周运动所围绕的那个点。在设计天体运动模型时，人们希望支配天体运动的等轴点与作为天体运动轨道的圆周的中心重合，但托勒密为了优化模型与数据的吻合程度，自由设置等轴点，所以等轴点很少与圆周中心重合。

② 麦卡里斯特试图证明，哥白尼理论比托勒密理论更严格地符合亚里士多德的物理宇宙论。参见麦卡里斯特.美与科学革命.李为译.长春：吉林人民出版社，2000：204-208.

③ 关于第谷的资料，参见 Dreyer J L E. Tycho Brahe: A Picture of Scientific Life and Work in the Sixteenth Century. New York: Dover, 1963.

注重从观测型解子出发产生新的核心解子"不均匀的椭圆运动"。这样，他的日心体系很快消化了哥白尼体系的反例，并增强了体系的综合协调力。在《哥白尼天文学概要》^①中，开普勒将他的两条火星运动定律推广到其他行星、月球以及木星的美第奇卫星。在 1619 年出版的《世界的和谐》一书中，开普勒提出行星运动第三定律：各个行星运动周期的平方与各自离太阳的距离的立方成正比。

开普勒由于大胆修改哥白尼日心体系的核心解子而使得他自己的日心体系具有更强的消化反例的能力，这不仅提高了日心体系的经验明晰性协调力，也使得该体系的其他协调力，如经验一致性、经验简洁性、经验精确性和经验统一性等相应增强。

（二）燃素说与氧化说

燃素说和氧化说同样研究燃烧现象，但氧化说所认识到的空气与燃素说不一样。燃素说是德国化学家乔治·施塔尔（Georg E. Stahl）提出的。他认为，在最常见的燃烧反应中，似乎有某种东西消失了。例如，木头燃烧后只留下灰烬。这种消失的东西就是"燃素"。物体燃烧过程就是排出燃素的过程。如果燃烧在一封闭的容器中发生，当容器内的空气浸透燃素，燃烧就会停止。早期燃素说对大气成分还不清楚，对气的认识还停留在古代的水、土、火、气四元素的水平，即把气看成独立的元素。燃素也是独立的元素（火素），它被禁锢在物体内，是物体的一个成分。燃烧就是物体对燃素的释放。燃素说能够解释燃烧、焙烧和呼吸等许多化学现象，具有一定的经验一致性协调力。例如，为什么在闭合的空气中燃烧某物会使空气变得污浊？因为空气吸收了燃烧着的物体所释放的燃素。为什么一棵树在这种污浊的空气中生长时空气又恢复干净？因为这棵树从空气中吸收了燃素。但是，燃素说一开始就遇到一种反例，按照燃素说，金属在焙烧后由于损失燃素重量应当减轻，但是事实上金属灰比未经焙烧的金属重。为了消化这种反例，一些化学家先后提出一些外围解子，即通常所说的辅助假设，以便提高燃素说的经验过硬性协调力。例如，被焙烧的金属密度增加了；被焙烧的物质吸收了空气微粒；燃素具有轻性，即负的重量；燃素减弱

① 在完成《新天文学》之后，开普勒编撰了天文学教科书。1615 年，他完成了《哥白尼天文学概要》三卷中的第一卷。第一卷（第 1—3 册）在 1617 年印刷，第二卷（第 4 册）在 1620 年印刷，第三卷（第 5—7 册）在 1621 年印刷。开普勒的这套教科书是他的椭圆定律的巅峰之作，具有广泛的影响力。

了微粒和以太之间的斥力；金属灰吸收了气体；等等。

后来，人们发现大气不是独立的元素，而是各种气体的混合，比如卡文迪什（Cavendish）发现"可燃空气"（氢），布莱克发现"固定空气"（二氧化碳），舍勒、普里斯特利和拉瓦锡发现"火焰空气""脱燃素空气""空气中纯粹的部分""可供呼吸的部分"（氧）。在拉瓦锡之前，化学家们都仍然用燃素说解释这些新发现的气体。1774 年，普里斯特利利用凸透镜聚集太阳光加热氧化汞而发现"脱燃素空气"，他发现 5 个核心解子：①同普通空气相比，一定量的这种空气需要约五倍的亚硝空气来达到饱和；②一支在这种空气中燃烧的蜡烛的火焰惊人地强；③一小块赤热木头在这种空气中立即燃烧、爆裂，火星迸溅；④一只老鼠在这种空气里比在普通空气里活得更长久；⑤他本人吸入一些这种空气后感到轻松舒适。

但是，普里斯特利仍然用燃素说来解释这种空气。他认为，"脱燃素空气"丝毫不包含燃素，纯粹燃素是"可燃空气"（氢）（他后来认为"可燃空气"是同水相化合的燃素）。物体燃烧就在于损失物体中的燃素，物体燃烧时燃素被支持燃烧的空气所吸收，空气本身包含的燃素越少，吸收的燃素就越多。由于"脱燃素空气"不包含燃素，在燃烧时吸收燃素的能力最强，从而支持燃烧。按照燃素说，大气是"脱燃素空气"（氧）和"燃素化空气"（氮）的混合物，当其中发生燃烧时，大气中加入了附加燃素，就会变成"燃素化空气"。但是，在某些燃烧过程中，"脱燃素空气"完全耗尽，却没有出现"燃素化空气"。按照燃素说，在"可燃空气"中加热金属灰得到的金属应当比金属灰重，但实际上却比金属灰轻。这表明燃素说面临着严重的经验过硬性和经验明晰性冲突。普里斯特利没有考虑燃素说的经验明晰性问题，他只想通过增加外围解子来提高燃素说的经验过硬性。他用来消解反例的外围解子是：金属灰在加热容器中部分地升华掉了。①

尽管如此，燃素说的经验明晰性还是受到了质疑。1783 年，拉瓦锡在他的《关于燃素的思考》中抨击了燃素说："化学家们使燃素成为一种含糊的要素，它没有严格的定义，因此适应于一切可能引用它的解释。这要素是重的，

---

① 参见 Priestley B J, Foster W, Maclean J. Considerations on the Doctrine of Phlogiston, and the Decomposition of Water. Princeton: Princeton University Press, 1929. 另外参见沃尔夫. 十八世纪科学、技术和哲学史. 周昌忠，苗以顺，毛荣运译. 北京：商务印书馆，1997：398-406.

时而又不重；它时而是自由的火，时而又是同土元素相化合的火；它时而通过容器的微孔，时而又穿透不过它们。它同时解释苛性和非苛性、透明和不透明、有色和无色。它是名副其实的普罗丢斯[①]，每时每刻都在变幻（换）形状。"[②]拉瓦锡做了一系列精确实验，研究了氧在燃烧中的作用，提出了氧化学说。例如，1772 年，拉瓦锡做了一些关于磷和硫的实验，发现这两种物质在焙烧时也会增加重量。几年后他想到这种重量的增加可能是它们同氧化合的结果。这样，拉瓦锡创造性地抛弃了燃素说的关键性"燃素"概念，引进关键性"氧化"概念，建立起氧化学说，很自然地消化了燃素说长期面临的严重的反例，同时避免了燃素说学者引进的那些不能统一的外围解子。氧化说的经验明晰性协调力一下子呈现出来了。1777 年，拉瓦锡撰写了一篇题为《燃烧概论》（"Sur la Combustion en Général"）的研究报告，全面、系统地阐述了氧化学说。其核心解子是：①物质燃烧时放出光和热；②物质在氧存在时才能燃烧；③物质在空气中燃烧时吸收其中的氧，燃烧后增加的重量恰等于吸收的氧的重量；④一般可燃物（非金属）燃烧后变为酸，金属煅烧后变为灰渣即金属氧化物。

　　拉瓦锡通过改变核心解子而提高了燃烧理论的经验明晰性。这样，这个以氧为中心的理论，就以其简洁明快的思想使燃素说所遇到的种种无法解决的矛盾迎刃而解了，使人们能够认知燃烧的本来面目，掌握燃烧的规律，并彻底改变了整个化学的面貌。[③]为了提高氧化说的经验一致性协调力，进而提高氧化说的综合经验协调力，拉瓦锡还做了其他一些实验与结论相映照。例如，他用一面取火镜点燃称量过的一定量的磷，磷放在一个称量过的瓶子里，瓶子封闭在一个里面有水银并且水银上有空气的钟罩里。燃烧停止后，他换上瓶塞，重新称量，发现重量增加。[④]

① 普罗丢斯（Πρωτεύς / Proteus）是希腊神话中的一个早期海神，是荷马所称的"海洋老人"之一，具有预知未来的能力。他经常变化外形使人无法抓住他，他只向抓住他的人预言未来。

② 转引自沃尔夫. 十八世纪科学、技术和哲学史. 周昌忠，苗以顺，毛荣运译. 北京：商务印书馆，1997：394-395. 另外参见 Best N W. Lavisier's "Reflections on phlogiston" Ⅰ: agaist phlogiston theory. Foundations of Chemistry, 2015, 17(2): 135-157; Best N W. Lavisier's "Reflections on phlogiston" Ⅱ: on the nature of heat. Foundations of Chemistry, 2016, 18(1): 3-13.

③ 参见《化学思想史》编写组. 化学思想史. 长沙：湖南教育出版社，1986：58.

④ 参见 Lavoisier M. Essays Physical and Chemical. Henry T（trans.）. London: F. Cass, 1970: 383-386. 另外参见沃尔夫. 十八世纪科学、技术和哲学史. 周昌忠，苗以顺，毛荣运译. 北京：商务印书馆，1997：423.

第四节　经验一致性

一、定义

如果 τ 时间的理论 T 的经验解子 j（记为 j(Tτ)）能导出 N 种与观测型经验问子相符（记为 r）的理论型经验问子，则我们有

$$I(T\tau) = N(j(T\tau) \rightarrow rw)$$

即 τ 时间的 T 的经验一致性协调力 I 等于 N，N 是从 T 的解子导出的与观测型经验问子相符的理论型经验问子数。为简便起见，我们把该公式记为

$$I(T\tau) = N_I(T)$$

或

$$I(T\tau) = N_I$$

其中，$N_I \geq 0$。在 τ 时间的理论 T 和 τ′ 时间的理论 T′ 的比较中，如果

$$N_I(T) < N_I(T')$$

则

$$I(T\tau) < I(T'\tau')$$

即，Tτ 的经验一致性协调力小于 T′τ′。或者

$$I(T\tau)\downarrow \wedge I(T'\tau')\uparrow$$

即 Tτ 与 T′τ′相比，Tτ 面临经验一致性冲突，T′τ′呈现经验一致性协调，或者说，Tτ 的经验一致性协调力下降，且 T′τ′的经验一致性协调力上升。

这里的"相符"指不超过 τ 时间规定的误差，解子 j 的形式和数量可以忽略不计，其任务是合乎逻辑地得出"理论型经验问子"，以便与"观测型经验问子"相对照，取得相符的数目。

二、经验进步：累积与非累积

科学的累积进步观反映了对理论经验新奇性协调力和经验一致性协调力的

追求。柯林伍德（Collingwood）强调，科学进步在于用一个理论取代另一个理论，后继理论既解释了先前理论已经解释的所有问题，同时也解释了先前理论不能解释的"现象"。[1]波普尔断言，一个新理论，无论多么革命，都必须完全解释其先前理论的成功。在其先前理论成功的所有情况中，它都必须产生起码是同样好的结果。[2]拉卡托斯的表述更加条理化，他要求一个理论系列 T_1，T_2，…，T_β 满足下列条件，从而构成进步的问题转换：① T_β 比 $T_{\beta-1}$ 有更多的经验内容；② T_β 能够说明 $T_{\beta-1}$ 先前的成功；③ T_β 的有些超量内容已被确认。否则，就是退化的问题转换。[3]

按照协调力标准，我们可以有下述三个进步条件：

$$①' NT_\beta\tau(w) > NT_{\beta-1}\tau(w)$$

该式意指，在 τ 时间，T_β 导出的理论型经验问子（包括新奇的理论型经验问子）比 $T_{\beta-1}$ 更多。

$$②' (NT_\beta\tau(rw) \geqslant NT_{\beta-1}\tau(rw)) \wedge (T_\beta\tau(rw) \cong T_{\beta-1}\tau(rw))$$

该式意指，在 τ 时间，从 T_β 导出的与观测型经验问子相符的理论型经验问子数不低于从 $T_{\beta-1}$ 导出的与观测型经验问子相符的理论型经验问子数，并且，从 T_β 导出的与观测型经验问子相符的理论型经验问子与从 $T_{\beta-1}$ 导出的与观测型经验问子相符的理论型经验问子具有全同关系（内涵和外延均相同）。总之，凡 $T_{\beta-1}$ 导出的与观测型经验问子相符的理论型经验问子，T_β 也能够导出。

$$③' NT_\beta\tau(rw) = NT_{\beta-1}\tau(rw) + x$$

其中，$x \leqslant NT_\beta\tau(w) - NT_{\beta-1}\tau(w)$。该式意指，在 τ 时间，T_β 导出的与观测型经验问子相符的理论型经验问子数等于 $T_{\beta-1}$ 导出的与观测型经验问子相符的理论型经验问子数与 x 之和，x 不大于 T_β 导出的理论型经验问子数与 $T_{\beta-1}$ 导出的理论型经验问子数之差。也即在 τ 时间，T_β 导出的比 $T_{\beta-1}$ 更多的理论型经验问子中有些与观测型经验问子相符。

条件①'表明，在 τ 时间的统计结果是，T_β 的某些概念协调力相对于 $T_{\beta-1}$

---

[1]　参见 Collingwood R G. The Idea of History. New York: Oxford University Press, 1956: 332.

[2]　参见 Popper K R. The rationality of scientific revolutions//Harré R. Problems of Scientific Revolution. Oxford: Oxford University Press, 1975: 83.

[3]　参见 Lakatos I. Falsification and the methodology of scientific research programmes//Lakatos I, Musgrave A. Criticism and the Growth of Knowledge. Cambridge: Cambridge University Press, 1970: 134.

处于上升状态，比如概念一致性协调力①和概念新奇性协调力②；条件①′与条件③′共同表明，在τ时间的统计结果是：

$$I(T_{\beta-1}\tau)\downarrow \wedge I(T_\beta\tau)\uparrow$$

即 T_β 的经验一致性协调力相对于 $T_{\beta-1}$ 处于上升状态。由条件②′和③′可以推出，T_β 比 $T_{\beta-1}$ 导出更多的与观测型经验问子相符的理论型经验问子，在τ时间的统计结果是：

$$I(T_{\beta-1}\tau) < I(T_\beta\tau)$$

即 T_β 的经验一致性协调力在τ时间大于 $T_{\beta-1}$。这三个具有累积特征的条件就经验协调力而言，代表了科学中的某些经验进步的形态；就经验一致性协调力而言，代表了追求经验一致性协调力的一种形态。设想有一个不能打开的魔箱 B，B 内有一些不同颜色、不同数量的球，而且，随着时间的推移，B 内的球的颜色和数量可能发生变化。在τ时间，如果理论 T 推测出 B 中有一个黑球，而理论 T′不仅推测出 B 中有一个黑球，还推测出 B 中有一个新奇白球，这样，我们有：

$$i(T\tau) = 1$$
$$i(T'\tau) = 2$$
$$l(T\tau) = 0$$
$$l(T'\tau) = 1$$

因而，我们有

$$i(T\tau) < i(T'\tau)$$
$$l(T\tau) < l(T'\tau)$$

即在τ时间，理论 T 的概念一致性协调力小于理论 T′，T 的概念新奇性协调力要小于 T′。

假定经过实验检测，理论 T 和理论 T′的推测结果（理论型经验问子）在τ时间都与事实（观测型经验问子）相符，则我们有

$$I(T\tau) < I(T'\tau)$$
$$L(T\tau) < L(T'\tau)$$

---

① 见本书第三章第五节。
② 见本书第三章第二节。

即在 τ 时间，不仅理论 T 的经验一致性弱于理论 T′，其经验新奇性也弱于 T′。但是，当逻辑主义者强调"证实"的时候，就把这种可能的进步模式无限夸大为必然的进步模式。卡尔纳普认识到这个错误，提出用"确证"代替"证实"，他写道："如果把证实了解为对真理的完全的和确定的公认，那么一个全称语句，例如物理学或生物学的一个所谓规律，绝不能够被证实，这是常常被注意到的事实。即使这个规律的每个单一例子被认为是可证实的，这个规律所谈到的事例的数目——例如空—时—点——是无穷的，所以绝不能够被我们的永远是有限数量的观察所穷尽。我们不能够证实这个规律，但我们能够通过检验它的单一例子来检验它，就是说通过检验我们由这个规律和由先已确认的其他语句推演出来的特称语句来检验它。如果在这种检验性实验的连续系列中没有发现否定的例子，而肯定例子的数目却增加起来，那么我们对于这个规律的信心就将逐步地增强。这样，在这里我们可以说这个规律的确证在逐渐增长，而不说它的证实。"[①]

卡尔纳普的这一退却恰恰表达了理论进步的经验一致性标准。我们从某个理论或规律中得到理论型经验问子，再将该理论型经验问子与不同的观测型经验问子相对照。每当我们在这种对照中获得一个相符的案例时，我们对理论或规律的信心自然就会增长，尽管这种增长并不保证该理论或规律以后不会遇到反例。

库恩和费耶阿本德从理论比较的视角否认"证实"理论的可能。库恩发现，新理论取代旧理论时伴随着问题损失和问题获得，即新理论在获得某种新的解释能力时也要丧失掉部分解释能力。[②] 费耶阿本德甚至埋怨拉卡托斯的"进步的问题转换"是在科学中从未实现的理想化标准。当 T_2 继 T_1 出现时，一般情况是：① T_2 说明 T_1 某些而非全部的成功；② T_2 说明 T_1 不能解释的新增事实。[③]

库恩和费耶阿本德发现的这种后来被称为"库恩损失"的现象在科学实践中较为普遍，它可以作为否认逻辑主义累积的进步观的有力证据。但是，对库恩损失也不能绝对化，不能以此全盘否认在科学的一定时段中可能出现的累积

---

① 卡尔那普. 可检验性和意义 // 洪谦. 逻辑经验主义，北京：商务印书馆，1989：74-75. 参见 Carnap R. Testability and meaning. Philosophy of Science, 1936, 3(4): 419-471.

② Kuhn T S. The Structure of Scientific Revolutions. Chicago: The University of Chicago Press, 1962: 169.

③ Feyerabend P K. Consolations for the specialist//Lakatos I, Musgrave A. Criticism and the Growth of Knowledge. Cambridge: Cambridge University Press, 1970: 219-223.

特征。费耶阿本德已经认识到，拉卡托斯的评价规则与一定期限结合时具有实际价值。[1] 确实，在理论评价和理论选择中引入时间参数是必要的，由理论的价值指标所确定的理论的重要性程度虽然具有一定的稳定性，但也会随时间发生变化。

当新理论出现库恩损失时，它还是进步的吗？劳丹曾提供一个生动的历史案例来说明即使在库恩损失下进步也是可能的，这就是 19 世纪早期地质学问题范围的变化。在赫顿（Hutton）、居维叶和赖尔之前，地质学家对下列问题感兴趣：沉积物是如何变成岩石的？地球是如何形成的？各种动植物起源于何时何地？地球如何保存它的热量？火山和温泉的地下成因是什么？火成岩的起源和构成是怎样的？各种矿脉是如何形成、何时形成的？等等。在 1830 年以后，随着地层学的出现，上述许多问题不再引起地质学家的认真关注，而这并不意味着地质学在 1830 年和 1900 年之间没有取得进步。因为在居维叶和赖尔之后，地质学家很成功地探讨了不同的经验问题范围，诸如生物地理、地层、气候、侵蚀和海陆分布等方面的问题。进一步的研究表明，19 世纪中叶的地质学与 18 世纪初的地质学相比，无论在解决经验问题的精度和范围上，还是在产生的概念问题和反常问题的严重性上，都毫不逊色。"只要了解问题的相对权重和相对数量，即使失去某些解题的能力，我们也仍然能够判明知识的增长在何种情况下是进步的。"[2] 劳丹指出了在前后相继的理论的问题域交叉或分离的情况下，借助问题的相对权重和相对数量可以分析和判定新理论的进步情况，这就为科学发展的非累积情形下的进步表达了一种非逻辑主义的规范立场。

在非累积的情况下，判明理论的经验新奇性协调力和经验一致性协调力是完全可行的。从进步的经验新奇性条件来看，要求在 τ 时间理论 T' 比理论 T 导出更多的与观测型经验问子相符的新奇经验问子，这并不意味着在 τ 时间理论 T' 和理论 T 导出的与观测型经验问子相符的新奇经验问子一定具有包含关系，即

$$(rw_@)_{T\tau} \subset (rw_@)_{T'\tau}$$

① 参见 Feyerabend P K. Consolations for the specialist//Lakatos I, Musgrave A. Criticism and the Growth of Knowledge. Cambridge: Cambridge University Press, 1970: 215.

② Laudan L. Progress and Its Problems: Towards a Theory of Scientific Growth. Berkeley: University of California Press, 1977: 150.

或

$$(\mathrm{rw}_@)_{T'\tau} \subset (\mathrm{rw}_@)_{T\tau}$$

它们也可以是交叉的或分离的。在 τ 时间，假定理论 T 推测暗箱 B 中有一个黑球和一个白球，而理论 T′ 推测 B 中有一个黑球、一个红球和一个黄球，并且都得到观测实验的验证，那么，这里的两个理论与观测型经验问子相符的理论型经验问子就是交叉关系，即

$$(\mathrm{rw}_@)_{T\tau} \cap (\mathrm{rw}_@)_{T'\tau}$$

在 τ 时间，假定 T 推测暗箱 B 中有一个黑球，而 T′ 推测 B 中有一个白球和一个红球，并且都得到观测实验的验证，那么，这里的两个理论与观测型经验问子相符的理论型经验问子就是分离关系，即

$$(\mathrm{rw}_@)_{T\tau} \not\subset (\mathrm{rw}_@)_{T'\tau}$$

在交叉和分离两种情况下，T′ 的经验新奇性协调力都处在相对上升状态。从进步的经验一致性条件来看，在 τ 时间，T′ 的经验一致性协调力也都处在相对上升状态。必须注意，在库恩损失的情况下，在一定时刻，理论在经验新奇性协调力和经验一致性协调力上都可能是退步的，即处于冲突状态，而对于理论的综合协调力也要作具体的分析。另外，理论与理论之间的比较不一定是同一领域内的理论或前后相继的历时性理论，也可以是不同领域的理论或同时并存的共时性理论。

三、经验一致性的不充分决定

如果某理论预测的理论型经验问子被首次发现与经验型观察问子（或事实）相符，那么，这显然增强了该理论的经验一致性协调力。问题是，首次观察到的事实与重复观察到的事实对于同一理论来说是否具有相同的意义？从经验新奇性来看，首次观察到的事实当然比重复观察到的事实更为重要；但从经验一致性来看，两者具有同样的意义，每增加一次符合理论预测的观察，理论的经验一致性就会上升，否则，如果首次观察到的现象不能被重复观察，则意味着理论遭遇反例。而且，我们也不能从逻辑上保证，首次观察到的现象会永远被重复观察到。有人可能会问，解剖一个麻雀足以了解其五脏六腑，还有必要反

复解剖吗？是的，要获得麻雀的五脏六腑的知识，我们只需解剖一个麻雀。同样，我们相信解剖一条鱿鱼也足以让我们了解其他鱿鱼的内部结构。那是因为我们假定一个麻雀或一条鱿鱼的内部结构与其他麻雀或鱿鱼是一样的。但是，这毕竟是假设。而且，当我们对不同竞争理论进行经验比较时，我们可能忽略其重复观察的部分，就如同我们比较麻雀和鱿鱼，我们可能只利用首次观察的结果，想象一次观察即代表无数次观察，把对两者重复观察的结果全部抵消。这是为了追求效率而进行的技术处理，并不是绝对可靠的。我们一般不通过单个理论与经验的二元比较来确定理论的接受或放弃；我们常常通过两个理论与经验的三元比较来确定理论的优劣。暂时处于劣势的理论并不意味着要被放弃或淘汰。如果理论 T′ 比理论 T 解释了更多的经验事实，即从 T′ 中推断出的与观测型经验问子相符的理论型经验问子的种类的数量超过从 T 中推断出的与观测型经验问子相符的理论型经验问子的种类的数量，那么，即使在这种情况下，也不能充分决定对 T 的放弃，因为放弃 T 没有充分的理由。T 可能在综合协调力方面并不弱。即便 T 的综合协调力较弱，但某个局部协调力较强，它仍然具有发展潜力。

第一，新理论的起点往往局限于某个或某些狭窄的区域，它所能解决的经验问题的数量可能少于旧理论。但是，随着新理论的进一步发展和完善，它所能解决的经验问题的数量有可能超过旧理论。哥白尼体系一开始并不比托勒密体系解释更多的现象，伽利略（Galileo）不仅反驳了对哥白尼理论的反对理由，还简洁地用地球的自转解释了托勒密理论难以解释的现象。比如，行星为什么会发生停止、逆行和升高等现象？[1] 为什么地球上会发生潮汐现象？为什么潮汐大都六小时发生一次？为什么一些狭长的海洋没有潮汐发生？为什么潮汐在海湾的两端最高，在中部最低？为什么海水在狭窄的地方比在宽阔的地方流动得快些？为什么在一些狭窄海域里，海水看上去总是朝同一方向流动？[2]

第二，如果理论的概念新奇性较强，它就会为该理论的经验新奇性的增长，进而为经验一致性的增长提供较为广阔的空间。如果我们用 ⊨ 表示"有利于"，

---

[1] 具体证回答和证明，参见伽利略.关于托勒密和哥白尼两大世界体系的对话.周煦良，等译.北京：北京大学出版社，2006：241-243.

[2] 具体证回答和证明，参见伽利略.关于托勒密和哥白尼两大世界体系的对话.周煦良，等译.北京：北京大学出版社，2006：293-322.

则有公式

$$1（T\tau）\uparrow \vDash L（T\tau）\uparrow \vdash I（T\tau）\uparrow$$

该式意指，概念新奇性协调力的上升有利于经验新奇性协调力的上升，进而有利于经验一致性协调力的上升。但是，理论的概念新奇性或经验新奇性强并不必然决定理论的经验一致性也强，如下列公式所示：

$$\neg\Box （1（T\tau）\uparrow \vee L（T\tau）\uparrow \rightarrow I（T\tau）\uparrow）$$

经验新奇性强调证据的质，经验一致性强调证据的量，质的变化不必然决定量的变化。理论增加一个新奇预测，自然也就可能增加一个得到验证的新奇预测；理论的一个新奇预测得到验证，它的经验新奇性和经验一致性也就同时增加，但并不意味着已经解释了该理论本来不能解释的某些经验事实。反之，理论增加了正例从而导致经验一致性上升并不意味着理论的经验新奇性也一定同时上升。我们有

$$\Box （N（rw_@）\uparrow \rightarrow I（T\tau）\uparrow）$$

$$\neg\Box （I（T\tau）\uparrow \rightarrow L（T\tau）\uparrow）$$

伽利略把哥白尼体系的反对者提供的反例转化为对自己有利的正例，这显然增强了日心说的经验一致性，但这些正例是否具有新奇性是需要讨论的。新奇证据是相对于背景知识而言的，如果同样的经验证据已经被竞争对手解释过，则即便提出新的理论重新加以解释，该证据的新奇性也就失去了。当然，对于有的新奇事实，也可能不同的理论都作出了共时性解释，而这样的新奇性也没有丢失。

第三，要增加理论的正例，消解经验一致性冲突，除了修改和完善理论外，实验设计、实验条件和实验操作也是很重要的，即需要强化实验协调力[①]。但是，实验协调力的增强既不是增加正例的必要条件，也不是增加正例的充分条件。就是说，在经验一致性协调力和实验协调力之间只具有相关性，没有互推性。有的正例是通过非实验的观察直接获得的（当然，这种情形更多地出现在原始科学中）。而且，通过实验验证获得的正例不一定在短期内得到，可能要跨越较长的时期才能得到。哥白尼在 16 世纪初叶预言的恒星视差直到 1838 年才被验证，因为贝塞尔（Bessel）研制和提出了足可用来测量恒星视差的天文学仪器和

---

① 关于实验协调力，参见本书第四章第一节。

方法。爱因斯坦在 20 世纪初叶根据广义相对论提出引力波的四极公式，定量地预言引力波的存在。虽然引力波在当时还没有被发现，但科学家一直在想方设法地进行观测，很多实验小组都在不懈地努力。为了探测引力波，需要发明足够灵敏的引力天线以克服强烈的背景干扰，需要设计声学探测器、韦伯棒①、单晶体以及诸如激光干涉仪的电磁检测器等。人们还考虑利用空间探测器以多普勒跟踪方法寻找引力波。实验相对论专家还渴望利用脉冲双星直接观测引力波。2015 年 9 月 14 日，人类首次直接观察到双黑洞合并形成的引力波。②

第四，经验过硬性和经验明晰性的下降意味着理论遭遇的反例在增加，这不必然削弱经验一致性。这一情形可以表示如下

$$M(T\tau)\downarrow \wedge D(T\tau)\downarrow \to N(\neg rw)\uparrow$$

反例增加并不意味着正例必然减少，可能反例增加，正例也增加。但如果把这些反例转化为正例，即反例显示的问题得到解决，则必然导致理论的经验一致性的增强。这一点可以用公式表示为

$$\square \ (N(rw)\uparrow \to I(T\tau)\uparrow)$$

经验过硬性和经验明晰性状况本身不是一成不变的。理论推断如果与实验数据不符，并且在理论上难以消除，就会导致该理论经验过硬性或经验明晰性的下降。但是，实验有设计水平、辅助理论和理论解释的问题，在某段时间所谓的实验"证伪"（增加一个反例）不仅在该段时间内可能有争议，在经过一段时间后还可能被证明不恰当，甚至被其他"证实"（增加一个正例）的实验取代。1906 年，考夫曼（Kaufmann）用阴极射线在电场和磁场中发生偏转的实验得出质量与速度的关系式，他宣布，该关系式与爱因斯坦狭义相对论不符，并进而宣布：测量数据与洛伦兹－爱因斯坦假设不符，而与亚伯拉罕方程与布赫雷尔方程相符。考夫曼的实验结果对洛伦兹－爱因斯坦假设很不利。洛伦兹有些动摇，他说："尽管我们很可能会抛弃这个观点，但是我想，它还是值得更深入地研究下去的。"③但是，爱因斯坦很坚定，他承认亚伯拉罕与布赫雷尔理论得到的曲线比从相对论产生的曲线更好地符合实验结果，但是，爱因斯坦的信心不

---

① 以韦伯（Joseph Weber）的名字命名，他在 20 世纪 60 年代的开拓性工作仍然激励着今天的科学家。

② 参见 Abbott B P, Abbott R, Abbott T D, et al. Observation of gravitational waves from a binary black hole merger. Physical Review Letters, 2016, 116(6): 061102.

③ Lorentz H A. The Theory of Electrons. Leipzig: B. G. Teubner, 1909: 40.

是来自对考夫曼实验的怀疑，他甚至称赞考夫曼细心地确定了 β 射线的电与磁的偏转之间的关系。爱因斯坦相信亚伯拉罕与布赫雷尔理论成功的可能性很小，是因为它们关于运动电子质量的基本假定没有被涵盖更广泛的复杂现象的理论体系所证明，也即没有被经验—致性协调力和经验统一性协调力更强的理论所证明。与爱因斯坦不同，维恩（Wien）怀疑考夫曼实验的可靠性，他在 1912 年初给诺贝尔委员会的信中否认阴极射线和 β 射线的实验具有决定性的证明力量，认为这些实验太微妙，不能保证所有的误差来源都消除了。[①] 支持相对论的实验是在 1914—1916 年完成的，相对论的经验—致性的增强没有受到此前不利实验结果的影响。

第五，在综合的协调力体系中，即使某个理论的单一协调力处于下降的状态，也不能遏止科学家对它的追求热情，这个信心往往来自该理论的其他协调力的突出表现。科学家有理由相信，只要理论的局部协调力较强，迟早会带动其他协调力的提高，从而在综合协调力上超过对手。从科学史上看，托勒密的天文理论主宰西方天文学 1500 年，具有相当的实用价值。一些科学史家和科学哲学家认为，几乎没有什么证据表明，哥白尼的日心体系在经验—致性和经验精确性方面比托勒密的地心体系更好，可能是哥白尼体系的经验简洁性吸引了许多科学家。有人甚至否认对哥白尼理论的接受来自它的实用方面，即该体系在说明现象、精确预言和简单性上都不是吸引追随者的原因。库恩指出，哥白尼的论证不是诉诸从事实际工作的科学家的功利方面的判断力，而仅仅是诉诸他们的审美判断力，即新柏拉图主义对数学和谐的感受力。[②] 英国科学哲学家麦卡里斯特（McAllister）干脆断言，哥白尼理论的接受主要是由审美因素而不是经验因素决定的。他论证，哥白尼的数理天文学理论比托勒密理论更严格地符合亚里士多德的物理宇宙论。[③] 库恩和麦卡里斯特的审美因素排除了经验和背景方面的考虑而仅限于概念方面，这未免武断。但是，他们的论断表明，哥白尼理论的最初接受深受其较强的概念协调力的影响。在相对论创立之初，其较

① 参见派斯 . 爱因斯坦传（上册）. 方在庆，李勇，等译 . 北京：商务印书馆，2004：228.

② 参见 Kuhn T S. The Copernican Revolution: Planetary Astronomy in the Development of Western Thought. Cambridge: Harvard University Press, 1957: 181.

③ 参见 McAllister J W. Beauty and Revolution in Science. Ithaca: Cornell University Press, 1996: 163-181. 另外参见麦卡里斯特 . 美与科学革命 . 李为译 . 长春：吉林人民出版社，2000.

强的简洁性协调力和思维协调力①起到了弥补其经验一致性冲突的不利状况的作用。当考夫曼实验不利于相对论时，德国物理学家普朗克却坚定地站在爱因斯坦一边，他认为考夫曼的方法和测量结果不能作出最终裁决，相对论把简单性引进动体的电动力学，无须一些特殊假定和任意图像，使令人极为困惑的电动力学得到"解放"。相对论很快引起物理学界的重视，在很大程度上归功于普朗克对它热情而坚定的支持。

与经验一致性冲突不完全决定理论的放弃一样，经验一致性协调也不完全决定理论的接受。经验一致性协调与经验一致性冲突具有相对的性质，一个理论 T 在一定时刻相对于理论 T_1 呈现经验一致性协调，相对于另一理论 T_2 可能呈现经验一致性冲突；更何况理论本身处在发展中，两个理论在经验一致性协调力方面的力量对比可能随时间而发生变化。经验一致性协调力在短期内直线上升的理论很有前途，具有可追求性，但也不充分决定对该理论的接受。在一定时刻，科学家决定接受一个综合协调力最强的理论，但在超过这个时刻的另外的时刻（一般经过一段时间，因为科学研究本来就是一个耗时耗力的艰难过程）理论综合协调力的状况也会发生变化。实际上，在一定时刻，任何单一协调力或局部协调力都是不能起充分决定作用的。

第五节　经验精确性

一、定义

在 τ 时间，T 的经验精确性协调力由 T 的理论计算值（记为 μ(j) ）与相应的观测型经验问子的实际值（记为 λ(w) ）的绝对差额（记为 |μ(j)−λ(w)| ）确定。我们有

$$A(T\tau)=1-N|\mu(j)-\lambda(w)|$$

即 τ 时间的 T 的经验精确性协调力 A 等于 1 减去 N，N 是 T 的理论计算值与相

---

① 关于理论的简洁性协调力，参见本书第二章第八节的"经验简洁性"和第三章第八节的"概念简洁性"。关于理论的思维协调力，参见本书第四章第三节。

应的观测型经验问子的实际值的绝对差额。为简便起见，我们把该公式记为

$$A(T\tau)=1-N_A(T)$$

或

$$A(T\tau)=1-N_A$$

其中，$N_A \geqslant 0$。在 τ 时间的理论 T 和 τ' 时间的理论 T' 的比较中，如果

$$N_A(T)>N_A(T')$$

则

$$A(T\tau)<A(T'\tau')$$

即 $T\tau$ 的经验精确性协调力小于 $T'\tau'$。或者

$$A(T\tau)\downarrow \wedge A(T'\tau')\uparrow$$

即 $T\tau$ 与 $T'\tau'$ 相比，$T\tau$ 面临经验精确性冲突，$T'\tau'$ 呈现经验精确性协调，或者说，$T\tau$ 的经验精确性协调力下降，且 $T'\tau'$ 的经验精确性协调力上升。

二、从法拉第到麦克斯韦

法拉第在《电学实验研究》[1]一书中报告了他的一系列电的实验及其理论概括。从 1831 年 11 月 24 日开始的第一批文章讲了电磁感应的发现和对阿拉戈现象[2]的解释。法拉第的结论是：在等效磁力线或电力线周围的圆周内产生感应电流（涡流电场），正像在电流周围的圆周中产生磁性（涡流磁场）一样。从 1832 年开始的第二批文章介绍了电磁感应现象的研究，特别是电磁场感应作用的研究。法拉第的结论是：电力与磁力以振动方式传播，传播的速度是有限的（即电磁作用的传递不是超距、超时的）[3]。从 1833 年开始的第三批文章介绍了对各种电，即静电、伽伐尼电、生物电、磁电的考察。法拉第的结论是：电的本性相同，但极性不同。从 1833 年开始的第五批文章到 1834 年开始的第七批文章介绍了关于电解的研究。法拉第首创一些新概念，如电极、阳极、阴极、离子、阴离子、阳离子、电解质、电化学当量等。法拉第的结论可以概括为：任

---

① 参见 Faraday M. Experimental Researches in Electricity. London: Bernard Quaritch, 1878.

② 法国物理学家阿拉戈（Arago，1786—1853）发现，通过电流的导线能吸引铁屑，如将电流切断，铁屑就从导线落下。阿拉戈还用电流使钢针磁化。

③ 参见林德宏.科学思想史.南京：江苏科学技术出版社，1985：247.

何绝对电量都与一般物质的原子相关。从 1834 年开始的第九批文章研究了自感现象、闭路及开路瞬时电流。法拉第的结论是：瞬时电流与感应电流相同，感应过程具有极为广泛的性质。关于感应过程的普遍性，法拉第在 1837 年开始的第十一批文章中进一步作了证明。他的论点是：任何电压现象（电场）都必定伴随介质的感应过程（位移），这一过程取决于介质的性质（介电常数）。[①]

　　法拉第的电磁学说受到科学界的极大关注，但也遭到一些人的非难。有些人认为，法拉第的著作缺乏精确的数学语言和必要的数学模型，它连一条数学公式也没有，它只是一本关于电磁学实验的实验报告汇编，并非真正的科学论著。有位科学家甚至评论说："谁要是在精确的超距作用和模糊不堪的力线观念间有所迟疑，那简直是对牛顿的亵渎。"法拉第不同意牛顿派的超距作用，在电磁学中引入"以太""力线""场"的概念，这只不过是超理论和工作理论[②]的转换，解子的不同选择，无可厚非。只是法拉第的理论缺乏经验和谐性协调力或概念和谐性协调力，因此无法通过数学公式计算出可以与观测型经验问子相比较的理论型经验问子。与牛顿理论相比，法拉第理论面临经验精确性冲突。科学史家丹皮尔（Dampier）这样描述牛顿的理论："牛顿理论的精确性实在令人惊异。两个世纪中一切可以想到的不符的情况都解决了，而且根据这个理论，好几代的天文学家都可以解释和预测天文现象。就是现在，我们也须用尽一切实验方法，才能发现牛顿的重力定律和现今天文知识有些微的不符。拉格朗日把《原理》誉为人类心灵的最高产物，而且说牛顿不但是历史上最大的天才，也是最幸运的一位天才：'因为宇宙只有一个，而在世界历史上也只有一个人能做它的定律的解释者。'从现今我们所知道的自然界的极端复杂性来看，我们现在来评价牛顿时，就不会这样说。但这很可以说明牛顿的工作在后来的一个世纪中对于最能领会它的一位科学家产生了多大的影响。"[③]

　　可以说，法拉第理论的经验精确性协调力为零。但是，单一协调力不足以决定理论的取舍，一个理论在某方面的缺陷可能恰恰成为日后发展的突破口。法拉第理论经过英国理论电磁学家麦克斯韦的改进和精确化而成熟起来。麦克

① 参见库德里亚夫采夫，康费杰拉托夫. 物理学史与技术史. 梁士元，蒋云峰，王文亮，等译. 哈尔滨：黑龙江教育出版社，1985：298-300.
② 关于超理论和工作理论，参见本书第五章第一节.
③ 丹皮尔. 科学史及其与哲学和宗教的关系. 李珩译. 北京：商务印书馆，1975：260.

斯韦致力于将法拉第对电磁现象所作的大体上是定性的解释改为定量的和数学的形式。1856 年，麦克斯韦发表《论法拉第的力线》一文①，以数学语言表达了法拉第的力线思想。1862 年，麦克斯韦写出《论物理学的力线》一文②，系统地论述了他的电磁场论。他在该文中实际上已初步预言了电磁波的存在。麦克斯韦指出法拉第电介质极化的改变相当于电流，磁力与电力相关。电流产生磁场，磁力与电流正交，磁场的改变产生电动力，因此，当电介质极化的改变在绝缘介质中四面传播时，它必定作为电磁波行进，电力与磁力则在前进的波面上相互正交。麦克斯韦发现的微分方程式表明，电磁波的速度随介质的电与磁的性质不同而不同，这个速度可以表示为 1 除以介质的磁导率与电容率（介电常数）的乘积之平方根。麦克斯韦和其他几位物理学家通过实验测定电磁波的速度为 3×10^{10} 厘米 / 秒，与光速相同。于是，麦克斯韦断定光就是电磁波，介质的光学性质与其电磁性质相关。

到 1865 年，麦克斯韦明确预言电磁波的存在，认为电磁波是一种以"以太"为介质的波，并进一步根据他的电磁场论中的有关数学模型推算出电磁波的速度。麦克斯韦证明，在不同于空虚空间以太介质的物质内部，电磁波的传播速度应当等于光速和该物质的电容率的平方根的乘积。一种物质的电容率应当等于其折射率的平方，因为光在透明物质中的速度依赖于其折射率。

1886 年，赫兹发明了侦测电磁波的仪器——赫兹振荡器。1887 年，赫兹发现，如果将一个导线回路放在一只放电的莱顿瓶或一个正在工作的感应线圈附近，在回路两端的短间隙之间就会放出电火花。莱顿瓶或线圈中的电磁辐射为回路取得，辐射转为电流，并通过电火花产生间隙放电。赫兹发现这种辐射具有和光类似的特性。1888 年，赫兹证明电磁波像光波一样有反射、折射、衍射、偏振现象，在直线传播时，其速度与光速是同一个数量级。③这样，麦克斯韦关于电磁波的精确预言得到经验证实。

经验精确性协调力的获得需要经验一致性、经验和谐性、概念和谐性和实

---

① Maxwell J C. On Faraday's lines of force. Transactions of the Cambridge Philosophical Society, 1856, 10(3): 27-83.

② Maxwell J C. On physical lines of force. The London, Edinburgh, and Dublin Philosophical Magazine and Journal of Science, 1861, 21: 338-348.

③ 关于赫兹的实验，参见 Lodge O J. The Work of Hertz and Some of His Successors. New York: The D. Van. Nostrand Company, 1984.

验协调力等单一协调力的共同支撑。①经验一致性要求理论预测与观察结果在误差范围内相符，经验精确性是对"相符"的量的要求；经验和谐性和概念和谐性追求普遍的有意义的数量关系，这是获得理论计算值的必要条件；实验协调力要求理论预测的结果能够在实验操作中得以实现并帮助获得观察实际值，从而使理论值与观察值的比较成为可能。与法拉第理论相比，麦克斯韦理论由于获得更多协调力的支撑而具有很高的经验精确性，呈现出经验精确性协调。麦克斯韦对法拉第理论的经验精确性协调力的追求必定相应地对法拉第理论的解子作必要的调整和改进，从而形成新的具体理论形态——麦克斯韦理论，并大大提高了法拉第－麦克斯韦理论的解题效力，牢固确立了光的电磁理论在物理学中的地位。"麦克斯韦理论的确立，标志着光的电磁理论在物理学中的胜利。电磁光学应能解决一系列重要问题：光与物体相互作用的问题，介质运动对光传播的影响问题，还有物体的光辐射问题。这些问题的解决导致了物理学的根本变革。19世纪末期物理学处于由一系列新发现引起的革新的状态。"②

三、精确性与问题解答的近似性与非永久性

经典演绎模型的"解释"（explanation）和解题模式的"解答"（solution）是不同的。在经典演绎模型看来，解释的理论必须能够与一些初始条件一起推导出对有待解释的事实的精确陈述；理论必须或是真的，或是高概率的。劳丹提出与此相反的观点：一个理论可能解决一个问题，只要该理论能够推导出该问题的一个哪怕是近似的陈述；在判定一个理论是否能解决一个问题时，该理论是真的还是假的，是充分确证的还是没有充分确证的，这是毫无关系的。在某一时刻作为对问题的解答，在其他时刻未必可看成是对问题的解答。

劳丹指出，受很多因素影响（如使用"理想状态"、实际系统的非孤立性、测量仪器的不完善等），通常在理论必定推导出的结果与实验得到的数据之间存在一种不一致性，表现为微小的差异，但这些微小的差异并不重要。例如，尽管牛顿的计算结果与观察结论并不等同，人们普遍认为他确实解决了地球的曲

---

① 关于经验一致性协调力，参见本书第二章第四节；关于经验和谐性协调力，参见本书第二章第六节；关于概念和谐性协调力，参见本书第三章第六节；关于实验协调力，参见本书第四章第一节。

② 库德里亚夫采夫，康费杰拉托夫.物理学史与技术史.梁士元，蒋云峰，王文亮，等译.哈尔滨：黑龙江教育出版社，1985：443.

率问题。卡诺（Carnot）和克劳修斯（Clausius）的热力学理论在 19 世纪一般被认为比较恰当地解决了各种热传递问题，尽管他们的结果只能准确地运用到理想热机上。[①]

只要求解答是近似的，这是不是排斥理论有更接近的解答呢？不是的。它突出了解答的相对性。可以有两种不同的理论，这两种理论都可以解决同一问题，但其中一个理论提供了比另一个理论更好的或更接近的解答。对于"解释"不能有这种理解。按经典说法，不能说伽利略自由落体理论和牛顿运动理论都"解释"了落体现象，因为两者在形式上不一致，所以应排除其中一个理论对落体现象的解释权。但是，按"解答"来说，我们可以说两个理论都解决了自由落体问题，也许一个理论比另一个理论更加准确。[②]

看来，"解答"并不是鼓励人们不追求理论越来越高的精确性。"近似"已经表明了一定的精确性。至于这种"近似"是表现为冲突，还是表现为协调，应当在理论的比较中确定。如果有一个理论能提供比这个"近似"值更接近的解答，则"近似"表现为冲突；反之，如果没有任何理论能提供比这个"近似"值更接近的解答，则"近似"表现为协调。理论虽然不能绝对地精确（像经典"解释"要求的那样），但理论可以追求越来越高的精确性协调力。

非永久性（nonpermanence）是劳丹理解的另一种"解答"的内涵。在自然科学和人文科学许多学科的历史发展中，一个理论被认为是对有关问题的解答的界限越来越严格，越来越分明。一代科学家认为是完全合适的解题答案，可能被下一代的科学家视为没有希望的、不恰当的解答。完全适合于一个时期的准确而详细的解答，对另一时期可能是完全不合适的。劳丹把这种情况理解为可接受的解题标准本身在随时间而变化和发展着。[③]但是，这种标准为什么会随时间发生变化呢？变化的动力是什么呢？

实际上，劳丹已经很接近这个问题的真正答案了。因为劳丹排斥了"解释"，而代之以"解答"。"解答"要求好的理论能提供比"近似"更接近的答

① 参见 Laudan L. Progress and Its Problems: Towards a Theory of Scientific Growth. Berkeley: University of California Press, 1977: 23.

② 参见 Laudan L. Progress and Its Problems: Towards a Theory of Scientific Growth. Berkeley: University of California Press, 1977: 23-24.

③ 参见 Laudan L. Progress and Its Problems: Towards a Theory of Scientific Growth. Berkeley: University of California Press, 1977: 25-26.

案。这已经预设了一个精确性的概念，精确性越高，理论越好，虽然他不要求绝对精确。但是，所谓"可接受的解题标准的变化"可能使人产生误解，以为放宽误差范围或在一定的误差范围内理论计算值和实际检测值的差异出现某种倒退也是合理的。我们完全可以把理论的发展、更替看作是追求越来越高的综合协调力的结果，而追求经验精确性协调力是提高综合协调力的稳固的策略之一，我们不必把对经验精确性越来越高的要求看成是某个假想的标准发生了变化。在谈到经验一致性协调力时，我们允许其中的"相符"有一个误差的范围，但对这个范围的确定不能随心所欲，它是科学家根据当时的理论、技术和实践的条件共同认可的。虽然可允许的误差范围表达了对理论精确性的要求，但它表达的是科学家集体对事物的质的界限的共同确定，在这个范围内叫"相符"，超过这个范围就是"不相符"。因此，经验一致性侧重对事物和理论的质的方面的考虑。经验精确性不同，它侧重对事物和理论的量的方面的考虑，要求实际值与理论测算值的误差尽量地小。劳丹自己提供的例子①正好说明了这一点。

气体动力学的历史表明，到18世纪40年代，牛顿的中心力模型和丹尼尔·伯努利（Daniel Bernoulli）的碰撞模型都表明，利用构成气体的粒子间机械的相互作用的假定，可以解决气体的压力与体积之间的关系问题。然而，到19世纪后期，已经积累的关于气体状况的大量资料表明，牛顿和丹尼尔·伯努利的动力学理论只是对气体行为提供了极不准确的近似描述，而且是在低温或高压情况下的近似描述。因此，范·德·瓦耳斯（van der Waals）和其他一些人修改了传统的动力学理论，使之能够更精确地解决压力与体积之间的关系问题，结果得出范德瓦耳斯方程（van der Waals equation）。这个例子表明，只要具备足够的条件（比如资料的积累、实验设备的完善、实验技术的改进），人们总是想方设法使理论能够更精确地反映实际情况，使理论具有更高的精确性协调力。

另一个例子是关于落体问题的研究，亚里士多德寻求对下面两个现象的理解，即为什么物体向下跌落以及为什么物体在下降过程中加速。亚里士多德对这个问题提供了答案。在两千多年的时间里，人们把这个答案奉为金科玉律。然而，对于伽利略、笛卡儿、惠更斯和牛顿来说，亚里士多德的观点根本不是

---

① 参见 Laudan L. Progress and Its Problems: Towards a Theory of Scientific Growth. Berkeley: University of California Press, 1977: 25-26.

对落体问题的真正解答，因为亚里士多德完全没有解释一个物体下落时的匀加速特征。劳丹以这个例子说明问题解答的标准会随时间发生变化，以致那些曾被看成是对一个问题的适当解答的答案不再被认为是答案，而笔者更倾向于认为这只不过是人们追求理论的经验精确性协调力的结果。

经验精确性追求也可能造成理论上的突破，有时为大多数科学家所确认的某个误差标准可能因为个别科学家的怀疑和不满而诱发了理论上的深刻创新。第谷死后，开普勒致力于根据火星在真冲时的四个位置来确定其轨道的拱线和偏心率以及等分点的位置，他花了四年的工夫，做了 70 次实验使他的行星理论与第谷的观测数据相符合。他从四次冲得出的理论与第谷观测到的所有其他冲都很相符，但却不能说明观测到的火星的黄纬，甚至它不在冲位时的黄经。于是，开普勒采用了托勒密的"平方偏心率"方法，即将轨道中心置于太阳和等分点的中间，这样，他将误差减小到 8 弧分之内。这样的结果在当时的条件下很容易使一般人感到满意，因为这已经是当时最精确的结果了。但是，开普勒对此并不满意。他说："对于我们来说，既然神明的仁慈已经赐予我们第谷·布拉赫这样一位不辞辛劳的观测者，而他的观测结果揭露出托勒密的计算有 8 弧分的误差，所以我们理应怀着感激的心情去认识和应用上帝的这份恩赐。这就是说，我们应该含辛茹苦，……以期最终找到天体运动的真谛。……因为如果我认为这 8 弧分的经度可以忽略不计，那末（么）我就应当已经完全纠正了第十六章所提出的假说（利用平分偏心率法）。然而，由于这个误差不能忽略不计，所以仅仅这 8 弧分就已表明了天文学彻底改革的道路；这 8 弧分已经成为本书的基本材料。"[①]

科学家在某段时间内所确认的某个误差标准只具有相对的性质，随着理论、观察和实验技术的发展，原先的所谓"误差"必然越来越小。开普勒按照托勒密理论计算的 8 弧分的误差成为天文学理论革命的突破口，为了缩小这样的误差，开普勒发现行星运动三大定律，对天文学的发展作出重大贡献。

---

① 转引自沃尔夫.十六、十七世纪科学、技术和哲学史（上册）.周昌忠，苗以顺，毛荣运，等译.北京：商务印书馆，1995：151-152.

第六节　经验和谐性

一、定义

假如在 τ 时间，理论 T 的观测型经验问子 $\hat{w}$ 导致发现 N 种经验解子的普遍性的有意义的数量关系[①]，则我们有

$$H(T\tau) = N(\hat{w} \to j(T\tau))$$

即 τ 时间的 T 的经验和谐性协调力 H 等于 N，N 是观测型经验问子 $\hat{w}$ 导致发现 N 种经验解子的普遍性的有意义的数量关系的数目。为简便起见，我们把该公式记为

$$H(T\tau) = N_H(T)$$

或

$$H(T\tau) = N_H$$

其中，$N_H \geqslant 0$。在 τ 时间的理论 T 和 τ' 时间的理论 T′ 的比较中，如果

$$N_H(T) < N_H(T')$$

则

$$H(T\tau) < H(T'\tau')$$

即 Tτ 的经验和谐性协调力小于 T′τ'。或者

$$H(T\tau)\downarrow \wedge H(T'\tau')\uparrow$$

即 Tτ 与 T′τ' 相比，前者面临经验和谐性冲突，后者呈现经验和谐性协调，或者说，前者的经验和谐性协调力下降，且后者的经验和谐性协调力上升。

---

① 这里，"导致发现"的逻辑方法是归纳和概括。如果把各种观测型经验问子的合取视为前件，而把发现的经验解子的普遍性的有意义的数量关系视为后件，我们也可以用蕴涵关系

$$\hat{w} \to N_j(T\tau)$$

表达一个假言命题。在该式中，我们有

$$\hat{w} = \hat{w}_1 \wedge \hat{w}_2 \wedge \hat{w}_3 \wedge \cdots \wedge \hat{w}_n$$

二、两个例子：开普勒和孟德尔

开普勒是哥白尼学说的信奉者，但是，在他看来，这个学说没有揭示出数的和谐性。因此，开普勒认识到，要想超越哥白尼体系，必须探求宇宙的数的和谐。开普勒的经验和谐性追求以经验精确性追求和经验一致性追求为必要条件，开普勒对第谷留下的精确而丰富的天文观测资料进行数理分析，并采用哥白尼的日心体系作为数据分析的理论基础，希望在哥白尼体系的框架中运用精确观察数据获得行星运动的和谐性规律。开普勒以火星为例进行研究，他发现，按照圆形轨道计算火星运动，在计算值和观察值之间有 8 弧分的误差，他相信第谷观察值的精确性，而对计算值表示怀疑。1602 年，开普勒放弃行星运动轨道是圆周的假说，认为行星轨道是卵形。他尝试用 19 种想象的卵圆轨道进行计算，但计算值与观察值还是不太一致。经过四年多的计算和对照，他最终确定火星的轨道是最简单的卵形——椭圆，进而确定所有行星的轨道都是椭圆。由此，他发现了行星运动第一定律和第二定律。第一定律（椭圆定律）是：每个行星都在一个椭圆轨道上运动，太阳处在这个椭圆的两个焦点之一上。第二定律（面积定律）是：连接太阳和行星的矢径在相同的时间扫过相同的面积。[①] 此后，通过对第二定律的分析研究，开普勒似乎看出行星到太阳的距离（即行星的向径）和行星绕太阳一圈所需的时间（即行星的公转周期）之间也存在某种数的和谐关系。他对第谷留下的有关行星的观测数据进行了多种分析计算，结果惊异地发现，火星对日距离的三次方与其公转周期的平方接近相等：

$$火星对日距离 \ 1.524^3 \approx 3.540$$

$$火星公转周期 \ 1.881^2 \approx 3.538$$

开普勒对其他行星的两个基本数据进行了同样的计算，结果也发现了同样的数学关系。1619 年，他在《世界的和谐》一书中公布了这一发现：

> 我在 22 年前由于有些地方尚不明了而置于一旁的《宇宙的奥秘》中的一部分，必须重新加以完成并在此引述。因为借助于第谷·布拉赫的观测，通过黑暗中的长期摸索，我弄清楚了天球之间的真实距离，

---

① 第一定律和第二定律发表在开普勒的《新天文学》（*Astronomia Nova*）。参见 Keper J, Frisch C. Joannis Kepieri Astronomi Opera Omnia, Vol. Ⅲ. Frankofurti: Heyder & Zimmer, 1858: 48-51.

并最终发现了轨道周期之间的真实比例关系。这真是——

"虽已姗姗来迟，仍在徘徊观望，

历尽茫茫岁月，终归如愿临降。"

倘若问及确切的时间，应当说，这一思想发轫于今年，即公元 1618 年的 3 月 8 日，但当时的计算很不顺意，遂当作错误置于一旁。最终，5 月 15 日来临了，我又发起了一轮新的冲击。思想的暴风骤雨一举扫除了我心中的阴霾，我在第谷的观测上所付出的 17 年心血与我现今的冥思苦想之间获得了圆满的一致。起先我还当自己是在做梦，以为基本前提中就已经假设了结论，然而，这条原理是千真万确的，即任何两颗行星的周期之比恰好等于其自身轨道平均距离的 $\frac{3}{2}$ 次方之比，尽管椭圆轨道两直径的算术平均值较其长径稍小。举例来说，地球的周期为 1 年，土星的周期为 30 年，如果取这两个周期之比的立方根，再把它平方，得到的数值刚好就是土星和地球到太阳的平方距离之比。[①]

行星公转周期的平方等于它的对日平均距离的立方，其数学表达式为 $T^2 = a^3$，这就是行星运动第三定律，也称为和谐定律。

第谷六大行星的对日平均距离与公转周期的观测数据及开普勒的计算如表 2-1 所示[②]。

表 2-1　行星对日平均距离与公转周期

行星	对日距离 (a)（单位：天文单位）	公转周期 (T)（单位：地球年）	a^3	T^2
水星	0.387	0.241	0.058	0.058
金星	0.723	0.615	0.378	0.378
地球	1.000	1.000	1.000	1.000
火星	1.524	1.881	3.540	3.538
木星	5.203	11.862	140.9	140.7
土星	9.539	29.457	868.0	867.7

① 第三定律发表在开普勒的 De Harmonica Mundi, Iib.V., Chap.3. 参见 Keper J, Frisch C. Joannis Kepleri Astronomi Opera Omnia, Vol.V. Frankfort: Heyder & Zimmer, 1985: 279. 此处段落引自开普勒. 世界的和谐. 张卜天译. 北京：北京大学出版社，2011：21-22.

② 该表并未出现在《世界的和谐》一书中，它似乎是后人根据开普勒第三定律而制作的。例如，沃尔夫著《十六、十七世纪科学、技术和哲学史（上册）》（商务印书馆 1995 年版）中译本第 156 页列出该表。

在《世界的和谐》一书中，开普勒用大量篇幅论述了行星运动的和谐性。他论述了宇宙中的五种正多面体的形状，以及它们与和谐比例的关系；概述了研究天体所必需的天文学原理，提出行星运动定律；指明在哪些与行星运动有关的事物中表现出和谐比例，表现的方式如何；论述了系统的音高或音阶的音、歌曲的种类、大调和小调如何在相对于太阳上的观测者的视运动的比例中表现出来，音乐的调式或调以何种方式表现于行星的极运动；论证所有六颗行星的普遍的和谐比例可以像普通的四声部（女高音、女低音、男高音、男低音）对位（counterpoint）那样存在；描述了在天体的和谐中，哪颗行星唱女高音，哪颗唱女低音，哪颗唱男高音，哪颗唱男低音；指明单颗行星的偏心率起源于其运动之间的和谐比例的安排，并给出先验和后验的理由；最后，在关于太阳的猜想中，哥白尼情不自禁地与《诗篇》作者一起欢呼："赞美他，天空！赞美他，太阳、月亮和行星！用尽每一种感官去体察，用尽每一句话语去颂扬！赞美他，天上的和谐！"①开普勒怀着一颗敬畏和虔诚之心把毕达哥拉斯的"星空音乐"谱写出来，尽管这只能是用心灵谛听的音乐。与哥白尼体系相比，开普勒体系呈现出经验和谐性协调，也即具有更高的经验和谐性。

如果说开普勒发现了天上的数的和谐，那么，孟德尔（Mendel）则在19世纪发现了地上的数的和谐。孟德尔出生于奥地利（今捷克共和国）西里西亚（Silesian）地区。1840年，孟德尔进入奥尔米茨大学哲学学院，学习了数学、物理学等自然科学知识，为后来的遗传学研究打下了基础。1843年，孟德尔因家贫辍学，到摩拉维亚布鲁恩（今捷克共和国布尔诺）奥古斯丁修道院当了一名修士，在此期间曾被教会派到维也纳大学深造，受到更为系统的科学训练。1856年，孟德尔回到奥古斯丁修道院。他一边从事神学工作，一边在后花园里进行生物遗传实验。在修道院的花园里，从1856年到1863年的8年时间里，孟德尔进行了一系列豌豆杂交实验，试图通过植物的杂交育种来观察植物的遗传性状，以探寻其规律。

孟德尔从种子商人那里得到34个品种的豌豆，从中挑选了22个品种进行实验。它们都具有某种相互区分的稳定性状，如高株或矮株、圆皮或皱皮、黄色或绿皮、饱满或缢痕等。孟德尔共种植豌豆3万余株，他对不同代的豌豆的

---

① 参见开普勒.世界的和谐.张卜天译.北京：北京大学出版社，2011：120.

性状和数目进行细致的观察、统计和分析，发现了植物遗传中的某种和谐。孟德尔把高株豌豆与矮株豌豆进行杂交，所得的子一代植株都是高株。但是，如果让子一代植株自花授粉，在子二代的植物中，则有 3/4 的植株是高株，1/4 的植株是矮株，就是说，子二代中两种性状的比例大约为 3∶1。孟德尔还杂交了圆皮豌豆与皱皮豌豆、白花豌豆和紫花豌豆等。他共用 7 对相对性状对豌豆进行杂交实验，都得到相同的结果，即豌豆相对性状的分配，大致都遵循 3∶1 的规律性。孟德尔发现，只要实验规模足够大，大量种子的相对性状的分配一定遵循 3∶1 的规律性，即显性性状与隐性性状以 3 与 1 之比分离。见表 2-2。

表 2-2　孟德尔豌豆杂交的七个实验结果 [①]

性状	子一代（F_1）	子二代（F_2）中显性	子二代（F_2）中隐性	子二代的显隐性之比
种子形状	全为圆皮	圆皮：5474	皱皮：1850	2.96∶1
子叶颜色	全为黄色	黄色：6022	绿色：2001	3.01∶1
种皮颜色	全为灰色	灰色：705	白色：224	3.15∶1
成熟荚形	全为饱满	饱满：882	缢痕：299	2.95∶1
豆荚颜色	全为绿色	绿色：428	黄色：152	2.82∶1
花的位置	全为腋生	腋生：651	顶生：207	3.14∶1
植株高度	全为高株	高株：787	矮株：277	2.84∶1

孟德尔得出这样的结论：所有植物都接受两套遗传因子，分别来自亲代双方。在豌豆实验中，第一代的每棵植株都从亲代中获得一套高遗传因子和一套矮遗传因子，但每棵植株都表现为高植株，这是因为高遗传因子是显性的，而矮遗传因子是隐性的。但在第二代出现了矮植株，这是因为当两套隐性因子同时出现在单棵植株中时就表现出隐性特征。孟德尔据此推导出遗传学基本定律，即分离定律和独立分配定律 [②]。分离定律指一对遗传因子在杂合状态下互不干扰，而在配子形成中又按原样分配到配子中，或者说，两套遗传因子各自独立地控制自己的遗传性状，并将其传给分离的生殖细胞。独立分配定律也叫自由组合

① 此表是根据孟德尔在 1865 年布鲁恩科学协会的报告会上宣读的论文《植物杂交实验》（Versuche über plfanzenhybriden.Verhandlungen des naturforschenden vereins in Brünn, Bd. IV für das Jahr 1865, Abhandlungen, 3–47; 英译本 Experiments in Plant-Hybridisation, Harvard University Press,1925 年）中"由杂交所产生的第一代"的七个实验结果而制作的。也参见郁慕镛. 科学定律的发现. 杭州：浙江科学技术出版社，1990：8.

② 参见 Bateson W. Mendel's Principles of Heredity. Cambridge: Cambridge University Press, 1913.

定律，指两对或两对以上的基因在配子形成过程中的分配彼此独立，或者说在生殖细胞形成时，成对的遗传因子能够各自独立遗传。雌雄配子的随机组合导致在子代中出现各种性状的各种组合，且按照一定的和谐比例出现。

孟德尔发现的分离定律和独立分配定律是生物遗传的数的和谐性的一种表现，而孟德尔的遗传学说也因而获得一种经验和谐性协调力。1865 年，孟德尔将自己的发现在布鲁恩科学协会会议厅于 2 月 8 日和 3 月 8 日分两次宣读，但应者寥寥。第二年，孟德尔曾将这一发现写成长达 45 页的论文《植物杂交实验》[1]，在当地科学协会的杂志《布尔诺自然历史学会会刊》（The Proceedings of the Natural History Society of Brünn）第 4 卷上发表。遗憾的是，这篇论文在近五十年的时间里默默无闻。直到 1900 年，荷兰的弗里斯（Hugo De Vries）、德国的科伦斯（Carl Correns）和奥地利的切尔马克（Erich von Tschermak）[2] 等植物学家各自独立得到的实验结果与孟德尔的发现一致，孟德尔的遗传学说才得到世人的公认和重视，由此开始的现代遗传学研究更加和谐和精确。

三、经验和谐性的发现

经验和谐性的哲学源头是毕达哥拉斯和柏拉图关于世界的数的和谐理念，理想的宇宙图景是由完美的数学音乐统治的。不仅仅是自然界的声音，自然界的所有特征都可以用一些简单的数字或公式来表达其和谐之处[3]。自然规律具有音乐性，天体的运行就是球体的音乐。杨振宁[4] 在一次接受美国哥伦比亚广播公司（Columbia Broadcasting System，CBS）和美国公共广播公司（Public Broadcasting Service，PBS）的访谈中提出这样的问题：为什么自然界是这样而不是那样？为什么最终可以把大自然这些强大的力量都简化为一些简单而又美

---

① 参见 Mendel J G, Bateson W. Experiments in plant hybridization. Journal of the Royal Horticultural Society, 1865(26): 1–32.

② 切尔马克是否独立发现孟德尔定律存在争议。人们最初相信切尔马克也独立发现了孟德尔定律，后来又认为他并不理解该定律而不接受他的独立发现地位。参见 Mayr E. The Growth of Biological Thought. Cambridge: The Belknap Press of Harvard University Press, 1982: 730.

③ 关于数学、音乐和空间的深刻联系，参见 Rothstein E. Emblems of Mind: the Inner Life of Music and Mathematics. Chicago: The University of Chicago Press, 2006. 中译本参见罗特斯坦 . 心灵的标符——音乐与数学的内在生命 . 李晓东译 . 长春：吉林人民出版社，2001.

④ 参见 Magill F N. The Nobel Prize Winners: Physics. Pasadena: Salem Press, 1989.

丽的方程式？杨振宁认为，没有人能够回答这样的问题，但事实上我们有深入认识它的可能，吸引我们前进的原因是：大自然具有一种神秘的、里面含有力量的东西——而且，还有异乎寻常的美。[①]

经验和谐性要求从经验中猜测定律，给出精确的公式，这必须通过观测型经验问子与理论型经验问子的反复比较才可能获得。任何单一协调力都不可能孤立实现，都只能在其他协调力的参与和帮助下才有可能实现。如果没有概念协调力、背景协调力和其他一些经验协调力，那么经验和谐性协调力也难以实现。爱因斯坦在为纪念开普勒 300 周年而写的一篇文章中分析了开普勒的发现。

第一步是发现和确定可靠的观测型经验问子。首先是从第谷的观测结果入手，从经验上来确定这些运动，然后才有可能去考虑发现这些运动所遵循的普遍规律。[②] 但这还不够，还必须测定地球和其他行星的轨道和运动。这是由开普勒自己完成的。开普勒发现，总有一天，那时太阳、地球和火星都非常接近于在一条直线上。在这些时刻，对太阳和火星的观测就成为测定地球轨道的手段。这样，要从观测结果算出别的行星的轨道和运动，对于开普勒来说就不是太困难的了。[③]

第二步是考虑如何从这些观测型经验问子中找出隐藏在其中的行星运动的数学规律。轨道已经知道了，但是它们的定律还必须通过经验数据猜测出来。首先他必须猜测轨道所描述的曲线的数学性质，然后把它运用到一大堆数字上去尝试。如果不合适，就必须想出另一种假说再尝试。经过无数次的探索之后，他才发觉合乎事实的推测是：行星轨道是一个椭圆，而太阳的位置是在它的一个焦点上。开普勒也发现了行星在公转一圈中速率变化的规律：太阳－行星直线在相等的时间间隔里所扫过的面积相等。除此之外，他还发现：行星绕太阳公转的周期的平方同椭圆半长轴的立方成正比。[④]

完成这两步，需要其他协调力的支撑。从背景协调力来看，第谷的支持至

① 参见杨振宁，莫耶斯. 大自然具有一种异乎寻常的美：杨振宁与莫耶斯的对话. 科学文化评论，2007，4(4): 105-109. 杨建邺译自 Moyers B. A World of Ideas: Conversation with Thought of Men and Women about American Life Today and the Ideas Shaping OurFfuture. New York: Public Affairs Television, Inc., 1989.

② 参见爱因斯坦. 爱因斯坦文集. 第 1 卷. 许良英，范岱年编译. 北京：商务印书馆，1976：274.

③ 参见爱因斯坦. 爱因斯坦文集. 第 1 卷. 许良英，范岱年编译. 北京：商务印书馆，1976：276-277.

④ 参见爱因斯坦. 爱因斯坦文集. 第 1 卷. 许良英，范岱年编译. 北京：商务印书馆，1976：277.

关重要。当开普勒受到当时的教会迫害而走投无路时，是第谷邀请他到身边做助手。第谷有很高的社会地位，他是伯爵、皇家数学家，先后得到丹麦国王腓特烈二世（Friedrich Ⅱ）和波希米亚国王鲁道夫二世（Rudolf Ⅱ）的政治庇护和经济资助，有当时最先进的"观天堡"和充裕的研究经费。第谷的观测技术和观测仪器在当时是第一流的，他的观测的准确性几乎不容置疑。第谷在临终之时把他用几十年的心血观测到的行星运动的精确数据资料留给了开普勒，为开普勒准备了关于行星运动的基本的观测型经验问子。除了第谷，鲁道夫二世和瓦伦斯坦（Albrecht von Wallenstein）都是开普勒的庇护人。鲁道夫二世宽容统治布拉格 36 年，他喜欢科学和艺术，允许任何出身、任何教派的学者到他的领地避难，并提供帮助。第谷死后，鲁道夫二世任命开普勒接替第谷担任皇家数学家。开普勒正是在布拉格总结出行星运动第一定律、第二定律的。后来的费笛南德二世（Ferdinand Ⅱ）虽然痛恨开普勒所信仰的新教，但仍然承认开普勒为皇家数学家，并催促他尽快完成《鲁道夫星表》（"Tabulae Rudolphinae"）的编制。后开普勒终因不肯脱离新教成为天主教徒而被解雇。这时，费笛南德的将军瓦伦斯坦因为信仰星辰的力量而为开普勒提供庇护和资助。开普勒一生漂泊流离，历经磨难。不幸的童年、可怕的战争、亲人的离别、旧教的迫害宛如波涛汹涌的大海，形成冲突性的力量，要吞噬掉这颗科学之星。幸运的是，内在的对世界和谐的信念和追求加上外在的朋友般的帮助像黑夜中的一盏明灯引导着开普勒乘风破浪，驶向真理的彼岸。

概念协调力在经验和谐性的探求中形成一种内在的支撑力量。开普勒的宇宙和谐观来自基督教信仰、毕达哥拉斯－柏拉图传统、欧几里得几何学等抽象理论，也直接受到哥白尼和伽利略等科学巨匠的具体科学成就的影响。库萨的尼古拉（Nicholas of Cusa）《论有学识的无知》[①]在开普勒心中引起极大的共鸣。尼古拉认为，在解决上帝与宇宙的关系问题时，哲学应当从自己的无知出发，认识到上帝能力的无限和人类知识的有限，宇宙不能与上帝相提并论。宇宙是和谐的，上帝使用数学、音乐和天文学造物，人作为造物主位居万物之上，人作为小宇宙反映大宇宙的和谐，人通过认识宇宙而认识神、接近神。开普勒称

---

① 原著有三种拉丁文版本，本书中译本（库萨的尼古拉. 论有学识的无知. 北京：商务印书馆，1988）是尹大贻和朱新民根据茨尔曼·赫隆英译本（*Of Learned Ignorance*, 1954 年）翻译的。

赞尼古拉"神明般的伟大"，因为他把宇宙思想和基督教信仰和谐地结合起来，引导科学家通过探索自然界的和谐秩序证明上帝的存在。开普勒在他的第一本著作《宇宙的神秘》（*Mysterium Cosmographicum*，1596 年）的献辞中说："我们责无旁贷的使命是以真正的方式称颂、崇拜和赞美上帝。我们越是虔诚，就越能深刻体会上帝的造物与宏伟。"

尼古拉认识到，数学对理解各种神圣真理具有极大的帮助，这一思想也深刻影响着开普勒。从历史的源头来看，对于数学的重视源自古希腊的毕达哥拉斯学派。毕达哥拉斯学派侧重非实体的数，把数看成万物的始基或本原，形成以"数"为代表或象征的超理论。毕达哥拉斯学派认为，事物的和谐和音乐的和谐一样都是数的规定性，数先于事物而存在，是万物的元素，万物都是数的摹本。毕达哥拉斯学派从和谐的音乐中发现数与数之间的简单关系，由此将音乐归结为数学结构，进而将行星运动和其他事物的特性都归结为数学结构。这样，音乐、天文、算术和几何都成为数学学科。只有通过数学才能洞察世界的奥秘。这些思想为柏拉图所发展。柏拉图把变动不居的物理世界当作完美的理念世界的影像，物理世界的本质只能通过回忆到理念世界中去寻找，那就是数学理念。柏拉图将毕达哥拉斯学派的观点推向极端，他不只是要通过数学把握自然，他想用数学完全代替自然。这单从经验和谐性探求来看就是不现实的。这可以从开普勒的实际工作中窥见一斑。

欧几里得的《几何原本》从几条公理出发，经过严格定义和推演，建立了从直线、三角形到正多面体宏大的几何体系。开普勒在行星运动第三定律，即和谐定律的探索中明显使用了欧几里得的演绎方法。开普勒探讨了圆内接正多边形的结构，把正多边形按一定的数学原则配制成正多面体，并给出一系列定理和公式。开普勒还从天体、几何与音乐的对应和谐公理出发，将音乐中的和谐音阶的比例数推演到几何和天体上。但是，开普勒的演绎法始终以经验为基础，他的判断不是根据纯粹的数学思辨，而是根据听觉的本能。开普勒的谐音理论都有可观测的天体对应物，例如，他将和谐音阶的比例与行星间的距离联系起来，将大小调音阶的音名对应行星的近日点和远日点的速度。经过十年的反复计算和调节，开普勒终于从观测型经验问子中发现了和谐定律。这一发现过程始终伴随着概念协调力的支持。

开普勒与哥白尼和伽利略具有差不多相同的超理论信仰和合理性追求。哥白尼的日心说将多种现象归于同样的原因，在经验上简洁。伽利略在他的《关于托勒密和哥白尼两大世界体系的对话》中鲜明地站在哥白尼一边。开普勒在图宾根神学院读书期间，从他的导师马斯特林（Michael Maestlin）那里接触到了日心说。开普勒也立刻以激动的心情接受了这一学说。哥白尼和伽利略的具体科学理论都有相同的抽象理论的支持，对上帝的相同理解和对上帝创造和谐自然的赞叹形成强大的内聚力和推动力。哥白尼说："上帝不造累赘无用之物，而将繁多现象归于同一。""神圣造物主的作品是何等伟大！"伽利略说："上帝创造无数定律，而我们知之甚少。""上帝的活动犹如圣经之神圣词句，显示自身，令人惊异！"如此的抽象理论带着崇高的情感造成强大的贯通性，宛如一条绵延的河流在时空中奔涌，拍击着开普勒的心田。开普勒的科学成就就像这条河中的鱼有了灵性，欢呼雀跃，可以繁衍。

在开普勒之后，和谐之流继续贯穿牛顿和爱因斯坦等科学大师。科学史家丹皮尔称赞牛顿力学的经验和谐性："亚里斯多德以为天体是神圣而不腐坏的，和我们有缺陷的世界是不同类的，而今人们却这样把天体纳入研究范围之内，并且证明天体也按照伽利略和牛顿根据地面上的实验和归纳所得到的力学原理，处在这个巨大的数学和谐之内。1687 年牛顿的《自然哲学的数学原理》的出版，可以说是科学史上的最大事件，至少在近些年以前是这样的。"[①]

爱因斯坦对和谐性也有深刻的认识，他在纪念开普勒的演讲中在褒扬这位卓越人物的同时，还带着另一种赞赏和敬仰的感情，但这种感情的对象不是人，而是我们出生于其中的自然界的神秘的和谐。古代人用一些线表示规律性的最简单的可想象的形式，在其中，除了直线和圆以外，最重要的就是椭圆和双曲线它们在天体的轨道中体现出来了。在事物中发现形式之前，应当先独立地把形式构造出来。爱因斯坦从开普勒的惊人成就中总结出下面这条真理：知识不能单从经验中得出，而只能从理智的发明同观察到的事实两者的比较中得出。[②]

---

① 丹皮尔. 科学史及其与哲学和宗教的关系（上册）. 李珩译. 北京：商务印书馆，1975：227.
② 参见爱因斯坦. 爱因斯坦文集. 第 1 卷. 许良英，范岱年编译. 北京：商务印书馆，1976：277-278.

第七节　经验多样性

一、定义

假如在 τ 时间，理论 T 有 μ 种经验解子（记为 $\mu(j)$，$\mu>0$），并获得 λ 种观测型经验问子（记为 $\hat{w}$）的归纳支持（记为 $\lambda(\hat{w})$，$\lambda \geqslant 0$），则我们有

$$V(T\tau) = \frac{\lambda(\hat{w})}{\mu(j)}$$

即 τ 时间的 T 的经验多样性协调力 V 等于观测型经验问子数与经验解子数的比值。为简便起见，我们把该公式记为

$$V(T\tau) = N_V(T)$$

或

$$V(T\tau) = N_V$$

其中，$N_V \geqslant 0$。在 τ 时间的理论 T 和 τ' 时间的理论 T′ 的比较中，如果

$$N_V(T) < N_V(T')$$

则

$$V(T\tau) < V(T'\tau')$$

即 $T\tau$ 的经验多样性协调力小于 $T'\tau'$。或者

$$V(T\tau)\downarrow \wedge V(T'\tau')\uparrow$$

意即 $T\tau$ 面临经验多样性冲突，或经验多样性协调力下降，$T'\tau'$ 呈现经验多样性协调，或经验多样性协调力上升。

二、经验多样性的合理定位

根据经验多样性的定义，如果在 τ 时间两个理论的经验解子数大于 0，而观测型经验问子数不小于 0 的话，我们就可以比较哪个理论在经验上更多样，多样的程度是多少。设定

$$N_V(T\hat{w}) = \lambda(\hat{w})$$

$$N_V(T'\hat{w}) = \mu(\hat{w})$$

$$N_V(Tj) = \alpha(j)$$

$$N_V(T'j) = \beta(j)$$

我们可以有公式

（1）$V(T\tau) = \dfrac{\lambda(\hat{w})}{\alpha(j)}$

（2）$V(T'\tau) = \dfrac{\mu(\hat{w})}{\beta(j)}$

（3）$\dfrac{\lambda(\hat{w})}{\alpha(j)} < \dfrac{\mu(\hat{w})}{\beta(j)} \rightarrow V(T\tau) < V(T'\tau)$

公式（1）意指，在τ时间，T 的经验多样性等于 T 的观测型经验问子数与经验解子数的比值。公式（2）意指，在τ时间，T′的经验多样性等于 T′的观测型经验问子数与经验解子数的比值。这两个公式给出了经验多样性的一个普遍的量化测度方法，即在τ时间，一理论的经验多样性等于该理论的观测型经验问子数与经验解子数的比值。公式（3）意指，在τ时间，如果理论 T 的观测型经验问子数与经验解子数的比值小于理论 T′的观测型经验问子数与经验解子数的比值，那么，T 的经验多样性小于 T′。

经验简洁性和经验多样性都涉及经验解子数与经验问子数的比例问题，但二者不同。经验简洁性着眼于以最少的不同的经验解子解释或演绎出最多的不同的理论型经验问子，而经验多样性则着眼于以最多的不同的观测型经验问子归纳支持最少的不同的经验解子。经验简洁性定义中的理论型经验问子已经通过观测型经验问子的检验；经验多样性定义中的观测型经验问子通过归纳的逻辑通道来寻找和支持经验解子。

经验多样性中的"多样"指已经发现的作为经验证据的不同的观测型经验问子在待支持理论的解释域或覆盖域中占据着的不同的分布区域，这些区域可能来自同质经验问子在外延上的划分，可能来自体现了完整运动过程的观测型经验问子的不同阶段，也可能来自对同类证据或观测型经验问子进行组合的不同条件。经验证据或观测型经验问子的多样化问题比较复杂，牵涉局部与整体、特殊与普遍、全面与深刻等关系问题。为什么多样化的观测型经验问子能够通过归纳的逻辑通道来支持理论？这是一个更加复杂的问题。自"休谟问题"提出以来，我们就意识到归纳的合理性不能定位在保证科学理论的普遍性和必然性上，因为根据演绎逻辑、归纳逻辑和自然齐一律的论证都失败了。演绎逻辑不能保证在有限和无限、现在和将来之间建立起必然性的通道，而归纳逻辑和自然齐一律的论证都导致明显的或隐蔽的循环论证。波普尔试图用演绎证伪法取代归纳法不仅在实际上行不通，还受到迪昂 – 奎因论题和不完全决定论题的有力反驳。如果我们把归纳法的合理性定位在增强科学理论的可靠性或局部协调力上不仅符合实际，也避开了不可跨越的虚构的理论难题。如果我们不对归纳法抱有太大的期望，不妨像斯特劳森（Strawson）那样把归纳法看成无须辩护的最基本的方法，也不妨像赖欣巴赫那样认为归纳法是有益而无害的方法。

科学哲学界后来将归纳问题集中到验证问题上，即考虑在何种情况下证据对理论构成验证。这是很有意义的。亨佩尔对验证问题进行了定性的研究，区别了科学理论的验证和接受，认为对一个理论的验证并不意味着我们必须接受它。这表明，亨佩尔已经认识到，理论选择有着其他标准，归纳验证只是其中之一，不起决定作用。卡尔纳普和贝叶斯主义者对验证问题进行了定量的研究，从概率论出发研究验证的程度，取得了不少有益的成果。但是，一旦将理论的选择完全诉诸验证，我们就会重新陷入休谟所发现的"归纳陷阱"。古德曼（Goodman）提出的"新归纳之谜"表达了这一困境。古德曼想表明，按照我们对确认的定义，我们无法区别类律的或可确认的假说与偶然的或不可确认的假说。他举了一个宝石的例子（为便于理解，这里稍作改动）。

设有一堆宝石，在时间 τ 之前，我们检查了宝石 a、b 等。我们得出证据：宝石 a 为绿色，宝石 b 为绿色，等等。每一个证据都确认假说"所有宝石都为绿色"。就此而言，似乎没有什么问题。现在，让我们引入一个不太熟悉的谓词"绿蓝色"，它适用于在 τ 之前被检查的所有宝石，即便这些宝石是绿色的；也适用于其他宝石，即便这些宝石是蓝色的。因此，在时间 τ 时，对于每一断言某特定宝石为绿色的证据来说，都有一平行的证据断言该宝石为绿蓝色。宝石 a 为绿蓝色，宝石 b 为绿蓝色，等等，各自都确认：一切宝石皆为绿蓝色。这样，描述同一观察的证据既确认"在 τ 之后被检查的宝石将是绿色的"，又确认"在 τ 之后被检查的宝石将是绿蓝色的"。但是，如果 τ 之后一块绿蓝色的宝石被查明是蓝色而非绿色，那么，"在 τ 之后被检查的宝石将是绿色的"和"在 τ 之后被检查的宝石将是非绿色的"都同样得到确认。[①]

古德曼就关于类律的或可确认的假说与偶然的或不可确认的假说举了这样的例子：一特定的铜导电就增加了断定其他的铜导电的可靠性，因而就确认了"所有铜导电"的假说。但是，现在在此房间中的某人排行老三并不增加在同一房间中的其他人也排行老三的可靠性，因此并未确认"在此房间中的所有人都排行老三"的假说。这两种假说都是证据陈述的概括。区别在于，第一种假说是类律的或可确认的假说，可以通过事例得到确认；第二种假说是偶然的或不可确认的假说，不能通过事例得到确认。古德曼希望找到某种办法来区分这两种假说，但结果令人失望，既没有答案，也没有线索。笔者认为，在一定时刻，某个特定的铜（假定代表一种类型）导电使得"所有铜导电"的假说所获得的经验多样性协调力与此房间中的某个人（假定代表一种类型）排行老三使"在此房间中的所有人都排行老三"的假说所获得的经验多样性协调力是等同的。我们之所以觉得前者类律或可确认而后者偶然或不可确认，是因为这不是归纳本身所能确定的，而是由综合协调力共同确定的。显然，前者的综合协调力远远大于后者。

经验多样性的合理性也可以从不完全决定（underdetermination）论题得到引申的说明。不完全决定论题表明，对于有限的观察陈述或经验证据，原则上可能有无穷多的理论与之相符，因此，我们无法根据有限的观察陈述或经验证据来判明与之相符的理论的真假。现在假定，就我们在 τ 时刻所知，有 λ 个证据（$λ(\hat{w})$）支持了 α 个理论（α（T））或与 α 个理论相符，但是，在 τ+1 时刻，我们发现同一问题域中的另一类证据，这样我们就有 λ+1 个证据（$(λ+1)(\hat{w})$），这必然对满足 λ+1 个证据的理论提出更高的限制性要求，这就要求在 α 个理论中排除掉 β 个理论，即剩下 α-β 个理论（α-β）（T）。随着发现的同一问题域中的证据数目越来越多，能够满足所有类型的证据的理论也就越来越少，以至于

---

① 参见 Goodman N. Fact, Fiction, and Forecast. 4th ed. Cambridge: Harvard University Press, 1983: 74. 另外参见江天骥. 科学哲学名著选读. 武汉：湖北人民出版社，1988：547-549.

理论数趋向于 1；当这 1 个理论也不能满足日益增长的证据时，科学家将被迫发明新的理论。经验多样性不指望对理论的真假作出鉴定①，只希望在理论是否具有更大协调力，是否逼近真理的问题上作为一种单一的局部判定标准。

三、两个例子：哈维和达尔文

英国人哈维（Harvey）提出血液循环假说后，用了九年的时间为这个假说寻找经验支持证据。他进行了大量的观察实验，以检验和证明自己的假说。如果说 1619 年他提出假说时，支持证据还比较单一的话，那么，到 1628 年他发表《心血运动论》（又译《心脏和血液运动的解剖学研究》）②时，已获得了多样化证据支持。这些证据包括以下三点。

（1）一天中由心脏射出的血量远远大于体内所存的血液和每天从食物中摄取的汁液量。

（2）大量血液由心脏进入主动脉，由动脉将其运送到身体各部，进入各部的血量大大超过其营养所需。

（3）静脉本身不断地把血液从身体各部送回到心脏。

这三点表明血液去而复返，被驱动向前，又流回来，从心脏到四肢，又从四肢到心脏，进行一种循环运动。此外，哈维还提出生理学证据、临床证据和形态学证据来支持假说。同时，他还引用当时已得到承认的科隆博（Colombo）、法布里修斯（Fabricius）等人的成果，甚至盖伦谈到动脉与静脉之间的吻合的一段话，从而为自己的假说提供多样化支持。较高的多样化程度使得这个学说在提出二三十年后得到世界上所有大学的承认。人们提起血液循环，总是首先想起哈维，其实哈维的前辈塞尔维特（Servetus）在哈维之前就在《基督教的复兴》（*Christianism Restitutio*，1553 年）③中阐述了血液的肺循环即小循环学说，

---

① 对理论的真假作出"鉴定"的依据是理论的综合协调力。在某个时间，一个综合协调力较强的理论可能使人"相信该理论为真"而被接受，而一个综合协调力较弱的理论可能使人"相信该理论为假"而遭到拒斥。

② 英文本参见 Harvey W. On the Motion of the Heart and Blood in Animals. New York: Prometheus Books, 1993. 中译本参见威廉·哈维. 心血运动论. 凌大好译. 西安：陕西人民出版社，2001.

③ 关于塞尔维特生平及其学说，参见 Bainton R H. Hunted Heretic: the Life and Death of Michael Servetus, 1511-1553. Boston: The Beacon Press, 1953; Fulton J F. Michael Servetus, Humanist and Martyr. New York: Herbert Reichner, 1953.

但他不能像哈维那样为这个学说提供那么多的证据支持，也就是说，与哈维学说相比，他的学说面临经验多样性冲突，这也许是人们容易忘记塞尔维特的一个重要原因吧。

在哈维去世一个半世纪以后，在英国又诞生了一个与哈维同样杰出的科学家，他就是查理·R. 达尔文（Charles Robert Darwin）。1859 年达尔文完成《物种起源》[①]的写作，同年，该著于 11 月 24 日在伦敦出版问世。达尔文为这部划时代的巨著搜集经验资料的时间，如果从 1831 年 12 月 27 日达尔文搭乘英国皇家海军的"贝格尔号"舰前往南美洲进行科学考察时算起，到 1856 年 5 月初达尔文正式开始写作《物种起源》时止，其间共经历了二十四年零四个月的时间。达尔文的自然选择原理以及由此建立起来的生物进化论得到了大量观察实验证据的支持。这些证据包括以下三类。

（1）生物在家养条件下的进化事实。达尔文在《物种起源》的第一章，即"家养状况下的变异"一章中列举了这类事实。在家养植物方面，达尔文广泛列举了小麦和玉米等谷类植物、豌豆和蚕豆等豆类植物、梨和葡萄等果类植物以及蔷薇和三色堇等花卉植物的变异事实。在家养动物方面，达尔文几乎谈到马、牛、羊、猪、狗、驴、兔、猫、鸽、鸡、鸭、鹅、鱼、蜂、蚕等所有家养动物的变异事实。在探讨动物在家养状况下的变异时，达尔文更重视他自己的家鸽育种实验，大约考察了 150 种不同的家鸽品种的变异事实。通过引证在家养状况下物种变异的大量事实，达尔文提出了人工选择原理。

（2）生物在自然条件下的进化事实。对于在自然条件下植物的变异事实，达尔文引证了瑞典著名植物学家康多尔（Candolle）有关全世界栎树的变种和亚变种的报告。对于在自然条件下动物的变异事实，达尔文所引证的事实更丰富些。在"自然状况下的变异"一章中，达尔文引证了华莱士（Wallace）在马来半岛考察时发现的蝴蝶及其变种的材料。通过分析生物在自然条件下变异的大量事实，达尔文提出了自然选择原理。

（3）生物在地质年代史上留下的进化事实。达尔文在《物种起源》的第十一章，即"论生物在地质历史上的演替"一章中，列举了地质学和古生物学

① 参见 Darwin C R. On the Origin of Species by Means of Natural Selection, or the Preservation of Favoured Races in the Struggle for Life. London: John Murray, 1859. 达尔文. 物种起源. 舒德干，等译. 西安：陕西人民出版社，2001.

的大量证据，进一步讨论了自然选择及生物进化问题。

上述三类事实是达尔文立论的基本根据。此外，达尔文还在第十四章中，即"生物间的亲缘关系：形态学、胚胎学和退化器官"一章中，引证了分类学、形态学、胚胎发育学和残留在器官中的有关生物进化的证据。上述四方面的观察和实验证据中包含了大量的观测型经验问子，以此为根据，达尔文以他的自然选择原理为基础，建立了一个以遗传、变异、适应和选择为基本内容的理论体系，并进而建立了一个完整、系统的生物进化学说。

后来，科学史家评价说，生物进化论是由达尔文真正成功建立起来的。这就是说，真正建立起生物进化论的，不是拉马克（Lamarck），也不是与达尔文同时提出自然选择学说的华莱士，而是达尔文。这是为什么呢？主要的秘密是达尔文提出的实验证据最为丰富，与前两位的理论相比，达尔文理论呈现出很强的经验多样性协调力。

第八节　经验简洁性

一、定义

假如在 τ 时间，理论 T 构造和使用了 η 种解子（记为 $\eta(j)$，$\eta \geq 0$），并从中推出 θ 种与观测型经验问子相符的理论型经验问子（记为 $\theta(rw)$），则我们有

$$S(T\tau) = \frac{\theta(rw)}{\eta(j)}$$

即 τ 时间的 T 的经验简洁性协调力 S 等于理论的作为结论的符合观测的理论型经验问子数与作为前提的解子数的比值。为简便起见，我们把该公式记为

$$S(T\tau) = N_s(T)$$

或

$$S(T\tau) = N_s$$

其中，$N_s \geq 0$。在 τ 时间的理论 T 和 τ' 时间的理论 T′ 的比较中，如果

$$N_S(T) < N_S(T')$$

则

$$S(T\tau) < S(T'\tau')$$

即 $T\tau$ 的经验简洁性协调力小于 $T'\tau'$。或者

$$S(T\tau)\downarrow \wedge S(T'\tau')\uparrow$$

即 $T\tau$ 面临经验简洁性冲突，经验简洁性协调力下降；$T'\tau'$ 呈现经验简洁性协调，经验简洁性协调力上升。

二、经验简洁性的合理测度

在科学理论的创新和选择中人们给简单性标准以特别的偏爱，无论是科学家还是哲学家都对简单性给予高度的重视并进行深入的讨论。但是，究竟什么是简单性？迄今为止，并无统一的答案。大致说来，关于简单性，有两种对立的主张。一种主张认为简单性与理论的经验效用有关，它是理论经验成功的标志，也是理论选择的经验标准。另一种主张认为简单性与理论的经验效用无关，简单性只是相对于观察者的性质而言的，不同的观察者看到的简单性是不同的，简单性也可以看成一种审美标准。因此，奎因有这样的疑惑："为什么两个假说中主观上较简单的更容易预测客观事件？为什么我们期望自然服从我们的主观的简单性标准？"[1]

关于简单性的争论难以形成统一意见的原因是，对简单性有各种不同的理解。狄拉克的数字简单性要求系数和指数的值简单[2]，牛顿、弗里德曼（Friedmann）和基切尔等的解释简单性要求用同样的解释性定律说明广大范围的现象[3]，马赫（Mach）的本体简单性要求物质实体的数目尽量少[4]，爱因斯坦的

---

[1] 参见 Quine W V O, Ullian J S. The Web of Belief. 2nd ed. New York: Random House Inc., 1978: 71-72.

[2] 参见 Dirac P A M. The relation between mathematics and physics. Resonance, 2003, 8: 102-110.

[3] 参见 Friedman M. Explanation and scientific understanding. The Journal of Philosophy, 1974, 71(1): 5-19. 也可参见 Kitcher P. Explanatory unification and the causal structure of the world//Kitcher P, Salmon W S. Scientific Explanation: Minnesota Studies in the Philosophy of Science. Minneapolis: The University of Minnesota Press, 1989, 13: 410-505.

[4] 参见 March E. The Science of Mechanics: a Critical and Historical Account of Its Development. 6th ed. McCormack T J（trans.）. Chicago: Open Court Publishing Company, 1988: 586; Ray C. The Evolution of Relativity. Bristol: Adam Hilger, 1987: 1-50.

逻辑简单性要求独立公设的数目尽量少[①]。

笔者所理解的简单性既与经验有关，也与概念有关，表现在经验方面是经验简单性，表现在概念方面是概念简单性，这两种简单性都具有相同的形式结构，它不是以某种单一参数的大小确定简单，而是以两种理论各自参数的比值大小确定简单。理论的简单性是一个相对的概念，不是相对于观察者，而是相对于另一个理论。两种简单性都能使人产生审美的愉悦，但不是审美标准。为了区别形形色色的简单性概念，笔者将如此理解的简单性称为简洁性。这里讨论经验简洁性，而概念简洁性在下一章讨论。

经验简洁性要求以尽量少的经验解子说明或解释尽量多的与观测型经验问子相符的理论型经验问子。就一个单一的理论而言，无所谓简洁不简洁，理论 T 相对于理论 T_1 可能简洁，但相对于理论 T_2 可能不简洁。追求理论的简洁性不是因为自然实体简单，自然实体可能是高度复杂的。经验简洁性希望假设最少的理论实体或构建最少的理论实体之间的关系，这些实体或关系不一定对应自然实体或自然实体之间的关系，但它们确实能够说明或解释尽可能多的自然现象。假定了不同理论实体的不同理论可能都很好地解释了同样的自然现象，理论实体是否指称自然实体不是最重要的。如果有一个自然实体的话，那么理论实体接近自然实体的程度也不能由经验简洁性协调力单方面决定，应当由理论的综合协调力决定。所以，经验简洁性程度不高的理论所假定的那个理论实体可能因为综合协调力强而更加接近自然实体。把自然实体设想得简单，那不过是我们的一厢情愿。着眼于简洁性，物理学是把加速运动当作基本运动还是把非加速运动当作基本运动并不由加速运动或非加速运动本身哪个简单决定，而要看这两种解子在参与确定"拯救现象"的数量方面哪个更有能力。

经验简洁性期望以最少的经验解子包含最多的经受住考验的经验信息，因为我们总希望一个形式上简单的理论能够告诉我们更多的可靠的东西。理论来自概念的经验信息越丰富，它面对的与观测型经验问子或经验证据相冲突的风险就越大，但是，高风险可能带来高收益，一个经验信息丰富的理论在获得经

① 参见 Holton G. The Scientific Imagination: Case Studies. Cambridge: The Cambridge University Press, 1978: 254; Hesse M. The Structure of Scientific Inference. London: Macmillan, 1974: 239-255; Elkana Y. The myth of simplicity//Einstein A. Historical and Cultural Perspectives: The Centennial Symposium in Jerusalem. Holton G, Elkana Y(ed.). Princeton: Princeton University Press, 1982: 205-251.

验一致性协调力方面就有更多的机会，但也给经验过硬性协调力和经验明晰性协调力的提高增加了难度。从经验简洁性方面来看，我们也不能说，在两个理论中，较简洁的那个信息更丰富，而信息较丰富的在经验上更优越。因为经验简洁性是由一定数量的经验解子与从经验解子中推出的与观测型经验问子相符的一定数量的理论型经验问子的比值决定的，而理论型经验问子的数量反映经验信息量，所以一个经验简洁性更强的理论可能在经验信息量上并不占有优势。由此也可以推测，经验简洁性更强的理论是否在经验一致性等方面更强些并不能得到保证，并没有确定的答案。

根据经验简洁性的定义，如果在 τ 时间两个理论符合观测型经验问子的理论型经验问子数和经验解子数都不少于 1 的话，我们就可以比较哪个理论在经验上更简洁，简洁的程度是多少。我们可以有公式：

$$（1）\quad S(T'\tau) = \frac{\eta(rw)}{\beta(j)}$$

$$（2）\quad S(T\tau) = \frac{\theta(rw)}{\alpha(j)}$$

$$（3）\quad \frac{\eta(rw)}{\beta(j)}(T'\tau) > \frac{\theta(rw)}{\alpha(j)}(T\tau) \to S(T'\tau) > S(T\tau)$$

公式（1）表示，在 τ 时间，T' 的经验简洁性等于 T' 的符合观测型经验问子的理论型经验问子数与作为其前提的经验解子数的比值。公式（2）表示，在 τ 时间，T 的经验简洁性等于 T 的符合观测型经验问子的理论型经验问子数与作为其前提的经验解子数的比值。这两个公式给出了经验简洁性的一个普遍的量化测度方法，即一理论在 τ 时间的经验简洁性等于该理论在 τ 时间的符合观测型经验问子的理论型经验问子数与作为其前提的经验解子数的比值。公式（3）表示，在 τ 时间，如果理论 T' 的符合观测型经验问子的理论型经验问子数与作为其前提的经验解子数的比值大于理论 T 的符合观测型经验问子的理论型经验问子数与作为其前提的经验解子数的比值，那么，T' 的经验简洁性大于 T。

比较理论 T 和 T'，假定在 τ 时间，T' 的经验简洁性比 T 更强，并且 T 和 T' 作为前提的解子数相同。设定

$$\frac{\eta(\mathrm{rw})}{\beta(\mathrm{j})}(\mathrm{T'}\tau) > \frac{\theta(\mathrm{rw})}{\alpha(\mathrm{j})}(\mathrm{T}\tau)$$

并且

$$\alpha(\mathrm{j}) = \beta(\mathrm{j})$$

按照经验简洁性的定义，在 τ 时间，T′ 的作为结论的与经验符合的理论型经验问子数肯定大于 T 的，即

$$\eta(\mathrm{rw}) > \theta(\mathrm{rw})$$

在这种情况下，T′ 更多地通过了经验证据的检验，获得了更强的经验一致性协调力，即

$$I(\mathrm{T'}\tau) > I(\mathrm{T}\tau)$$

现在，我们再假定在 τ 时间，T′ 比 T 简洁，并且 T′ 的经验解子数小于 T 的经验解子数。设定

$$\frac{\eta(\mathrm{rw})}{\beta(\mathrm{j})}(\mathrm{T'}\tau) > \frac{\theta(\mathrm{rw})}{\alpha(\mathrm{j})}(\mathrm{T}\tau)$$

并且

$$\beta(\mathrm{j}) < \alpha(\mathrm{j})$$

那么，按照经验简洁性的定义，有可能 T 和 T′ 的与经验符合的理论型经验问子数相同，甚至 T′ 的与经验符合的理论型经验问子数还少些，即

$$\eta(\mathrm{rw}) \leqslant \theta(\mathrm{rw})$$

在这种情况下，T′ 固然简洁，但通过的经验证据的检验并不多于 T，而 T′ 的经验一致性也并不强于 T，即

$$I(\mathrm{T'}\tau) \leqslant I(\mathrm{T}\tau)$$

在上述两种情况下，T′ 是否在其他单一的经验协调力方面更强也是不确定的。这也从一个侧面表明，在理论的经验简洁性协调力和其他经验协调力之间并无互推关系，从一个理论的经验简洁性协调力较强推不出该理论在其他经验协调力方面也强，反之亦然。

值得注意的是，萨伽德（Thagard）曾提出一种理论评价的量化算法。这一算法由一个计算机程序组成，该程序运用理论的各种参数为理论建立了一个量

化的测度方法。这些参数之一来自对理论的简单性测度。[①]他给出这样的测度公式：

理论 T 的简单性 =1－（理论 T 的共存假设的数目）/（由理论 T 解释的事实的数目）

萨伽德把理论 T 的共存假设界定为完成该理论的解释所必备的那些辅助假设，相当于经验过硬性定义中的外围经验解子。由理论 T 解释的事实的数目相当于经验简洁性定义中的理论型经验问子。利用该公式计算的结果可以给许多既定的理论以简单性排序，这将是一个客观的结果。但是，萨伽德的简单性仅仅是经验简单性，其中，理论 T 的共存假设的数目局限于与 T 作为共同推导前提的辅助假设，而没有把 T 本身所假定的理论实体和公理等核心经验解子计算在内，这样，解子数就不完全。因为理论 T 本身的核心经验解子数不是确定的，有的理论本身的核心经验解子数多，有的理论本身的核心经验解子数少，而这种差别不能看成与理论的简单性无关。

关于经验解子数的统计，还需要一个防止误会的说明。从科学理论的解释或说明的结构来看，作为推论的前提一般是三个部分的合取，即一个核心理论（复合理论）、一组辅助假设、一定的初始条件和边界条件。第一部分即我们一般所说的理论，就是指其中的核心理论，其中的解子构成有机统一的复合理论，可以与其他各种辅助假设结合构成集合理论，这部分理论具有最大的普遍性和稳定性。第二部分即辅助假设部分虽然是普遍陈述，但相对于核心理论部分，稳定性程度要差些，可以根据需要选择、修改、变化。第三部分即初始条件和边界条件则是一些单称陈述。比如，作为核心理论的牛顿理论对天王星运行轨道的计算，就涉及关于光和大气的辅助假说，还要估计或预设天王星与太阳的距离、天王星和太阳的质量、天王星在某一给定时刻的速度、其他行星对天王星的摄动、其他行星的质量及其与天王星的距离等等。在这三个部分中，关于解子的统计，我们不能只考虑其中一部分或两部分，而是三部分都要考虑。关于核心理论部分，我们只能谈它的概念简洁性。要谈它的经验简洁性，必须结合辅助假设、初始条件和边界条件。初始条件和边界条件的数目多少同样反映

[①] 参见 Thagard P. Computational Philosophy of Science. Cambridge: The MIT Press, 1988: 90. 另外参见麦卡里斯特 . 美与科学革命 . 李为译 . 长春：吉林人民出版社，2000：145-146.

核心理论或核心理论与辅助假设的经验简洁性程度，也应当作为解子统计进去。因为当理论试图解决经验问题时，如果牵涉的初始条件和边界条件太多，则对理论的经验简洁性是不利的。试想，为了计算天王星的运行轨道，我们增加了"某颗行星对天王星有摄动"这一预设。但是，这样的预设并不是越多越好，每增加这样一个预设，对于理论越不利。从科学史实来看，为了使根据牛顿理论计算的天王星的运行轨道与天王星的实测轨道相符，增加了"某颗行星对天王星有摄动"这一预设，这样的处理虽然增强了牛顿理论的经验一致性协调力，但实际上损害了其经验简洁性协调力。至于科学家为什么有时愿意付出这样的代价，那是出于对理论的综合协调力的考虑，特别是 1846 年对天王星有摄动的那颗行星——海王星的发现，更使科学家坚信这样的损失是值得的，因为牛顿理论的经验新奇性协调力也增强了。

三、哥白尼体系与托勒密体系的比较

哥白尼体系为什么最终取代了托勒密体系？在这个问题上众说纷纭、莫衷一是。有人说，16 世纪中叶的数理天文学家从托勒密体系转向哥白尼体系的原因主要来自经验方面，例如，哥白尼体系在预言上更加精确和简单。有人说，哥白尼体系赢得追随者的原因不是经验方面的，而是审美方面的，哥白尼体系更严格地符合亚里士多德的物理宇宙论，具有更大的柏拉图主义的内在和谐性，满足了数理天文学家的审美偏好。还有人说，哥白尼把人类从宇宙的中心移到宇宙的边缘，这是哲学和人类学上的革命。笔者认为，哥白尼理论最终胜出的原因不能偏执于一点，应当是综合的，在经验上、概念上或审美上都有所表现，而且，不管是托勒密理论还是哥白尼理论，都有一个发展的过程，在不同阶段上的比较都会有不同的结果。笔者在这里只谈谈经验方面的比较。是否真的像有的人所认为的那样，哥白尼理论在经验上没有进步呢？

一些学者曾就两类预言对两大体系进行比较，即关于天体位置的定量预言和关于夜空面貌的定性预言。几位当代学者，如普拉斯（Price）[1]、欧文

---

[1] 参见 Farber E. Critical Problems in the History of Science//Clagett M. Proceedings of the Institute for the History of Science Madison: University of Wisconsin Press, 1959: 197-218.

（Owen）[①]和科恩（Cohen）[②]，比较了托勒密理论和哥白尼理论的预言，他们的结论是，后者并不比前者更精确。麦卡里斯特[③]强调，几乎没有证据表明，在哥白尼时代，数理天文学家们不满意托勒密理论的定量预言的精确度，而认为哥白尼的理论更精确。哥白尼在他的《纲要》[④]（*Commentariolus*）和《天体运行论》的开始部分中也承认，他自己对托勒密理论的预言的精确性是满意的，前者是他大概在 1510 年和 1514 年之间写的一篇论文，后者是他 1543 年最出色的著作。其实，如果天文数据进一步精确，比较的结果也会发生变化。但是，麦卡里斯特指出，即使哥白尼理论比托勒密理论更精确，这对那个时代的科学家来说也不会很明显，因此，那种 16 世纪托勒密理论导致天文学危机的说法是不可靠的。在对夜空面貌的定性预言方面，哥白尼理论不比托勒密理论优越。例如，按照哥白尼理论，如果地球在动，那么就会观测到岁差，某些恒星看上去会相对其他恒星摆动。但是，当时并没有看到这种现象。另外，托勒密理论和哥白尼理论都断言金星到地球的距离存在非常明显的变动，这样，金星的亮度就会相应发生变化，但是，观测表明，金星的亮度大致不变。托勒密理论和哥白尼理论都不能对此提供解释，普拉斯专门研究了哥白尼理论在解释金星亮度方面的困难。

那么，哥白尼理论是否比托勒密理论更简单呢？赖欣巴赫认为，哥白尼理论的明显优势是他的体系具有更大的简单性。[⑤]科笛格（Kordig）认为，哥白尼通过把本轮数目从 84 个减少到大约 30 个，简化了托勒密理论。[⑥]但是，帕尔特（Palter）[⑦]、汉森[⑧]、纽格鲍尔（Neugebauer）[⑨]和麦卡里斯特等人持相反的观点，认

---

① 参见 Gingerich O. "Crisis" versus aesthetic in the Copernican revolution. Vistas in astronomy, 1975, 17: 85-95.

② 参见 Cohen I B. Revolution in Science. Cambridge: Harvard University Press, 1985: 117-119.

③ 参见麦卡里斯特. 美与科学革命. 李为译. 长春: 吉林人民出版社，2000: 200-204.

④ 又译《短论》。

⑤ 参见 Reichenbach H. From Copernicus to Einstein. Ralph B（trans）. New York: Dover, 1980: 18.

⑥ 参见 Kordig C R. The Justification of Scientific Change. Dordrecht: D. Reidel Publishing Company, 1971: 109.

⑦ 参见 Palter R. An approach to the history of early astronomy. Studies in History and Philosophy of Science Part A, 1970, （2）: 114-115.

⑧ 参见 Hanson N R. The copernican disturbance and the keplerian revolution. Journal of the History of Ideas, 1961, 22(2): 169-184.

⑨ 参见 Neugebauer O. On the planetary system of Copernicus//Beer A. Vistas in Astronomy. Oxford: Pergamon Press, 1968: 89-103.

为哥白尼理论并不比托勒密理论简单。特别是汉森，反而认为对于单个问题的一组求解方法，托勒密理论比哥白尼理论更简单、更方便。两个理论面对的典型问题是计算行星相对地球的视位置。对于这类问题，托勒密理论只需要6个左右与问题相关的那个行星运动的圆圈，并不是所有80多个圆圈都要使用。相比之下，在哥白尼理论中，地球和另外那个行星都在运动，圆圈的数目由于牵涉两个星体而增加了。

确实，哥白尼理论在形成之初没有更多的经验上的优越性。哥白尼体系一开始并不能取代托勒密体系，因为就经验一致性而言，托勒密体系在当时观察所要求的精确度范围以内，解释事实是相当成功的。就经验精确性而言，哥白尼体系在预测行星方位等方面也并不比托勒密体系更准确。两个体系都含有百分之一的误差。而且，从经验过硬性来看，哥白尼体系当时还存在严重的物理学上的困难，不能很成功地解释一些重要问题。例如，为什么宇宙中心只是几何中心，而不是真实物体？如果地球在转动，空气就会落在后面，但为什么见不到一股持久的东风？如果地球在转动，它就会因离心力的作用而土崩瓦解，但并没有出现这种情况，为什么？哥白尼的回答在当时被认为并不成功，但是，为什么哥白尼体系在当时引起不小的震动呢？原因是多方面的。即便就一个刚刚起步的新理论就与流行了一千多年的老理论在经验上旗鼓相当而言，其冲击力和生命力就很令人惊讶了。更何况，哥白尼创建新理论的最初动因是出自对经验协调力，特别是对经验简洁性协调力的追求。

哥白尼毕生致力于解决这样的问题：哪些几何定律在支配行星的运动？如何解释过去观察到的视运动并预言行星的未来运动？托勒密体系假定地球处于宇宙中心并静止不动。从这个观点来解释天层的表观运动，就必须给每个天体都加上3个圆或圆的体系。托勒密最初只用少数的本轮和偏心圆就能推导出行星的视运动并预言行星的未来运动，这在当时天文观测资料所达到的精度范围内是相当成功的。后来，随着天文观测数据的精度不断提高，地心系统的经验一致性和经验精确性都相应下降，理论结果与实测结果的差距拉大。这就使得该系统对太阳和月球的认识不可靠，甚至不能确定回归年并对回归年测出一个固定的长度。这就要求修改理论。以托勒密的办法，应当维护"地心"这个内核，增加新的本轮。这样，托勒密体系的圆圈也越来越多，到16

世纪，竟增加到 80 多个，超过了亚里士多德天球层的数目。而且，该系统在测定太阳、月球和五个行星的运动时没有用同样的原理、假设来解释视旋转和视运动。有的人用同心圆，有的人用偏心圆和本轮，尽管如此，对现象的解释并不很成功；偏心圆的使用似乎在很大程度上解决了视运动的问题，但却引进了与均匀运动的基本原则明显抵触的概念，而且，其推论的结果从整体上看不协调，推出的宇宙的各个片段虽然不错，但拼凑起来却是"怪物"。在《天体运行论》的原序"给保罗三世教皇陛下的献词"中，哥白尼写道："我对传统天文学在关于天球运动的研究中的紊乱状态思考良久。想到哲学家们不能更确切地理解最美好和最灵巧的造物主为我们创造的世界机器的运动，我感到懊恼。"[①]

哥白尼最初设想的宇宙图景是让恒星球处在以太阳为中心的太阳系的最外层，然后由外及里让土星、木星、火星、地球、金星和水星依次以太阳为圆心形成同心轨道。"我们从这种排列中发现宇宙具有令人惊异的对称性以及天球的运动和大小的已经确定的和谐联系，而这是用其他方法办不到的。这会使一位细心的学生察觉，为什么木星顺行和逆行的弧看起来比土星的长，而比火星的短；在另一方面，金星的却比水星的长。这种方向转换对土星来说比木星显得频繁一些，而对火星与金星却比水星罕见。还有，如果土星、木星和火星是在日落时升起，这比它们是在黄昏时西沉或在晚些时候出现，离地球都近一些。但火星显得特殊，当整个晚上照耀长空时，它的亮度似乎可以与木星相匹敌，只能从它的红色分辨出来。在其他情况下，它在繁星中看起来不过是一颗二等星，只有辛勤跟踪的观测者才能认出它来。所以这些现象都是由同一个原因，即地球的运动造成的。"[②]

哥白尼体系确实给人一种对称性的、和谐的美感。这样的美感符合科学的某种内在的规范。首先，哥白尼体系的诸解子之间有着内在的逻辑联系，因而构成复合理论，只要改动其中的任何核心解子，体系就会崩溃；这些联系与可观测的自然实体之间形成对应的关系，只要移动某一部分，就会引起整个宇宙的混乱。由此而形成的思维与自然的相互映照很容易引起美感上的共鸣。其次，

---

① 哥白尼.天体运行论.叶式辉译.西安：陕西人民出版社，2001：3-4.
② 哥白尼.天体运行论.叶式辉译.西安：陕西人民出版社，2001：35.

哥白尼所谓的"和谐"也出自经验简洁性。因为同样的原因统一地说明了许多不同的现象，而不是以不同的原因说明不同的现象。哥白尼假定地球在其本身的轴上每天自转一周，并每年环绕太阳一周，就把那些繁杂的圆圈都废除了。这样，哥白尼把托勒密体系用以解释天层表观运动的烦琐的圆圈从 77 个减为 48 个。后来，哥白尼只采用了 34 个圆圈。为了解释同样的天层表观运动，哥白尼体系关于地球运动的基本假定和圆圈的辅助假定的数目与托勒密体系相比大大减少了。这样致力于解决差不多同样多的经验问题（说明月球和已知的 6 个行星），哥白尼理论的解子数就要少得多。汉森的论证只着眼于某个具体的问题，即在解决某个具体问题时，托勒密体系的解子数要少于哥白尼体系。姑且不论这一点是否正确，即使正确的话，这也不能说明两个体系在总体上的简洁性。面对差不多同样多的经验问题，托勒密体系准备了那么多可供选择的解子（因而构成拼凑的集合理论），而哥白尼体系所运用的解子在总体上要少得多，并能得到统一的运用。

应当说，哥白尼体系在一开始就体现出经验上的进步，虽然在综合经验协调力上的优势还不是很明显。在经验协调力方面，哥白尼理论在一开始就具备了潜在的优势，这从该体系相对于托勒密体系的进步速度上也可以看出来。正因为如此，在哥白尼的基础上，伽利略、开普勒、笛卡儿和牛顿等人才能继续发展日心体系，并在其核心解子的基础上发展出具有更强经验协调力的理论。科学定律获得越来越强的经验简洁性是科学进步的表征之一，卡尔·皮尔逊（Karl Pearson）甚至认为，对行星体系的运动的描述，从喜帕恰斯（Hipparchus）、托勒密、哥白尼、开普勒到牛顿，其经验简洁性程度在逐步上升。皮尔逊总结说："所包含的现象的范围越广泛，定律的陈述越简单，我们就越认为它已经达到了'自然的基本定律'。科学的进步在于不断地发现越来越综合的公式，借助这些公式，我们可以对越来越广泛的现象群的关系和序列进行分类。早期的公式不一定是错误的，它们只是被用更简洁的语言描述更多的事实的其他公式所取代。"①

---

① Pearson K. The Grammar of Science. London: Adam and Charles Black, 1911: 96-97. 另外参见皮尔逊. 科学的规范. 李醒民译. 北京：华夏出版社，1998：93.

第九节　增强抑或减弱：特设性与理论协调力

劳丹指出，要想完整地理解科学中的各种不同评价因素，必须探讨特设性（adhocness）概念。至少 17 世纪以来，尤其在当代，特设性策略和特设性假设越来越受到科学家和哲学家的极大关注。但是，特设性的含义是什么？其作用何在？传统观点认为，如果一个理论 T_2 只能解决它的先行理论 T_1 解决了的经验问题，以及那些对 T_1 构成的反例，而不能解决其他问题，那么，理论 T_2 就是特设的。这样的特设性的理论是不合理的或不科学的，应当加以抛弃。这种传统观点的代表有波普尔、格林鲍姆和拉卡托斯等。

劳丹认为，传统的特设性定义至少存在两个困难。第一，一般地讲，在任何已知时间内，我们无法知道一个新理论 T_2 是否在后来某个时候能够解决新的问题。第二，正如迪昂（Duhem）指出的，孤立的单个理论不解决任何问题，解决问题的只是理论复合体。为了避免这些困难，劳丹给出一个新的特设性定义：如果一个理论被认为基本上解决了所有其先行理论已经解决的经验问题，或所有其先行理论面临的反例，并且仅仅做到这一点的话，那么，这个理论是特设的。有了这个定义，劳丹反驳道："特设性有什么不好？"如果某个理论 T_2 能比它的先行理论解决更多的经验问题——哪怕只多解决一个问题——那么，T_2 明显比 T_1 更好，并且，假使其他情况均相同，则相对于 T_1，T_2 代表了认知上的进步。简言之，劳丹认为特设性策略与增加理论解题能力的总目标完全一致，特设性修改在经验上是进步的。

从上述观点出发，劳丹强调了以下几点。

（1）并非特设性理论总比非特设性理论好，但是，一个特设性的理论比它的非特设性的先行理论更可取。

（2）不能规定特设性的理论在本质上是多余的，因为，特设性的洛伦兹以太理论与非特设性的爱因斯坦相对论在经验上是等价的，即在经验上解题的能力相等。

（3）历史上大多数"成功的"理论都是高度特设的，例如牛顿力学、达尔文进化论、麦克斯韦电磁场理论和道尔顿的原子论等。

（4）任何特设性的变化都需要增加而不是减少理论解题的能力。因此，那些最明显的和最常用的消除反常的方法不能算是特设性的。这些方法如任意限制边界条件，消除那些导致反常的理论假定，重新定义术语或相应的规则，都将导致减少理论解题的有效性。

（5）对特设性的担忧唯一地只来源于概念层次，历史上许多著名的特设性理论（如托勒密地心说、笛卡儿物理理论、颅相学和洛伦兹－菲兹杰拉德收缩假设）只是由于增加了概念上的困难，降低了解题的有效性，才受到指责的。但是，这样理解的特设性概念本身根本没有对我们评价理论增加任何分析机制，因为特设性本身只是产生概念问题的一种特殊情况。①

劳丹挽救了一种合法意义下的特设性，即只要特设性增加了理论解决问题的效力，这种特设性就是合理的。这就清楚地表明，传统对特设性不加分析地简单加以抛弃的做法是错误的。但是，应当指出，劳丹在经验的层面上对特设性的探讨不够全面和精确，甚至仍然有些简单。在讨论特设性概念时，劳丹所考虑的理论解决问题的能力仅仅限于理论是否解决了某个问题。在这一点上，他并没有超越传统观点。所以，公正、全面、深入地分析特设性问题，还需要对劳丹的特设性定义作如下精确化处理。

假定在 τ 时间复合理论 T 以 α 种解子恰当解决了 β 种经验问子，但 T 面临着 μ 种反例问子，由此，我们修正 T，增加了 β 种外围解子，构成集合理论 T′（T′包含 $\alpha+\beta$ 种解子），它被认为不仅能够恰当解决 T 已经解决的所有问子，而且能够恰当解决 T 不能解决的反例问子（总共解决了 $\lambda+\mu$ 种不同问子），这时，我们说集合理论 T′ 是特设的（其中 α，β，λ，$\mu \geq 1$）。

有了这样重新修正的特设性意义，结合前述经验一致性、经验明晰性、经验过硬性和经验简洁性的分析机制，我们可以立即得出三点基本结论。第一，在 τ 时间，理论 T′ 与理论 T 相比，T′ 的经验一致性协调力上升，而 T 的经验一致性协调力下降，因为 T′ 比 T 多解决了 μ 种不同问子。第二，在 τ 时间，如果 T′ 面临的新的反例数为 μ'，而 μ' 也构成对 T 的反例数，则 T 的反例数为 $\mu+\mu'$，这样，与 T 在 τ 时间相比较，T′ 的经验明晰性或经验过硬性上升。但是，实际上 μ'

---

① 参见 Laudan L. Progress and Its Problems: Towards a Theory of Scientific Growth. Berkeley: University of California Press, 1977: 114-118.

是否或在多大程度上也构成对 T 的反例数是不确定的。所以，在 τ 时间，两个理论的经验明晰性或经验过硬性大小应视具体情况而定，没有一般的结论。第三，在 τ 时间，理论 T′ 与理论 T 相比，从经验简洁性程度看，随着反例问子数 μ 和增加的解子数 β 的变化，在 λ 与 α 的比值和 $\lambda+\mu$ 与 $\alpha+\beta$ 的比值之间也会相应地发生变化，其结果会有三种不同情形，即 λ 与 α 的比值大于、小于或等于 $\lambda+\mu$ 与 $\alpha+\beta$ 的比值。

依据上述基本结论，笔者对特设性问题作如下几点判断。

（1）一个特设性理论不一定比它先行的非特设理论更可取。就经验一致性而言，一个特设性理论确实比它先行的非特设性理论更可取。但是，就经验简洁性而言，在第一种情形下，特设性理论的简洁性程度下降了，这就抵消了其经验一致性程度的上升优势，因此不能肯定理论在总体上是否进步了。假定随着时间延续，继续采取同样性质的特设性策略，则势必导致理论在总体上的退步，迫使人们寻求更简洁的理论。在第二种情形下，特设性理论的经验简洁性程度与经验一致性程度同时上升。在第三种情形下，特设性理论的经验简洁性程度既没有上升，也没有下降，但其经验一致性程度却上升了。劳丹所称赞的高度特设的成功理论属于后两种类型的特设性理论，它导致理论在总体上的进步。

（2）特设性变化的目的在于提升理论的解题能力，特设性理论在本质上并不是多余的。但不能认为特设性的洛伦兹以太理论与非特设性的爱因斯坦相对论在经验上等价，即在经验上解决问题的能力相同。因为从局部的经验一致性上看，劳丹的说法并没有错，但从理论解决经验问题的综合能力上看，他的说法就不能成立。毫无疑问，爱因斯坦的相对论比洛伦兹以太理论更简洁。出于解决同样的经验问题，爱因斯坦在 1905 年关于"狭义相对论"的论文中，只使用了 2 条公设（相对论公设和光速不变公设）和 4 个非核心假定（1 个是关于空间的各向同性和均匀性，另外是定义时钟同步的 3 个逻辑性质）。洛伦兹在 1904 年发表的被认为是当时最优秀的物理学论文却包含着 11 个非核心的特殊假说。因此，爱因斯坦相对论与洛伦兹以太理论在解决经验问题的综合能力上并不是等价的。

（3）在理论的概念层次上看特设性问题是劳丹的一个突出贡献。但是，劳丹忽视了特设性在经验层次上的不利方面，把对特设性的担忧唯一地归结到概念层次，这已被表明是片面的。另外，真的像劳丹认为的那样，在概念层次上不能为特设性研究提供任何分析机制吗？经过对概念问题的充分研究，完全可以找到这样的分析机制。例如概念一致性和概念简洁性就不同于经验一致性和经验简洁性，前者处理理论的解子（概念问子）之间的关系问题，而后者则处理理论的解子与经验问子之间的关系问题。前者同样可以用以对特设性的分析。

第十节　经验统一性

一、定义

假如在 τ 时间的理论 T 的经验解子 j（记为 j（Tτ））导出的与观测型经验问子相符的（记为 r）理论型经验问子蕴涵 N 种异质性经验范围（记为 W），则我们有

$$U(T\tau) = N((j(T\tau) \to rw) \wedge (rw \to W))$$

即 τ 时间的 T 的经验统一性协调力 U 等于 N，N 是从 T 的经验解子导出的与观测型经验问子相符的理论型经验问子所蕴含的异质性经验范围的数目。该式可以从逻辑上简化为

$$U(T\tau) = N(j(T\tau) \to W)$$

为简便起见，我们把该公式记为

$$U(T\tau) = N_U(T)$$

或

$$U(T\tau) = N_U$$

其中，$N_U \geqslant 0$。在 τ 时间的理论 T 和 τ' 时间的理论 T′ 的比较中，如果

$$N_U(T\tau) < N_U(T'\tau')$$

则

$$U(T\tau) < U(T'\tau')$$

即 T 的经验统一性协调力小于 T′。或者

$$U(T\tau)\downarrow \wedge U(T'\tau')\uparrow$$

即 $T\tau$ 面临经验统一性冲突，$T'\tau'$ 呈现经验统一性协调，或者说，前者的经验统一性协调力下降，后者的经验统一性协调力上升。

经验统一性由理论的与经验符合的后承所直接涉及的异质性经验范围决定。简化表达中的异质性经验范围应理解为是通过逻辑中介来确定的。

二、理论的普遍性

人们常常谈到理论的普遍性。什么是普遍性？似乎没有公认的答案。劳丹给出一种相对来说比较简单的定义："如果我们能表明，对任何两个问题 p' 和 p，任何对 p' 的解答也必定构成对 p 的解答（但不能反过来），那么 p' 就比 p 更普遍，因而也更重要。"[①]这个定义虽然是关于问题的普遍性定义，但可以转译为理论的普遍性定义：如果有两个理论 T 和 T'，凡 T 能解决的问题，T' 都能解决；而 T' 能解决的问题，T 不能解决，则我们说 T' 比 T 更普遍。该定义所描述的情况实际是经验协调力的一个特例，它牵涉到理论的经验一致性和经验统一性问题。首先注意一下经验一致性和经验统一性的区别。经验一致性的比较可能在某个同质经验范围内，也可能在某个异质经验范围内，它不关注经验范围的数量，只关注理论解决的具体经验问题的数量。经验一致性较强的理论不一定经验统一性也强，一个只涉及一种经验范围的理论也许能解决不少经验问题而获得较强的经验一致性协调力。经验一致性较弱的理论不一定经验统一性也弱，一个理论解决的经验问题不多，但可能跨越了不同的异质经验范围。经验一致性和经验统一性是不同质的单一协调力，对理论的普遍性可以从经验一致性和经验统一性两方面加以分析。理论的普遍性不仅牵涉理论解题的数量，还牵涉理论的解题范围。按照经验一致性的定义，T' 的经验一致性总比 T 强，即

$$I(T'\tau) > I(T\tau)$$

因为前者总比后者解决更多的问题；而按照经验统一性的定义，可以断定，T' 在经验统一性上不弱于 T，即

---

① Laudan L. Progress and Its Problems: Towards a Theory of Scientific Growth. Berkeley: University of California Press, 1977: 35.

$$U(T'\tau) \geqslant U(T\tau)$$

因为两个理论 T′ 和 T 在解题范围上可能存在着同一关系，从而形成同质性经验范围，也可能存在着包含和被包含的关系，从而形成异质性经验范围。

因此，如果理论 T′ 比 T 更普遍，则 T′ 的经验一致性大于 T，并且 T′ 的经验统一性大于或等于 T。反之亦然。用 G 代表普遍性，可以给出理论的普遍性定义：

$$G(T'\tau) > G(T\tau) = df \ (I(T'\tau) > I(T\tau)) \wedge (U(T'\tau) \geqslant U(T\tau))$$

我们说行星运行规律的理论比火星运动规律的理论更普遍，这是因为前者比后者在经验一致性和经验统一性方面都更强；我们说电磁学理论比电学理论或磁学理论更普遍，也是基于同样的道理。

凡普遍性的理论都是复合理论，而不是集合理论。复合理论内部的解子在逻辑上是相互关联的，而集合理论内部的解子在逻辑上相互独立。为什么"凡牛皆食草"、"凡鳄鱼皆皮厚"和"凡乌鸦皆黑"的合取不能构成一个普遍性的动物学理论呢？为什么牛顿公理同庞巴维克的《资本与利息》中的那些公理的合取不能构成一个更普遍性的理论呢？这是因为这些作为解子的陈述或公理在逻辑上相互独立，虽然其合取构成了更大的集合理论，但不具有普遍性。集合理论比其内部的小理论能够解决更多的问题，具有更大的经验一致性，但不具有更大的经验统一性。经验统一性不完全由异质性经验范围决定，异质性经验范围的大小不完全决定经验统一性的大小。经验统一性还要求理论的解子之间具有逻辑上的推导关系。与物理学理论相比，生物学理论的经验统一性在总体上要差得多。据统计，我们目前已经发现的自然界的有机化合物多达一千余万种，但是，从理论上看，这些有机化合物的概念仍然是相互独立的，彼此之间没有逻辑上的推导关系，即它们不能从一些基本的概念或规律中推导出来。物理学则不同，在物理学中，众多的物理现象往往从少数物理学概念或规律中推导出来。

普遍性强的理论也具有更大的经验一致性，这意味着能够解决更多的经验问题。统一性强的理论并不意味着能够解决更多的经验问题，它只表明理论所解决的经验问题的异质性范围扩大了。假定有理论 T 和理论 T′，T 所解决的经验问题的异质性范围为 W_1、W_2、W_3，T′ 所解决的经验问题的异质性范围为 W_1、W_2，则我们有

$$U(T\tau) > U(T'\tau)$$

即 T 比 T′ 在经验上更统一。但是，这并不表明 T 比 T′ 解决了更多的问题，存在以下情况。

$$\Diamond\ (U(T\tau) > U(T'\tau)) \wedge (NP(T\tau) < NP(T'\tau))$$

即在 τ 时间，有可能 T 的经验统一性强于 T′，但同时 T 的已解决经验问题 P 的数量小于 T′ 的。例如，T 在 W_1、W_2、W_3 内各解决 1 个经验问题，而 T′ 在 W_1、W_2 内各解决 2 个经验问题，在此种情况下，虽然 T 比 T′ 更统一，但 T 比 T′ 少解决了 1 个经验问题。牛顿力学试图解决光学、热学、电磁学、声学、化学和生物学等异质性经验范围内的现象，但不可能解决这些范围内的所有现象。实际上，总是没有任何理论能够在扩大异质性经验范围的同时解决其中的所有具体经验问题。这就为产生其他研究纲领，如量子理论的纲领提供了合理的条件。因此，库恩损失现象并不可怕。科学革命有得有失，但这不能表明革命前后的理论在内容上无法比较。科学革命可能导致理论的经验一致性下降，但不可能在协调力的所有方面都下降，否则就谈不上革命，因为科学革命是理论综合协调力在短期内的迅速上升。

库恩损失引起了一些担心。沃金斯（Watkins）只承认有理论内容的损失，不承认有经验内容的损失。在他看来，尽管新理论 T_j 推不出目前盛行的理论 T_i 的所有经验推断，即我们不能有

$$CT(T_i) \subset CT(T_j)$$

但 T_i 损失的经验推断可由 T_j 收获的对应推断来弥补，所以仍然可以得出结论

$$CT(T_j) > CT(T_i)$$

即 T_j 的经验内容大于 T_i 的经验内容。[①] 其实，这只是一种可能的情况，T_j 的经验内容还可能小于或等于 T_i 的经验内容。即使出现这种情况，也不能肯定 T_j 不是一种革命性的结果。

沃金斯对库恩损失的担心源于他的统一性概念[②]。他的统一性基于对理论的有机增殖要求。该要求的基本思想是，如果 T 是一个真正的理论（公理集），那么不论我们怎样分割其公理，我们都会发现整个 T 具有的可检验的内容多于其

---

① 参见 Watkins J. Science and Scepticism. Princeton: Princeton University Press, 1984: 214-215.

② 关于沃金斯的统一性概念，参见 Watkins J. Science and Scepticism. Princeton: Princeton University Press, 1984: 203-224.

部分可检验内容之和。即如果对于 T 的任何分割 T′ 和 T″，我们总有

$$CT(T) > CT(T') \cup CT(T'')$$

则 T 是一个统一的理论；如果对于 T 的任何分割 T′ 和 T″，我们有

$$CT(T) = CT(T') \cup CT(T'')$$

则 T 不是一个统一的理论。按照这一定义，库恩损失会成为统一性追求的绊脚石，因为在这里统一性依赖对理论的可检验内容的大小的比较。

费耶阿本德曾批评一些人试图掩饰库恩损失的存在，他们不把新理论与其历史前驱相比较，而是与其历史前驱的子理论相比较，从而保证新理论有更多的经验内容。例如，不把哥白尼理论与其历史前驱亚里士多德地心宇宙学相比较，而是与该历史前驱的子理论托勒密天文学相比较，从而保证哥白尼理论的经验内容不但没有损失还增加了。[①] 沃金斯委婉地指出费耶阿本德可能的错误，他说，那些反对费耶阿本德的人可能反驳说，正是费耶阿本德本人制造了库恩损失的假象，费耶阿本德不把新理论 T_j 与其真正的历史前驱相比较，而是与一个适当扩展的系统 T_i 相比较，使得

$$CT(T_j) > CT(T_i)$$

不成立。显然，这些对立的主张在理论评价标准或检验标准缺失的情况下都是不可靠的。在新理论出现之前，存在着一个组织松散的理论体系，一方可以从中选择一个较大的子系统，另一方可以选择一个相对较小的子系统，以便将新理论与该子系统进行经验内容的比较。双方都会同意，在新理论 T_j 出现之前，存在一个子系统 T_i，使得

$$CT(T_i) < CT(T_j)$$

假如根据我们的标准 T_i 和 T_j 都是统一的理论，库恩损失的支持者会补充说 T_i 只是一个更大的理论 T_k 的一部分，并且假定

$$CT(T_j) > CT(T_k)$$

不成立。那么，关键的问题是：T_k 是一个统一的理论还仅仅是异质性材料的集

① 参见 Feyerabend P K. Zahar on einstein. The British Journal for the Philosophy of Science, 1974, 25(1): 25-28. 另参见 Feyerabend P. Against Method: Outline of an Anarchistic Theory of Knowledge. London: New Left Books, 1975: 177.

聚？ ① 我们可以把沃金斯的问题转述为下列形式：

已知

$$（1）\ CT（T_i）<CT（T_j）$$

并且

$$（2）\ CT（T_i）\subset CT（T_k）$$

并且

$$（3）\ CT（T_i）>CT（T_i'）\cup CT（T_i''）$$

并且

$$（4）\ CT（T_j）>CT（T_j'）\cup CT（T_j''）$$

试问

$$（5）\ CT（T_k）>CT（T_k'）\cup CT（T_k''）$$

或

$$（6）\ CT（T_k）=CT（T_k'）\cup CT（T_k''）$$

是否成立？

实际上，（1）—（4）推不出（5）或（6）。按照沃金斯的统一性概念，尽管 T_i 分别是 T_k 和 T_j 的一部分，并且，T_j 的经验内容大于 T_i，但不能确定 T_k 的经验内容一定大于或等于 T_i。沃金斯希望通过质疑弱化库恩损失现象的存在，从而强调统一性概念的重要性，这是不现实的，也是没有必要的。

按照协调论的观点，库恩损失并不妨碍我们对经验统一性和经验一致性的追求。新理论不一定能够解决旧理论的所有问题，但是新理论总能解决一些旧理论不能解决的问题。经验一致性是对不同理论解题的数目的比较，经验统一性是对不同理论解题所涉及的异质经验范围的数目的比较。因此，按照协调论的统一性概念，即使存在库恩损失，我们仍然可能得到一个普遍性的理论。沃金斯的统一性概念排除集合理论而片面强调复合理论，他将诸如牛、鳄鱼和乌鸦组成的不能有机增殖的集合理论排除了，而强调公理化对建立统一理论的重要性。公理化预示着，一个统一的理论，其内部分立的理论越少越好，其内部的辅助假设的经验内容越少越好，其整体上的经验内容越多越好。这并不是一

---

① 参见 Watkins J. Science and Scepticism. Princeton: Princeton University Press, 1984: 215.

个错误，这个要求与协调论的简洁性概念是一致的。

沃金斯的统一性概念是与理论系统的深度（depth）、广度（width）、严密性（exactitude）和简单性（simplicity）等标准结合在一起的。但是，对这些标准缺乏精确定义，因此沃金斯统一性标准与其他标准之间的联系和区别就显得模糊。谈到深度和广度，沃金斯说，如果一个理论比它的竞争对手深刻，那么它将以一种统一的方式比它的竞争对手解释更多的经验定律。[①]科学家应当尝试探求在理论层面上更深刻，而在经验层面上更广泛的理论。[②]谈到严密性，沃金斯主要指理论陈述在经验层面的精确性，他指出，根据经验层面的成果间接地判断概念层面的精确性是合理的。[③]谈到简单性，沃金斯似乎更倾向杰弗里斯（Jeffreys）和林奇（Wrinch）[④]及波普尔[⑤]的观点：如果理论 T_1 比 T_2 简单，那么 T_1 比 T_2 更加确定，更加精确，更加可检验。[⑥]

沃金斯的统一性标准一方面强调理论体系越自洽、越严密越好；另一方面强调理论的可检验内容越多越好，它更接近协调论的简洁性标准，但与协调论的统一性标准和普遍性标准差别很大。在协调论看来，理论的普遍性是理论的一致性和统一性之和，理论的普遍性强意味着理论能够解决更多的经验问题，并且理论所解决的经验问题的异质性范围较大。"理论解决经验问题的数量"和"理论解决经验问题的异质性范围的大小"与"理论可检验内容的增加"是不同的。协调论更加强调问题意识和问题导向，更加强调科学标准的细化和精确定义。协调论所指的普遍性是就复合理论而言的，而协调论所指的统一性既可针对复合理论，也针对集合理论。这与沃金斯的统一性仅仅针对复合理论是不同的，而且，沃金斯没有区分统一性和普遍性。

三、从富兰克林到法拉第

在 18 世纪，人们试图弄清地上的电瓶放电与天上的雷电这两种异质经验

---

① 参见 Watkins J. Science and Scepticism. Princeton: Princeton University Press, 1984: 218-219.

② 参见 Watkins J. Science and Scepticism. Princeton: Princeton University Press, 1984: 220.

③ 参见 Watkins J. Science and Scepticism. Princeton: Princeton University Press, 1984: 220.

④ 参见 Jeffreys H., Wrinch D. On certain fundamental principles of scientific inquiry. The London, Edinburgh, and Dublin Philosophical Magazine and Journal of Science, 1921, 42: 369-390.

⑤ 参见 Popper K R. The Logic of Scientific Discovery. London: Hutchinson, 1968.

⑥ 参见 Watkins J. Science and Scepticism. Princeton: Princeton University Press, 1984: 221.

现象之间是否服从同样的物理学定律。美国费拉德尔菲亚的本杰明·富兰克林（Benjamin Franklin）在 1752 年进行了一个著名的风筝实验，将雷雨云层中的电荷收集到莱顿瓶里，证明这种电荷同起电机所产生的电荷有同样的效应。

> 在风筝主杆的顶端装上一根很尖的铁丝，约比风筝的木架高出一呎余。在麻绳的下端与手接近之处系上一根丝带，丝带与麻绳连接之处可系一把钥匙。当雷雨要来的时候，把风筝放出，执绳的人必须站在门或窗内，或在什么遮蔽下，免使丝带潮湿；同时须注意不让麻绳碰到门或窗的格子。雷云一经过风筝的上空，尖的铁丝就可从雷云吸引电火，使风筝和整根麻绳带电，麻绳另一端的纤维都向四周张开，若将手指接近，就会被其吸引。当风筝和麻绳都被雨湿，而能自由传导电火时，你若将手指接近，便会看见大量的电由钥匙流出。从这把钥匙那里可以给小瓶蓄电；由此得来的电火可使酒精燃烧，并用来进行别的有关电的实验；而这些实验平常是靠摩擦小球或小管来做的，这样就完全证明这种电的物质和天空的闪电是同样的。[①]

为了解释这种电现象，把天上的电与地上的电统一起来，富兰克林提出电流质说[②]。他设想电流质没有重量，渗透于整个空间和一切物质实体。如果物体内的电流质密度同外面一样，那么这个物体的电特性呈中性；如果电流质过多，那么物体带正电；如果电流质过少，那么物体就带负电。富兰克林还猜想空间中的电流质和光以太是同样的东西。可以说，富兰克林的电流质说增加了与观测型经验问子相符的理论型经验问子的异质经验范围的数目，较以前单独的天空闪电或单独的地下电花的理论获得了较大的经验统一性。

到 19 世纪，人们更加注意电现象和磁现象所代表的两种异质经验范围之间的内在联系。1820 年，丹麦物理学家奥斯特（Hans Christian Ørsted）公布了一项震动物理学界的发现：如果用一根白金丝把伏打电池的两极连起来，并让导线通电，旁边的小磁针就会转动，并在垂直于导线的方向上停下来。如果把

[①] 转引自丹皮尔.科学史及其与哲学和宗教的关系（下册）.李珩译.北京：商务印书馆，1975：289；关于富兰克林的风筝实验，参见 Franklin B. The kite experiment，发表于 The pennsylvania gazette, October 19, 1752; also copy: The Royal Society. II. Printed in Joseph Priestley, The History and Present State of Electricity, with Original Experiments. London, 1767: 179–181.

[②] 关于富兰克林的电流质说及其评论，参见 Cohen I B. Benjamin Franklin's Science. Cambridge: Harvard University Press, 1990.

伏打电池转动 180°，磁针也会随之转动 180°。这一发现表明了电流具有磁效应。[①]1831 年，英国电学家与化学家迈克尔·法拉第（Michael Faraday）发现，当一个金属线圈中的电流强弱发生变化时，能在一个邻近的线圈中感应出一个瞬时电流。如果将通有恒定电流的线圈（或用一个永久磁铁）在第二个线圈附近移动，也会产生同样的效应。这种电磁感应现象证明一个电流可以产生另一个电流，并把机械运动、磁同电流的产生联系起来。1831 年 11 月 24 日，法拉第向皇家学会描述了这次实验：

> 把一根 203 呎长的铜丝缠在一个大木块上，再把一根长 203 呎的同样的铜丝缠绕在前一线圈每转的中间，两线间用绝缘线隔开，不让金属有一点接触。一根螺旋线上连接有一个电流计，另一根螺旋线则连接在一套电池组上，这电池组有 100 对极版，每版四吋见方，而且是用双层铜版制造的，充分地充了电。当电路刚接通时，电流计上发生突然的极微小的效应；当电路忽断的时候，也发生同样的微弱效应。但当伏特电流不断地通过一根螺旋线时，电流计上没有什么表现，而在另一螺旋线上也没有类似感应的效应，虽然整个螺旋线的发热以及碳极上的放电，证明电池组的活动力是很大的。

> 用 120 对极版的电池组来重做这个实验，也未发现有别的效应，但从这两次实验，我们查明了一个事实：当电路忽通时，电流计指针的微小偏转常循一个方向，而当电路忽断时，同样的微小偏转则循另一方向。

> 到现在为止，我用磁石所得的结果，使我相信通过一根导线的电池电流，实际上在另一导线上因感应而产生了同样的电流，但它只出现于一瞬间。它更带有普通莱顿瓶的电震产生的电浪的性质，而不象（像）从伏特电池组而来的电流；所以它能使一根钢针磁化，而很难影响电流计。

> 这个预期的结果竟得到了证明。因为用缠绕在玻璃管上的中空的小螺旋线来代替电流计，又在这个螺旋线里安装一根钢针，再如前把感应线圈和电池组连结起来，在电路未断以前将钢针取出，我们发现它已经磁化了。

> 如先通了电，然后再把一根不曾磁化的钢针安放在小螺旋线内，

---

① 参见 Shamos M H. Great Experiments in Physics. New York: Holt, Rinehart and Winston, 1959.

最后再把电路切断，我们发现钢针的磁化度表面上和以前一样，但是它的两极却与以前相反。[①]

为了解释当时已知的电磁现象，法拉第发展了一种电磁理论[②]。他认为物质无所不在，这是一种像以太那样的连续介质，是传递自然界的各种力的媒介。他设想弥漫全空间的以太是由力的线或力的管子组成的，这些线或管子将相反的电荷或磁极连接。每一条力线相应于一个单位的磁性或一个单位的电荷。许多力线组成一个力管，它联结相反两极或相反电荷，力管在任一点的方向就是磁场或电场在该点的方向。力线从磁极或电荷发出，力管沿力线伸长方向的横截面先是增加，然后缩小。力管横截面的大小是磁场或电场在这个截面上的强度的量度。沿着力管的伸长方向，场强同截面积的乘积是个常数，其大小由组成力管的力线多少决定。力管在伸长的方向上有收缩的趋势，在侧向上有扩张趋势，所以联结异性磁极或电极的力管就有将它们拉在一起的趋势。同性磁极或电极互相排斥是因为它们所发射出来的力管相互排斥，不能连接，这由力管的侧向扩张趋势所致。对于电磁感应问题，法拉第提出在一个导体中所感应出来的电荷量决定于所通过的磁力线数目，所产生的电动势同切割磁力线的速率成正比。

如果把法拉第的电磁学理论 T 与富兰克林的电流质说 T′ 相比，并且将电流质说与观测型经验问子相符的异质经验范围的数量看成 1（电），即

$$U(T'\tau) = N_U(T') = 1$$

则法拉第的电磁学理论与观测型经验问子相符的异质经验范围的数量则为 2（电与磁），即

$$U(T\tau) = N_U(T) = 2$$

如果将电流质说与观测型经验问子相符的异质经验范围的数量看成 2（地上的电和天上的电），即

$$U(T'\tau) = N_U(T') = 2$$

---

① 转引自丹皮尔. 科学史及其与哲学和宗教的关系（下册）. 李珩译. 北京：商务印书馆，1975：308-309.

② 关于法拉第的电磁理论，参见 Tweney R D. Inventing the field: Michael Faraday and the creative "engineering" of electromagnetic field theory//Weber R J, Perkins D N. Inventive Minds: Creativity in Technology. New York: Oxford University Press, 1992.

则法拉第的电磁学理论与观测型经验问子相符的异质经验范围的数量则为 3（地上的电、天上的电和磁），即

$$U(T\tau)=N_U(T)=3$$

由此，我们有

$$N_U(T\tau)>N_U(T'\tau)$$

或

$$U(T\tau)\uparrow\wedge U(T'\tau)\downarrow$$

就是说，与富兰克林的电流质说相比，法拉第的电磁学理论具有更大的经验统一性，也即处于经验统一性协调状态，而电流质说则面临经验统一性冲突。

第十一节　经验确定性

一、定义

假如在 τ 时间，在理论 T 试图推出与某个观测型经验问子相符的理论型经验问子（记为 $T\tau\rightarrow rw$）后，仍有其他 N 个后继理论 $\hat{T}$ 试图推出它，则我们有

$$F(T\tau)=1-N((T\tau\rightarrow rw)\wedge(\hat{T}\rightarrow rw))$$

即 τ 时间的 T 的经验确定性协调力 F 等于 N，N 是后继理论的数目。为简便起见，我们把该公式记为

$$F(T\tau)=1-N_F(T)$$

或

$$F(T\tau)=1-N_F$$

其中 $N_F\geqslant 0$。在 τ 时间的理论 T 和 τ' 时间的理论 T′ 的比较中，如果

$$N_F(T)>N_F(T')$$

则

$$F(T\tau)<F(T'\tau')$$

即 $T\tau$ 的经验确定性协调力小于 $T'\tau'$。或者

$$F(T\tau)\downarrow \wedge F(T'\tau')\uparrow$$

即 $T\tau$ 面临经验确定性冲突，经验确定性协调力下降，$T'\tau'$ 呈现经验确定性协调，经验确定性协调力上升。

二、确定性的意义

在很长一段科学史中，存在一些未解决的问题，这些问题具有不确定性和含糊性。劳丹指出其两方面的表现。

（1）问题所包含的经验结果是否为真还不能得到肯定答复，要给出确定的答案，常常需要相当长的时间。

（2）即使问题所包含的经验结果被完全证明，这个结果属于哪门学科的范围还很不清楚，因而对于应该由哪个理论来尝试解决这个结果或应期望哪个理论来解决这个结果还很不清楚。劳丹认为在评价理论的相对价值时，这类未解决的问题是无足轻重的，重要的仅是那些已解决的问题。[①]

这类未解决问题的认知地位不容忽视。对于上述含糊性的第一个方面，笔者已在经验一致性协调力中进行了分析，并表明一个理论所解决的经验问题中包含的经验问子是否能得到实际印证对于理论来说虽不具有决定意义，但具有重要意义。对于上述含糊性的第二个方面，笔者要说明的有以下两点。

（1）问题所属学科范围不清楚，由哪个理论来解决不清楚并不意味着没有理论试图解决这些问题，否则就不能理解这些未解决的问题会有不再是未解决的问题的时候。

（2）当某个理论试图解决这种未解决的问题时，这种问题会把自身的不确定性传递给理论，从而影响理论的确定性程度。

我们可以对劳丹的例子稍加改变来表明确定性的意义。假定在时间 τ 内，有两个经验问题 p（带电青蛙的腿的抽动问题）和 p'（流星问题）。假定某生物学理论 T 试图解决 p，而天文学理论 T' 试图解决 p'，并且，对于 p 还有一种化学理论和一种电学理论试图解决它，而对于 p'，还有一种高空大气压物理学理

---

① 参见 Laudan L. Progress and Its Problems: Towards a Theory of Scientific Growth. Berkeley: University of California Press, 1977: 18-22.

论试图解决它。根据经验确定性的定义，我们有

$$F(T\tau)=1-N_F(T)=1-2=-1$$

$$F(T'\tau)=1-N_F(T')=1-1=0$$

因此，我们有

$$F(T\tau)<F(T'\tau)$$

即在时间 τ，理论 T 的经验确定性协调力小于理论 T'。这一状态也可以表示为

$$F\tau(T\downarrow\wedge T'\uparrow)$$

即在时间 τ，就经验确定性协调力而言，理论 T 处于下降状态并且理论 T' 处于上升状态。

在 19 世纪 30 年代和 40 年代，某生物学理论 T_1 试图解决布朗运动问题（布朗粒子也许是小的微生物），而与此同时，试图解决这个问题的理论方案至少还有 4 种：化学解决方案；偏振光学解决方案，如布鲁斯特（Brewster）的观点；电传导解决方案，如布龙涅特（Brongniart）的观点；热学解决方案，如迪亚丁（Dujardin）的观点。同样的问题在爱因斯坦（1905 年）、佩兰（Perrin, 1908—1913 年）和斯维德伯格（Svedberg, 1907 年）手中运用分子热运动论（T_2）成功得到解决了，再无人提出其他解决方案了，或者说，其他试图解决这个问题的方案为零。根据经验确定性的定义，设定 τ_1 为 19 世纪 30 年代和 40 年代，我们有

$$F(T_1\tau_1)=1-N_F(T_1)\leqslant 1-4=-3$$

如果设定 τ_2 为 1905—1913 年，我们有

$$F(T_2\tau_2)=1-N_F(T_2)=1-0=1$$

因此，我们可以有公式

$$F(T_1\tau_1)\downarrow\wedge F(T_2\tau_2)\uparrow$$

或

$$F(T_1\tau_1)<F(T_2\tau_2)$$

前者是状态比较，意指就经验确定性而言，T_1 在时间 τ_1 处于下降状态，T_2 在时间 τ_2 处于上升状态；后者是大小比较，意指 T_1 在时间 τ_1 的经验确定性协调力小于理论 T_2 在时间 τ_2 的经验确定性协调力。

据英国《泰晤士报》2004 年 9 月 2 日报道，美国加州大学伯克利分校搜寻

地外文明研究所的科学家已经三次在位于波多黎各的阿瑞西博（Arecibo）射电望远镜发回的数据中发现了同一频率（1420兆赫）的神秘信号。研究发现，这一神秘信号是从距地球约1000光年的双鱼座和白羊座之间的某个地方发出的。信号持续时间很短，三次相加不过一分钟，所以无法确定信号的具体来源。信号穿越的距离是如此遥远，它应该早在1000万年前就已发出了，而当时地球上恐龙已经灭绝，人类还没有进化。有的科学家认为，这是该研究所"搜寻地外文明计划"开展以来最令人振奋的发现，因为这可能是遥远星球上地外生命所发出的联络信号。有的科学家表示，这可能是一个未知天体所发出的电波，比如我们在1967年探测到一个奇特的脉冲无线电信号。后来证明，那不过是来自一颗高速旋转的脉冲星而已。也有科学家猜想，神秘信号可能是射电望远镜发生小故障造成的假象，可能是地球上某个信号干扰的结果，也可能是某个黑客搞的恶作剧或软件本身出了差错造成的。从科学家的上述猜想来看，每一个猜想都因为其他猜想的存在而变得不确定。我们很多人寄予厚望的地外文明是否存在，至少从科学上看，目前是很不确定的。

需要指出的是，为了维护理论的确定性，一个理论有时可能把一个有争议的悬而未决的问题排除出去，例如在布朗运动问题还未得到恰当解决之前，有些人就不把布朗运动看成是值得寻求解答的问题；时至今日，还有不少科学家对地外文明问题态度漠然，甚至嗤之以鼻。这都是一种消极的态度，因为一个导致损害理论经验确定性的问题一旦得到成功解决，则成功解决该问题的理论不仅会获得上升的经验确定性协调力，还会获得上升的经验一致性协调力，从而导致理论综合协调力的增强。正如分子热运动论因为布朗运动问题的成功解决而获得了很强的综合协调力一样，地外文明问题一旦得到科学的解决，地外文明理论的综合协调力也会得到很大的提高。因此，所谓不确定的或含糊的问题在理论相对评价中无足轻重的说法是不能接受的。

三、鼓励理论创新

哲学上和科学上寻求绝对确定知识的努力已经一再被表明是不可能的。任何知识都具有确定和不确定的双重性质。确定和不确定只具有相对的性质。对于科学理论家族中的每个成员，没有谁可以声称达到了终极的确定性。如果认为一个理论可以达到绝对的确定性，那么就要承认科学有个尽头，科学终究不能再发展了。但是，只要人类的认识还在继续，科学的发展就永无止境。无论是唯理论者还是经验论者，寻求知识的确定性的努力都失败了。科学的发展表明，柏拉图的理念、笛卡儿的逻辑戏法和康德的先天综合判断都不能帮助我们建立与自然界确定无误的联系。古典经验论者培根、洛克等试图通过经验归纳达到绝对确定的知识的愿望也由于休谟疑难的提出而落空了。在当代，一些逻辑主义者企图借助形式主义的逻辑方法获得绝对确定知识的做法也极难成功。

虽然没有绝对的确定性，但是，可以追求最大的确定性。我们鼓励理论创新，最直接的原因是，最新的理论总具有最大的确定性，但"最新"是个相对的概念，"最新"之后还有"最新"。从总体上看，越旧的理论越不确定，越新的理论越确定。当然，创新之"新"还不完全是理论生成在时序上的排列问题，还是一个理论标准问题。因为，从某段实践的某些局部协调力来看，新理论不一定是最强的。但是，我们应当使新理论成为综合协调力上最强的。因此，凡提出新理论，就要尽量赋予它具备增强综合协调力的特征，正是那些特征连同确定性标准构成了创新之"新"的本质内涵。

理论创新的根本动力是对理论协调力的追求，其必然的结果是直接导致理论的确定性协调力的提高，寻求理论较强的确定性的契机在于旧理论的综合协调力整体上很弱，或者理论的综合协调力或局部协调力在短期内急剧下降，即出现某种危机。创新可以在不同的层次上进行，在浅层次上，概念的生成和转换就像万花筒里的图案变幻一样在瞬间就会发生；在深层次上，一个在理论协调力中起着重要作用的概念要经过较长时间的敲打和磨炼方能站住脚跟。创新一直贯穿科学发展的过程中，从没有停止过，但重大的创新不仅要等待时机，还要敢于撼动那些早已深入人心的概念，甚至敢于用最怪诞的概念来突破旧理论的藩篱，毫不动摇地满足增强协调力的要求。

理论创新的可能性一方面在于理论是概念的构造，概念是可选择的。创新之"创"是一个方法论问题。没有方法，就没有创新。方法和方法论都处在抽象理论的层次。在具体理论的构造中，抽象理论的指导性运用是不可或缺的。①虽然抽象理论的稳定性较强，一定的抽象理论或抽象理论的组合甚至形成一个

---

① 关于抽象理论和具体理论，参见本书第五章第一节"对理论的重新划分"。

具体理论的家族，但由于抽象理论本身就具有可选择性，具体理论的构造就不可避免地具有更大的可选择性。在创新方法的可选择性的意义上，费耶阿本德的多元方法论是不无道理的。费耶阿本德反对方法，不是反对使用方法，而是反对把方法固定化、普遍化，反对把方法弄成僵死的东西。在理论创新中，科学家可以使用一切观念、一切手段、一切方式，总之，"怎么都行"。[①]可惜的是，费耶阿本德把"怎么都行"看成在人类发展的一切阶段上唯一可以加以维护的原理，陷入了非理性主义和相对主义。

另一方面，科学实践不断向我们提出新的经验问题，新的理论不仅要解决新的经验问题，还尽量不要丢失对旧的经验问题的解决能力。19世纪末，经典物理学形成了以经典力学、电磁场理论和经典统计力学为三大支柱的理论体系，这一体系是如此完整、系统和成熟，以至于乐观的物理学家相信，物理学已经完全掌握了理解自然界的原理和方法，已经发现的物理学定理适合任何情况，永不会改变了，以下的工作无非是把以不能分割的原子为基础的力学理论和以充满连续弹性介质的以太为基础的以太理论结合起来，这一工作将很快完成，以后的物理学除了把物理学常数的测量值朝小数点后移几位再也无事可干了。但是，在19世纪末到20世纪初的一段不太长的时间里，一系列新的实验发现对这种乐观主义气氛形成巨大冲击。1900年4月27日，开尔文勋爵（Lord Kelvin）[②]在英国皇家学会的演讲中黯然承认，在物理学晴朗的上空飘浮着两朵乌云，第一朵乌云是从光的波动理论开始的，涉及地球如何在以太中运动的问题；第二朵乌云是麦克斯韦－玻尔兹曼关于能量均分的理论。如果从经验上表达，第一朵乌云是迈克尔逊－莫雷实验，第二朵乌云是黑体辐射能谱。前者导致狭义相对论的创立，后者则催生了量子力学。物理学晴朗上空的乌云被驱散了，晴朗的上空恢复了晴朗。但是，在今天，在21世纪，情况怎么样呢？李政道[③]提出21世纪物理学晴朗的上空有四朵乌云：①夸克为什么会禁闭？②什么是暗物质？③什么是类星体？类星体的巨大能量从哪里来？④什么是真空？真

---

① Feyerabend P. Against Method: Outline of an Anarchistic Theory of Knowledge. London: New Left Books, 1975: 27-28.

② 开尔文勋爵又名威廉·汤姆森爵士（Sir William Thomson）。有关人物介绍，参见 Gray A. Lord Kelvin: An Account of His Scientific Life and Work. New York: Chelsea Pub.Co., 1973.

③ 关于李政道，参见 Magill F N. The Nobel Prize Winners: Physics. Pasadena: Salem Press, 1989.

空的结构是怎样的？真空是否蕴藏巨大的能量，暴涨宇宙论的真空是什么？为什么暴涨后的宇宙的 Ω 正好等于 1？何祚庥认为，这四朵乌云加上由宇宙背景辐射的高精度观测而发现的"暗能量"，汇聚成今天物理学上空中大大的"一团乌云"。当代物理学仍然需要新的物理实验，仍然需要新的物理观念，仍然需要构造新的物理理论。[①] 人类的经验视野在宏观、微观和宇观的不同层面上不断地拓展和深入，人类对科学理论的构造行动是永远不会停止的。

爱因斯坦在谈到物理学与实在的关系时，实际上就根据概念世界（或理论）与经验世界（或感觉印象世界）的关系表达了对理论创新的看法。他说："科学并不就是一些定律的汇集，也不是许多各不相关的事实的目录。它是人类头脑用其自由发明出来的观念和概念所作的创造。物理理论试图作出一幅实在的图象，并建立起它同广阔的感觉印象世界的联系。我们头脑里的构造究竟能否站得住脚，唯一的是要看我们的理论是否已构成了并用什么方法构成了这样一种联系。""我们希望观察到的事实能从我们的实在概念逻辑地推论出来。要是不相信我们的理论构造能够掌握实在，要是不相信我们世界的内在和谐，那就不可能有科学。这种信念是，并且永远是一切科学创造的根本动力。"[②] 爱因斯坦至少表达了这样几层意思：①经验世界的源头——实在世界——是内在和谐的；②理论创新要自由地发明概念；③理论创新要有方法；④创新的理论本身是内在和谐的；⑤创新的理论要能够解决经验世界的问题。结合爱因斯坦的论述，从协调力的观点出发，我们可以给理论创新作这样一个总结：理论创新是科学实践中诉诸理论形态的一种创造性活动，它是在确定性协调力的直接推动下追求理论的其他局部协调力或综合协调力，并在人类思维中运用一切可以运用的方法去构造概念或概念体系的一种猜想性尝试。

在上述理论创新的定义中，有两层意思需要强调一下。第一，追求经验协调力是理论创新的重要条件，因为它在理论的综合协调力的较量中占有很大的份额；但是，它不是理论创新的必要条件，因为创新基于概念协调力和背景协调力的追求也可以进行。经验主义的理论一元论不仅把理论与经验的一致（所谓"一致性条件"）看成理论创新的必要条件，还要求必须在旧理论被经验事实

① 参见何祚庥. 粒子之小和宇宙之大：宏观、微观和宇观. 清华大学学报（哲学社会科学版），2004，（2）：1-4.
② 爱因斯坦. 爱因斯坦文集. 第 1 卷. 许良英，范岱年编译. 北京：商务印书馆，1976：377-379.

反驳之后才能提出新的理论。因为没有纯客观的中立的事实，这一要求不但不能实现，还大大限制了理论创新的广阔空间。第二，理论创新是科学发展中的发散性思维活动，理论多多益善，但由于理论具有追求协调力的内在要求，在理论竞争中，其收敛性质是不容否定的。费耶阿本德主张理论多元，并提出一个与一致性条件相对立的增生原理，要求发明、完善和保护与公认理论相反或不可通约的理论，哪怕公认理论已经得到很好的确证。从理论创新的发散性一面看，费耶阿本德是对的。但他却把创新的结果看成是由相互不一致的理论的不断增加而形成的杂乱无章的知识的海洋①，这就否认了理论创新的收敛性，否认了在科学中可能形成的意见一致。

第十二节　论可检验性

按照传统的科学哲学观点，一种理论，如果从中推出的结论能够通过经验得到证实或证伪，它就是可检验的。可检验性既可以是原则上的，也可以是事实上的。逻辑经验主义曾把可检验性作为意义标准或划界标准，凡不可检验的陈述，都被看成无意义的、不科学的。石里克代表了这个观点，他说："一个命题的意义，就是证实它的方法。"②"可检验性"最初与"可证实性"意义相同，后来虽然在解释上被卡尔纳普弱化③，但仍然陷入严重的困境。波普尔在逻辑主义的框架中用"可证伪性"代替"可证实性"，其重要的改进是，可证伪性比可证实性多出了对证据的质的考虑，不仅强调先验的可证伪的经验内容的数量，还强调后验的严峻检验，即大胆、新颖、可预测的检验。与逻辑经验主义者一样，波普尔希望用可证伪性解决科学和非科学的严格划界问题，这一理想同样没有达到。可检验性，不论是从可证实性看，还是从可证伪性看，都企图用理论与经验证据的局部关系来统摄和解决科学哲学中的所有问题，目标过于宏大，后来被证明不切实际。

---

① 参见 Feyerabend P. Against Method: Outline of an Anarchistic Theory of Knowledge. London: New Left Books, 1975: 30.

② 石里克.意义和证实 // 洪谦.逻辑经验主义.北京：商务印书馆，1989：39.

③ 卡尔那普.可检验性和意义 // 洪谦.逻辑经验主义.北京：商务印书馆，1989：69-81.

经验协调力并不追求可检验性那样的宏大理想，既想统摄其他经验标准，又想解决划界问题，一劳永逸地将纯粹的科学从人类知识中剥离出来。经验一致性、经验过硬性、经验明晰性、经验和谐性、经验多样性和经验简洁性考察理论的可检验的经验陈述（理论型经验问子）与观测实验证据（观测型经验问子）之间的映照关系。其中，经验一致性侧重理论型经验问子在先，观测型经验问子在后，侧重演绎后的映照；而经验和谐性和经验多样性则侧重观测型经验问子在先，理论型经验问子在后，侧重归纳后的映照。经验一致性比较不同理论的经验陈述与观测实验证据的相符程度，而经验过硬性和经验明晰性比较不同理论的经验陈述与观测实验证据的不符程度。经验简洁性要求从尽量少的解子中尽量多地推出与观测型经验问子相符的理论型经验问子。这里的"相符"和"不符"牵涉科学共同体根据当时的理论和观测条件对合理误差范围的共同确定，当我们在经验一致性、经验过硬性和经验明晰性上比较两个历时性的理论，比如古代的理论 Tτ 和近代的理论 T'τ' 的时候，"相符"和"不符"的标准是不统一的，只能根据 T 在 τ 时和 T' 在 τ' 时各自的标准来进行比较。但是，由于误差标准本身的变化反映着科学的变化，我们必须有一个合理性标准来反映这种情况，这就是经验精确性标准。经验精确性部分地对经验和谐性提出要求，没有经验和谐性所提供的数量关系，精确性就会丢失部分理论来源。经验新奇性、经验统一性和经验确定性从不同侧面反映理论型经验问子与观测型经验问子之间的映照关系。经验新奇性只涉及从理论中推出的得到观测实验验证的新奇经验现象（理论型经验问子）的种类的数量。经验统一性强调与理论相符的经验问子所代表的异质经验范围的数量。经验确定性鼓励理论创新，以新理论代替旧理论。

经验一致性涉及对过去和现在已知现象的解释、说明，也包括对过去、现在和未来现象的预测[①]；经验新奇性仅仅涉及对过去、现在和未来现象的预测。预测包括顺测和逆测，顺测的时间箭头指向未来，测算的事件发生在测算之后，例如根据牛顿力学理论测算哈雷彗星的回归时间；逆测的时间箭头指向过去，测算的事件发生在测算之前，例如根据地质学理论测算什么地点有石油。

具体理论是我们撒向世界之海的渔网，经验一致性要求我们的渔网能捕到

---

① 待解释和说明的现象是自观测实验而来的经验问子；预测的现象是自理论推导而来的经验问子。

更多的鱼；经验过硬性和经验明晰性要求我们的渔网应当能捕到而没有捕到的鱼越少越好，前者的调节范围集中在网线的辅线，后者的调节范围集中在网线的主线；经验精确性要求我们的网眼尽量小，以防漏网之鱼；经验多样性和经验和谐性要求我们因鱼结网，前者要求鱼的种类越多越好，后者要求鱼的活动规律尽量多地量化；经验简洁性要求我们用以最少的网线所结的渔网能捕到最多的鱼；经验新奇性要求我们的渔网能捕到奇异的鱼；经验统一性要求我们的渔网能捕到不同区域的鱼；经验确定性要求我们不断地去结最新的捕鱼之网。每个单一的经验协调力在帮助我们理解和把握世界秩序上都各有千秋，起着不同的重要作用，但是，它们仅仅充当经验协调的单一标准的角色，在复合的理论评价标准的体系中不想，也不可能越俎代庖。

在可检验性的内涵中，理论与经验证据相符就代表经验证据证实了该理论，理论与经验证据不符就代表证伪了该理论。这里，经验证据被看成中立的、客观的或约定为真的。真理和谬误据此泾渭分明，波普尔曾夸大"相符"和"不符"在科学评价中的地位，把一个理论与观察实验结果相符的推断称为"真实内容"，把它与观察实验结果不符的推断称为"虚假内容"。经验一致性只考察在理论比较中理论与经验证据相符的程度，如果理论 T 在与经验证据相符的程度上不如理论 T′，并不说明理论 T 就是谬误，只表明理论 T 的真理性在经验一致性协调力方面比理论 T′ 差些；反之，如果理论 T 在与经验证据相符的程度上超过理论 T′，也并不能说明理论 T 就是真理，只表明理论 T 的真理性在经验一致性协调力方面比理论 T′ 好些。从科学的实际来看，任何理论都处在动态的发展中，协调力状况也在变化之中，协调力的比较结果只有在某个时间点上才是确定的。

经验证据或观测型经验问子是否与事实相符具有现时性和历时性双重性质。科学理论所解释的事物状态或现象在经过若干时段后可能被确定为"虚假"的，但这并不妨碍科学家去从事理论创造活动。劳丹就指出，某些被人们认为是提出了经验问题的假定的事物状态实际上是与事实相反的（counterfactual）。对于科学试图解决的经验问题，它所假定的事物状态不一定是关于自然界的真实陈述，只要这些陈述被某些人认为是（be thought to be）一个实际的事物状态就行。劳丹举例说，早期伦敦皇家学会的成员，由于确信水手们关于海蛇存在的传说，认为海蛇的性质和行为是一个有待解决的经验问题。中世纪的自然哲学家们，如奥雷姆（Oresme），相信热的山羊血能够使钻石分裂是真的，并提出理论去解释这种反事实经验的"偶然事件"。19世纪初的生物学家，坚信自然繁殖的存在，把说明阳光下的肉如何变成蛆，或胃液如何变成绦虫看成是一个经验问题。几个世纪以来，医学理论寻求对放血治愈某些疾病这一"事实"的解释。[①] 这些例子表明科学所要解决的经验问题所包含的事物状态或经验问子，即理论所解释的事件，只是一种被研究者主观上认为是与实际相符的真实的事物状态，如果把这类经验问题排除在科学研究范围之外，我们将无法解释已经发生在科学中的大部分理论创造活动。

当然，经验证据或观测型经验问子并不能随意确定或改变。经验证据或观察结果是科学家或科学家团体在备用理论、备用技术和实践形式下对现象的发现和认可。不同的备用理论、备用技术和实践形式会导致不同的观察结果，共同认可的观察结果应当基于共同的备用理论、备用技术和实践形式，随着备用理论、备用技术和实践形式的发展、变化，人类的观察也必然在发展和变化着。反复地充分利用当下的知识和技术通过各种观测实验增强经验证据的可靠性有助于我们更有信心地构造理论，更加节约时间，因为经验证据的频繁波动或改变将引发科学家不停地修改或构造理论，导致在经验协调力的追求中浪费宝贵的时间。在这里，我们看到，观测型经验问子的取舍必然包括概念因素和背景因素的考量。

正如前述，部分经验协调力涉及两类经验问子的映照关系。理论型经验问子（也是最低层次的经验解子）是否能够或在多大程度上得到观测型经验问子的验证取决于时间、地点、理论、技术、操作和社会环境等诸多因素。因纽特人没有见过沙漠，居住在热带的人也可能没有见过雪，但只要因纽特人从他们的理论中推测出沙漠的存在，只要居住在热带的人从他们的理论中推测出雪的存在，我们就可以认定，沙漠和雪是理论型经验问子。为了验证沙漠和雪的存在，因纽特人和居住在热带的人可能周游世界，结果他们亲眼看到沙漠和雪，这时，他们就获得了观测型经验问子。观测型经验问子既可以来自直接的观测，

---

① 参见 Laudan L. Progress and Its Problems: Towards a Theory of Scientific Growth. Berkeley: University of California Press, 1977: 16.

也可以来自间接的观测。人本身就是一种特殊的在整体上协调一致的观测装置，就其观测能力而言，不一定是最好的，有很多东西是人的感觉器官不能检测出来的。例如，人只能看到特定波长的光波，只能听到特定频率范围内的声音。由人的感官直接感觉到的构成问题的经验现象就是直接的观测型经验问子。有些理论型经验问子可以与直接的观测型经验问子相对照，如风、雨、红、绿、方、圆等。但是，另一些理论型经验问子不能与直接的观测型经验问子相对照，如理论上推测出的细胞、原子、分子、太阳黑子等。这时，我们只能借助人造的观测装置，与我们——人——这个自然的携带心灵的观测装置一起来观测，这样观测到的构成问题的经验现象就是间接的观测型经验问子。例如，近视患者通过眼镜观察到的现象，通过望远镜看到的天象，通过显微镜看到的微生物或晶体结构等，只要它们构成经验问题，都是间接的观测型经验问子。有时候，我们通过间接的观测型经验问子与其他事物一起相互作用而呈现的可直接观测现象来推测某事物的存在，那么这个推测出的事物就是理论型经验问子（它产生新的经验问题），也是初级的经验解子（它是对以前经验问题的解答）。例如，我们通过实验装置中云层的某些气体轨迹（观测型经验问子）来判断微观粒子的存在，或通过高能电子显微镜看到的衍射图案（观测型经验问子）来判断微观粒子的存在。我们可以通过多样化的间接手段得到观测型经验问子，并据此判断微观粒子的存在，这样的微观粒子就其产生的新的经验问题而言是理论型经验问子，就其解决了旧的经验问题而言是初级的经验解子。

那么，经验问子和经验解子的区分①是不是绝对的呢？是不是间接观察的图像就是观察之底，从而彻底地、严格地划分了经验问子和经验解子呢？不是的。经验问子的表述就是观察语言，经验解子的表述就是理论语言，观察和理论的截然二分已经表明是错误的。经验问子的发现不仅依靠研究者的感觉和判断，也依靠研究者所使用的观测手段和观测仪器。不仅研究者的感觉和判断具有相对性，观测手段和观测仪器也可以不断进步，这些导致经验问子的发现在研究者个体之间具有差异性，在不同仪器的运用结果上也有差异性。受过严格科学训练的研究者所看到的东西与普通大众看到的东西可能很不相同，随着新的科

---

① "经验问子"和"经验解子"是问题学视角的协调论科学哲学术语，"观察词汇（或术语）"和"理论词汇（或术语）"是语言学视角的逻辑主义科学哲学术语。在正统逻辑主义者看来，观察语言与理论语言是严格区分、永恒不变的。

学仪器的发明，随着仪器的精密性的提高，人们可能发现更多的新"事实"，以前被看作经验解子的"事实"可能转化为经验问子，从而产生新的经验问题。研究者在一定时段、一定条件下的判断是否正确并没有确定的答案，我们只能根据理论的综合协调力状况来确定我们对经验问子（如实验装置中云层的某些气体轨迹）和经验解子（如微观粒子）的相信程度。

因此，人的观测，不论是直接的还是间接的，都是既用器官又用心灵。在观测当中有实践、技术和心理等方面的因素，即背景因素，也有理论的或概念的因素。这样，经验、概念、背景三者之间的动态协调关系构成科学发展的主旋律和科学评价的完整基础。

第十三节　小　　结

以上讨论的理论经验协调力的十个评估标准可能没有完全概括实际情况的所有方面，但这十个方面肯定是十分重要的，基本上能够反映理论经验协调力的全貌。一个理论的综合经验协调力是该理论各单一经验协调力之和。理论 T 在时间 τ 的经验协调力的计算公式是

$$E(T\tau) = L(T\tau) + M(T\tau) + D(T\tau) + I(T\tau) + A(T\tau) +$$
$$H(T\tau) + V(T\tau) + S(T\tau) + U(T\tau) + F(T\tau)$$

或简化为

$$E(T\tau) = (L + M + D + I + A + H + V + S + U + F)(T\tau)$$

设

$$E_1 = L, \ E_2 = M, \ E_3 = D, \ E_4 = I, \ E_5 = A, \ E_6 = H, \ E_7 = V, \ E_8 = S, \ E_9 = U,$$
$$E_{10} = F$$

则

$$E(T\tau) = \sum_{i=1}^{10} E_i$$

劳丹喜欢谈具体的经验问题并由此涉及理论评价，他通过理论解决经验问题的数量和权重判断理论的重要性。笔者更倾向于立足理论比较并由此牵涉到

经验问题，即理论比较必然牵涉问题元素。在经验协调力的定义中，笔者使用"经验问子"和"经验解子"这样的统一概念，而这样的概念是基于"经验问题"的。在一定时间内理论的经验问子数和经验解子数的统计是必要的，但统计结果本身并不决定理论的权重；决定理论权重的是根据这些统计结果所计算的理论经验协调力的大小。

理论的重要性部分地由理论的经验协调力决定，与理论经验协调力成正比。各单一经验协调力对于理论创新和理论评价具有同样的重要性，不存在单一经验协调力的重要性排序。理论经验协调力可以在理论比较中呈现出来，理论比较可以发生在前后相继的理论之间、相互竞争的理论之间，也可以发生在不同领域的不同理论之间。理论比较不是理论经验内容真或假的直接比较，而是协调力的比较。理论经验协调力的上升意味着理论真理性的增强。当理论面临某个方面的经验冲突时，并不意味着一定要放弃该理论，但可以对该理论表示怀疑。这是因为，有的理论虽然面临某个或某些经验冲突，但在经验协调力的另一个或另一些方面却十分突出，以至于综合协调力在发展中呈上升趋势。另外，一个理论在一定时间被放弃的合法理由是该理论的综合协调力面临着冲突。

第三章

概念冲突与概念协调

在本章中，笔者将首先批判劳丹概念问题的局限性，提出新的概念问题的定义，扩大概念问题的分析空间，从而使得概念问题与经验问题一样在理论比较中发挥不可替代的重要作用。接下来，笔者将定义并阐明概念协调力的十一个评估标准。概念协调力的定义方法与经验协调力一致，仍然以"问子"和"解子"为基本概念，明确概念协调力标准的算法，通过理论与理论之间的不对称性比较来凸显理论概念协调力的高低、优劣。我们说，概念协调力较弱的理论处于概念冲突状态，概念协调力较强的理论处于概念协调状态。

第一节　概念问题的分析空间

我们已经讨论了经验问题以及科学理论解决经验问题所体现的协调力——经验协调力，那么，有没有相应的概念问题以及科学理论解决概念问题所体现的协调力——概念协调力？概念问题与经验问题虽然有着根本的不同，但两者之间似乎应当存在一种同构关系。经验问题和概念问题都是带问号的问题，经验问题的发问对象是自然界，概念问题的发问对象在思维领域；科学理论既要解决经验问题，也要解决概念问题；科学理论既具有解决经验问题的能力——

经验协调力，也具有解决概念问题的能力——概念协调力；经验协调力和概念协调力都同时表达冲突和协调的两个方面。但是，自逻辑实证主义以来，科学理论中的概念问题并没有引起哲学家们充分的关注和积极的讨论。

劳丹是对概念问题①进行过充分研究的科学哲学家。通过对科学史的考察，劳丹发现科学家之间的争论集中于非经验问题的同集中于经验问题的一样多。他把这一类非经验的问题称为概念问题。例如，牛顿宣布他的"自然体系"时，几乎所有的人对这一体系解决许多重要经验问题的能力十分赞赏，使许多与牛顿同时代的人［包括洛克、贝克莱、惠更斯和莱布尼茨（Leibniz）］感到疑惑的是牛顿体系的基本假定中几个概念上的模糊和混乱之处。什么是绝对空间？为什么物理学非要绝对空间不可？如何想象超距作用？什么是新能量的来源？牛顿理论如何与创造自然界的万能的上帝一致起来？劳丹指出，所有这些问题都不是针对经验问题的。②劳丹批评了经验主义的科学哲学和温和的经验主义者的方法论。他认为，这些哲学和方法论都认为科学中的理论选择应该完全受经验考虑的支配，根本不愿探究科学中的概念问题，因而太贫乏，不能解释或重建许多实际的科学活动，在解释那些竞争理论的历史境况时尤其表现出不可克服的局限性。

基于上述批评，劳丹对概念问题的性质、来源和评价方法进行了开创性的考察。但是，劳丹的考察并不充分，他专注于概念冲突的方面，忽视了概念协调的方面。劳丹把概念问题分为以下两类。

（1）当理论 T 表现出某些内在的不一致，或当理论 T 的基本分析范畴模糊不清时，产生内在概念问题。

（2）当理论 T 与另一理论 T′相冲突，而 T 的拥护者认为 T′理由充足时，产生外在概念问题。

在分析内在概念问题时，劳丹指出两种情形：①理论在逻辑上不一致或自相矛盾；②理论内部出现概念模糊性或循环论证。

这就是说，劳丹把理论内部的逻辑不一致性、概念模糊性或循环论证看作

---

① 劳丹关于概念问题的论述，参见 Laudan L. Progress and Its Problems: Towards a Theory of Scientific Growth. Berkeley: University of California Press, 1977: 45-69.

② 参见 Laudan L. Progress and Its Problems: Towards a Theory of Scientific Growth. Berkeley: University of California Press, 1977: 46. 奇怪的是，劳丹在这里列举的概念问题似乎与他阐述的概念问题的定义和分类不相适应，这些问题既不能归入内在概念问题，也不能归入外在概念问题。

内在概念问题。这些问题都是冲突性的消极问题。

外在概念问题，在劳丹看来，是理论与理论之间的冲突（conflict）或张力（tension）。"冲突"意味着什么？"张力"相当于什么？劳丹回答："'张力'最容易的定义形式（虽绝非最通常的形式）是逻辑上的不一致（inconsistency）或不兼容（incompatibility）。"[①]如果这种回答不能使我们满意，或许，我们还可以从劳丹对理论之间的各种认知关系的分类中看出一二。劳丹区分了五类认知关系：①推导（entailment）——一个理论 T 推导出另一理论 T'。②增强（reinforcement）——T 为（部分）T' 提供一个"基本原理"。③兼容（compatibility）——T 推导不出任何关于 T' 的事。④不可靠（implausibility）——T 推导出（部分）T' 是不可靠的。⑤不一致——T 推导出（部分）T' 的否定。

劳丹认为这五种关系中，唯有①没有提出概念问题，从②到⑤都提出了概念问题，而且对认知构成了威胁或不利。难怪劳丹认为"冲突"或"张力"最容易的定义形式是逻辑上的不一致或不兼容。劳丹倾向于把概念问题看成冲突问题，即当理论之间的认知关系对认知构成威胁时就出现概念问题。所以像①这样的认知关系被劳丹排除在概念问题之外是很自然的。顺便指出，②与③④⑤具有不同的性质，增强关系不应被视为对认知构成威胁，它与推导关系一样是理论间相互支持的表现。

对概念问题的界定应该与经验问题一样具有更大的包容性或涵盖性。当我们对理论的解子或解子之间的关系提问时，自然就产生概念问题。对于这些解子，我们可能会问"是什么？""怎么样？""为什么？""是否如此？"等问题。当我们这样问时，我们可能是为解子的不合理性寻找理由，或为解子的存在寻求合理的解释。例如，当我们问"开普勒定律的动力学原因是什么？"时，我们是在为开普勒定律寻求一个合理的解释，这显然不是提出一个经验问题，而是提出一个概念问题。当我们问"什么是绝对时间？什么是绝对空间？"时，还不能断定是否要排斥这两个概念，我们仅仅是想寻求对这两个概念的理解，这当然也提出了概念问题。不一定非得在发生概念框架之间的对称性冲突时才出现概念问题。劳丹在概念问题的具体分析中把诸如①这样的协调性关系排除在产生概念问题的情况之外，无疑限制了对概念问题的分析空间。

---

① 参见 Laudan L. Progress and Its Problems: Towards a Theory of Scientific Growth. Berkeley: University of California Press, 1977: 51.

　　劳丹对概念问题的分析空间的限制很容易遭到这样的批评，即概念进步与问题无关。卡勒顿（Carleton）认为劳丹看不到概念革新（包括方法论）的绝对有用性，从而忽视了概念进步并不起源于公认的问题这一事实。哥白尼革命在概念上是简单的、进步的，但实际上，在当时，它在解决问题的有效性上不能提出任何改进，还产生了许多需要解决的外在概念问题，特别是与流行的世界观相冲突。①图尔明认为，把基因与DNA等同的生物学革新是在缺少任何生物学发展的"危机"的情况下进行的——不是为了消除难以忍受的"张力"或利用"革命境况"，而是旨在把物理学和生物学带入更紧密的关系中——专心建立方法论的那些人并不怀有这种希望。②劳丹把概念问题的界定局限在概念冲突方面，而涉及概念协调的方面就被排除在概念问题之外。由此必然造成的误解就是概念协调所导致的进步与问题无关。从理论比较的不对称性的关系上看，概念简单性或概念简洁性的进步是哥白尼理论相对于托勒密理论的概念进步，是概念协调力上升的一个方面。概念简单性代表着一种解题方式或力度，是与问题有关的。至于简单性引起的其他概念问题，比如概念的对称性冲突，那是另外一回事。理论是一个整体，牵一发而动全身的事是不可避免的，关键是"牵一发"是否导致"全身"的进化或进步，就是说，理论单一协调力或局部协调力的增强是否引起理论综合协调力的增强。人们最终接受哥白尼日心说并不在于它的简洁性，而是在于由简洁性引起的对综合协调力的追求和实现。生物学革新即便不是由消除对称性的"张力"或利用"革命境况"引起的，也不能排除它与问题的相关性，因为从方法论上把物理学和生物学密切联系起来对两门学科内的理论协调力或解题效力的共同提高都是有好处的。

　　生物学哲学家迈尔（Mayr）特别强调概念的改进对于生物学的重要性。他认为，在生物学中，与新事实的发现相比，概念的发现和改进常常具有同等的，甚至更重要的意义；概念改进的方法包括：消除无效的理论和概念、消除不一致和矛盾、从其他领域引入、消除语义混乱、对立概念的折中融合等。一个具

---

①　参见 Carleton L R. Problems, methodology, and outlaw science. Philosophy of the Social Sciences, 1982, 12(2): 143-151.

②　参见 Toulmin S E. Human Understanding: The Collective Use and Evolution of Concepts. Princeton: Princeton University Press, 1972: 236.

体的概念发现可能比一个具体的事实发现更重要。①从这一点上看，迈尔是对的；但一般要证明概念发现与事实发现哪个更重要是不可能的。从概念改进的方法来看，迈尔既注意到概念的对称性的冲突关系，如消除不一致和矛盾，也注意到对称性的协调关系，如对立概念的折中融合等，其认知关系的表达从总体上看较为全面。但是，概念的改进并不是目的，通过概念的改进从不对称性的方面提高理论的协调力才是我们的目的。迈尔的"概念"具有特殊内涵，是一个狭窄的概念，它不包括规律或定律，只表示概念框架。它看上去具有更大的灵活性和启发性，其实也限制了概念问题的分析空间。概念的灵活性和启发性从理论创新的角度看是好的，但具有灵活性和启发性的该概念本身在解释或说明具体问题时不可能是严谨的。过分强调生物学中的"概念"，而忽视规律或定律，就会削弱理论的解释力或协调力。成熟的"概念"必然意味着围绕该概念展开的一个或一组规律具有较强的协调力或解题效力，这里的"展开"不仅表现为该"概念"内涵的完整表达，也表现为该"概念"与其他"概念"的联合。"自然选择"能解释许多现象，具有一定的经验协调力，但"自然选择"与"进化""共同由来""地理特化""隔离"等概念的联合则具有更强的协调力。

具体理论是科学理论的典范，因为具体理论具有较强的经验协调力、概念协调力和背景协调力，特别是，具体理论具有很强的综合经验协调力。抽象理论则不然。抽象理论，如超理论和工作理论，具有概念协调力和部分背景协调力，但在综合经验协调力方面很弱。抽象理论也可以有理论型经验问子，并与观察结果相对照，而经验协调力方面突出表现为理论的超常普遍性，但它在理论的其他协调力，如经验新奇性、经验精确性、经验和谐性等方面都是极弱的，是趋向于零的。例如，哲学判断"一切都是有死的"表现为抽象理论，根据该抽象理论，我们可以推断某个动物是有死的，可以推断某个植物是有死的，也可以推断某个天体是有死的，但是，我们不能推断某个具体有死对象精确的消亡时间和地点，也不能据此作出新奇的推断。与经验协调力主要针对具体理论不同，以下谈论的概念协调力既可针对具体理论，也可针对抽象理论。抽象理论的科学性直接源自它的概念协调力和部分背景协调力，间接源自它的例示的

① 参见 Mayr E. Karl Jordan's contribution to current concepts in systematics and evolution. Ecological Entomology, 1955, 107(1): 45-66; Mayr E. Toward a New Philosophy of Biology: Observations of an Evolutionist. Cambridge: Harvard University Press, 1988.

具体理论的协调力。当然，抽象理论也具有科学性，这种科学性包括它的间接的经验协调力，也包括它的概念协调力。在讨论具体理论的经验协调力时，抽象理论是作为隐性解子存在的，即抽象理论的解子在计算经验协调力时是不加考虑的。在计算概念协调力时，如果计算的对象是具体理论，抽象理论仍然作为隐性解子存在，不在统计之列；如果计算的对象是抽象理论，其解子当然是显性的。

第二节　概念新奇性

一、定义

假如在 τ 时间，理论 T 的解子 j 导出 N 种新奇（记为 @）解子（"新奇解子"记为 $j_@$），则我们有

$$1(T\tau) = N(j(T\tau) \to j_@)$$

即 τ 时间的 T 的概念新奇性协调力 1 等于 N，N 是作为结论的新奇解子的数量。这里作为推导前提的解子的数量与概念新奇性的计算无关，概念新奇性是由作为推导结果的新奇解子的数量显明的。为简便起见，我们把该公式记为

$$1(T\tau) = N_1(T)$$

或

$$1(T\tau) = N_1$$

其中，$N_1 \geqslant 0$。在 τ 时间的理论 T 和 τ' 时间的理论 T′ 的比较中，如果

$$N_1(T) < N_1(T')$$

则

$$1(T\tau) < 1(T'\tau')$$

即，T 的概念新奇性协调力小于 T′。或者

$$1(T\tau) \downarrow \wedge 1(T'\tau') \uparrow$$

即 T 与 T′ 相比，T 面临概念新奇性冲突，T′ 呈现概念新奇性协调，或者说，T

的概念新奇性协调力下降，且 T′ 的概念新奇性协调力上升。

在时间 τ，一个理论 T 的经验新奇性协调力和概念新奇性协调力存在这样的关系：

$$L(T\tau) \leqslant l(T\tau)$$

即在时间 τ，T 的经验协调力总是不大于其概念协调力。这是因为

$$N_L(T\tau) \leqslant N_l(T\tau)$$

即 T 在时间 τ 得到验证的新奇解子的数量不超过其推测的新奇解子的数量。

二、新奇性与证伪主义

概念新奇性与经验新奇性所涉及的"新奇"的含义是相同的，其不同之处在于：概念新奇性中所讲的新奇解子，包括理论型经验问子，仍然停留在概念的层面，它只是理论上的推测，不涉及与观测结果是否相一致的问题。例如，1803 年，英国一教会学校的化学教师约翰·道尔顿（John Dalton）发表《化学原子论》，其认为物质是单一的、独立的、不可分割的，是由具有一定质量的原子构成的；元素是由同一种类的原子构成的；化合物是由原子结合的"复杂原子"构成的；原子是化学作用的最小单位，在化学变化中不会改变其性质。[①] 这时的"原子"只是理论推测，不是观察结果。经验新奇性定义中所讲的理论型经验问子已经与观测型经验问子相对照，是与观测型经验问子相符的那部分理论型经验问子。1962 年，科学家用电子显微镜观察衣藻、玉米等植物叶绿体的超薄切片，在叶绿体的基质中发现长度为 20.05 纳米的细纤维。用 DNA 酶处理，这种叶绿体就消失。科学家判断，这种细纤维就是叶绿体 DNA。[②] 这里，"叶绿体 DNA"就是与观测型经验问子"细纤维"相符的理论型经验问子。因此，要完成理论的经验新奇性的计算，其先决条件是理论已经具备概念新奇性。

理论型经验问子是推测经验事实的解子，是最接近经验的解子，概念上协调的理论是否在经验上也协调取决于理论型经验问子与观测型经验问子的比较。所以，在概念新奇性的定义中，解子也包括理论型经验问子。理论型经验问子

---

① 参见 Greenaway F. John Dalton and the Atom. Ithaca, New York: Cornell University Press, 1966.

② 关于叶绿体 DNA 的发现，参见潘登，高宏波. 叶绿体 DNA 的发现历程. 生物学通报，2012，47（7）：53-55.

是连接经验与概念的通道。如果从理论中推不出理论型经验问子，理论就不能与经验发生对照关系，就无法检验。

对于证伪主义的合理性标准，不论是波普尔的证伪主义还是拉卡托斯的证伪主义在很大程度上都牵涉新奇性概念。从波普尔到拉卡托斯，就对理论概念的分析和历史感而言是一种进步。从对单个具体理论的分析到理论系列或研究纲领的分析使得具体理论得到更好的保护，不会因为所谓的判决性实验而被一次性淘汰，这就为理论争得了成长的时间。这更加符合科学理论的发展规律和科学实际的发展历程。就此而论，说波普尔的证伪主义是朴素的证伪主义，说拉卡托斯的证伪主义是精致的证伪主义并不过分。但是，从问题的另一方面来看，即从理论评估的标准来看，拉卡托斯忽视了波普尔后期对合理评估标准的某种发展，其评估标准比波普尔标准更为贫乏。

波普尔以可证伪度概念为基础提出的先验评价和后验评价已经含有概念和经验的划分。先验评价要求一个理论的可证伪性程度越高越好，即一个理论的经验内容越多越好，这是对理论的概念上的要求；后验评价要求一个理论受到的检验越"严峻"（大胆、新颖、可预测的检验）越好，即经验证据对理论的支持越强越好，这是对理论的经验方面的要求。由此产生的合理选择的两个标准，即先验标准和后验标准也就含有概念和经验的区分。先验标准要求选择那些对广大范围的现象作出准确断言的理论，即那些较容易被证伪的理论，这类似于对理论的概念新奇性和概念一致性的要求；后验标准要求选择那些经受住了更严峻检验的理论，即那些作出惊人预测并得到实验检验确证的理论，这类似于对理论的经验新奇性的要求。在波普尔那里，先验标准只是要求提高理论的可证伪度，不决定理论是否确实被证伪；而后验标准则不同，理论一旦被证伪就要被淘汰。但是，在协调力模式看来，概念新奇性和经验新奇性都是不完全决定的，理论单一协调力的下降并不会立即导致该理论被淘汰。

波普尔后来提出的逼真性标准比先验标准和后验标准更为具体和丰富。"逼真"由"经验内容"和"可检验性"来说明。经验内容的比较体现了逼真度。他列举了六个子标准：

（1）t_2作出了比t_1更精确的论断，并且这些更精确的论断经受住了更精确的检验。

（2）t_2 比 t_1 说明和解释了更多的事实。

（3）t_2 比 t_1 更详细地描述或解释了这些事实。

（4）t_2 通过了 t_1 未通过的检验。

（5）t_2 提出了 t_1 未曾提出的也不适合 t_1 的新的实验检验，并且 t_2 通过了这些检验。

（6）t_2 把以前各种不相干的问题统一或联结起来。[①]

其中，（1）和（3）类似经验精确性标准，（2）和（5）类似经验一致性标准，（4）类似经验过硬性或经验明晰性标准，（6）类似经验统一性标准。但是，这些子标准并没有得到阐明，也不能完全决定理论的取舍，所以，波普尔又提出"可检验性"的三个条件，即简单性、独立性和严峻性。[②]其中后两个条件涉及新奇性。简单性要求将迄今不相联系的事物（如行星和苹果）或事实（如惯性质量和引力质量）或新的"理论实体"（如场和粒子）简单地、新颖地、有力地、统一地联系起来。对于这里的"简单""新颖""有力""统一"是什么意思，我们并不清楚。独立性和严峻性牵涉新奇性。独立性要求新理论是独立可检验的，除了解释本应解释的事实，还要有新的可检验的推断；它一定要导致对迄今尚未被观察过的现象的预测。"解释本应解释的事实"是经验层面上的；"有新的可检验的推断""导致对迄今尚未被观察过的现象的预测"是概念层面上的，并涉及概念新奇性。严峻性要求新理论通过一些新的严峻的检验，类似对理论的经验新奇性的要求。

波普尔把简单性和独立性归结为"形式的要求"，这通过对新旧理论的逻辑分析就可以得到满足。波普尔把严峻性归结为"内容的要求"，该条件是否被满足，只有在经验上进行检验才能知道。所以，波普尔把简单性和独立性看成概念层面上的，而把严峻性看成经验层面上的。波普尔的证伪标准有自身的局限性，因此要不断找出新标准来弥补其局限性。新标准的发现意味着合理性理论的进步，特别是逼真性标准赋予理论更大的弹性和潜力。但是，新标准不可能围绕"证伪"的硬核而起保护的作用，因为新标准充满"证实"的因素，而且

---

① 参见 Popper K R. Conjectures and Refutations: The Growth of Scientific Knowledge. London: Routledge & Kegan Paul, 1963: 232.

② 参见 Popper K R. Conjectures and Refutations: The Growth of Scientific Knowledge. London: Routledge & Kegan Paul, 1963: 241-242.

不能用一个单一标准解释另一个单一标准。

波普尔的证伪主义把一个理论能够被解释为实验上是可证伪的作为"可接受的"或"科学的"标准，拉卡托斯的证伪主义把一个理论导致新事实的发现看成"可接受的"或"科学的"标准。这里，"导致新事实的发现"讲的是新奇性标准。拉卡托斯也从概念和经验两个层面上谈论"可接受性"[①]，他把可接受性分为先验可接受性和经验可接受性两种。先验可接受性指新理论具有超量的经验内容，即导致新事实的发现，它可由先验的逻辑分析给以检验；经验可接受性指某些超量的经验内容得到证实，这只能在经验上给以检验，而且在时间上难以确定。所以，先验可接受性是概念上的可接受性，经验可接受性是经验上的可接受性。

拉卡托斯还发展了波普尔的证伪规则或淘汰规则。在波普尔那里，一个理论是被一条同它冲突的"观察陈述"证伪的，但拉卡托斯更注重理论之间的比较，在他那里，一个科学理论 T 被证伪，当且仅当另一科学理论 T′ 已被提出，并且具有三个特点。其一，T′ 预测了新颖的事实，即 T 推测不出的，甚至禁止的事实。其二，在观察误差允许的范围内，T 的一切未被反驳的内容都包括在 T′的内容之中。其三，有些 T′ 的超量的经验内容得到确证。[②]

第一点实际上提出概念新奇性标准，按照这个标准，假如 $N_L(T) < N_L(T')$ ，我们有

$$1(T\tau) < 1(T'\tau)$$

即 $T\tau$ 的概念新奇性协调力小于 $T'\tau$。

第二点实际上提出概念一致性标准，据此，我们有

① 应当注意，"理论的可接受性"与"理论的接受"是不同的，前者指接受一个理论应遵循的标准，后者指对理论的认知态度。我们对理论的认知态度一般包括追求、不追求，而不追求又包括接受、不接受。对这样的概念，如果从认知角度理解，追求一个理论就是相信该理论真假不定，可能真，也可能假；接受一个理论就是相信该理论为真；不接受一个理论就是相信该理论为假。如果从背景角度理解，追求一个理论就是暂时不能把该理论作为研究其他理论的基础，要继续对理论本身进行研究；接受一个理论就是把该理论作为研究其他理论的毋庸置疑的基础；不接受一个理论就是拒绝把该理论作为研究其他理论的基础。从协调论的角度看，对一个理论的认知态度取决于该理论在理论比较中的单一协调力和综合协调力状况，理论的单一协调力强导致对理论的追求，而理论的综合协调力强导致对理论的接受。

② 关于拉卡托斯科学性、可接受性、证伪规则、淘汰规则等概念，参见 Lakatos I. Falsification and the methodology of scientific research programmes//Lakatos I, Musgrave A. Criticism and the Growth of Knowledge. Cambridge: Cambridge University Press, 1970: 116.

$$i(T\tau) < i(T'\tau)$$

即 $T\tau$ 的概念一致性协调力小于 $T'\tau$。

第三点实际上提出经验新奇性概念，假如 $N_L(T) < N_L(T')$ ，我们有

$$L(T\tau) < L(T'\tau)$$

即 $T\tau$ 的经验新奇性协调力小于 $T'\tau$。

第一点、第二点和第三点在假设的条件下共同确保在 τ 时间的理论 T' 相对于 T 在经验一致性方面的优势。因此，我们有

$$(l(T\tau) < l(T'\tau)) \wedge (i(T\tau) < i(T'\tau)) \wedge (L(T\tau) < L(T'\tau)) \rightarrow I(T\tau) < I(T'\tau)$$

理论的经验新奇性强不必然意味着它的经验一致性也强；理论的概念新奇性强不必然意味着它的概念一致性也强。一致性所要求的理论导出的解子数包括新奇解子，但不限于新奇解子。

与对单个具体理论的考察相一致，拉卡托斯从理论系列的角度考察了科学研究纲领。他把科学研究纲领划分为进化的和退化的，进化和退化的标准在于是否导致进步的问题转换。在一个理论系列中，如果一个新理论比其先行理论有着超量的经验内容，即预见了某个新颖的事实，则这个理论系列就是理论上进步的或构成了理论上进步的问题转换；如果这些超量的经验内容中有一些得到确认，即新事实确实被发现了，则这个理论上进步的理论系列就是经验上进步的或构成了经验上进步的问题转换；如果一个问题转换在理论上和经验上都是进步的，它就是进步的，否则就是退化的。[①] 在这里，拉卡托斯提出了研究纲领的新奇性问题。纲领在概念上的新奇性决定其理论上的进退，纲领在经验上的新奇性决定其在经验上的进退，纲领在概念新奇性和经验新奇性两方面的进退导致纲领总体上的进退。拉卡托斯把理论上进步的纲领看成"科学的"并加以"接受"，而把理论上退步的纲领看成"伪科学"并加以"拒斥"。退化的研究纲领只能借助特设性（即不可能独立检验）的假设来维护自身，不能引起新的经验事实，所以概念新奇性为零。进步取决于理论系列引导我们发现新事实的程度，所以，概念新奇性协调力越强的理论越进步。这里，可以看到，拉卡托斯的进步标准严重遗漏了其他选言支。从这样的角度看，拉卡托斯没有从后

---

① 拉卡托斯关于问题转换的论述，参见 Lakatos I. Falsification and the methodology of scientific research programmes//Lakatos I, Musgrave A. Criticism and the Growth of Knowledge. Cambridge: Cambridge University Press, 1970: 116-131.

期波普尔的反省中得到更多的启发，没有将波普尔丰富的子标准发展起来，反而念念不忘"证伪"二字。他的结论是，如果理论系列中的一个理论被另一个更具有认证性的理论所取代，就可以确认该被取代的理论"被证伪了"。科学与非科学的区分是历史的，同一"研究纲领"在进化阶段是科学的，在退化阶段是非科学的。这种设计的优点是注意到不同科学研究纲领之间的理性的比较和更替，也注意到这种比较的时间因素。但是，把科学限定为依据一定的科学研究纲领进行经验预测的活动，仍然不能解释和指导实际的科学活动，这就像盆景中的小树，永远也长不大，因为它局限在一个狭小的空间中，其根系无法向广大的土地伸展。

第三节　概念过硬性

一、定义

假如在 τ 时间，理论 T 的核心解子 $j_\odot$ 和变化（"变化"指被修改、删除、增加或提出新的解子，记为 $\triangle$）后的外围解子 $j_\bigcirc$ 共同导出了 N 种相反解子（用 $j_\otimes$ 表示），则我们有

$$m(T\tau) = 1 - N(j_\odot \wedge_\triangle j_\bigcirc) \to j_\otimes)$$

即 τ 时间的 T 的概念过硬性协调力 m 等于 N，N 是理论通过修改外围解子并与核心解子共同导出的相反解子数。

为简便起见，我们把该公式记为

$$m(T\tau) = 1 - N_m(T)$$

或

$$m(T\tau) = 1 - N_m$$

其中，$N_m(T) \geqslant 0$。在 τ 时间的理论 T 和 τ' 时间的理论 T' 的比较中，如果

$$N_m(T) > N_m(T')$$

则

$$m(T\tau) < m(T'\tau')$$

即 T 的概念过硬性协调力小于 T′。或者

$$m(T\tau)\downarrow \wedge m(T'\tau')\uparrow$$

即 Tτ 面临概念过硬性冲突，概念过硬性协调力下降，T′τ′呈现概念过硬性协调，概念过硬性协调力上升。

二、相反解子与理论评价

在理论概念协调力的比较评价中，相反解子的出现及其出现的次数具有特别重要的意义。相反解子指构成逻辑上的反对关系或矛盾关系的概念或判断。相反解子总是成双成对出现，构成一个个"相反解子对"。相反解子数目一般指"相反解子对"的数目。具有反对关系的概念或判断在逻辑上不能同真，但可以同假，例如，在"黑"与"白"之间，在"所有 S 是 P"和"所有 S 不是 P"之间，在"有 S 是 P"和"有 S 不是 P"之间，就具有反对关系。具有矛盾关系的概念或判断在逻辑上不能同真，也不能同假，例如，在"黑"与"非黑"之间，在"所有 S 是 P"和"有 S 不是 P"之间，在"所有 S 不是 P"和"有 S 是P"之间就具有矛盾关系。理论比较评价的范围不一定局限在具体理论之间、抽象理论之间、具体理论与抽象理论之间、复合理论与集合理论之间，总之，在各种各样的理论[1]之间都存在着可以进行协调力比较的关系。所以，相反解子有可能出现在具体理论之间，也有可能出现在抽象理论之间、具体理论与抽象理论之间、复合理论与集合理论之间。总之，在各种各样的理论之间都可能出现相反解子。在概念过硬性的定义之中，相反解子中的矛盾解子和反对解子对于理论评价来说是一视同仁的。有的人可能认为，矛盾解子的出现对于理论的破坏力应当比反对解子的出现更严重。是的，概念过硬性定义是一个总括性定义，对于两个在概念过硬性方面等同的理论而言，我们可以进行二级比较，即比较这两个理论的矛盾解子数和反对解子数，矛盾解子数多的理论处于更加不利的状态。

劳丹探讨了理论在逻辑上的模糊、不一致或自相矛盾，并把出现这种情况

---

① 关于理论的划分，参见本书第五章第一节。

看成产生概念问题的方式。他区分了内在概念问题和外在概念问题。内在概念问题是由理论内部的逻辑不一致或理论内部机制的含糊不清造成的。这里的"理论内部"实际上指"具体理论内部"。外在概念问题主要由下述情况产生：①来自同一领域或不同领域的两个理论之间不一致；②理论与某个公认的方法论之间不一致；③理论与流行的世界观之间不一致。总之，理论一旦与外部的哲学信念、形而上学、逻辑、伦理道德观、宗教神学、社会意识形态等之间产生不一致、不协调，就会出现概念问题。①在协调力模式看来，对于具体的科学理论而言，哲学信念、形而上学、逻辑、伦理道德观、宗教神学、社会意识形态等都可以归结为抽象理论。所以，在这三种情况中，①中的"不一致"或矛盾实指出现在具体理论之间，②和③中的"不一致"或矛盾实指出现在具体理论与抽象理论之间。

劳丹所构筑的理论比较中的理论类型还可以继续扩大。例如，协调力模式的"理论"概念可以代表单一理论，它表现为一个判断或一个命题。具体理论内部出现相反解子可以被看成在具体理论内部的单一理论之间进行评估的因素，这对相反解子的任意一方来说都是单一理论。在具体理论内部的单一理论之间可以进行比较和评价。这意味着理论内部的评价视野可以转化为理论外部的评价视野。协调力模式的"理论"概念可以代表集合理论，即任何数目的理论，不论来自哪个研究领域，都可以组成一个集合理论，以便于解决某个或某些特定的问题，因而我们可以对不同的集合理论进行比较，比如在物理学集合理论与生物学集合理论之间进行比较，因为在物理学集合理论内部存在微粒说与波动说、热质说与热动说之间的矛盾关系，而在生物学集合理论内部则存在特创论与自生论、预成论与卵原论、摩尔根学说与米丘林学说之间的矛盾关系。这意味着理论外部的评价视野可以转化为理论内部的评价视野。

就集合理论而言，我们鼓励在集合理论内部出现越来越多的相反理论，这与费耶阿本德的理论多元论和多元方法论或理论增生原理是一致的，但同时，我们又希望集合理论内部的相反解子越少越好，以满足概念过硬性和概念简洁性要求，这岂不是矛盾吗？这里需要一种辩证理解。增加集合理论内部的相反理论是一种策略，而不是目的，集合理论的最根本目标与其他理论一样都是追

---

① 参见 Laudan L. Progress and Its Problems: Towards a Theory of Scientific Growth. Berkeley: University of California Press, 1977: 49-54.

求理论综合协调力的增长，其中包括追求理论的概念过硬性和概念简洁性协调力。因为理论始终处在发展中，在不同的相反理论中，我们事先根本不知道哪一个理论最有前途，即最终（这里的"最终"也是相对的）在综合协调力上超过其他对手，在众多的相反理论中脱颖而出，所以只能尽量增加可选择的理论的数量，使得竞争产生规模，有一个大的"市场"。但是，竞争的根本目标是追求协调力，所以每个理论都会想方设法地发展自身，而我们也应当给它们机会，这与费耶阿本德的韧性原理是相通的。

众多的相反理论相互竞争的结果，很有可能在某个时点或时段形成一个理论在综合协调力上显著增强的局面，给人一种一统天下的错觉。库恩承认常规科学是一种暂时的存在，但库恩所设想的常规科学一统天下的局面只不过是乌托邦式的幻想。如果有"常规科学"的话，它只能是暂时的局部的存在。如果我们以外在的强力维持某种理论的垄断，实际上是在断送科学，应当维持和鼓励无数理论的竞争状态，应当在赞美强大理论的同时保护弱小的理论。其实，强大的理论要靠弱小的理论来映衬和成长，强大的理论好比河中的大鱼，弱小的理论好比河中的小鱼，大鱼是靠吃掉并消化这些小鱼成长的，但是，如果大鱼不让小鱼繁衍增生并且吃尽河中的小鱼，那么大鱼的死期就到了。更何况大鱼出自小鱼，由小鱼成长而来，某些小鱼可能迅速成长，向大鱼提出挑战。

从纯逻辑的观点看，要消化或减少理论中具有反对关系的相反解子，在相互反对的两种解子之外提出第三种解子是一种可行的策略。具有反对关系的相反解子在逻辑上不能同时是真的，但可能同时是假的，所以提出第三种理论具有逻辑上的合法性。这就是说，在增强理论的概念过硬性或概念明晰性的过程中，存在着一种由逻辑主导的理论增生。当然，理论增生的理由不仅仅是逻辑上的，正如费耶阿本德的反归纳法所倡导的，提出一个与现行理论完全不同的异见理论是合理的。但是，应当指出，不断提出异见理论本身只是发展科学的策略，不是科学的根本目标。

如前所述，劳丹的"概念问题"实际上指"概念冲突""不一致关系的出现"，相当于相反解子的出现。理论的概念过硬性协调力或概念明晰性协调力的增强都要求尽量减少相反解子出现的次数，这与劳丹的进步模式要求尽量减少概念问题出现的次数是一致的。相反解子的出现次数对于理论评价有着特殊的影响。假定有一集合理论或复合理论 A，A 内出现两个相反的理论，即形成一对相反解子——理论 T_1 和理论 T_2，这时，这对相反解子不能影响对 T_1 和 T_2 的评价，因为它们在这对理论之间形成对称性的关系：这对相反解子同时对 T_1 和 T_2 不利。劳丹注意到这种对称性，在阐述"科学内部的困难"时，指出了不一致关系的对称性及其对理论评价的影响。劳丹强调，如果一个特定的理论与另一公认的理论不一致，那么对于两个理论来说都产生一个概念问题。不一致关系是对称的，并且我们不能忽视这样的事实，即内部科学的概念问题必然对不一致理论的双方都提出了假定性的怀疑。劳丹特别提醒，两个理论之间的逻辑不一致性或非增强关系并不强迫科学家放弃其中一个理论甚或两个理论。[①] 在另外的场合，劳丹又提到，在一个特定科学领域内，我们有两个竞争的（与互补相反的）理论 T_1 和 T_2。如果 T_1 和 T_2 都面临同样的概念问题，那么这些问题对于两个理论来说差不多同样不利，并在理论比较评价时失去意义。[②]

那么，不一致关系的这种对称性是否表明理论之间的概念过硬性和概念明晰性程度的比较是不可能的呢？不是的。劳丹没有否认这种比较的可能性，他说，如果 T_1 产生了 T_2 没有产生的某些概念问题，那么这些问题在评估 T_1 和 T_2 的相对价值时有着十分重要的意义。[③] 这句话是否表明 T_1 内的相反解子多于 T_2 内的相反解子不得而知，但至少表达了这样的意思，即 T_1 内的相反解子的数目与 T_2 内的相反解子的数目可能不一样。这表明，劳丹已经注意到理论之间的某种与对称性不同的关系，以及这种关系对理论评价的重要性。这种关系就是不对称性关系，它无疑是理论比较评价的依托。确立这样的不对称性关系是必要的，当我们比较两个理论的概念过硬性协调力或概念明晰性协调力时，我们就要统计两个理论内部各自的相反解子出现的次数。假定有集合理论或复合理论 A 和 B，A 内包含的相反解子少于 B 内包含的相反解子，那么，在 A 与 B 之间就形成一种不对称性的关系，就可以对 A 与 B 的概念过硬性和概念明晰性进行比较评价。

① 参见 Laudan L. Progress and Its Problems: Towards a Theory of Scientific Growth. Berkeley：University of California Press, 1977: 56.

② 参见 Laudan L. Progress and Its Problems: Towards a Theory of Scientific Growth. Berkeley: University of California Press, 1977: 65.

③ 参见 Laudan L. Progress and Its Problems: Towards a Theory of Scientific Growth. Berkeley: University of California Press, 1977: 65.

三、元素周期表的改进

元素周期表 ① 自 1869 年诞生至今已有一个多世纪，其间元素周期表经历了一个不断改进和完善的过程。这是一个追求周期表协调力的过程。例如，对元素周期表的经验一致性、经验精确性、经验新奇性和经验明晰性等经验协调力的追求是导致元素周期表改进的经验原因。1894 年，威廉·雷姆塞（William Ramsay）与物理学家洛德·瑞利（Lord Rayleigh）等合作，发现惰性气体氩。② 氩的原子量是 39.948，在门捷列夫元素周期表上应排在钾（39.098）和钙（40.08）之间，但表上没有预留空位。1895 年雷姆塞又从空气里发现惰性气体氦，氩和氦的性质很相似，它们的化合价都为零，与门捷列夫元素周期表中的其他元素的性质迥然不同。但是，元素周期表上却没有为这些元素留下位置。所以，雷姆塞建议，在元素周期表中安排一个新族，即化合价为零的一族。这提高了元素周期表的经验一致性和经验精确性协调力。1898 年，人们发现了该族的其他元素氖、氪、氙。1899 年，卢瑟福（Rutherford）③ 从钍中分离出该族最后一个元素氡。这就增强了元素周期表的经验新奇性协调力。

卢瑟福 – 玻尔的原子模型为原子价学说提供了物理根据。化合可以看成电子从一个原子向另一个原子的转移。原子价代表一个原子必须获得或放弃的电子数。1913 年，莫斯利（Moseley）④ 用 X 射线的实验方法测定了原子序数，即元素的原子核所带的正电荷数。按照原子序数，所有已经测量过的固体元素，从铝的 13 到金的 79，都排列得很有规律。其他已知元素，从氢的 1 到铀的 92，除了中间两三个空位代表当时尚未发现的元素外，也都排列得很有规律。这样，莫斯利将元素性质变化的周期性与原子序数联系起来，一些元素按原子量不好排列的问题也解决了。例如，钴（58.9332）和镍（58.69）、碲（127.6）和碘（126.905）、氩（39.948）和钾（39.098）的倒置问题解决了，氢与氦之间不可能

① 关于门捷列夫及其元素周期表，参见 Gordin A, Michael D. A Well-ordered Thing: Dmitrii Mendeleev and the Shadow of the Periodic Table. New York: Basic Books, 2004.

② 威廉·雷姆塞和洛德·瑞利对于元素周期表的贡献，参见 Thomas J M. Argon and the non-inert pair: Rayleigh and ramsay. Angewandte Chemie International Edition, 2004, 43(47): 6418-6424.

③ 关于卢瑟福对元素周期表的贡献和他的原子学说，参见 Campbell J. Rutherford: Scientist Supreme. Christchurch: AAS Publications, 1999.

④ 关于莫斯利的生平和学术贡献，参见 Heilbron J L, Moseley H G J. The life and Letters of an English Physicist, 1887-1915. Berkeley and Los Angeles: University of California Press, 1974.

有其他元素的问题也解决了。这就使得元素周期表在经验上更加明晰。

由此可见，元素周期律或元素周期表的改进伴随着经验一致性、经验精确性和经验明晰性协调力的不断上升。实际上，追求任何一种单一协调力或局部协调力都可能导致理论的改进和完善。在元素周期律或元素周期表的改进中，对概念协调力的追求也起着同样重要的作用。让我们看看门捷列夫追求周期律的概念过硬性而导致元素周期表改进的例子。1869 年，门捷列夫在俄罗斯物理化学学会 4 月号的会刊上发表《元素性质与原子量的关系》一文，其要点即核心解子如下：①元素性质具有明显的周期性；②原子量的大小决定元素的性质；③根据相邻元素的原子量和性质可以修改某些元素的原子量；④可以根据空位预测未知元素的原子量和性质。[①]

门捷列夫根据上述原则，把当时已知的 63 种元素制成了一张表（表 3-1）[②]。

表 3-1　门捷列夫的第一张元素周期表（1869 年）

			Ti = 50	Zr = 90	? = 180
			V = 51	Nb = 94	Ta = 182
			Cr = 52	Mo = 96	W = 186
			Mn = 55	Rh = 104.4	Pt = 197.4
			Fe = 56	Ru = 104.4	Ir = 198
			Ni = Co = 59	Pd = 106.6	Os = 199
H = 1			Cu = 63.4	Ag = 108	Hg = 200
	Be = 9.4	Mg = 24	Zn = 65.2	Cd = 112	
	B = 11	Al = 27.4	? = 68	Ur = 116	Au = 197 ?
	C = 12	Si = 28	? = 70	Sn = 118	
	N = 14	P = 31	As = 75	Sb = 122	Bi = 210 ?
	O = 16	S = 32	Se = 79.4	Te = 128 ?	
	F = 19	Cl = 35.5	Br = 80	J = 127	
Li = 7	Na = 23	K = 39	Rb = 85.4	Cs = 133	Tl = 204
		Ca = 40	Sr = 87.6	Ba = 137	Pb = 207
		? = 45	Ce = 92		
		? Er = 56	La = 94		
		? Yt = 60	Di = 95		
		In = 75.6	Th = 118 ?		

---

① 参见 Mendeleev D. On the relationship of the properties of the elements to their atomic weights. Zeitschrift für Chemie, 1869, 12: 405-406.

② 参见 Obshchestva K. Citation for chemical breakthrough award: Mendeleev's periodic system of the elements. Bulletin for the History of Chemistry, 2014, 39(1): 1.

1870 年 12 月，门捷列夫在俄罗斯物理化学学会上宣读了关于元素周期律的第二篇论文《元素的自然体系及其在揭示待发现元素的性质中的应用》，该文于次年正式发表。文中对第一张元素周期表作了进一步改进，形成第二张元素周期表（表 3-2）。[①] 这一改进没有触动周期律的核心解子，但是出于概念上的考虑，该元素周期表修改了 17 个元素的原子量，特别是对钇（Y）、铟（In）、铈（Ce）、钍（Th）、铀（U）的原子量作了很大的修改。以铟为例，它是 1863 年用光谱分析法在含锌（Zn）的矿物中发现的，所以估计它与锌一样是二价的。当时测定的铟的当量为 37.5，推测它的原子量为 $37.5 \times 2 = 75$。这样一来，铟的原子量就与砷（As）相同，但这两者在性质上却格格不入。因此，门捷列夫对铟的原子量很怀疑。后来，考虑到氧化铟和氧化铝的相似性，门捷列夫猜测铟和铝（Al）一样是三价的，所以推测铟的原子量为 $37.5 \times 3 \approx 113$，它正好落在镉（Cd）和锡（Sn）的中间空位上，性质上也类似。这种修改增强了元素周期表或周期律的概念过硬性。与这种修改相适应，门捷列夫还改变了元素周期表的结构，把原来的竖排改为横排，使同族元素处在同一竖列中，并区分主族和副族，这就更加突出了元素化学性质的周期性。而且，元素周期表的概念过硬性的上升在这里还引起了概念新奇性的上升，因为第二张元素周期表在概念上预言了更多的新元素。

表 3-2　门捷列夫的第二张元素周期表（1871 年）

序列	I 族 —— R^2O	II 族 —— RO	III 族 —— R^2O^3	IV 族 RH^4 RO^2	V 族 RH^3 R^2O^5	VI 族 RH^2 RO^3	VII 族 RH R^2O^7	VIII 族 —— RO^4
1	H=1							
2	Li=7	Be=9.4	B=11	C=12	N=14	O=16	F=19	
3	Na=23	Mg=24	Al=27.3	Si=28	P=31	S=32	Cl=35.5	
4	K=39	Ca=40	—=44	Ti=48	V=51	Cr=52	Mn=55	Fe=56, Co=59 Ni=59, Cu=63
5	(Cu=63)	Zn=65	—=68	—=72	As=75	Se=78	Br=80	
6	Rb=85	Sr=87	?Yt=88	Zr=90	Nb=94	Mo=96	—=100	Ru=104,Rh=104 Pd=106,Ag=108

---

① 参见 Mendeleev D. The natural system of elements and its application to the indication of the properties of undiscovered elements. Journal of the Russian Chemical Society, 1871, 3: 25-56.

序列	I族 — R^2O	II族 — RO	III族 — R^2O^3	IV族 RH^4 RO^2	V族 RH^3 R^2O^5	VI族 RH^2 RO^3	VII族 RH R^2O^7	VIII族 — RO^4
7	(Ag=108)	Cd=112	In=113	Sn=118	Sb=122	Te=125	J=127	
8	Cs=133	Ba=137	?Di=138	?Ce=140	—	—	—	————
9	(一)	—	—				—	
10	—	—	?Er=178	?La=180	Ta=182	W=184	—	Os=195,Ir=197 Pt=198, Au=199
11	(Au=199)	Hg=200	Tl=204	Pb=207	Bi=208			
12		—	—	Th=231	—	U=240		

第四节　概念明晰性

一、定义

假如在 τ 时间，理论 T 的外围解子 $j_\bigcirc$ 和变化（"变化"指被修改、删除、增加或提出新的解子，记为 $\triangle$ ）后的核心解子 $j_\bigcirc$ 共同导出了 N 种相反解子（用 $j_\otimes$ 表示），则我们有

$$c(T\tau)=1-N(T\tau(\triangle j_\bigcirc \wedge j_\bigcirc)\to j_\otimes)$$

即 τ 时间的 T 的概念明晰性协调力 c 等于 N，N 是理论通过修改核心解子并与外围解子共同导出的相反解子数。

为简便起见，我们把该公式记为

$$c(T\tau)=1-N_c(T)$$

或

$$c(T\tau)=1-N_c$$

其中，$N_c(T)\geqslant 0$。在 τ 时间的理论 T 和 τ' 时间的理论 T′ 的比较中，如果

$$N_c(T)>N_c(T')$$

则

$$c(T\tau) < c(T'\tau')$$

即 T 的概念明晰性协调力小于 T′。或者

$$c(T\tau)\downarrow \wedge c(T'\tau')\uparrow$$

即 Tτ 与 T′τ′ 相比，前者面临概念明晰性冲突，后者呈现概念明晰性协调，或者说，前者的概念明晰性协调力下降，后者的概念明晰性协调力上升。

二、从道尔顿原子论到阿伏伽德罗分子说

从道尔顿原子论到阿伏伽德罗（Avogadro）分子说，是理论的概念明晰性协调力上升的生动例子。1803 年 9 月 6 日，道尔顿在笔记中写下他的原子论要点，即原子论的核心解子。

（1）原子是组成化学元素的、非常微小的、不可再分的物质粒子。在化学反应中，原子保持其本来的性质。

（2）同一元素的所有原子的质量以及其他性质完全相同。不同元素的原子具有不同的质量以及其他性质。原子的质量是每种元素的原子最基本的特征。

（3）有简单数值比的元素的原子结合时，原子之间就发生化合反应，生成化合物。化合物的原子是复杂原子。

（4）一种元素的原子与另一种元素的原子化合时，它们之间成简单的数值比。[①]

盖－吕萨克（Gay-Lussac）与化学家洪堡（Humboldt）对形成水的氢氧的体积进行了仔细测量，发现两个体积的氢正好与一个体积的氧发生反应。后来，盖－吕萨克在其他气体的反应中对反应物的体积进行了精确测量，确认在反应物的体积之间存在着小的整数比。1808 年，盖－吕萨克提出气体反应的体积定律（盖－吕萨克定律）：不同气体在同等体积中所含的原子数成简单整数比；不同气体化合时，它们的体积也成简单的数值比；在相同体积中，气体元素的重量正比于它的原子量。这条定律在确定水的化学分子式和纠正道尔顿的原子量

---

① 1807 年 4 月，道尔顿在爱丁堡、苏格兰讲学时提供了有关原子研究的早期研究资料。道尔顿对原子理论的正式论述，是在次年发表的《化学哲学新体系》（*A New System of Chemical Philosophy*，1808 年）一书的第一卷中公布的。关于道尔顿原子论的详细论述，参见 Patterson E C. John Dalton and the Atomic Theory. New York: Doubleday, 1970.

表方面起到关键作用。

1811 年，阿伏伽德罗研究了盖－吕萨克定律，他认为盖－吕萨克定律意味着同样体积的不同气体在同温同压下含有同等数目的微粒。道尔顿原子论不能对此作出解释，因为这要求一个原子必须一分为二地参与化合，即一个体积的氧和两个体积的氢化合产生两个体积的水，相当于把一个氧原子分成两半分配到"水原子"中，这是道尔顿原子论不能接受的。为了解释盖－吕萨克定律，避免"半个原子"的矛盾，阿伏伽德罗引入一个与原子概念既有联系又有本质区别的分子概念。他认为，原子是参加化学反应的最小质点，而分子是单质或化合物独立存在的最小质点；分子由原子组成；同种元素的原子结合成的分子即为单质，不同元素的原子结合成的分子即为化合物。

在原子和分子概念的基础上，阿伏伽德罗提出了他的分子论，其要点即核心解子是：

（1）分子是物质具有独特性质的物质结构的最小单位，是物质结构中的一个基本层次，无论是单质还是化合物，在其不断被分割的过程中，都有一个分子阶段。

（2）单质的分子可由多个原子组成。

（3）在同温同压下，同等体积的气体含有同等数目的分子。

阿伏伽德罗的分子说①创造性地修改了道尔顿原子论的核心解子，提出更加明晰的分子概念，避免了道尔顿原子论与盖－吕萨克定律的矛盾，因而比道尔顿原子论在概念上更加明晰，而且其外部表现相当明显。在道尔顿原子论提出的五十年内，化学界在元素符号、化学式和原子价上不能取得一致，原子量的测定也是各行其是，化学界笼罩着一片混乱和模糊。直到 1860 年，在德国卡尔斯鲁厄召开的国际化学会议上，化学家们仍然激烈争论，一直到会议结束，也没有达成一致意见。散会时，意大利的坎尼扎罗（Cannizzaro）散发了人手一份的小册子，充分阐明了阿伏伽德罗的分子说。那本小册子的概念明晰性是显然的，有位化学家后来说："我也拿到一本，将它放在衣袋里，准备回家时路上看看。到家以后，我又读了几遍，觉得这小册子对大家争辩的各要点，都能说明

---

① 关于阿伏伽德罗的分子说，参见 Nask L K. The Atomic Molecular Theory. Cambridge: Harvard University Press, 1965.

清楚。我不禁惊奇起来，顿觉眼帘之前，一无障碍。于是，疑窦消失，真理显现。"[1]后来，化学家们遵循这本小册子进行的研究工作果然十分方便，大多数化学家开始相信阿伏伽德罗的分子说。

三、模糊性与明晰性

与理论的经验明晰性一样，理论的概念明晰性也不应是一个绝对化的概念，想使理论在概念上达到完美的明晰性是不可能的。我们只能说"一个理论具有一定程度的明晰性""一个理论具有较强的明晰性""理论 T 相对于理论 T_1 是明晰的，但相对于理论 T_2 却是模糊的"。同样，对于模糊性，我们也应持有相对的观点。劳丹讨论了"模糊性"（ambiguity）和"明晰性"（clarity）的概念，并把它们看成是程度问题，而不是性质问题。劳丹指出："不同于不一致性，概念的模糊性是一个程度问题，而不是性质问题。"[2]"正如威廉·休厄尔（William Whewell）在一个多世纪以前已经注意到的，通过对意义的详细阐明和诠释，增加一个理论概念的明晰性，这是科学进步最重要的方式之一。他称这一过程为'概念的阐明'，并表明，许多理论在发展过程中之所以越来越精确，很大程度上得益于批评者对他们的概念上的模糊性的批评。许多重大的科学革命（例如狭义相对论的诞生和行为主义心理学的发展）都与认识到并减少一个理论在概念上的模糊性有关。"[3]劳丹没有给模糊性一个严格的定义，也没有给予"模糊性"相对的"明晰性"严格的定义。他虽然指出模糊性是一个程度问题，但从劳丹对"模糊性"的解释来看，其在含义的要求上十分严格，有些绝对化的味道。

劳丹的模糊性至少有三个含义。首先指的是"循环性"（circularity）。劳丹说："通常最难处理的是第二类的概念问题，即从理论内部的模糊性或循环性中产生的问题。"[4]其次指的是定义上的不严格性。劳丹说："也许可以肯定，一些

---

① 参见丁绪贤. 化学史通考. 上海：商务印书馆，1936: 429.

② Laudan L. Progress and Its Problems: Towards a Theory of Scientific Growth. Berkeley: University of California Press, 1977: 49.

③ Laudan L. Progress and Its Problems: Towards a Theory of Scientific Growth. Berkeley: University of California Press, 1977: 50.

④ Laudan L. Progress and Its Problems: Towards a Theory of Scientific Growth. Berkeley: University of California Press, 1977: 49.

程度较小的模糊性是有利的，因为不太严格定义的理论（less rigorously defined theories）比那些严格定义的理论更容易应用到新的研究领域。"[1]最后指的是逻辑矛盾。劳丹举了一个"矛盾"的例子："更糟糕的是，法拉第的模型——正如黑尔（Hare）敏锐指出的那样——提出'相邻'粒子的概念，但'相邻'粒子其实根本不相邻。"[2]这表明，劳丹的"模糊性"概念具有多重含义和多种对于理论评价来说的不利性。理论内部的循环论证是理论推论失败的表征，定义的不严格性是导致推论不准确的重要因素，而推论是确立协调力标准的要素；逻辑矛盾是相反解子的形式之一，涉及理论的过硬性和明晰性评价。

当然，明晰性是模糊性的反面，它也有三重含义：非循环性、严格定义和无矛盾性。在协调论中，明晰性和模糊性不是严格对立的概念，不是说消除了模糊性就得到明晰性，而是说在理论比较中，一个理论相对于理论 T_1 可能比较模糊，而相对于理论 T_2 可能比较明晰。所以，协调论可以容忍"矛盾"，计算相反解子的数目。劳丹也看到，不太严格定义的理论比那些严格定义的理论更容易应用到新的研究领域，用协调论的术语来说，不太严格定义的理论更容易获得概念贯通性协调力。这样看来，模糊性也有好的一面，一个标准下降导致另一个标准上升，单一理论评价标准之间往往也有冲突。但我们更应该看到单一理论评价标准之间的协调性的一面。因为理论评价的最终根据在于综合协调力，各单一标准是为提高综合协调力服务的。而且，单一标准的提高在一定条件下可以促进、诱发其他标准的提高。较模糊的解子具有较强的贯通性，一方面是因为它不是绝对模糊，可能只是暂时不可言说却具有内在的严格含义；另一方面是因为在概念或理论移植后，这种模糊性可以在各自的领域中得到严格的阐释，释放其内在的明晰性，并诱发其他单一协调力的提高。

"概念明晰性"是基于理论比较的严格定义的概念，直接体现模糊与明晰的相对性，即模糊与明晰是程度问题，而不是性质问题。如果我们断定理论 T_2 比理论 T_1 明晰，实际上也就是断定理论 T_1 比理论 T_2 模糊。概念明晰性和概念模糊性的相对性或其程度是从相比较理论的相反解子的数量的多寡上体现出来的。

---

[1] Laudan L. Progress and Its Problems: Towards a Theory of Scientific Growth. Berkeley: University of California Press, 1977: 49.

[2] Laudan L. Progress and Its Problems: Towards a Theory of Scientific Growth. Berkeley: University of California Press, 1977: 50.

概念明晰性将减少相反解子看成一个基本的目的，即理论在概念上所遇到的矛盾或不一致越少越好。但是，概念明晰性不把无矛盾性或一致性看成基本的要求，因为无矛盾性或一致性的要求过强，如果将矛盾或不一致扫除干净，也就没有科学了。爱因斯坦在说明布朗运动时就使用了一个含有内部矛盾的理论。理论在概念上的循环或非严格的定义不直接造成理论的概念过硬性或概念明晰性协调力的下降，但必然造成理论在其他某些协调力上的下降，而非严格的定义可能间接造成理论逻辑上的反对关系或矛盾关系，因而间接造成理论的概念过硬性或概念明晰性协调力的下降。概念明晰性不涉及非循环或严格的定义，只强调消除相反解子，其策略是修改、删除、增加理论的核心解子的成分或提出新的核心解子概念，这也是理论创新的重要方式之一。

　　一般而言，为追求概念明晰性而消除的相反解子都比较"坚硬"，很难一下子解决，可能要经过很长时间，由许多聪明人的共同努力才能解决。这类相反解子是根据公认可靠的知识和推理规则严格推导出来的，解决起来十分棘手。我们通常所说的"悖论"或"佯谬"就属于这类相反解子。在抽象理论中，有逻辑悖论、语义悖论和哲学悖论[①]。逻辑悖论仅仅根据语形的逻辑推理就可以建立矛盾等价式，例如最大序数悖论、康托尔悖论和集合论悖论等都可以用符号逻辑的语言来构造。语义悖论的建立不仅依据语形的逻辑推理，还依靠一定的经验性（非形式）术语。例如，说谎者悖论一般都涉及"真""假""可定义"等语义概念。哲学悖论，如古老的"芝诺悖论"，是根据公认的哲学背景知识和逻辑推理建立的矛盾等价式。[②]具体理论中的悖论也很多，例如宇宙学中的光度佯谬、引力佯谬，物理学中的 EPR 佯谬、薛定谔的猫，经济学中的节俭矛盾，等等。悖论或佯谬是难啃的骨头、烫手的山芋，但它们是好东西，它们向"公认正确"的知识提出挑战，它们提供了我们开拓新知识的关键契机，虽然解决它们要触动基本的或核心的知识内容，但是，从创新的观点来看，压力就是动力，它的消解一定伴随新知识的诞生和概念明晰性的

---

① 这里不是对悖论的严格分类，只是简单列举了三种悖论。悖论分类问题比较复杂，存在争议，例如，奎因把悖论分为真实性悖论（Veridical Paradox）、谬误悖论（Falsidical Paradox）和理性悖论（Antinomy Paradox）三种，拉姆齐（Frank Plumpton Ramsey）把悖论分为逻辑悖论（Logical Paradox）和语义悖论（Semantical Paradox）两种。

② 关于各种悖论及解悖方案，参见陈波 . 悖论研究 . 北京：北京大学出版社，2014；张建军 . 逻辑悖论研究引论 . 南京：南京大学出版社，2002.

增强。

无论是抽象理论还是具体理论，其中的悖论一旦得以消解，理论本身的概念明晰性就必然上升。从抽象理论来看，数学史上的三次危机都与悖论相关，而悖论的解决都带来数学的巨大进步。从作为标准的科学理论的具体理论来看，物理学的发展也有消除模糊性和增强明晰性的过程。法拉第早期的电相互作用模型（Faraday's early model of electrical interaction）在概念上受到两个著名的批评：它一方面试图消除牛顿物理学的一个基本概念——超距作用，但另一方面却要求短程的超距作用；它的"相邻"粒子的概念其实根本不相邻。劳丹注意到这类批评，并指出正是这类批评促使法拉第重新思考物质和力的观点，提出法拉第场论（Faraday's field theory），避免了这类矛盾，增强了场论的概念明晰性。亚里士多德的自由落体理论也遇到概念模糊性的问题。按亚里士多德的理论，物体从高处下落时，重的物体的下落速度比轻的物体的下落速度快。这就出现了一个逻辑矛盾：设有轻重不同的两个物体 A 和 B，其中 A 的重量比 B 的重量大。当两物体自由下落时，A 的速度比 B 的速度快。如果将 A 与 B 捆在一起，形成物体 C，由于 A 下落速度快，B 下落速度慢，C 物体的速度应当介于 A 和 B 之间。但由于 C 的重量大于 A，按亚里士多德的理论，C 的下落速度应大于 A。这表明，从同一亚里士多德的理论出发，可以得出 C 的下落速度既小于 A 又大于 A 的结论。伽利略研究了这一问题，提出全新的自由落体定律：一切物体不论轻重都以同样的时间经过同样的距离坠落，距离和坠落时间的平方成正比，也即落体速度随时间均匀地增加。伽利略的改进触动了亚里士多德的自由落体理论的内核并使得理论内部的逻辑矛盾的数量减少，所以伽利略的自由落体定律具有更大的概念明晰性。

概念明晰性概念正好适合描述这类理论的创新过程，而这一过程也体现了一种合理的目标追求。当然，当理论面临概念明晰性冲突或模糊性的时候，也不能轻易地放弃，因为理论的模糊性是一个相对的概念，一定程度的模糊性虽然不利于概念明晰性协调力的增长，但可能成为增加理论其他协调力的契机。牛顿的质量、力、运动、超距作用等概念从定义上看都存在一定程度的模糊性，但其解释上的灵活性为牛顿理论的其他协调力的增强提供了契机。有时，理论综合协调力的提高可能要以不顾甚至损害理论的某个或某些单一协调力为代价，但是，当理论的综合协调力发展到一定程度的时候，科学家还是要回过头来重新审视和发展那曾经暂时丢失或损坏的单一协调力。在理论的实际发展过程中，不可能所有单一协调力同时上升，总是有先有后，让某个单一的或局部的协调力先发展起来，再带动其他协调力的增长，从而实现理论综合协调力的提高。

第五节　概念一致性

一、定义

假如在 τ 时间，理论 T 的解子 j（记为 j（Tτ））能导出 N 种解子，则我们有

$$i(T\tau) = N(j(T\tau) \to j)$$

即 τ 时间的 T 的概念一致性协调力 i 等于 N，N 表示作为结论的解子数。为简便起见，我们把该公式记为

$$i(T\tau) = N_i(T)$$

或

$$i(T\tau) = N_i$$

其中，$N_i(T) \geqslant 0$。在 τ 时间的理论 T 和 τ' 时间的理论 T′ 的比较中，如果

$$N_i(T) < N_i(T')$$

则

$$i(T\tau) < i(T'\tau')$$

即 T 的概念一致性协调力小于 T′。或者

$$i(T\tau) \downarrow \wedge i(T'\tau') \uparrow$$

即 Tτ 与 T′τ' 相比，前者面临概念一致性冲突，概念一致性协调力下降，后者呈现概念一致性协调，概念一致性协调力上升。

一个理论 T 在时间 τ 的经验一致性协调力和概念一致性协调力存在下述关系：

$$I(T\tau) \leqslant i(T\tau)$$

即 T 在时间 τ 的经验一致性协调力总是不大于其概念一致性协调力。这是因为

$$N_i(T\tau) \geqslant N_I(T\tau)$$

即 T 在时间 τ 作为结论的解子数总是不小于其推测的与观测型经验问子相符的理论型经验问子数。

二、牛顿运动三定律

牛顿从前人的惯性运动、力与加速度的关系和两物体碰撞后的动量守恒中受到启发，经过 20 年时断时续的研究和论证，归纳出著名的物质运动三定律，并视之为动力学的基础。牛顿运动三定律中的每个定律都可以看作一个独立的单一理论，三个定律作为一个整体可以看作一个集合理论，三个定律及其六个直接推论作为一个整体可以看作一个复合理论。下面结合牛顿本人的论述，分析一下牛顿运动定律的概念一致性。牛顿运动三定律及其直接推论如下。

定律 I：每个物体都保持其静止或匀速直线运动的状态，除非有外力作用于它迫使它改变那个状态。

定律 II：运动的变化正比于外力，变化的方向沿外力作用的直线方向。

定律 III：每一种作用都有一个相等的反作用；或者，两个物体间的相互作用总是相等的，而且指向相反。

推论 I：物体同时受两个力作用时，其运动将沿平行四边形对角线进行，所用时间等于二力分别沿两个边所需。

推论 II：由此可知，任何两个斜向力 AC 和 CD 复合成一直线力 AD；反之，任何一直线力 AD 可分解为两个斜向力 AC 和 CD：这种复合和分解已在力学上充分证实。①

推论 III：由指向同一方向的运动的和，以及由相反方向的运动的差，所得的运动的量，在物体间相互作用中保持不变。

推论 IV：两个或多个物体的公共重心不因物体自身之间的作用而改变其运

---

① 牛顿在这里加了一个说明："这种复合和分解已在力学上充分证实。"从协调论的观点来看，这一说明是强调推论 II 具有经验一致性协调力，或具有背景实验协调力和背景技术协调力。理论推论一旦与经验观测结果一致即产生经验协调力，一旦得到实验验证或在背景中得到应用即获得背景实验协调力或背景技术协调力。

动或静止状态，因此，所有相互作用着的物体（有外力和阻滞作用除外）其公共重心或处于静止状态，或处于匀速直线运动状态。

推论Ⅴ：一个给定的空间，不论它是静止，或是作不含圆周运动的匀速直线运动，它所包含的物体自身之间的运动不受影响。

推论Ⅵ：相互间以任何方式运动着的物体，在都受到相同的加速力在平行方向上被加速时，都将保持它们相互间原有的运动，如同加速力不存在一样。[①]

按照概念一致性的定义，如果把牛顿运动三定律视为一个集合理论 T，其概念一致性协调力 $i(T\tau)=N_i(T)=6$。其中的 τ 可以指 1687 年 7 月 5 日。正是在这一天，牛顿在哈雷（Halley）的帮助下出版了影响深远的科学巨著《自然哲学之数学原理》（*Philosophiae Naturalis Principia Mathematica*），牛顿运动三定律或三公理正是在这本巨著的序言之后首先被表述的。当然，τ 的设定是可以选择的，从 1687 年 7 月 5 日至今的任何一段时间都是可以的。$N_i(T)$ 在这里指作为三定律直接推论的解子的数目。注意，概念一致性与概念简洁性是有区别的，前者不涉及先导解子的数目，后者涉及先导解子的数目。按照概念简洁性的定义，牛顿运动三定律的概念简洁性协调力的计算公式是 $s(T\tau)=1-3/6=50\%$。[②]当然，如果考虑牛顿把三定律用于各种运动理论而作出的众多推论，则牛顿理论的概念一致性和概念简洁性协调力都将大大提高。

牛顿在这本巨著中以三定律及其推论为基础讨论了各种形式的物体运动和天体运动，如物体在偏心的圆锥曲线上的运动、物体的直线上升和下降、沿运动轨道的物体运动、物体的摆动运动、受到与速度成正比的阻力作用的物体运动、物体的圆运动、月球交会点的运动等。牛顿运动三定律及其直接推论在运用于各种物体的运动中时又产生很多推论（定理），那么这些推论的直接前提可以视为一个复合的理论整体，要计算这个复合理论的概念一致性协调力，就要统计这些定理的数目。

在讨论每一种运动时，牛顿都先确立定理，而这些定理本身都可以视为一个单一理论，这些单一理论的概念一致性协调力也是可以计算和比较的。例如，在讨论向心力运动时，牛顿确立了 5 个定理，其中定理 2 的概念一致性最弱，

---

① 牛顿.自然哲学之数学原理.王克迪译.西安：陕西人民出版社，武汉：武汉出版社，2001：18-26.
② 关于概念简洁性的详细论述，参见本章第八节。

而定理 4 的概念一致性最强。

定理 2：沿平面上任意曲线运动的物体，其半径指向静止的或做匀速直线运动的点，并且关于该点掠过的面积正比于时间，则该物体受到指向该点的向心力的作用。

定理 2 作为一个单一理论有两个直接推论：

推论 I：在无阻抗的空间或介质中，如果掠过的面积不正比于时间，则力不指向半径通过的点。如果掠过面积是加速的，则偏向运动所指的方向，如果是减速的，则背离运动方向。

推论 II：甚至在阻抗介质中，如果加速掠过面积，则力的方向也偏离半径的交点，指向运动所指方向。[①]

定理 4：沿不同圆周等速运动的若干物体的向心力，指向各自圆周的中心，它们之间的比，正比于等时间里掠过的弧长的平方，除以圆周的半径。

定理 4 作为一个单一理论有以下 9 个直接推论：

推论 I：由于这些弧长正比于物体的速度，向心力正比于速度的平方除以半径。

推论 II：由于环绕周期正比于半径除以速度，向心力正比于半径除以环绕周期的平方。

推论 III：如果周期相等，因而速度正比于半径，则向心力也正比于半径；反之亦然。

推论 IV：如果周期与速度都正比于半径的平方根，则有关的向心力相等；反之亦然。

推论 V：如果周期正比于半径，因而速度相等，则向心力将反比于半径；反之亦然。

推论 VI：如果周期正比于半径的 3/2 次方，则向心力反比于半径的平方；反之亦然。

推论 VII：推而广之，如果周期正比于半径 R 的多次方 R^n，因而速度反比于半径的 R^{n-1} 方，则向心力将反比于半径的 R^{2n-1} 次方；反之亦然。

推论 VIII：物体运动掠过任何相似图形的相似部分，这些图形在相似位置上

① 参见牛顿. 自然哲学之数学原理. 王克迪译. 西安：陕西人民出版社，武汉：武汉出版社，2001：53-54.

有中心，这时有关的时间、速度和力都满足以前的结论，只需要将以前的证明加以应用即可。这种应用是容易的，只要用掠过的相等面积代替相等的运动，用物体到中心的距离代替半径。

推论 IX：由同样的证明可以知道，在给定向心力作用下沿圆周匀速运动的物体，其在任意时间内掠过的弧长，是圆周直径与同一物体受相同力作用在相同时间里下落空间的比例中项。[①]

不难看出，作为单一理论 T_1 的定理 2，其概念一致性协调力等于 2；而作为单一理论 T_2 的定理 4，其概念一致性协调力等于 9。我们有下列公式

$$i(T_1\tau) = N_i(T_1) = 2$$
$$i(T_2\tau) = N_i(T_2) = 9$$

因而

$$i(T_2\tau) > i(T_1\tau)$$

即就概念一致性协调力而言，T_2 大于 T_1。

如果我们将牛顿运动三定律与这两个单一理论相比较，其概念一致性协调力的大小关系如下：

$$i(T_2\tau) > i(T\tau) > i(T_1\tau)$$

我们能够断定定理 4 作为单一理论在概念一致性协调力上比作为集合理论的三定律更好，但不能由此断定定理 4 比三定律在总体上更好。单一协调力的比较只是理论比较的一个片段，不能反映协调力的总体状况，就综合协调力而言，三定律作为理论整体比定理 4 更好，定理 4 只是三定律的间接推论结果。而且，这里的概念一致性协调力的计算是根据直接推论进行计算的；如果根据间接推论进行计算，那么三定律的概念一致性协调力要远远大于定理 4，定理 4 本身就是三定律的一个间接推论。3 个定律及其 6 个直接推论作为一个整体可以看作一个复合理论，定理 4 是这个复合理论的推论。

一般而言，人们更喜欢对同一类型的理论和解决同样问题的理论进行比较，这样的比较更有意义，更能促进知识增长和科学进步。例如，把牛顿运动三定律及其推论与伽利略理论进行比较。牛顿写道："迄此为止我叙述的原理已为数

---

① 参见牛顿.自然哲学之数学原理.王克迪译.西安：陕西人民出版社，武汉：武汉出版社，2001：56-58.

学家所接受，也得到大量实验的验证。由前两个定律和前两个推论，伽里略[①]曾发现物体的下落随时间的平方而变化（in duplicata ratione temporis），抛体的运动沿抛物线进行，这与经验相吻合，除了这些运动受到空气阻力的些微阻滞。"[②]牛顿用3个定律和6个推论发现了大量关于运动的定理，并得到大量实验的验证。与伽利略用2个定律和2个推论发现2个定理相比，在概念一致性、经验一致性和背景实验等方面都取得极大的进步。

三、理论的结构与概念一致性

理论是由问题和对问题的解答构成的。一般把对问题的解答部分看成一个有结构的整体，其一般特点是，该结构由两部分组成，即作为前提或前件的先导解子和作为结论或后件的后承解子。其形式是：先导解子→后承解子。从抽象理论来看，如果某几何学理论从一些定义、公理、公设出发，运用演绎推理规则，推导出其他一系列命题和定理，那么，我们就说这些定义、公理、公设构成该几何学理论的先导解子，而从中导出的一系列命题和定理就是该几何学理论的后承解子。这样的几何学理论属于抽象理论中的复合理论，即抽象的复合理论。从具体理论来看，作为前提或前件的先导解子是由核心解子和外围解子构成的。这样，理论的结构形式可以表示为：核心解子∧外围解子→后承解子。理论的结构问题十分复杂，从协调论的观点来看，任一定义、公理、公设或定理都可以独立出来作为单一理论，获得"理论"的称号，并可以与其他理论构成新的理论。经验协调力和概念协调力的单一模型都直接表明了理论的结构特点。这里结合概念一致性协调力谈谈理论的结构问题。

当我们比较不同的理论并计算其经验协调力或概念协调力时，我们的计算对象是什么呢？坎贝尔（Campbell）的理论[③]是相互联系的命题系统，它由假说（hypothesis）和辞典（dictionary）两部分组成。假说是对某些特有观念的陈述，包括公理和定义以及从中演绎出的定理，它们构成一个形式系统。按照协调力模式，该形式系统是抽象理论。计算该抽象理论的概念一致性协调力，只要统

---

① 又译为"伽利略"。

② 参见牛顿. 自然哲学之数学原理. 王克迪译. 西安：陕西人民出版社，武汉：武汉出版社，2001：26.

③ 关于坎贝尔的科学理论观，参见 Campbell N R. Foundations of Science: the Philosophy of Theory and Experiment. New York: Dover Publications, 1957.

计定理的数目就行。但是，如何使得该抽象理论变成具体理论呢？坎贝尔在理论的结构中加上类比和辞典。类比的作用是在假说的命题集中加入对定理的说明机制，辞典是把假说与其他不同观念联系起来进行的陈述，辞典与假说共同导出概念（concept），即定律集。按照协调论，要计算该具体理论的概念一致性协调力，只要计算该定律集中定律的数目就行。但是，具体理论与抽象理论有重要的区别。抽象理论的综合经验协调力极弱，尽管其例示理论可能获得较强的经验协调力，而作为纯粹逻辑体系的抽象理论甚至没有经验协调力；具体理论的综合经验协调力最强，可以充当抽象理论的例示理论。坎贝尔把抽象理论看成在科学上"毫无价值"的理论，他还虚构了一个没有类比因而没有经验协调力的理论，把它与"具有重要价值"的气体分子动力学理论相比较。早期的气体动力学理论中有一个类比机制，即把气体的运动与容器内体积极小的无数弹性粒子的运动相类比，所以能解释具有较强经验协调力的波义耳定律、查理定律和盖－吕萨克定律。纯粹的逻辑体系固然没有物理意义，不能对定律起解释性作用，但也不是"毫无价值"，因为纯粹的逻辑体系本身具有概念协调力，而且它也是使具体理论产生经验协调力的必要条件。

坎贝尔所指的"理论"仅仅指先导解子，不包括后承解子。因为他觉得他的"概念"或导出的定律集（后承解子）可以独立于先导解子来理解并确定其经验上的真假。卡尔纳普、亨佩尔、内格尔[①]都曾研究过科学理论的结构，其内容各有独特之处，但都有一个共同的特点，即不把理论的导出定律看成科学理论的组成成分，并各有其理由。林定夷指出这个观点的三个困难：一是导出定律可能是已知定律，也可能是新的未知定律，它们都处在被导出的位置上，但是，新的未知定律不能归入包含已知定律的任何旧理论中，只能看成导出该新定律的理论的一部分。例如，从狭义相对论中导出的质能守恒定律[②]不能看成牛顿理论或麦克斯韦理论的一部分，只能看成狭义相对论的一部分。二是导出定律不仅仅是假说或辞典的逻辑后承，其前提中常常包含来自其他理论的辅助假说。三是科学的统一性要求把从一个理论中导出的定律看成该理论的组成部

---

① 内格尔关于科学结构的论述，参见 Nagel E. The Structure of Science: Problems in the Logic of Scientific Explanation. Indianapolis: Hackett Publishing Company, 1979. 中译本参见内格尔. 科学的结构——科学说明的逻辑问题. 徐向东译. 上海：上海译文出版社，2002.

② 质量守恒定律与能量守恒定律的总称。

分。[①]这一争论的根源在于文化差异和对理论的理解。西方人更强调独立性，父母生出的孩子可以另成小家，不受原来家庭的制约，同样，一个定律一旦从其他理论中派生出来，就不再属于派生它的理论；而东方人更喜欢大家庭，几世同堂，其乐融融，类似地，一个导出理论属于它的母理论更符合东方人的文化习惯。从对"理论"的理解来看，他们讨论的"理论"基本上是指先导解子中的核心解子，不包括非核心的外围解子，如辅助假说等。而且他们的"理论"指"科学理论"，不仅在逻辑上真，在经验上也真。

以协调论的观点，是否将导出理论（后承解子）看成先导解子的一部分无关紧要，关键是看在计算协调力时谁与谁比，相比较的"理论"是什么。这里有两个复合理论 $T\tau$ 和 $T'\tau$：

$$T\tau(j_1 \wedge j_2 \rightarrow j^i)$$

$$T'\tau(j_3 \wedge j_4) \rightarrow j^2)$$

在 $T\tau$ 中，$j_1 \wedge j_2$ 是先导解子，j_1 是核心解子，j_2 是外围解子，j_1 和 j_2 共同导出一种解子。在 $T'\tau$ 中，$j_3 \wedge j_4$ 是先导解子，j_3 是核心解子，j_4 是外围解子，j_3 和 j_4 共同导出两种解子。因此，我们说，就概念一致性协调力而言，在时间 τ，T' 超过 T，即

$$i(T'\tau) > i(T\tau)$$

在这里，先导解子和后承解子共同构成复合理论，是两个复合理论在比较。如果我们不把后承解子看成相比较的理论的一部分，那么相比较的就不是复合理论，而是集合理论，即在 $T_1\tau(j_1 \wedge j_2)$ 和 $T_1'\tau(j_3 \wedge j_4)$ 之间进行比较。先导部分可以直接构成集合理论，要对这两个集合理论进行概念一致性的比较，我们仍然需要知道两个集合理论各自的后承解子的种类数，种类数大的集合理论具有更大的概念一致性。如果集合理论没有后承解子，哪怕是它的一部分具有后承解子，集合理论作为整体也没有概念一致性。

具有概念一致性协调力的理论未必就具有经验一致性协调力。就具体的复合理论而言，要使之具有经验一致性协调力，需要给理论以特殊的结构安排。林定夷指出科学理论的结构中应当包含三种不同类型的原理，即内在原理、桥

---

① 参见林定夷.科学逻辑与科学方法论.成都：电子科技大学出版社，2003：304-305.

接原理和导出原理。① 内在原理描述理论所假想的基本实体和过程及其所遵循的规律。例如，牛顿派的气体分子运动论包含的内在原理是这样一些假定：同类气体的分子质量均相等；气体分子的大小可以忽略不计，每个分子都可以看成是质点的弹性小球；气体分子之间除了碰撞之外没有其他的相互作用，也不受重力的作用；气体分子都在不停地运动着；气体分子沿各个方向运动的机会相等，任何一个方向上气体分子的运动都不会比其他方向上更为显著；个别分子的运动服从牛顿力学所描述的规律；等等。就抽象的复合理论而言，这些内在原理相当于先导解子中的核心解子或后面将谈到的工作理论，只要在它们之间能够形成逻辑蕴涵关系，就可以计算其抽象复合理论的概念一致性协调力。但是，这些假定不能与观察经验直接联系，理论型经验问子无法产生，所以也就无法计算其经验一致性协调力。这就需要桥接原理，就是在理论所设想的基本实体和过程与我们所熟悉的经验现象和规律之间架起一座桥梁。分子、分子速度、分子质量、分子平均平动动能等都不是可以直接观察的量，要使它们与经验现象发生直接的联系，就需要引入桥接原理。例如，假定气体分子撞击容器壁时分子动量的改变等于容器壁对分子作用力的冲量，假定气体的绝对温度正比于气体分子的平均平动动能，等等。就具体的复合理论而言，内在原理常常是隐藏在背后的隐性理论，只有这些桥接原理是显性理论。内在原理和桥接原理共同导出可以接受经验检验的规律，形成导出原理。例如，气体分子运动论的导出原理包括查理定律、波义耳定律和盖－吕萨克定律等。概念一致性协调力不涉及对先导解子的计算问题，如果某个协调力的计算涉及统计先导解子的数目，那么隐性解子是可以忽略不计的，因为显性解子中已经包含了隐性解子。所以，就具体理论而言，桥接原理可能就是核心解子，而一些边界条件或辅助假说则成为外围解子，它们共同导出后承解子。如果不涉及先导解子的计算，把内在原理看成某个具体理论的成分也未尝不可。内在原理、桥接原理和导出原理可以构成具体的复合理论，内在原理和桥接原理可以构成具体的集合理论，它们的概念一致性协调力可以根据导出原理的数目来确定。要计算它们的经验一致性协调力，还必须从先导解子中得出全部理论型经验问子，将它们与观测型经验问子相对照，得出两者相符的数目。一般而言，只有具有较强的经验协

---

① 参见林定夷. 科学逻辑与科学方法论. 成都：电子科技大学出版社，2003：307，314-320.

调力的导出原理才可以称为"科学定律"。

在概念一致性协调力的计算中还要注意一种比较复杂的情况，就是某些解子经过多层次或多环节的推导而得到后承解子，这时的后承解子的数目所决定的概念一致性协调力属于哪个理论呢？在笔者看来，应当属于导出后承解子的先导解子或属于先导解子和后承解子的复合理论，而不是先导解子的一部分。例如，我们有公式：

$$j_1 \wedge j_2 \wedge j'_2 \rightarrow j^3$$

在这个公式中，j_1 通过 j_2 和 j'_2 才得到 j^3，即 3 种后承解子（j_3、j_4、j_5）。导出解子的数目对什么理论负责呢？不能只对 $T_1\tau$（j_1）或 $T_2\tau$（j_2、j'_2）负责，只能对 $T_3\tau$（j_1、j_2、j'_2）负责或对 $T_4\tau$（j_1、j_2、j'_2、j_3、j_4、j_5）负责。也就是说，计算出的概念一致性协调力属于 $T_3\tau$（j_1、j_2、j'_2）或 $T_4\tau$（j_1、j_2、j'_2、j_3、j_4、j_5），不属于 $T_1\tau$（j_1）或 $T_2\tau$（j_2、j'_2）。按照林定夷的划分方法，j_1 可能是内在原理，j_2 和 j'_2 可能是桥接原理，j^3 可能是导出原理。例如，玻尔半经典量子论（Bohr's semiclassical quantum theory），其内在原理（j_1）包括原子结构特别是氢原子结构的一些假说。例如，假定氢原子中电子在一些确定的轨道上绕核旋转；每个轨道都有自己确定的能级；每个电子只能从一个确定的轨道跃迁到另一个确定的轨道，以获得或释放确定的、不连续的量。其桥接原理（j_2）包括：氢原子受激而发光，因为它的电子从高能级跃迁到低能级时释放了相应的能量；这个能量 ΔE 与受激发射的光谱的波长 λ 呈如下的数量关系：$\lambda =$（$h/\Delta E$）$\times c$，其中 h 为普朗克常数，c 为光速。这一层次的桥接原理把不容易观察的氢原子中的过程与我们此前熟悉的光波波长等概念联系起来。但是，光波波长与理论型经验问子也无直接的联系，这就需要通过次一级的桥接原理（j'_2），如光的波动理论来完成。通过这些内在原理和桥接原理导出的原理包括我们熟知的巴尔末定律（巴尔末公式），也包括我们不曾知晓的关于光谱线的其他系列方面的关系。

经验协调力模型和概念协调力模型都预设了理论结构的存在，在分析理论类型和理论结构的基础上确定理论先导部分或后承部分的数量是计算理论的经验协调力和概念协调力的关键。与经验一致性协调力一样，概念一致性协调力要求后承部分的数量越多越好；与经验一致性协调力不一样，概念一致性协调力不要求后承部分与观测型经验问子相比较。也就是说，即使后承部分与观测型经验问子不符，也在统计之列。

第六节 概念和谐性

一、定义

假如在 τ 时间，理论 T 的解子 j（记为 j（Tτ））导致发现 N 种普遍性的有意义的定量关系，则我们有

$$h(T\tau) = N(j(T\tau) \rightarrow hj)$$

即 τ 时间的 T 的概念和谐性协调力 h 等于 N，N 表示由解子所导致的普遍性的有意义的定量关系的数目。为简便起见，我们把该公式记为

$$h(T\tau) = N_h(T)$$

或

$$h(T\tau) = N_h$$

其中，$N_h(T) \geqslant 0$。在 τ 时间的理论 T 和 τ' 时间的理论 T' 的比较中，如果

$$N_h(T) < N_h(T')$$

则

$$h(T\tau) < h(T'\tau')$$

即 T 的概念和谐性协调力小于 T'。或者

$$h(T\tau)\downarrow \wedge h(T'\tau')\uparrow$$

即 Tτ 与 T'τ' 相比，前者面临概念和谐性冲突，后者呈现概念和谐性协调，或者说，前者的概念和谐性协调力下降，后者的概念和谐性协调力上升。

二、和谐性的哲学源头

各种各样的作为超理论的哲学都会在某些方面对科学产生积极的影响。在科学和哲学之间存在一种良性的微循环，科学在哲学的摇篮中长大，受哲学的

哺育，即便是成熟的科学在总体上和深刻性上仍然离不开哲学，而科学对哲学有反哺的回报，没有科学，哲学就不能保持旺盛的生命力。古希腊不仅是西方科学得以创生的超理论的摇篮，还从不同的方面为我们深刻理解科学合理性提供依据。实体论传统、毕达哥拉斯－柏拉图传统、原子论传统、亚里士多德传统等既为具体科学提供哲学的框架，又是科学合理性标准的最早策源地。在协调力家族中，和谐性协调力是在古希腊哲学中得到最早印证的成员之一。

米利都（Miletus）学派[①]相信世界的本原或终极实在是实体性的东西。实体论可以以"水"为代表或象征。这一实体系列是从西方第一位哲学家泰勒斯（Thales）开始的，泰勒斯把水看成万物的本原，看成最基本的实在。泰勒斯为什么把水看得如此重要呢？一般有两种解释：一是因为他观察到万物都以湿的东西为滋养料，万物的种子在本性上是潮湿的，而水是潮湿之源。二是因为古代神话的影响。如古希腊神话认为海洋之神奥克安诺（Oceanus）创造了万物，古代埃及和巴比伦的神话也说原初的混沌状态是水，水产生万物。此后，阿那克西曼德（Anaximander）主张事物起源于无定（apeiron/indefinite），它没有任何规定性，或者说它是调和各种规定性的中性状态。无定形产生种子，形成宇宙。阿那克西美尼（Anaximenes）将气作为基本的质料，气既具有无定形或无限的特征，又具有普遍性的气的性质，各种物质是由气的稀释或浓缩而产生的。由此可以看出，米利都学派基本上是在某种特殊的具有固定形体的东西中寻求世界的统一性。

米利都学派以后，这种实体论继续发展，并逐步引进非实体。赫拉克利特（Heraclitus）[②]的世界是一团创造世界秩序的永恒的活火，它在一定的分寸上燃烧，在一定的分寸上熄灭。火与万物在一定的"分寸"上相互转化表达了物质运动的规律性，即"逻各斯"。"逻各斯"具有普遍性和共同性，但与那些具有固定形体的东西不同，它是在一与多、永恒与变化的关系中把握世界的统一性。留基伯（Leucippus）和德谟克利特（Democritus）的世界是虚空中原子的运动、碰撞和排列，原子的性质相同，但有形状、大小、位置和次序的区别，

---

① 关于米利都学派的代表人物及其学说，参见 Russell B. A History of Western Philosophy. New York: Simon and Schuster, Inc., 1945: 24-29.

② 关于赫拉克利特及其学说，参见 Russell B. A History of Western Philosophy. New York: Simon and Schuster, Inc., 1945: 38-47.

因为只有数才能表现这种区别，所以原子论实际上引进了数，引进了和谐性观念。

恩培多克勒（Empedocles）[①]的基本质料是"四根"，即火、气、土、水四元素，它们不仅是生产万物的必要实体，也是人的感觉产生的必要实体。它们是人和外部事物的共同本原，当构成人的根与构成事物的同类根相触时，人体感官就会产生感觉。这是对经验协调力的本体论和认识论依据的最早阐明。恩培多克勒的特别之处是引入非实体的"爱与斗"（love and strife），它们引导四根的结合或分离，这就把道德、审美和情感的因素带入认识论和方法论中，我们可以视其为对概念协调力和背景协调力的合理性以及概念协调力、背景协调力与经验协调力的关系的一种深刻说明。

如果说米利都学派的实体论是以"水"为代表的话，那么毕达哥拉斯（Pythagoras）学派[②]的和谐论则以"数"来表达。毕达哥拉斯学派研究过音乐的节奏，他们发现声音的长短、高低、轻重等质的差别是由发音体（如琴弦）在数量上的差别决定的。因此，他们把音乐节奏的和谐归结为数量上的比例关系。在建筑和雕刻艺术中，和谐的美感也是由数量的比例产生的。这种情况适合整个宇宙，和谐是绝对的"宇宙秩序"，充满宇宙，无处不在。这是由数决定的，万物皆数，数是万物的本原，万物都是数的摹本，数统摄一切。数生点，点生线，线生面，面生体，体生水、火、土、气四元素。将抽象的数字与物理质点或物理属性相对应实际上是很牵强的，几何图形没有物理属性，几何构造不能代替可感事物的自然运动。和谐固然重要，但没有物理实体或物理图像的和谐在具体科学中是没有意义的。有意义的和谐是结合物理实体或物理图像的和谐。当然，毕达哥拉斯学派注意到和谐与具体材料无关，数比实体具有更多的特点，某个实体可以缺乏某种物理属性，但不能没有数的规定性，所以数具有更大的普遍性和贯通性。这就说明了为什么数可以进入一切具体科学中，并影响着具体科学的成熟度。可以说，认识论和方法论中的和谐性协调力在毕达哥拉斯学派的本体论学说中得到最早的印证。

---

① 关于恩培多克勒及其学说，参见 Russell B. A History of Western Philosophy. New York: Simon and Schuster, Inc., 1945: 53-58.

② 关于毕达哥拉斯学派，参见 Russell B. A History of Western Philosophy. New York: Simon and Schuster, Inc., 1945: 29-37.

　　毕达哥拉斯学派的和谐论主要依靠神秘主义的宗教信仰的支撑，其哲学上的论证经过巴门尼德（Parmenides of Elea）到柏拉图更为充分。巴门尼德的本原既不是实体，也不是数，而是"存在"。存在是从可感事物中抽象出来的统一、完整、静止的东西，它虽然可以结合可感的东西来说明，但它本身是不可感的。巴门尼德不满意毕达哥拉斯学派的数的本原说，但存在论恰恰从哲学上深刻论证了数之于实体的重要性，数是不可感的、永恒的、唯一的、不动的，按照存在论，数比实体更符合存在的标准。真正师承毕达哥拉斯学派并将其推向顶峰的是柏拉图[①]。他将巴门尼德的存在论发展为理念论，明确论证了数学的至高无上的地位。理念论认为，一切可感事物都像赫拉克利特所说的，是变动不居的、不真实的；真实的东西是巴门尼德的不变的存在；这个不变的存在不像苏格拉底所说概念那样存在于人心之中，而是存在于人心之外，它就是"理念"。据此，柏拉图区分了真实世界（理念世界）和幻影世界（可感世界），并用"摹仿"和"分有"来说明两者的关系。幻影世界是摹仿真实世界的完善的理念或原型而产生的，组成幻影世界的个别事物只是理念或原型的不完善的"摹本"或"影子"。毕达哥拉斯把万物看作"数"的"摹本"，因为数是永恒不变的完善的理念，而个别事物不过是数的影像。所以，数学定律是可感世界或物理世界的真正本质。幻影世界之所以存在个别事物，是因为它们"分有"理念。各种各样的马之所以为马，是因为它们"分有"了"马"的理念，"一"个事物之所以存在，是因为"分有"了"一"的理念，"两"个事物之所以存在，是因为它们"分有"了"二"的理念。柏拉图甚至认为理念就是数，万物"分有"数而存在。上帝是按照数来设计幻影世界的，数是幻影世界的真谛所在，我们必须用数来把握或取代幻影世界。柏拉图将数作为"一般"从个别事物中完全剥离出来，使之成为独立存在的精神实体，这固然论证了数学之于自然的极端重要性，但也割裂了一般与个别的关系，把数学的作用推向极致。从科学哲学或科学逻辑的观点看，柏拉图的学说是对概念协调力，特别是对概念和谐性协调力的深刻论证，对后世科学产生了深远的影响，但是片面夸大概念协调力或概念和谐

---

① 关于柏拉图的理念论，参见 Russell B. A History of Western Philosophy. New York: Simon and Schuster, Inc., 1945: 119-132.

性协调力必然导致我们在理论的追求上走进死胡同，在理论的接受上缺乏全面的观点。

留基伯和德谟克利特的原子论①以一种巧妙的方式填补了一般与个别之间的鸿沟，他们一方面将毕达哥拉斯学派的数拉回到实体之中，另一方面使这种实体区别于米利都学派的可感的水、火、土、气。他们将原子和虚空看成事物的本原。原子是尺寸很小的物质微粒，它是充实的、没有空隙的，因而也是不可分的、不可穿透的；虚空是空洞的，是原子的活动场所。原子和虚空像理念一样不可见、不可感，但它不是理念，它是现实世界的真实存在。原子在数量上无限，在性质上相同。原子之间的区别在于其形状、体积和位置方面的数学特征。原子不生不灭，但原子的运动导致原子形状、体积和位置的变化，从而形成各种混合物，所以万物的变化是由原子的结合或分离造成的。原子论通过把宏观物体还原为微观原子将实体与数结合起来，这是古希腊对后世科学的伟大馈赠。德谟克利特区分理性和感性。理性用来把握原子和虚空的真理，感性用来认识可感事物的印象。印象不是真理，但真理必须与印象一致。理性优于感性，但必须从感性得到证明。按照原子论的哲学观点，概念协调力不能走向极端，从根本上讲是因为概念协调力缺乏经验的验证，所以完整的和谐性是概念和谐性与经验和谐性的结合。

像原子论者一样，亚里士多德给和谐性以适中的地位，但他的论证视角更为开阔。亚里士多德批评了柏拉图的理念论，他认为理念不能产生个别事物，不能解释个别事物的存在，理念本身的存在也有待说明。共性不能脱离个性而独立存在。理念与事物之间的关系是混乱的。事物的生成根本不需要"摹仿"或"分有"理念。事物是多种属性的统一体，按照理念论，同一事物有多种理念，但各种独立存在的多种理念是如何合而为一的呢？事物之间有属种关系，一事物，作为属，是个别事物的理念；作为种，是某个理念的摹本，这样，这一事物岂不既是理念又是摹本？理念也无法说明事物的运动变化。事物如果是由摹仿不变的理念产生的，就不应有变化，但是为什么事物是变化的呢？根据对理念论的批判，亚里士多德对理念数论也持否定的态度，指

---

① 关于留基伯和德谟克利特的原子论，参见 Russell B. A History of Western Philosophy. New York: Simon and Schuster, Inc., 1945: 64-73.

出数也不能脱离具体事物而存在。我们可以在观念上将事物的数量关系与事物分离，使之作为独立的研究对象，但这并不意味着数量关系事实上与事物的分离。依照亚里士多德这一观点，数学可以作为独立的研究对象，在概念的层次上进行推演，但是，当涉及具体科学时，数学的关系必须与经验图像相联系，必须计算出有限的结果，否则是没有意义的。亚里士多德的四因说进一步明确了和谐性的地位，他指出，实体论和原子论都是以物质为万物的基本原理或原因，实际上物质只是原因之一，即质料因。但是，物质何以能演变为万物？恩培多克勒的"爱与斗"其实是动力因。毕达哥拉斯学派和柏拉图把数和理念作为第一原理，但数和理念其实是形式因。对于目的因，与其他三种原因一样，以前的哲学家也只有模糊或片面的认识。后来，亚里士多德进一步把四因归为二因，即质料因和形式因。动力因和目的因都是形式因。葵花是葵花籽要长成的形式，但葵花也是葵花籽生长的动力和目的；雕塑家是塑像的动力，但雕塑家心中的塑像的形式才是真正的目的和动力。在质料与形式的关系上，亚里士多德一方面强调两者的结合，另一方面又认为形式先于两者的结合。① 这可能并不是矛盾的。"强调两者的结合"是反对形式完全独立于质料，这有利于说明和谐性赋予数以可感图像的重要性，"认为形式先于两者的结合"不仅表明形式所具有的普遍性和贯通性，还表明形式可以在观念上或纯概念上与质料相分离，并进行自由组合的重要意义。例如，在物理学研究中，我们可以从物理世界获得最初的基本原理，但是在计算过程中我们可以暂时撇开质料，撇开对现象的考察，形式在这时获得优越性。不过，计算后的结果仍然要还原为物理现象，因为形式只有与质料结合才有意义。

近代科学以和谐性追求为突破口，毕达哥拉斯开创的数理天文学将宇宙问题转化为数学问题，柏拉图的"拯救现象"强化了这一路线，倡导用简单的数学模型解释天体的复杂运动。托勒密给出天体运动的数学模型，开创了托勒密天文学；阿基米德（Archimedes）也是将力学问题转化为几何学问题，创立了阿基米德静力学。它们都是在具体科学的创新上追求和谐性协调力的成功范例。

---

① 关于亚里士多德的形而上学理论，参见 Russell B. A History of Western Philosophy. New York: Simon and Schuster, Inc., 1945: 159-172.

从近代科学的诞生来看，作为超理论的原子论和毕达哥拉斯－柏拉图传统似乎比亚里士多德学说起着更为明显的作用。其实，从哲学的观点来看，亚里士多德对和谐性的理解在某些方面更符合近代科学，他对物理图像（质料）与数学（形式）的转化的看法虽不全面却更为适中。但是，为什么近代科学在一定程度上与克服亚里士多德影响有关呢？内在的原因是亚里士多德四元素说否定了数学形式的贯通性，组成物质并解释物质运动的四种基本元素土、水、火、气有质无量，根本排除了和谐性追求的可能性，近代科学不可能在这样的超理论中产生。从外在原因来看，亚里士多德学说在中世纪由托马斯·阿奎那（Thomas Aquinas）全面上升为教会的正统理论，造成科学所忌讳的形而上学的偏袒。客观地讲，所谓"克服亚里士多德影响"，应理解为克服亚里士多德部分影响或克服亚里士多德被歪曲的思想。其实，即便是托马斯主义和后来的新托马斯主义，其综合、调和的特点对近现代哲学和科学都有着深远的影响。

三、牛顿和爱因斯坦：追寻和谐性的巨匠

与牛顿同时代的英国科学家胡克（Hooke）也提出过万有引力理论，但是，为什么一提到万有引力理论，人们就自然想到牛顿呢？胡克认识到物体的重力就是地球对它的吸引力。他于 1674 年提出关于引力的三条假设，又于 1680 年初明确提出引力同距离平方成反比的思想。[①] 著名的 X 射线晶体学专家贝尔纳（Bernal）[②]认为，胡克是法拉第之前最伟大的实验物理学家，他在机械学、化学、物理学和生物学等方面都有杰出贡献。他发明平衡轮，使得精确的手表和计时器的发明成为可能；他出版了《显微术》（*Micrographia*）[③]，第一次系统描述微观世界，包括用"细胞"一词形容软木切片上的微孔；他发明测微计，把望远镜引入天文学测量；他设计了符合式显微镜，对有生命和无生命物体进行观测；他和帕平（Papin）提出蒸汽机的构想。他对科学的最大贡献或许是他本人认为

---

① 参见 Rosen W. The Most Powerful Idea in the World: A Story of Steam, Industry and Invention. Chicago: The University of Chicago Press, 2012: 244.

② 贝尔纳关于胡克科学贡献的论述，参见 Bernal J D. Science in History. New York: Hawthorn Books, 1965.

③ 又译为《微物图志》《显微图志》《显微制图》《显微镜图集》《微观图集》，是罗伯特·胡克于 1665 年出版的一部著作。

的"提出了平方反比定律和万有引力概念"，但是，和法拉第一样，他缺乏牛顿和麦克斯韦那样的数学能力。[①] 在贝尔纳看来，万有引力的基本概念是属于胡克的，但他没有提出万有引力的数学表达式。

与胡克不同，牛顿在万有引力概念基础上成功加强了和谐性协调力，他给出了万有引力的数学表达式：

$$F = Gm_1m_2 / r^2$$

式中，G 为引力常数，其数值后来由英国化学家和物理学家卡文迪什（Cavendish）[②] 通过实验给出，m_1 和 m_2 为两质点的质量，r 为两质点之间的距离。

对于这种结果，英国科学史专家梅森（Mason）给出了一个有趣的说明：在研究太阳系力学的问题上，胡克和牛顿采用的方法是有区别的。胡克属于共和国时期达到成熟阶段的一代科学家，这一代受培根科学哲学的经验主义和功利主义影响最深。牛顿属于王朝复辟时期达到成熟的后一代科学家，他采用的是一种比较演绎的方法论，有点像伽利略和笛卡儿采用的方法。胡克努力通过测算物体在地面以上和以下不同地方的重量，从实验中找出两物体之间引力和距离的变化，而牛顿大概是从向心力定律和开普勒的行星运动第三定律演绎出引力的平方反比定律的。[③]

另一科学巨匠爱因斯坦从 1907 年开始，专注于广义相对论研究。他首先提出广义相对论原理，即自然规律在任何参考系中都具有相同的数学形式。另外，

---

① 胡克提出的弹性定律是力学最重要的基本定律之一。弹性定律指出：弹簧在发生弹性形变时，弹簧的弹力 F 和弹簧的伸长量（或压缩量）x 成正比，即 $F = -k \cdot x$。k 是物质的劲度系数，它由材料的性质所决定，负号表示弹簧所产生的弹力与其伸长（或压缩）的方向相反。这一定律具有经验和谐性，是从实验测量中概括出来的。万有引力定律可以利用其他先导定律（开普勒第二定律、开普勒第三定律、牛顿运动定律等）和辅助假设（行星圆形轨道）运用数学方法演绎出来，它本身反映了那些先导理论的概念一致性协调力。万有引力定律本身的概念和谐性协调力取决于它作为先导理论（可以与其他理论结合）能够推演出多少有经验意义的公式。当然，一个定律的发现过程可能是复杂的，不一定完全依靠数学推理，也可能加入想象和猜测，但一个定律一旦被发现，它的演绎性应用如果获得普遍的有意义的数量关系则能够加强其概念和谐性。

② 卡文迪什用一个改进的扭力天平对 G 进行第一次精确测量。这台仪器包括两个小球体，它们被分别联结在一根杆的两端。用一根细金属线将杆悬挂起来，再使两个较大的球体靠近两个小球，杆就会运动。卡文迪什根据杆的摆动频率来测定引力，得到 G 值。G 值的测量和获得显然加强了万有引力公式的背景实验协调力。关于卡文迪什的实验，参见 Cavendish H. Experiments to determine the density of Earth. Philosophical Transactions of the Royal Society, 1798, 88: 469-526.

③ 参见梅森. 自然科学史. 周煦良，全增嘏，傅季重，等译. 上海：上海译文出版社，1980：186.

他还从伽利略发现的关于惯性质量同引力质量相等的经验事实中受到启发，提出等效原理，即在一个小体积范围内的万有引力和某一加速系统中的惯性力相互等效。发现了这两个原理，还不能说爱因斯坦已经建立了广义相对论。要想建立引力理论，必须借助数学工具，以求得一种普遍性的有意义的定量关系。但是，爱因斯坦当时所掌握的数学知识并不充分。幸运的是，爱因斯坦得到他的大学同学格罗斯曼（Grossmann）的帮助。在格罗斯曼的帮助下，爱因斯坦终于找到由高斯－黎曼（Gauss-Riemann）的曲面几何和里奇（Ricci）等建立的张量分析等数学工具。爱因斯坦在 1912 年回到苏黎世以后，有了一个决定性的思想，即广义相对性理论的数学问题与高斯的曲面理论之间存在着类比，但这时他还不知道黎曼、里奇和列维－契维塔（Levi-Civita）的工作。第一次使爱因斯坦注意到这些工作的，是他的朋友格罗斯曼。那时，爱因斯坦向格罗斯曼提出寻找普遍的协变张量的问题，这些张量仅依赖于二次基本不变量 $[g_{\mu\nu}dx^\mu dx^\nu]$ 的系数 $[g_{\mu\nu}]$ 的导数。[①] 经过三年的艰苦努力，爱因斯坦于 1915 年 11 月 25 日最后完成其著名的论文——《引力的场方程》。正是在这篇论文中，爱因斯坦提出了广义相对论引力场方程的完整形式。引力场方程是在牛顿引力理论的基础上与其他定律和理论假设一起推演得出的，其公式为

$$G_{\mu\nu} = R_{\mu\nu} - \frac{1}{2}g_{\mu\nu}R = \frac{8\pi G}{c^4}T_{\mu\nu}$$

这是一个二阶非线性张量方程，式中 $G_{\mu\nu}$ 为爱因斯坦张量，$R_{\mu\nu}$ 是由黎曼张量缩并而得到的里奇张量，表示空间的弯曲程度，$g_{\mu\nu}$ 是（3+1）维时空的度规张量，$T_{\mu\nu}$ 是能量－动量－应力张量，表示物质分布和动力状态，R 是从里奇张量缩并而成的曲率标量，G 是重力常数（又称"万有引力常数"），c 是真空中的光速。整个方程的物理意义是，空间物质的能量－动量分布决定空间的弯曲状况。

1916 年 3 月，爱因斯坦完成《广义相对论的基础》一文，全面总结了他创立的广义相对论。爱因斯坦在 1916 年写的广义相对论的第一篇总结的引言中对他的朋友格罗斯曼表达了感激之情。格罗斯曼不仅帮助爱因斯坦从数学文献研究中解放出来，还支持爱因斯坦寻找引力场方程。[②]

---

① 参见派斯 . 爱因斯坦传（上册）. 方在庆，李勇，等译 . 北京：商务印书馆，2004：308-309.
② 参见派斯 . 爱因斯坦传（上册）. 方在庆，李勇，等译 . 北京：商务印书馆，2004：309.

据说，在爱因斯坦创立广义相对论之后，日本的石原纯（Jun Ishihara）也曾致力于广义相对论的推广工作，但没有成功，因为他缺乏必要的数学工具。因此，我们万勿忘记，在爱因斯坦创立广义相对论的辉煌成功的背后，有一个了不起的数学家——格罗斯曼。

爱因斯坦创立的广义相对论提高了其先导理论的概念和谐性，如爱因斯坦引力场方程的推导所涉及的牛顿引力理论、相对性原理、弱等效原理、爱因斯坦等效原理、强等效原理、能量和动量守恒原理等，这些理论都因为爱因斯坦引力场方程的成功发现而提高了概念和谐性协调力。[①] 爱因斯坦引力场方程本身的概念和谐性协调力则取决于其作为先导理论而产生的具有方程形式的后承理论的数目。例如，1914 年天文学家史瓦西（Schwarzschild）得到引力场方程的第一个精确解：

$$ds^2 = -\left(1 - \frac{2GM}{r}\right)dt^2 + \left(1 - \frac{2GM}{r}\right)^{-1}dr^2 + r^2\left(d\theta^2 + \sin^2\theta d\varphi^2\right)$$

这就是球对称外引力场的史瓦西解。史瓦西在 1915 年 12 月 22 日将结果寄给爱因斯坦，得到爱因斯坦的高度称赞。史瓦西解很好地描述了太阳系中的引力场。球形太阳周围物质质量相对很小，可以看作真空。太阳系中所有光线、行星、彗星等运动轨道可视为弯曲时空测地线。这些运动轨道的计算值与经过太阳附近的光线和行星近日点进动（precession）的观测值精确符合。史瓦西几何具有普适性，它只依赖于一个参量——质量，与恒星类型无关。太阳和相同质量中子星周围的引力场是一样的。史瓦西解描述了一个静止的、不带电的、球对称的天体外部的引力场（天体外部的弯曲状况），这被称为史瓦西度规或史瓦西外部解。按照史瓦西解，随着接近点状引力源，时空几何出现奇异行为。奇异性在临界距离 $r=2GM/c^2$ 处出现，其中 M 是中心星体质量，G 是牛顿万有引力常数，c 是光速。该临界距离与引力质量成正比，称为史瓦西半径，在该半径之内，时间和空间都丧失了自己的特性，用来测量距离和时间的规则都失效了，

---

① 关于爱因斯坦场方程的推导，参见钟双全.爱因斯坦场方程推导过程的逻辑梳理——纪念广义相对论发表 100 周年.《物理通报》2014 年 S2 期。在引力方程推导过程中所运用的任何定律、公式、假说、思想等都将因为方程式的成功推导而提高其概念和谐性协调力。对于引力场方程的详细推导过程，参见爱因斯坦，格罗斯曼："广义相对论和引力论纲要"以及爱因斯坦："关于广义相对论""关于广义相对论（补遗）""引力场方程""广义相对论的基础" // 爱因斯坦.爱因斯坦文集.第 2 卷（增补本）.范岱年，赵中立，许良英编译.北京：商务印书馆，2009：251-391.

时间为零，距离趋于无限。史瓦西半径中塌缩的物体会变得非常致密，引力非常强大，以至于没有任何辐射能够逃逸出去。因此，这种恒星是不可见的。这种现象后来被称作"黑洞"。[①] 除了史瓦西解，爱因斯坦引力方程还有两三个著名的解，即雷斯勒－诺斯特朗姆解、克尔解、纽曼解等。这些都增强了引力场方程的概念和谐性。爱因斯坦本人把引力场方程应用于基本粒子结构、仿射场、量子、统一场、引力波、运动等问题的分析所产生的推导式也大大提高了爱因斯坦引力场方程的概念和谐性。

第七节　概念多样性

一、定义

假如在 τ 时间，理论 T 有 μ 种解子（记为 $\mu(j)$，$\mu \geqslant 0$）并获得 λ 种解子（记为 $\lambda(j)$）的支持，则我们有

$$v(T\tau) = \frac{\lambda(j)}{\mu(j)}$$

即 τ 时间的 T 的概念多样性协调力 v 等于支持理论的解子数与理论的被支持解子数的比值。为简便起见，我们把该公式记为

$$v(T\tau) = N_v(T)$$

或

$$v(T\tau) = N_v$$

其中，$N_v \geqslant 0$。在 τ 时间的理论 T 和 τ' 时间的理论 T' 的比较中，如果

$$N_v(T) < N_v(T')$$

则

$$v(T\tau) < v(T'\tau')$$

即 T 的概念多样性协调力小于 T'。或者

① 关于史瓦西及其学术贡献，参见 Schwarzschild K. Biography of Karl Schwarzschild (1873-1916), Berlin, Heidelberg: Springer Berlin Heidelberg, 1992: 1-28.

$$v(T\tau)\downarrow\wedge v(T'\tau')\uparrow$$

即 $T\tau$ 与 $T'\tau'$ 相比，前者面临概念多样性冲突，后者呈现概念多样性协调，或者说，前者的概念多样性协调力下降，后者的概念多样性协调力上升。

二、上层解子和下层解子

一个理论的支持解子可能来自普遍性程度更高的另一个或另一些理论，也可能来自普遍性程度较低的另一个或另一些理论。笔者把来自普遍性程度更高的另一个或另一些理论称为上层解子，把来自普遍性程度较低的另一个或另一些理论称为下层解子。上层解子对某个理论提供演绎支持，下层解子对某个理论提供归纳支持。上层解子和下层解子本身都具有较强的综合协调力，其本身的综合协调力越强，支持的理论的概念多样性协调力也越强。为计算方便，我们只承认在一定时段内被广泛接受的具有较强综合协调力的支持解子，并把它们看成具有同等的重要性。如果更为精细的话，也可以根据不同的支持解子本身的协调力状况赋予它们不同的权重。

关于概念多样性的下层解子，从能量守恒定律（热力学第一定律）可见一斑。该定律可表述为：自然中的一切物体都具有能量，能量不能创造，也不能消灭，只能在总量不变的原则下，由一种形式转化为另一种形式，或由一物体传递给另一物体。[①] 对于能量守恒定律，恩格斯曾有过极高的评价，把它与细胞学说和达尔文进化论一道誉为 19 世纪三大科学成就，并把它们视为唯物主义自然观的牢固基础。[②] 我们说这个定律具有较强的概念多样性协调力，因为它不仅获得当时热力学的支持，而且其他学科，如当时的电学、磁学、电磁学、化学、电化学、生理化学等，都提供了有力的自下而上的概念归纳支持。科学家首先

---

① 能量守恒的基本思想最初由笛卡儿在 1644 年出版的《哲学原理》一书中提出。他指出，宇宙中存在的运动的量是不变的。但笛卡儿仅仅从量上表达，是不充分的。到 19 世纪 40 年代，德国物理学家迈尔和亥姆霍兹，英国物理学家焦耳和格罗沃，丹麦物理学家科尔丁等人，都通过各自的实验和推算发现了这一普遍规律。恩格斯认为这个理论是迈尔于 1842 年创立的，1845 年进一步阐释的。恩格斯比较了"力""能""功"三个概念，认为从表达形式上看，"能量守恒"比"力的守恒"更好。参见恩格斯. 运动的基本形式 // 中共中央马克思恩格斯列宁斯大林著作编译局编译. 马克思恩格斯选集. 第三卷 .3 版. 北京：人民出版社，2012：951-977.

② 参见中共中央马克思恩格斯列宁斯大林著作编译局编译. 马克思恩格斯选集. 第三卷 .3 版. 北京：人民出版社，2012：894-898.

获得一些具有经验多样性协调力的原理，然后将这些原理进一步从概念上概括、归纳为能量守恒与转化原理。下面举例说明。

案例一　伏打电池[①]与电解使人们认识到电能与化学能是可以转化的。伏打电池是由伏打伯爵（Alessandro Volta）发明的，它由几组圆板堆积而成，每一种圆板包括两种金属板。所有圆板之间用浸透盐溶液的布隔开，湿润的布可以导电。伏打用锌、银和湿布三种物体组成一组，将 8—10 个这样的组合排成一列，产生了微弱但稳定的电流。1800 年，伏打将十几年的研究成果写成一篇论文《论不同金属材料接触所激发的电》[②]，阐明了伏打电池的原理。伏打证明，只要布保持湿润，组数增加时，电流就会增大。电流通过的面积越大，电流也就越强。在一定面积里将接触点集中会阻碍电流流动。利用电流进行刺激时，人的感觉器官会产生反应，动物的肌肉会收缩。伏打并不清楚他的实验背后是什么样的电学原理在起作用。[③]后来的科学家认识到，这是一种将化学能转化为电能的装置。有的科学家，如克鲁克香克（Cruikshank）、戴维爵士（Sir Davy）等，改造伏打电池，发明了更多的可以释放更大电量的装置，并利用这些装置提取新物质、分解化合物。

案例二　热电偶的发明和电流热效应的发现使人们认识到电能与热能是可以转化的。1821 年，德国物理学家塞贝克（Seebeck）将两根不同的金属导线连接起来，构成一个电流回路。他将两根导线首尾相连，形成两个节点。他发现，如果把其中一个节点加热而使另一个节点保持低温，则电路周围存在磁场。塞贝克实际上发现了热电效应（也称为塞贝克效应），但他却给出错误的解释，把这一方向描述为"温差导致的金属磁化"。[④]1830 年，人们利用热电效应制成温差电偶（热电偶）以测量温度。只要选取适当的金属作热电偶材料，即可测量从 -180℃到 2000℃的温度。目前，利用铂和铂合金制作的热电偶温度计可以测量高达 2800℃的温度。1841 年，英国物理学家焦耳（Joule）发现载流导体

---

① 参见雷斯潘根贝格，莫泽．科学的旅程．郭奕玲，陈蓉霞，沈慧君译．北京：北京大学出版社，2014：237.

② Volta A. On the electricity excited by the mere contact of conducting substances of different kinds. Proc R Soc lond, 1832: 27-29.

③ 参见 Dibner B. Alessandro Volta and the Electric Battery. New York: Franklin Watts, 1964.

④ 参见 Seebeck T J. Ueber die magnetische polarisation der metalle und erze durch temperaturdifferenz. Annalen Der Physik, 1826, 82 (1): 1-20.

中产生的热量与电流的平方、导体的电阻和通电的时间成正比。[①]1842 年，俄国物理学家楞次（Lenz）也独立发现这一关系。这一发现被称为"焦耳 – 楞次定律"。[②]

案例三 法拉第电磁感应实验和电动机等的发明使人们认识到电能与机械能是可以转化的。1821 年，法拉第发现电磁旋转效应：一根载流导线会绕着一块磁石的两极旋转，反之亦然。这是法拉第发明的第一台原始电动机。他据此展开对电磁感应、电介质和抗磁现象的研究。1831 年，他发现变化的、不稳定的磁场在导体中能够产生电流。法拉第的成果导致发电机、电动机和变压器等的开发和发展。发动机的工作原理是运动可以转化为电流，而电动机的工作原理是电流可以转变为运动。[③]19 世纪晚期，利用这些原理，爱迪生（Edison）[④]发明了直流发电机，特斯拉（Tesla）[⑤]发明了交流发电机、电动机和变压器。

案例四 卡诺热机的提出使人们认识到机械能与热能是可以转化的。1841 年，卡诺发表《关于火的动力以及产生这种动力的机器》一文，提出一个按卡诺循环运作的理想热机，即由一个高温热源和低温热源组成，以实现理想循环工作的热机。他认为，所有热机之所以能够做功，是因为热量由高温热源流向低温热源，固定量的热传导会产生固定量的功；理想热机的热效率是所有热机中最高的，它与热源的高低温之差成正比，而与循环过程中的温度变化无关。他一开始错误地用热质说解释热机的运转[⑥]，但到 1830 年转向热之唯动说，并在笔记中写下能量守恒原理以及在手稿中计算出热功当量。[⑦]卡诺 1832 年因感染霍乱去世，其笔记和手稿直到 1878 年才由他弟弟发现并发表。德国人克劳修斯（Clausius）和英国人开尔文勋爵认识到卡诺的早期结论已经包含热力学第二定

---

① 参见 Cardwell D S. James Joule: A Biography. Manchester: Manchester University Press, 1989.

② 参见吴国盛. 科学的历程. 4 版. 长沙：湖南科学技术出版社，2018：19.

③ 参见 Meyer H W. A History of Electricity and Magnetism. Cambridge: The MIT Press, 1971.

④ 参见 Israel P, Friedel R, Finn B S. Edison's Electric Light: Biography of an Invention. New Brunswick: Rutgers University Press, 1986.

⑤ 参见 Cheney M. Tesla: Man Out of Time. Englewood Cliffs: Prentice Hall, 1981.

⑥ 参见卡约里. 物理学史. 戴念祖译. 呼和浩特：内蒙古人民出版社，1981：208；另参见申先甲，张锡鑫，祁有龙. 物理学史简编. 济南：山东教育出版社，1985：470.

⑦ 参见申先甲，张锡鑫，祁有龙. 物理学史简编. 济南：山东教育出版社，1985：464-465.

律。他们分别于1850年和1851年提出克劳修斯表述[1]和开尔文表述[2]。这两种表述在理念上等价。机械能与热能的转化原理的发现是基于经验观察、概念猜想和数学计算，本身具有经验协调力和概念协调力。

案例五　赫斯定律[3]的发现使人们认识到在化学变化过程中，能量是守恒的。1840年，俄国化学家赫斯（Hess）通过大量实验证明，对于任何化学反应，不论该反应是一步完成的还是分步完成的，其总热量变化是相同的。这就是赫斯定律。1860年，该定律被描述为热的加和性守恒定律：在条件不变的情况下，化学反应的热效应只与反应体系的始态和终态有关，而与反应的途径无关。赫斯定律是出现在热力学第一定律提出前的经验定律，但也可从热力学第一定律中推导出来。赫斯定律的建立，使得热化学反应方程式可以像普通代数方程式一样进行计算。根据赫斯定律，人们可以根据已准确测定的反应热推算实验难以测定或无法测定的反应热。例如，根据热化学方程式计算物质蒸发时所需能量、不完全燃烧时损失的能量等。[4]赫斯定律本身具有经验协调力、概念协调力和背景协调力。

案例六　德国物理学家和化学家迈尔（Julius Robert von Mayer）通过对人体的考察认识到，热能、化学能、机械能在人体中是可以转化的。1840—1841年，迈尔作为船医远航到东印度，发现在热带地区海员的静脉血液比在欧洲时更红一些。迈尔认为，在热带地区，人的机体只需吸收较少的热，故而机体中食物氧化过程减弱，静脉血液中存留较多的氧，致使血液更红。这使他联想到食物中化学能与热能的等效性。他听说海水在暴风雨时更热，又联想到热与机械运动的等效性。1841年，迈尔写了《论热的量和质的测定》一文，认为力（能）是自然界运动变化的原因，自然力在量上是不灭的，只是质发生变化。1842年，迈尔写出《论无机界的力》一文，论证一切自然力是不灭的，落体力

---

①　热力学第二定律的克劳修斯表述：热不能自己从一个物体传给温度更高的另一个物体。参见斯潘根贝格，莫泽.科学的旅程.郭奕玲，陈蓉霞，沈慧君译.北京：北京大学出版社，2014：251.

②　热力学第二定律的开尔文表述：熵是一个系统无序性的度量，系统越是无序，熵越高。对于不可逆系统来说，熵是增加的；而对于可逆系统来说，熵是恒定不变的。参见 Glasstone S. Thermodynamics for Chemists. Huntington: Krieger Publishing Company, 1972: 152.

③　也称为盖斯定律。

④　参见董元彦，王运，张方钰.无机及分析化学.3版.北京：科学出版社，2011：43；另外参见胡宗球，华英杰，朱立红，等.无机化学（上册）.北京：科学出版社，2013：59-61.

（势能）可以转化为运动（动能），并开始用质量与速度的二次方的积来表示运动；还论证"有不能变为无"，运动一消失就转化为热，而蒸汽机则把热转化为运动。1845 年，迈尔发表《论有机体的运动以及它们与新陈代谢的关系》一文。在文中，他从因等于果、无不生有、有不变无的论点出发，论述了能量守恒。文中还把物理能的形式分为重力势能、动能、热能、磁能、电能、化学能，列举了这些能量相互转化的 25 种方式。[①]迈尔发现的能量守恒原理缺乏实验支持，后来焦耳独立发现并通过精确实验证明了热力学第一定律。

案例七 亥姆霍茨（Helmholtz）[②]通过对动物体热的研究，发现动物机体中的能量是守恒的。1843 年，获博士学位不久后的亥姆霍茨[③]被派往波茨坦军团担任军医。由于任务不多，他有比较充裕的时间进行科学研究。1845 年，他研究了动物的新陈代谢、机械能和热量之间的关系，用实验证明正在做功的肌肉中发生了化学反应，动物机体中的能量是不变的，并发表论文《论肌肉作用中物质的消耗》。1847 年 7 月 23 日，亥姆霍兹在柏林物理学会上宣读了他的论文《论力的守恒》，该文将他的实验结果理论化、公式化，增加了守恒思想的概念一致性和概念和谐性协调力；论文证明能量转化与守恒定律的普适性，指出力的、热的、电的、化学的、生理的和其他一切过程都遵守这条定律，增强了守恒定律的经验多样性和经验统一性协调力。他在学术上的杰出成就得到很多人的认可，并因此提前三年退役，专门从事科学研究。这也是他发现的能量守恒原理所具有的背景行为协调力的证据。

诸如此类的发现使能量守恒定律获得了概念多样化的前提，为能量守恒定律的最后发现铺平了道路。按照概念多样性协调力公式，假定能量守恒定律为单一理论，而支持该定律的经验定律等于 7（由 7 个案例说明），我们有

$$v(T\tau) = \frac{\lambda(j)}{\mu(j)} = \frac{7}{1} = 7$$

实际上，可以认定，$v(T\tau) \geqslant 7$，即在 1800—1847 年，能量守恒定律 T 的概念多样性协调力不低于 7。

与经验多样性的支持解子仅仅来自下层解子不同，概念多样性的支持解子

① 参见 Caneva K L. Robert Mayer and the Conservation of Energy. Princeton: Princeton University Press, 1993.

② 也译为赫尔姆霍兹。

③ 参见 Koenigsberger L. Hermann von Helmholtz. Welby F A (trans.) . New York: Dover Publications, 1965.

不仅来自下层解子，也来自上层解子。林定夷注意到这个问题，他说："估计假说的似真性时，不但应当考虑如上述那些与经验证据直接有关的因素，而且还应当考虑科学中已得到确认的其他理论对假说的支持。如果一个假说能够从已被广泛接受的、具有高度似真性的普遍性理论中获得'自上而下'的支持，也就是说，那个具有高度似真性的理论逻辑地蕴涵了这个假说，那么，这个假说即使没有任何经验证据的支持，也会被认为具有高度的似真性。而一个部分地得到了经验事实的确证，因而具有一定程度的似真性的假说，一旦事后获得了另有独立证据的更广泛的理论'从上而下'的支持，也会提高它的似真性。"[①]按照协调论，一个理论，不论有没有经验协调力，一旦获得具有较强协调力的上层解子的演绎支持，则该理论的概念多样性协调力就会上升。例如，1884 年 6 月 25 日，瑞士数学教师巴尔末（Balmer）在贝塞尔自然科学协会的一次演讲中提出用于表示氢原子谱线波长的经验公式：

$$\lambda_i = \frac{n^2}{n^2 - 2^2} \lambda_0$$

其中，λ_i 表示氢的波长，$\lambda_0 = 3.6546 \times 10^{-7}$ 毫米，n=3，4，5…。这一公式于 1885 年刊载在《物理与化学年鉴》[②]中，称为巴尔末公式。[③]作为经验假说的巴尔末公式能够从更普遍的里德伯公式[④]和玻尔原子论中推导出来，从而获得一定的概念多样性协调力。1889 年，瑞典物理学家里德伯（Rydberg）提出另一个表示氢原子谱线的经验公式：

$$\frac{1}{\lambda} = R_H \left(\frac{1}{n^2} - \frac{2}{n'^2} \right)$$

其中，R_H 是里德伯常量，λ 是谱线波长；n=1，2，3，…；n'=n+1，n+2，n+3，…。[⑤]里德伯公式比巴尔末公式更为普遍，里德伯公式是巴尔末公式的上层解子，从里德伯公式可以推导出巴尔末公式。巴尔末公式是里德伯公式在 n=2 时的特例。1913 年，玻尔在卢瑟福模型的基础上提出玻尔原子模型。玻尔原子

---

① 林定夷. 科学逻辑与科学方法论. 成都：电子科技大学出版社，2003：344-345.

② Balmer J J. Notiz über die Spectrallinien des Wasserstoffs. Annalen der Physik und Chemie, 1885, 25: 80-87.

③ 关于巴尔末公式的发现过程，参见陈毓芳. 氢光谱波长的规律（巴尔末公式）的发现. 大学物理，1982，（4）：12-16.

④ 又称"里德伯－里兹公式"。

⑤ 参见 Šibalić N, Adams C S. Rydberg Physics. Bristol:IOP Publishing, 2018.

模型可以表示为

$$R_Z = \frac{2\pi^2 m_e Z^2 e^4}{h^3}$$

其中，m_e 是电子质量，e 是电荷，h 是普朗克常数，Z 是原子序数（氢的原子序数是 1）。[①] 从玻尔原子模型可以推导出巴尔末公式，故而玻尔原子模型也是巴尔末公式的上层解子。因此，我们有 $v(T'\tau) \geq 2$，即在里德伯公式和玻尔公式出现之后，作为单一理论 T' 的巴耳末公式的概念多样性协调力不小于 2。

第八节　概念简洁性

一、定义

假如在 τ 时间，理论 T 从 η 种不同的解子（记为 $\eta(j)$，$\eta \geq 0$）推演出 θ 种不同的解子（记为 $\theta(j)$），则我们有

$$s(T\tau) = \frac{\theta(j)}{\eta(j)}$$

即 τ 时间的 T 的概念简洁性协调力 s 等于理论的作为结论的解子数与作为前提的解子数的比值。为简便起见，我们把该公式记为

$$s(T\tau) = N_s(T)$$

或

$$s(T\tau) = N_s$$

其中，$N_s \geq 0$。在 τ 时间的理论 T 和 τ' 时间的理论 T' 的比较中，如果

$$N_s(T) < N_s(T')$$

则

$$s(T\tau) < s(T'\tau')$$

---

① 参见 Pais A. Niels Bohr's times//Physics, Philosophy and Polity. Oxford: Oxford University Press, 1991: 146-149.

即 T 的概念简洁性协调力小于 T'。或者

$$s(T\tau)\downarrow \wedge s(T'\tau')\uparrow$$

即 Tτ 与 T'τ' 相比，前者面临概念简洁性冲突，概念简洁性协调力下降，后者呈现概念简洁性协调，概念简洁性协调力上升。

理论 T 在时间 τ 的经验简洁性协调力总是小于或等于其概念简洁性协调力，即一个理论 T 在时间 τ 的经验简洁性协调力和概念简洁性协调力存在下述关系：

$$S(T\tau)\leqslant s(T\tau)$$

这是因为

$$\theta(j)\geqslant\theta(rw)$$

即 T 在时间 τ 作为前提的解子数不变，而作为结论的解子数总是不小于其推测与观测型经验问子相符的解子数。

二、科学得益于公理化方法

所谓公理化方法，是指从一些定义、公理、公设出发，运用演绎推理规则，推导出其他一系列命题和定理，以建立科学理论的逻辑演绎体系，即公理化体系。

公理化方法最早出现于数学。公元前 3 世纪欧几里得的几何学体系是第一个古典的公理化体系。欧几里得在《几何原本》中从 23 个定义、5 条公设和 5 条公理出发，推演出 467 个数学命题，建立了一个逻辑上完美、严整的几何学知识体系。按照概念简洁性的定义，设定 τ 为公元前 3 世纪，欧几里得几何 T 的概念简洁性协调力是

$$S(T\tau)=\frac{\theta(j)}{\eta(j)}=\frac{467}{23+5+5}=14.2$$

欧几里得几何不是经验科学理论，所以经验协调力极弱，而概念协调力极强。

《几何原本》的意义远远超出几何学的范围，作为最先应用公理化方法的典范，它对科学的发展产生了不可估量的影响。《几何原本》的完美、严谨的逻辑曾使少年爱因斯坦的心灵受到震撼，从后来爱因斯坦对它的评价中，我们不

难看出它对于这位科学巨匠的一生来说有多么大的影响。他说："我们推崇古代希腊是西方科学的摇篮。在那里，世界第一次目睹了一个逻辑体系的奇迹，这个逻辑体系如此精密地一步一步推进，以致它的每一个命题都是绝对不容置疑的——我这里说的就是欧几里得几何。推理的这种可赞叹的胜利，使人类理智获得了为取得以后的成就所必需的信心。"[①]

公理化方法很快推广运用到其他领域。在《论球和圆柱》一书的第一卷，阿基米德先给出了 6 个定义和 5 个公理。如定义了曲线、曲面、立体扇形、立体菱形等。第一个公理是：具有两相同端点的所有线中以直线为最短。第三个公理是：具有相同边界（边界在一平面上）的所有面中以平面为最小。第五个公理（阿基米德公理）是：在不相等的线、面或立体中，累加较大者与较小者的差，总可超过任何一个与之相比的量。根据这些定义和公理，阿基米德在第一卷中共给出了 44 个命题，内容涉及圆柱和圆锥的表面积、球的表面积与体积以及球缺与扇形圆锥的体积。如命题 13：任一正圆柱（不计两底面）的表面积等于一圆的面积，该圆的半径是圆柱的高与直径的比例中项。命题 33：任一球的表面积等于其大圆面积的 4 倍。命题 34：任一球的体积等于一圆锥体积的 4 倍，该圆锥以球的大圆为底，高为球的半径。阿基米德还分别给出了小于半球的球缺和大于半球的球缺的表面积公式（命题 42、命题 43）。在第二卷中，阿基米德讨论了由第一卷中的命题推出的结果（9 个命题），主要是关于球缺的内容。如命题 9：在所有球缺中，与半球具有相同表面积者体积最大。[②] 按照概念简洁性的定义，设定 τ 为阿基米德提出球和圆柱理论 T' 以来的任意时间，则阿基米德关于球和圆柱的理论 T' 的概念简洁性协调力是

$$s(T'\tau) = \frac{\theta(j)}{\eta(j)} = \frac{44+9}{6+5} = 4.8$$

牛顿在《自然哲学的数学原理》一书中，首先从力学现象中提出若干基本概念，如质量、动量、惯性、力、时间、空间、绝对运动等；然后用这些概念表述牛顿运动三定律和万有引力定律；进而又推出动量守恒、能量守恒、角动

---

① 爱因斯坦. 爱因斯坦文集. 第 1 卷. 许良英，范岱年编译. 北京：商务印书馆，1976：313.

② 参见 Gould S H. The method of archimedes. The American Mathematical Monthly, 1955, 62(7): 473-476；另外参见阿基米德. 阿基米德全集（修订本）. 朱恩宽，常心怡，等译. 西安：陕西出版集团，陕西科学技术出版社，2010：191-279.

量守恒等定律；最后将上述定律运用于宇宙系统，推演出关于行星、彗星、月球、海洋等的运动，由此形成经典力学的理论体系。牛顿理论体系中包含很多小的体系，我们可以就其中的两个小体系进行概念简洁性协调力的比较。例如，我们把初始和终量的比值理论 T_1 与向心力理论 T_2 进行比较。在 T_1 中，牛顿给出 11 条引理，其中，引理 3 有 4 个推论，引理 4 和引理 8 各有 1 个推论，引理 7 有 3 个推论，引理 10 和引理 11 各有 5 个推论，共有 19 个推论。[①]在理论 T_2 中，牛顿给出 5 个定理，定理 1 有 6 个推论，定理 2 有 2 个推论，定理 3 有 4 个推论，定理 4 有 9 个推论，定理 5 有 5 个推论，共有 26 个推论。[②]我们可以有两种比较方法。第一种方法是把 T_1 和 T_2 作为牛顿理论体系的子理论直接进行比较。在子理论的结构中，如果我们把引理或定理作为先导理论，把推论作为后承理论，设定 τ 为牛顿发明 T_1 和 T_2 以来的任意时间，则有

$$s(T_1\tau) = \frac{\theta(j)}{\eta(j)} = \frac{19}{11} = 1.7$$

$$s(T_2\tau) = \frac{\theta(j)}{\eta(j)} = \frac{26}{5} = 5.2$$

因此

$$s(T_1\tau) < s(T_2\tau)$$

第二种方法是扩大理论范围，引入子理论外部先导理论，而把子理论内部先导理论作为推论，或把内部先导理论的推论作为外部先导理论的推论。据此，我们可以把牛顿运动三定律（公理）作为先导理论[③]，把引理或定理及其推论作为后承理论。这样，如果去掉推论的中间过程，在 T_1 的 11 个引理中去掉 6 个引理，T_2 的 5 个定理全部消去，我们得到新的理论 T'_1 和 T'_2。设定 τ 为牛顿发明 T'_1

---

① 参见牛顿.自然哲学之数学原理.王克迪译.西安：陕西人民出版社，武汉：武汉出版社，2001：39-48.

② 参见牛顿.自然哲学之数学原理.王克迪译.西安：陕西人民出版社，武汉：武汉出版社，2001：51-67.

③ 把一个宏大的理论体系作为整体计算其协调力可以采取简便的办法，我们只关注其具有贯通性的先导理论和作为最终结论的后承理论。对于先导理论，我们可以不计入定义数，因为定义已经包含在公理中；也可以不计入辅助假说，因为具有贯通性的先导理论与各种辅助假说结合可以推导出更多的结论，辅助假说作为先导理论可以放入子理论中计算；更不必计算在推导中的方法和联想因素，它们在理论比较中可以相互抵消。

和 T'_2 以来的任意时间，我们有

$$s(T'_1\tau) = \frac{\theta(j)}{\eta(j)} = \frac{5+19}{3} = 8$$

$$s(T'_2\tau) = \frac{\theta(j)}{\eta(j)} = \frac{0+21}{3} = 7$$

因此

$$s(T'_1\tau) > s(T'_2\tau)$$

这里，我们可以看出，子理论之间的概念简洁性比较结果不一定反映它们各自的母理论的概念简洁性协调力状况。虽然 $s(T_1\tau)$ 的概念简洁性协调力小于 $s(T_2\tau)$，但它们各自的母理论的概念简洁性协调力大小恰好相反，$s(T'_1\tau)$ 的概念简洁性协调力大于 $s(T'_2\tau)$。但是，在这里，我们看到

$$s(T'_1\tau) > s(T_1\tau)$$

$$s(T'_2\tau) > s(T_2\tau)$$

即两个母理论的概念简洁性协调力比各自的子理论都上升了。牛顿把三定律用于各种运动理论而给出众多的推论，从牛顿理论整体来看，如果先导解子数不变，随着牛顿理论的后承解子数的增加，牛顿理论的概念简洁性和概念一致性协调力都将大大提高。

1788 年，拉格朗日（Lagrange）《分析力学》一书的出版，标志着现代力学最重要理论——分析力学的创立。分析力学完全以约翰·伯努利（Johann Bernoulli）1717 年发现的虚功原理[1]为依据，用变分原理和代数分析方法处理所有力学问题，建立起完整、和谐、简洁的力学体系。《分析力学》分为静力学和动力学两大部分。考虑到杠杆原理、力的合成以及滑轮原理都可以归结为虚功原理，拉格朗日决定从虚功原理中寻找静力学的基础。他在虚功原理的基础上提出静力学普遍方程，并引入拉格朗日未定乘数法。拉格朗日还利用达朗贝尔原理，结合虚功原理，提出动力学普遍方程[2]，从而把动力学问题归结为静力学问题。拉格朗日引入广义坐标、广义速度的概念，建立了拉格朗日方程，把力学体系的运动方程从以矢量（位移和力）为基础的牛顿力学形式，推进到以标

---

[1]　也称虚位移原理。
[2]　也称达朗贝尔 – 拉格朗日方程。

量（广义坐标和能量）为基础的分析力学形式，奠定了分析力学的基础。对分析力学体系的完善作出贡献的，还有达朗贝尔、哈密顿（Hamilton）、莫佩尔蒂（Pierre-Louis Moreau de Maupertuis）、泊松（Poisson）、高斯和雅克比（Jacobi）等科学家。例如，1744年，莫佩尔蒂提出最小作用量原理。1843年，哈密顿提出哈密顿正则方程，还提出和牛顿定律与上述诸方程等价的哈密顿原理，把力学原理归结为更一般的形式，并在经典力学和广义相对论之间架起一座桥梁。[①]理论愈加普遍，愈可以作为先导解子推导出更多的后承解子，使得理论在总体上的概念简洁性协调力上升。

历史上还有很多成功运用公理化方法进行科学研究的典范，比如19世纪克劳修斯的热的机械运动理论[②]，20世纪爱因斯坦的相对论，等等，在此不一一赘述。

德国数学家希尔伯特（Hilbert）在1899年出版的《几何学基础》一书中把公理化方法推进到形式化阶段。希尔伯特认为，一个严格的公理化体系必须满足三个条件：①无矛盾性。在公理化系统的所有命题之间不能出现逻辑矛盾。②独立性。所有公理彼此独立，任何一个公理都不能从其他公理中推导出来，以便使公理数目减少到最低限度。③完备性。选定的公理应当是足够的，从它们中能推出有关本学科的全部定理、定律；若减少其中任何一条公理，有些定理、定律就推不出来。[③]

希尔伯特公理化的三个条件，部分地反映了理论对概念协调力的追求。无矛盾性要求有利于提高理论的概念明晰性协调力和概念过硬性协调力。概念明晰性协调力和概念过硬性协调力要求理论所包含的相反解子越少越好。独立性和完备性要求有助于提高理论的概念简洁性协调力。概念简洁性要求尽量减少理论中作为推演前提的解子数目，同时尽量扩大作为推演结果的解子数目。所以，要比较两个理论的概念简洁性，就要对比两个理论各自作为推演结果的解子数目与作为推演前提的解子数目的比值，比值较大者在概念上更为简洁，也

① 参见 Ball W. A Short Account of the History of Mathematics. 4th ed. New York: Dover Publications Inc., 1990: 82-.83.

② 参见 Clausius R. The Mechanical Theory of Heat: With Its Applications to the Steam-Engine and to the Physical Properties of Bodies. London: J. Van Voorst, 1867.

③ 参见 Venema G A. The Foundations of Geometry. 2nd ed. Upper Saddle River: Pearson Education, Inc, 2006: 17.

就具有较大的概念简洁性协调力。独立性要求试图把公理数目减少到最低限度，这与概念简洁性协调力要求尽量减少作为推演出发点的解子数目是一致的。完备性要求希望从公理出发推导出尽量多的定理、定律，这与概念简洁性协调力要求尽量扩大作为推演结果的解子数目是一致的。

三、概念简洁性与简单性

简单性概念是最有魅力也最难把握的概念，人们对简单性有各种各样的理解，有人把它理解为客观标准，也有人把它理解为审美标准。这里需要说明的是，概念简洁性标准是客观标准，不是审美标准，尽管它具有审美价值。简单性没有统一的标准，所以科学家在进行理论评价时可以自由选择自己喜欢的简单性标准。这并不表明简单性标准不重要或不同的科学家可以根据自己的偏好决定不同的简单性标准。这恰恰表明，我们需要在众多的简单性标准中挑选出具有统摄性的简单性标准，即其他简单性标准都服从这样的简单性标准。经验简洁性标准和概念简洁性标准可能是这种统摄性标准的最合适候选者。有些科学家偏好本体论的简单性，即理论所假设的物质实体的数目越少越好。拉瓦锡的氧化学说就把燃素看成多余的自然实体。但是，在理论选择时偏偏有科学家作出相反的决定，选择在本体论上简单性程度较小的理论。在今天的粒子物理学中，这种情况甚至很普遍。例如，有些科学家相信磁单极子① 和快子② 等物质实体的存在，这虽然增加了物质实体的数目，但并不妨碍科学家接受这样的物质实体。这一方面是因为这样的简单性标准是低层次的标准，服从更高层次的简洁性标准，另一方面也是因为科学家的选择服从综合协调力，某个物质实体是否与某个形而上学原则或某些实验数据相符等都影响着科学家对理论的判断。

与通常所理解的逻辑简单性或其他简单性形式不同，概念简洁性在简单性的诸多标准中处在较高的层次。当科学家在简洁性与简单性之间作出选择时，

---

① 磁单极子（magnetic monopole）是假设的仅带有北极或南极的单一磁极的基本粒子，其磁感线分布类似于点电荷的电场线分布。磁单极子的存在性在科学上存在争议。按照目前已被实验证实的物理学理论，磁现象是由运动电荷产生的，不需要增加"磁单极子"这样的物质实体，但数个尚未得到实验证实的超越标准模型的物理理论（如大统一理论和超弦理论）预测了磁单极子的存在。

② 快子（tachyon）又称迅子、速子，是一种理论上预测的超光速次原子粒子。这种假想粒子总是以超过光速的速度在运动，它与相应称为慢子（bradyons 或 tardyon）的物质的相互作用可能不明显，很难侦测到。相对论、量子场论和弦理论对快子均有理论刻画。

前者总是最终裁决标准。希尔伯特所表述的公理化的独立性要求其实就是逻辑简单性要求，即科学理论体系所包含的独立的基本概念和公理应当尽可能地少。逻辑简单性与概念简洁性相比暴露了一种片面性，即在推理的前提和结论之间单单说明前提而忘记了结论。这种疏忽可能源于对历史上一些著名学者关于简单性言论的表面的或片面的理解。14世纪奥卡姆的威廉（William of Occam）建议利用简单性作为形成概念和建立理论的标准。他认为，应该淘汰多余的概念，在说明某类现象的两个理论时选择更简单的。简单性的这种含义被奥卡姆概括在一句格言中："如无必要，勿增实体。"这一格言所体现的方法论原则就是著名的"奥卡姆的剃刀"。①17和18世纪的牛顿在1704年出版的《光学》一书的末尾，表述了他的简单性思想："根据现象推出两三条关于运动的普遍原理，然后告诉我们所有的有形的东西的性质和作用是如何根据那些原理而得出的，会是哲学的一大进步，尽管那些原理的原因尚未被发现。"②19世纪中后期，马赫提出"思维经济原则"。他在1883年出版的《力学》一书中写道："可以把科学看作一个最小值问题，即花费尽可能最少的思维，对事实作出尽可能最完整的描述。"③到20世纪，爱因斯坦说："我们在寻求一个能把观察到的事实联结在一起的思想体系，它将具有最大可能的简单性。我们所谓的简单性，并不是指学生在精通这种体系时产生的困难最小，而是指这体系所包含的彼此独立的假设或公理最少；因为这些逻辑上彼此独立的公理的内容，正是那种尚未理解的东西的残余。"④"相对论是说明理论科学在现代发展的基本特征的一个良好的例子。初始的假说变得愈来愈抽象，离经验愈来愈远。另一方面，它更接近一切科学的伟大目标，即要从尽可能少的假说或者公理出发，通过逻辑的演绎，概括尽可能多的经验事实。"⑤"科学的目的，一方面是尽可能完备地理解全部感觉经验之间的关系，另一方面是通过最少个数的原始概念和原始关系的

① 约翰·洛西. 科学哲学历史导论. 邱仁宗，金吾伦，林夏水，等译. 武汉：华中工学院出版社，1982：39.

② 牛顿. 光学. 周岳明，舒幼生，邢峰，等译. 北京：北京大学出版社，2007：257；另外参见丹皮尔. 科学史及其与哲学和宗教的关系. 李珩译. 北京：商务印书馆，1975：247.

③ Mach E. The Science of Mechanics: A Critical and Historical Account of Its Development. LaSalle: Open Court Publishing Co., 1960: 577.

④ 爱因斯坦. 爱因斯坦文集. 第1卷. 许良英，范岱年编译. 北京：商务印书馆，1976：298-299.

⑤ 爱因斯坦. 爱因斯坦文集. 第1卷. 许良英，范岱年编译. 北京：商务印书馆，1976：262.

使用来达到这个目的。（在世界图像中尽可能地寻求逻辑的统一，即逻辑元素最少。）"[1]

关于简单性原则的上述著名的表述都可能在不同程度上被看作简单性的定义。但是，这些表述没有区分经验简洁性和概念简洁性（尽管这两者有着内在的一致性联系），只是从简洁性的定义来看，马赫和爱因斯坦的表述最为完善，都注意到演绎的前提和结论的数目问题。其他表述没有强调演绎结论的数目，只能作为一种不完善的表述。后来学者所理解的逻辑简单性，大概就是从这些不完善的表述中衍生出来的，结果既没有把这些不完善的表述完善起来，也没有把已经完善的表述精确地定义出来。因而，他们不能理解为什么开普勒革命抛弃了匀速正圆的简单性概念而采用变速椭圆的较为复杂的概念，也不能理解为什么广义相对论选择较欧几里得几何复杂得多的非欧几何作为它的时空模型。

在概念上简洁的理论并不意味着理论的解子一定是简单的。例如，理论所包含的多项式的简单性有独立的标准。哈瑞（Harré）曾提出一些这样的标准，它们包括：①变量数目标准。一个多项式的简单性与它的独立变量的数目成反比。据此，只有一个自变量 x 的多项式比有两个自变量 x 和 z 的多项式简单。②指数次数标准。一个多项式的简单性与在该多项式中出现的最高指数的次数成反比。据此，包含最高指数项 x^2 的一个多项式比包含最高指数项 x^3 的多项式简单。③整数指数标准。一个只包含整数指数的多项式比包含非整数指数的多项式简单。据此，牛顿的万有引力定律 $F=Gm_1m_2/r^2$ 比多项式 $F=Gm_1m_2/r^{2.01}$ 简单。[2]

实际上，要根据这些简单性标准比较两个多项式的简单性程度在许多情况下都是很复杂的。一个多项式比另一个多项式在某些方面简单，在另一些方面可能是复杂的。试比较 xyz 和 xy^3，按照变量数目标准，第二个多项式比第一个简单；但是，按照指数次数标准，第一个多项式比第二个简单。对多项式简单性的综合性比较只有在下述情况下才是可能的，即我们穷尽多项式的各种简单性标准并认同它们的相等价值，然后建立一个综合性的计分体系。假定只有两

---

① 爱因斯坦 . 爱因斯坦文集 . 第 1 卷 . 许良英，范岱年编译 . 北京：商务印书馆，1976：344.

② 参见 Harré R. An Introduction to the Logic of the Sciences. London: The Macmillan Press Ltd, 1960: 138-139；另外参见麦卡里斯特 . 美与科学革命 . 李为译 . 长春：吉林人民出版社，2000：131.

个多项式的简单性标准，即变量数目标准和指数次数标准，每个标准计 1 分，那么 xyz 和 xy^3 都各得 1 分，在简单性上是等同的。不过，建立多项式简单性的评估体系只具有审美的意义，只能影响理论的某些背景协调力。理论的概念简洁性协调力与多项式的简单性无关。一个多项式只是一个解子，解子本身的简单或复杂都不影响对理论的概念简洁性的评价。科学家为了得到概念简洁的理论宁愿选择一个复杂的解子，开普勒天文学选择变速椭圆而不是匀速正圆，爱因斯坦相对论的时空模型选择非欧几何而放弃欧几里得几何都是为了服从概念简洁性的要求。

第九节　概念贯通性

一、定义

假如在 τ 时间，理论 T 中的贯通解子在 N 个其他理论 $\hat{T}$ 中出现（记为 $N(\hat{T}j)$ ），则我们有

$$p(T\tau) = N(\hat{T}j)$$

即 τ 时间的 T 的概念贯通性协调力 p 等于 N，N 表示其他理论 $\hat{T}$ 中出现的贯通解子的数目。为简便起见，我们把该公式记为

$$p(T\tau) = N_p(T)$$

或

$$p(T\tau) = N_p$$

其中，$N_p(T) \geqslant 0$ 。在 τ 时间的理论 T 和 τ' 时间的理论 T′ 的比较中，如果

$$N_p(T) < N_p(T')$$

则

$$p(T\tau) < p(T'\tau)$$

即 T 的概念贯通性协调力小于 T′。或者

$$p(T\tau) \downarrow \wedge p(T'\tau') \uparrow$$

即 Tτ 与 T′τ′ 相比，前者面临概念贯通性冲突，概念贯通性协调力下降，后者呈现概念贯通性协调，概念贯通性协调力上升。

实际上，在任何科学理论中都不可能只有一种贯通性解子，所以，在某个理论的贯通性协调力的计算中，为简便起见，我们只统计那个在理论中贯通性最强的核心解子。

二、神通广大的贯通解子

"贯通解子"指至少在两个理论中出现的解子。贯通解子是理论创新中的连续性要素，如果说科学具有一定累积特征的话，那么贯通解子的存在正是这一特征的反映。在科学中，提出没有任何继承性的新的理论是不可能的。科学不是一个人的事业，而是一群人的事业，更是世代相传的无数人的事业。科学需要奠基性的观念、公认的观点，在这样的主线之上结出的具体科学的成果因为具有较强的综合协调力而深入人心，以至于新理论的构造不采用它们就难以令人信服。科学家想抛弃某个具有一定影响力的贯通解子已经十分困难，要抛弃所有贯通解子更不可能。

对于理论具有重要意义的贯通解子是理论的核心实体解子和一般非实体解子。核心实体解子和一般非实体解子是科学家把握世界的两类基本要件。为了理解物质结构，物理学家把晶体分解为原子，把原子分解为原子核和电子；为了找到更"基本"的粒子，科学家又分解出夸克和胶子。生物学家在组织中发现细胞，再把细胞分解成细胞膜和细胞核等，进而把细胞核分析为生物分子的组成形式。围绕这些核心实体解子产生了各种分支科学或学科领域。在物理学中，以太、原子、量子等贯通解子似乎都具有神通广大的法力，在科学家的创新思维空间中自由穿梭，到处安家落户。

以太概念是人们对物质连续性的猜想，而原子概念则是人们对物质间断性的猜测。这两个概念是随着欧洲 17 世纪的科学复兴而进入近代科学的。在开普勒、笛卡儿、吉尔伯特（Gilbert）、哈维等人的理论中，这两个概念到处可见。就以太而言，在胡克、惠更斯等人把它引入光的波动说之后，在物理学中，要放弃它，那简直是不可能的。波动说表明，任何波动都必须借助某种介质的振动才能传播，以太正好充当了这种无所不至的介质。没有以太，人们简直难以想象光是如何在真空中传播的。以太因而获得了一种较强的贯通性，任何一个物理学理论，如果能借助以太，无疑能增强其贯通性协调力。麦克斯韦等人就利用以太构造了电磁场理论。后来，相对论抛弃了以太，这是十分令人吃惊的，因为这使得相对论失去一种贯通性支持。尽管爱因斯坦抛弃以太是为了舍车保帅，但许多科学家仍然对此深感不满，以至于后来狄拉克发展相对论量子理论时，仍然使它的真空理论包含一些与以太类似的思想。在狄拉克理论中，真空不再是原子论中的虚空。

为了找出维恩公式的物理意义，普朗克于1900年大胆地放弃了经典的能量均分原理，提出一个革命性的假设：物体在发射辐射和吸收辐射时，能量不是连续变化的，而是以一定数量值的整数倍跳跃式地变化的。这就是说，在辐射的发射和吸收过程中，能量不是无限可分的，而是有一个最小单元，普朗克称之为"能量子"或"量子"。[①]量子概念第一次把能量不连续的思想引入物理学。在这个概念提出之初，其贯通性程度并不高。但是，爱因斯坦最早认识到，量子概念将会带来整个物理学的根本变革。不出所料，贯通了量子概念的理论后来不断涌现出来。

1905年，爱因斯坦提出光量子假说。如果一个物体发射量子，而另一个物体吸收它们，那么在两个物体之间的空间中发生了什么呢？爱因斯坦的答案是，在这两个物体之间通过的能量是由光量子（以光速飞行的量子）组成的。爱因斯坦在1916年9月6日写给贝索的信中说："为了导出维恩位移定律，要用多普勒原理和辐射压定律，这些至今只是从波动理论加以阐述过，正如关于频率的概念那样。重要的是，导出普朗克公式的统计学论证已经前后一致，人们对这种事已经能够有一个一般性的理解，这是由于对考虑中的分子的特殊结构，人们是从量子论的最一般概念出发的。这样得出的结果（在我寄给你的文章中还没有提到）是，在辐射和物质之间发生任何基元能量转换时，也就有动量hv/c传递给分子。因此，每一个这样的基元过程都是一种完全定向的过程。这样，光量子的存在就已肯定了。"[②]按照概念贯通性定义，设定τ_1为1905年，爱

① 参见 Eisberg R M. Fundamentals of Modern Physics. New York: John Wiley & Sons, Inc. 1961.

② 爱因斯坦. 爱因斯坦文集. 第1卷（增补本）. 许良英，李宝恒，赵中立，等编译. 北京：商务印书馆，2009：141.

因斯坦光量子假说 T_1 的概念贯通性协调力不低于 [①]1，即

$$p(T_1\tau_1) = N(\hat{T}_1 j) \geqslant 1$$

1913 年，玻尔提出原子结构理论。玻尔的原子模型假设电子在原子核周围的环形轨道上运行，受库伦力（两个带电粒子之间的作用力）的制约。电子被限定在特殊轨道上。电子的角动量必须是 $h/2\pi$ 的整数倍，h 代表普朗克常数。电子在符合条件的轨道上运行时，并不辐射出能量，是稳定的。稳定的轨道叫定态。当一个电子从一定态跳到另一定态时，原子光谱的可见谱线就产生了。吸收和发射辐射的频率遵循公式 $h\nu=E_f-E_i$。其中，E_f 和 E_i 代表结束和开始时的能量，ν 代表辐射频率。通过电子在所有定态中跃迁时可见光谱的频率，就可以计算出氢的不同定态的能量，通过这些计算得出的里德堡常数 R 的理论值与实验值非常一致。[②] 按照概念贯通性定义，设定 τ_2 为 1905—1913 年，玻尔原子结构理论 T_2 的概念贯通性协调力不低于 2，即

$$p(T_2\tau_2) = N(\hat{T}_2 j) \geqslant 2$$

1916 年，爱因斯坦提出受激辐射理论，即关于物质同辐射之间在吸收过程和发射过程以及受激辐射和自发辐射中相互作用的假说。爱因斯坦设想分子的量子论行为类似于古典理论中的普朗克谐振子，从关于物质的一般量子论假设得出玻尔的第二规则和普朗克辐射公式。如果有一辐射束作用于它所碰到的分子，分子通过基元过程吸收或释放（受激辐射）辐射形态的能量 $h\nu$，那么总有冲量 $h\nu/c$ 传递给分子。在能量吸收过程中取辐射束的传播方向，在能量的释放过程中则取相反的方向。如果分子受到一些不同方向的辐射束的作用，那么总是只有一个辐射束参与受激辐射的基元过程。因此，这个辐射束单独确定了传给分子的冲量的方向。如果分子在没有外界激发的情况下损失了一个能量 $h\nu$，因为分子以辐射的形式释放能量（自发辐射），所以这个过程是定向过程，只不过它是"偶然"确定的。[③] 按照概念贯通性定义，设定 τ_3 为 1905—1916 年，爱因斯坦受激辐射理论 T_3 的概念贯通性协调力不低于 3，即

[①] 这里用"不低于"，而不用"等于"，是防止遗漏了 1905 年可能存在的其他量子理论。下同。

[②] 参见 Pais A. Inward Bound: of Matter and Forces in the Physical World. New York: Oxford University Press, 1988.

[③] 参见爱因斯坦. 关于辐射的量子理论 // 爱因斯坦. 爱因斯坦文集. 第 2 卷（增补本）. 范岱年，赵中立，许良英编译. 北京：商务印书馆，2009：392-409.

$$p(T_3\tau_3) = N(\hat{T}_3 j) \geqslant 3$$

1924 年，德布罗意（de Broglie）提出物质波假说。德布罗意设想运动的物体都伴随着一种波动，而且不可能将物体的运动和波的传播分开，这种波叫"相位波"。只要物体的能量和动量同时满足量子条件和相对论关系，就必然存在相位波。考虑静止质量为 m、相对于静止观察者的速度为 v 的粒子，假设粒子是周期性内在现象的活动中心，则有公式 v=ω/h，其中，v 是频率，h 是普朗克常数，ω 是粒子的内在能量。以狭义相对论原理和严格的量子关系式为基础，德布罗意证明：λ=h/p。其中，λ 是相位波的波长，h 是普朗克常数，p 是相对论动量。德布罗意还把相位波的相速度和群速度（能量传递的速度）联系起来，证明了波的群速度与粒子速度的等同性。[①] 按照概念贯通性定义，设定 τ_4 为 1905—1924 年，德布罗意提出物质波假说 T_4 的概念贯通性协调力不低于 4，即

$$p(T_4\tau_4) = N(\hat{T}_4 j) \geqslant 4$$

1925 年，海森伯创立矩阵力学。海森伯怀疑玻尔的旧量子论，认为电子的周期性轨道可能根本就不存在，直接观测到的不过是分立的定态能量和谱线强度，也许还有相应的振幅与相位。应当抛弃玻尔的电子轨道概念，确立分立的定态概念，创立一种新型量子力学——矩阵力学。在矩阵力学中，力学量的矩阵随时间变化，"量子态"不随时间变化。海森伯找到坐标的矩阵形式，借助于玻尔 - 索末菲量子化条件和玻尔对应原理得到了满足克喇末斯 - 海森伯色散公式（Kramers–Heisenberg dispersion formula）或托马斯 - 赖歇 - 库恩求和公式（Thomas–Reiche–Kuhn sum rule）的坐标矩阵的量子化条件，由此得到谐振子对角化的能量矩阵和随时间变化的坐标矩阵。矩阵力学解释了原子领域的一系列新问题，包括氢原子光谱的经验公式、氢原子光谱在电场、磁场中的分裂、光的散射等。[②] 按照概念贯通性定义，设定 τ_5 为 1905—1925 年，德布罗意提出物质波假说 T_5 的概念贯通性协调力不低于 5，即

---

① 参见 Hestenes D. The Zitterbewegung interpretation of quantum mechanics. Foundations of Physics, 1990, 20(10): 1213-1232.

② 参见 Heisenberg W. Über quantentheoretische Umdeutung kinematischer und mechanischer Beziehungen. Zeitschrift für Physik, 1925, 33(1): 879-893; Dirac P A M. The quantum theory of dispersion. Proceedings of the Royal Society of London (Series A), 1927, 114(769): 710-728.

$$p(T_5\tau_5) = N(\hat{T}_5 j) \geqslant 5$$

1926 年，薛定谔（Schrödinger）创立波动力学。薛定谔设想，既然力学和光学相似，光学中有几何光学和波动光学，而物质波也有波动性，那么，建立一种波动力学就是可能的。薛定谔先求出自由粒子满足的运动方程，然后推广到粒子受到场作用的情形，得到薛定谔方程。微观粒子具有波粒二象性，在描述微观粒子时必须对波动性和微粒性给出统一的描述，它可以用薛定谔方程的解——波函数表示。利用这种波函数，我们可以通过计算找出粒子在某一区域具有某个速度的范围。该方程能够出色地解释量子世界中粒子的奇怪行为，也相当有效地应用于某些固体，使制造计算机和其他电子设备成为可能。[①] 按照概念贯通性定义，设定 τ_6 为 1905—1926 年，德布罗意提出物质波假说 T_6 的概念贯通性协调力不低于 6，即

$$p(T_6\tau_6) = N(\hat{T}_6 j) \geqslant 6$$

可以断言，随着贯通了量子概念的理论的增加，并且取不同的递增时间，越往后的理论概念贯通性协调力越强。以公式表示，我们有

$$p(T_1\tau_1) < p(T_2\tau_2) < p(T_3\tau_3) < p(T_4\tau_4) < p(T_5\tau_5) < p(T_6\tau_6)$$

这是贯通了同一解子的不同理论在不同时段的比较，可以反映理论在继承中的创新和发展。

另一种把握世界的方法是在不同的实体间寻找共同的性质、关系和结构。这类非实体的贯通解子不仅解决同一领域、同一层次的问题，还解决不同领域、不同层次的问题。它们与具体的事物和现象不是一对一的关系，而是一对多的关系，即同一性质、关系或结构能够同时解释不同领域、不同层次的事物和现象。中国古代人以非实体的"阴阳"为基本元素，根据事物的性质、关系和结构把世界分为八大基本类别，即乾、坤、震、巽、坎、离、艮、兑八卦。这八卦与四时、四方、五行、五色、五音、十二月、天干地支和具体数目相配，形成贯通性的推演模式，解决自然、社会、生理、心理和精神领域的问题。中国道家的自然观、儒家伦理学说和中医学正是运用贯通性的一般非实体解子而构建和发展起来的。

---

① 参见 Griffiths D J. Introduction to Quantum Mechanics. 2nd ed. USR: Prentice Hall, 2004: 1-2.

系统论①、控制论②、信息论③也是在对这样的贯通性解子的探寻中发展起来的统一理论。这些统一理论所发现的贯通性的"关系"横跨科学、技术、工程和产业等各个不同领域，在高级运动形式和低级运动形式之间架起桥梁，使得合理性的种子具有不可思议的活动力和穿透力，到处飞扬，开花结果。系统论发现，在科学中，达尔文生物进化论、皮亚杰发生认识论和门捷列夫元素周期律中都呈现母子相关性，即子系统的生长发育过程是母系统的简单和迅速的重演。每当我们发现和构造一个具有母子相关性的理论，若以最后的时间为准，其中每个理论的概念贯通性协调力都会增加。控制论的功能模拟方法突破了动物和机器的界限，找到两者之间潜在的贯通性解子，因而可以将动物的功能赋予机器或在机器中再现动物的功能。我们今天拥有的电子蛙眼、响尾蛇导弹、蝇眼照相机、电脑和机器人等正是这种认识的合理性的技术表征。从现象上看，这是一种技术贯通性，但从理论的角度看，这是概念贯通性。

信息论也广泛应用于生物学、医学、经济学和管理学等领域，解决这些领域的具体问题，也为这些领域的其他相关理论提供合法的依据。就"信息"这个贯通性解子而言，随着其阐释理论和应用理论数量的增多，这些理论本身的概念贯通性也在不断增强。例如，1922 年，卡松（Carson）提出边带理论，指明信号在调制编码与传送过程中与射频宽度的关系（T_1）。1928 年，哈特莱（Hartley）发表《信息传输》一文，区分信息与消息，提出用消息可能数目的对数来度量消息中含有的信息量（T_2）。1948 年和 1949 年，香农（Shannon）先后发表论文《通讯的数学原理》（T_3）和《噪声下的通信》（T_4），阐明了通信的基本问题，给出通信系统的模型，提出信息量的数学表达式，还提出影响通信的一些新因素，特别是噪声对通信的影响，指出如何根据初始消息的统计特征和信息终端的特性尽可能恢复信息。1948 年，维纳（Wiener）的《控制论——关于在动物和机器中控制和通讯的科学》一书出版，该书阐明动态系统在环境变化条件下如何保持平衡态或稳定态，指出控制的基础是信息，一切信息传递都

① 参见贝塔兰菲.一般系统论：基础·发展·应用.秋同，袁嘉新译.北京：社会科学文献出版社，1987；另外参见颜泽贤，范冬萍，张华夏.系统科学导论：复杂性探索.北京：人民出版社，2006.
② 参见维纳.控制论——或关于在动物和机器中控制和通讯的科学.郝季仁译.北京：科学出版社，1985.
③ 参见石峰，莫忠息.信息论基础.3 版.武汉：武汉大学出版社，2014.

是为了控制，而任何控制又依赖信息反馈来实现（T_5）。1956 年，法国物理学家布里渊（Brillouin）的《科学与信息论》（*Science and Information Theory*）一书出版，把热力学熵与信息熵联系起来探讨信息论（T_6）。1957 年，俄国数学家柯尔莫戈洛夫（Kolmogorov）用信息论研究系统的遍历性质，推动了动力系统理论的发展（T_7）。1959 年，英国统计学家费希尔（Fisher）从统计学角度研究了信息论，提出费希尔信息，以衡量观测所得随机变量携带的关于未知参量的信息量（T_8）。1964 年，英国神经生理学家阿什比（Ashby）发表《系统与信息》一文，把信息论推广到生物学和神经生理学领域（T_9）。我们可以说，到 1964年，嵌入"信息"概念的所有理论的概念贯通性协调力相等。设定 τ 为 1964 年，我们有

$$p(T_1\tau) = p(T_2\tau) = p(T_3\tau) = p(T_4\tau) = p(T_5\tau)$$
$$= p(T_6\tau) = p(T_7\tau) = p(T_8\tau) = p(T_9\tau) = 9$$

这是贯通了同一解子的不同理论在相同时段的比较，体现了理论要素的传承所产生的共享效应。就先前的理论而言，贯通了其核心概念的后继理论越多越好。就概念贯通性协调力而言，每增加一个这样的理论，并且取最前沿的理论产生的时间，则所有理论都共享贯通性增值效应。

第十节　概念统一性

一、定义

假如在 τ 时间，理论 T 的解子 j 导出的解子（记为 $j(T\tau) \rightarrow j_c$ ）蕴涵 N 种不同的异质性概念范围 J，则我们有

$$u(T\tau) = N((j(T\tau) \rightarrow j_c) \wedge (j_c \rightarrow J)$$

即 τ 时间的 T 的概念统一性协调力 u 等于 N，N 表示理论后承解子所涉及的异质性概念范围的数目。该公式表明，概念统一性由理论后承解子所直接涉及的异质性概念范围决定。该式可以从逻辑上简化为

$$u(T\tau) = N(j(T\tau) \rightarrow J)$$

与前述经验统一性的公式类似，异质性经验范围应理解为是通过逻辑中介而确定的。这里的先导解子的形式和数量不影响概念统一性的计算，先导解子的任务是合乎逻辑地得出后承解子，用以判定其涉及多少种异质性概念范围。为简便起见，我们把该公式记为

$$u(T\tau) = N_u(T)$$

或

$$u(T\tau) = N_u$$

其中，$N_u(T) \geqslant 0$。在 τ 时间的理论 T 和 τ' 时间的理论 T' 的比较中，如果

$$N_u(T) < N_u(T')$$

则

$$u(T\tau) < u(T'\tau')$$

即 $T\tau$ 的概念统一性协调力小于 $T'\tau'$。或者

$$u(T\tau)\downarrow \wedge u(T'\tau')\uparrow$$

即 $T\tau$ 与 $T'\tau'$ 相比，$T\tau$ 面临概念统一性冲突，$T'\tau'$ 呈现概念统一性协调，或者说，$T\tau$ 的概念统一性协调力下降，且 $T'\tau'$ 的概念统一性协调力上升。

一个理论 T 在时间 τ 的经验统一性协调力和概念统一性协调力之间存在这样的关系：

$$U(T\tau) \leqslant u(T\tau)$$

即 T 在时间 τ 的经验统一性协调力总不大于其概念统一性协调力。异质性概念范围总是先从理论推测出来，然后再与经验对照。因此，我们有

$$N_J \geqslant N_W$$

即 T 在时间 τ 的异质性概念范围总是不小于其异质性经验范围。

二、从爱因斯坦到杨振宁

在物理学中，对概念统一性的追求是科学创新和科学进步的不懈动力之一。17 世纪，伽利略和牛顿的工作大大增强了人们建立统一的世界图景的信心。1814 年，拉普拉斯（Laplace）在《概率的哲学导论》一书中设想了一个"一统

天下"的精灵："我们可以把宇宙的当前状态看成它的过去状态的结果和未来状态的原因。有一个精灵，在任一给定时刻，只要他把握了所有的自然力和所有物质的瞬时位置，并对一切相关数据进行分析，就能用同一组公式描述宇宙中最大物体和最小原子的运动。对他来说，没有不确定之物，未来和过去一样呈现在眼前。人类的心灵，迄今为止，只是稍稍展示了这个精灵的能力。"[①]

物理学的发展表明，科学家总希望能像拉普拉斯一样，构造大一统的理论，把握不断扩大的异质性经验范围和异质性概念范围。牛顿用万有引力定律统一了天上的力和地上的力，但不包括原子间的力，所以牛顿理论不能把握原子通过的时间和空间。到 19 世纪下半叶，麦克斯韦用电磁场理论补充了牛顿的力学和引力论。电磁场理论把电、磁、光统一起来。例如，他认为光是电磁波的一种，是看得见的电磁波。他从波动方程中推出电磁波传播的速度正好等于光速。人们当时漠视原子的存在，误以为电磁力或引力已经能说明所有的自然力，统一的问题解决了，以下的工作只是追求精确性。1900 年，开尔文勋爵在英国科学进步协会的一次演讲中说："物理中已经没有新的待发现的东西了，剩下的只是越来越精确的测量。"[②]

就概念统一性而言，假设两种基本的作用力——引力和电磁力，是不能令人满意的。特别是，引力理论和电磁场理论对时间和空间有不同的描述方式，它们之间存在着根本性的矛盾。电磁场理论必然要求时间和距离有奇异的扭曲，麦克斯韦方程组（Maxwell's equations）预言时钟在某些情况下会变慢。但是，对于牛顿引力理论来说，时间在宇宙中有均匀的节奏，地球上的时钟与月亮上的时钟运转速度相同。1905 年，肇始于对麦克斯韦方程组的深刻理解，爱因斯坦提出狭义相对论。这一理论以相对时空观颠覆了牛顿的绝对时空观，它预言，对于高速运动的物体，时间会变慢而距离会缩短。这样，时间和空间不过是同

① 参见 Laplace P S. A Philosophical Essay on Probabilities. New York: John Wiley & Sons, London: Chapman & Hall, Limted, 1902: 4.

② 参见 Davies P, Brown J. Superstrings: a Theory of Everything? Cambridge: Cambridge University Press, 1988. 这句话自 20 世纪 80 年代以来被广泛引用，是否真的出自开尔文勋爵之口，存在争议。但无论如何，这句话代表了当时很多科学家的看法。例如，美国物理学家阿尔伯特·迈克尔逊（Albert A. Michelson）和德国物理学家菲利普·冯·约利（Philipp von Jolly）都有类似的表述。参见 Horgan J. The End of Science. New York: Addison Wesley Publishing Company, 1996: 19; Lightman A. The Discoveries: Great Breakthroughs in 20th-Century Science, Including the Original Papers. New York: Vintage Books, 2006: 8.

一实体的不同表现形式。爱因斯坦不仅统一了时间和空间，还统一了物质和能量。他看到物质和能量之间的相互转换，在一定条件下，一块石头（铀）能变成一束光（一次核爆炸），原子的裂变会释放原子核中的巨大能量。虽然狭义相对论取得了巨大的成功，但爱因斯坦认为它还不够完备，因为它没有涉及引力。牛顿的引力理论似乎违反狭义相对论的基本原理。按照牛顿理论，如果太阳突然消失，地球会立刻从它的轨道上逃走，因为在太阳和地球之间的"力"突然消失了。但是，在爱因斯坦看来，这是不可能的，因为引力不可能比光跑得更快，光速是宇宙的终极速度。爱因斯坦于 1915 年提出广义相对论，把引力解释为时－空和质－能的结合。引力不再是一种力，而是由质－能（太阳）的存在而引起的时空弯曲。按照这一理论，地球的路径是由太阳引起的弯曲时空决定的；如果太阳突然消失，以光速传播的引力波要花 8 分钟的时间才到达地球。广义相对论预言，光束的路径在通过太阳时会弯曲。1915 年 5 月 29 日，这一预言在发生于非洲和巴西的一次日全食中得到戏剧性的验证。这也表明，异质性概念范围的扩大很可能导致异质性经验范围的扩大。

时空理论和引力理论的成功鼓舞着爱因斯坦去追求一个更伟大的目标——建立统一场论，将关于引力的几何理论与麦克斯韦的电磁场理论统一起来。这样，物理学理论后承的异质性概念范围将不仅包括电磁场和引力场，还包括所有基本粒子。到 1955 年去世为止，爱因斯坦在他生命的最后三十年孤军奋战，未能成功。大多数人专注于原子物理和原子核物理的研究，无暇顾及光与引力的统一。他们暂时放弃了统一性追求，探询协调力的其他方面。在 20 世纪 30—40 年代，物理学家主要致力于量子力学，用数学语言描述原子和原子核现象。爱因斯坦虽然最终接受了量子力学，但认为它不完备。他相信量子力学的特征将成为他的统一场论的副产品，亚原子粒子和原子将作为统一场论的众多的解出现。爱因斯坦未能在有生之年完成统一场论，但他对统一性的追求并没有错。爱因斯坦可能在两个方面出现错误。一是缺乏新的物理原理和物理图像，为单纯的数学概念和数学结构所困扰。没有数学的物理是模糊的，没有物理的数学是空洞的。科学上的成功往往是各种协调力协同上升的结果，过分依赖一种协调力是危险的。二是选择将引力与电磁力（光）进行统一，忽视了核力（包括强力和弱力）。这当然也有客观的原因，在四种力中，人们当时对核力的理解最弱。

量子力学是用数学语言描述核力的理论，成功地将除引力之外的其他三种力统一起来。量子理论始于普朗克对"黑体辐射"问题或"紫外灾难"（紫外，即高频辐射）的一个解决办法。如果光是纯粹的波，并能以任何频率振动，则辐射会有无限的高频能量，但这是不可能的。1900 年，普朗克不仅用数学技巧推出一个符合鲁本斯黑体辐射实验数据的方程，还提出能量的颗粒本质，即辐射不完全是一种波，能量的传递是通过一些确定的不连续的量子完成的，每一个量子的大小等于普朗克常数乘以电磁波的频率。按照这一逻辑，光可以分割为颗粒状的"光量子"。1905 年，爱因斯坦在普朗克光量子理论的基础上提出光电效应理论。根据这一理论，当光粒子撞击金属时，能够从金属原子里打出电子并产生电，打出的电子的能量可以利用普朗克常数计算出来。

1909 年，爱因斯坦在一次学术会议上预言：理论物理学发展的下一阶段，将会出现关于光的新理论，它将把光的波动说与光的微粒说统一起来。这一工作后来由法国物理学家德布罗意完成。1924 年德布罗意在向巴黎大学提交的博士学位论文《关于量子理论的研究》中，提出一个大胆的假设：包括电子在内的一切实物粒子也都具有波动性。他认为，在一般宏观条件下，实物粒子的波长实际上很短，所以其波动性不会明显地显示出来，因而可以用经典力学处理；但是，在微观领域，由于微观粒子的质量很小，因而动量也很小，这时它的波长就可能被观察到，它的波动性就可能明显地显示出来。德布罗意给出"物质－波"所服从的基本关系，表述了电子的确定频率和波长。这样，德布罗意把过去认为是对立的两个概念统一起来，综合在波粒二象性之中，成功地将爱因斯坦最先提出的波粒二象性推广到一切物质粒子。1926 年，薛定谔写出这种波所遵从的基本方程——薛定谔方程。薛定谔方程原则上可以对分子和原子进行复杂的计算，推导出所有化学制品的性质。1927 年，海森伯提出不确定性原理，即对一个原子系统的测量会改变系统的状态，所以，我们永远不能同时知道单个电子的位置和速度。这一原理也是薛定谔方程的一个直接推论，它表明我们永远不能准确地预言单个原子的行为，更不能准确地预言宇宙的行为。这当然不是说量子理论没有精确性协调力，实际上，它能够准确预言大量原子以某种方式运动的概率，能够以惊人的准确度计算出亿万个铀原子中将要衰变的原子的比例。

相对论和量子理论似乎是对立的，前者关心星系和宇宙的宏观运动，后者关注亚原子世界的微观运动。相对论的力场连续地充满整个空间，而量子世界的力场则是不连续的单位，被量子化了。相对论和量子理论都有成功之处，但都不适合作为统一场论的基础。相对论不能计算原子的行为，量子理论不能描述星系的运动。现在，物理学家们认识到，统一场论的关键是把相对论和量子理论结合起来。这一理想催生了 20 世纪下半叶众多的物理学之星，其中最耀眼的一颗新星无疑是杨振宁。"在人类科学发展史上，20 世纪堪称物理学世纪，物理学家繁若群星。如果说 20 世纪上半叶爱因斯坦是物理学的旗手，那么下半叶当推杨振宁。"[①]1954 年，杨振宁和米尔斯发表了划时代经典论文《同位旋守恒和同位旋规范不变性》[②]和《同位旋守恒与推广的规范不变性》[③]。杨－米尔斯（Yang-Mills）规范场（又称"非阿贝尔规范场"）正式诞生。杨振宁从强力的同位旋守恒出发，成功地将局域规范对称从描述电磁场理论的阿贝尔群推广到非阿贝尔群，为大一统的物理学标准模型的建立奠定了坚实基础，从全新的视角开启了 20 世纪下半叶波澜壮阔的物理学统一之路。

正像爱因斯坦不是因为相对论获得诺贝尔奖一样，杨振宁也不是因为规范场论获得诺贝尔奖。在科学上，开创性和奠基性理论的重要性往往在短期内不能得到充分显示，但随着时间的推移，随着后续理论和实践的深入展开，原初理论的概念统一性进一步增强，经验统一性也因为预测得到经验验证而增强，其他协调力也随之上升，从而获得广泛的认可。杨振宁在科学史中的崇高地位是在 40 年后的两项国际公认的权威科学大奖中获得确认的。美国哲学学会在颁发给杨振宁的本杰明·富兰克林奖的致辞中称赞杨振宁是自爱因斯坦和狄拉克之后 20 世纪物理学出类拔萃的设计师，认为他的奠基性贡献对物理学影响深远。美国费城富兰克林研究所在颁发给杨振宁的鲍威尔科学成就奖公告中称赞杨振宁的工作对人类理解宇宙间基本作用力和自然规律提供了帮助，对 20 世纪下半

① 　高策.杨振宁与规范场.科学中国人，1995，（3）：11.

② 　该篇论文是杨振宁在 1954 年美国物理学会四月会议所作报告的摘要，后来发表在《物理评论》上。参见 Yang C N, Mills R L. Conservation of isotopic spin and isotopic gauge invariance. Physical Review, 1954, 96(1): 191.

③ 　参见 Yang C N, Mills R L. Conservation of isotopic spin and a generalized gauge invariance. Physical Review, 1954, 95(2): 631.

叶基础科学研究的广大领域产生了巨大的影响。[①]

20 世纪下半叶的规范场论研究和超弦理论研究表明，在对科学统一性的追求中，杨振宁与牛顿、麦克斯韦、爱因斯坦一样，对科学发展产生重大影响。基于规范场论的统一性研究开启了粒子物理学的黄金时代，物理学家通过完善标准模型发现了一个又一个基本粒子。格拉肖（Glashow）、温伯格（Weinberg）和萨拉姆（Salam）分别于 1961 年、1967 年和 1968 年提出弱电统一模型。他们在规范场论的基础之上将对称性破缺[②]引入弱相互作用和电磁相互作用中。1974年，该模型预言的弱中性流现象在伽格梅尔（Gargamelle）气泡室实验中得到证实。1983 年该模型预言的 W^+、$W-$ 和 Z^0 粒子被鲁比亚（Rubbia）和范德梅尔（van der Meer）发现。格拉肖、温伯格和萨拉姆因弱电统一理论荣获 1979 年度诺贝尔物理学奖。鲁比亚和范德梅尔因发现新的粒子和建造发现粒子的大型设备而荣获 1984 年度诺贝尔物理学奖。

弱电统一理论虽然纳入了规范场论的统一框架，但又出现新的难题，即规范场论矢量介子质量问题和重整化问题。杰拉德·特·霍夫特（Gerardus't Hooft）和韦尔特曼（Veltman）于 1971—1972 年提出一个适用于非阿贝尔规范场的方案，证明自发对称性破缺不破坏该规范理论的可重整性，在理论上成功解决了规范场论量子难题，为建立以规范场为基础的大一统标准模型奠定了基础。两人因解释了亚原子粒子之间电弱相互作用的量子结构而荣获 1999 年诺贝尔物理学奖。

格罗斯（Gross）、波利茨（Politzer）和威尔茨克（Wilczek）三位科学家把强作用看成一种杨-米尔斯规范作用，于 1973 年公布了一个杨-米尔斯规范场数学模型，描述了他们发现的"渐近自由"现象，即物质基本组元夸克之间的距离与它们之间的强作用力成正比：距离越小，强作用力越弱；反之，距离越大，强作用力越强。该发现导致一个描述强相互作用力的全新理论——量子色动力学，它合理解释了为什么夸克只有在极高能的情况下才表现为自由粒子。量子色动力学的产生使得标准模型可以统一将刻画的异质性概念范围从电磁力

---

① 参见高策.杨振宁与规范场.科学中国人，1995，（3）：11.

② 对称性破缺分为明显对称性破缺和自发对称性破缺两种，前者指在描述物理系统的拉格朗日量或哈密顿量的数学表示里存在明显不具有某种对称性的项，后者指描述物理系统的拉格朗日量或哈密顿量具有某种对称性，但是物理系统的最低能量态（真空态）不具有此种对称性。

和弱作用力扩展到强作用力。继弱电模型之后，标准模型是在物理学统一之路上取得的又一重大理论突破。今天，作为粒子物理学的主要理论，标准模型得到科学实验的广泛验证。格罗斯、波利茨和威尔茨克因发现强相互作用中的"渐近自由"现象而荣获 2004 年度诺贝尔物理学奖。

对基本粒子物理学的标准模型作出重要贡献的还有南布阳一郎（Yoichiro Nambu）、小林诚（Kobayashi Makoto）和益川敏英（Toshihide Maskawa）三位科学家。在 20 世纪 60 年代，南布阳一郎"超前"发现亚原子物理学中的自发对称性破缺机制。1973 年，小林诚和益川敏英提出"小林 – 益川理论"，使得规范对称框架下的标准模型能够解释不对称的实验事实，并预言存在 6 种夸克（当时已知 3 种夸克，即上夸克、下夸克和奇夸克）。这就是说，小林 – 益川理论比当时的标准模型具有更大的概念一致性、概念明晰性和概念过硬性，并强化了规范场论的概念统一性。但小林 – 益川理论在最初并没有得到物理学界的普遍认同。直到该理论的预测得到实验验证，获得经验协调力和背景协调力，导致该理论的综合协调力大大上升之后，人们才高度信任该理论。

2008 年，南布阳一郎、小林诚和益川敏英共同荣获诺贝尔物理学奖。这也是由另一些运用规范场论范式的理论科学家和实验科学家共同促成的。1964 年，比约肯（Bjorken）和格拉肖（Glashow）预言第 4 种夸克——粲夸克。1970 年，格拉肖、李尔普罗斯（Iliopoulos）和梅安尼（Maiani）证明，可以在弱相互作用下解释粲夸克的存在，这样就增强了弱电理论的概念一致性和概念统一性。1974 年，丁肇中（Chao Chung Ting）实验组和里克特（Richter）实验组发现 J/ψ 粒子，从实验上确认了粲夸克的存在，增强了夸克模型的经验一致性和经验统一性。丁肇中和里克特因此荣获 1976 年诺贝尔物理学奖。1977 年，莱德曼（Lederman）实验组发现第 5 种夸克——底夸克。莱德曼与施瓦茨（Schwartz）和斯坦伯格（Steinberger）因为发现中微子而荣获 1988 年度诺贝尔物理学奖。1995 年，费米实验室对撞机探测器实验组的科学家发现了顶夸克存在的直接证据。至此，6 种夸克都被发现，规范场论的概念统一性、概念一致性和概念简洁性等协调力转化为经验统一性、经验一致性和经验简洁性等协调力，其综合协调力大大上升。佩尔（Perl）和莱因斯（Reines）因发现三代夸克和 τ 轻子，共同荣获 1995 年度诺贝尔物理学奖。1964 年，希格斯（Higgs）、恩格勒（Englert）

和布劳特（Brout）提出解释粒子如何获得质量的理论，该理论预言了希格斯粒子①的存在。希格斯粒子于 2012 年被欧洲核子研究组织②的大型强子对撞机（Large Hadron Collider，LHC）找到，它是迄今为止最后一个被实验发现的基本粒子。希格斯粒子被称为"质量之源"，其他粒子通过与希格斯粒子耦合而获得质量。希格斯粒子的发现再次证明标准模型的巨大成功。恩格勒和希格斯共同荣获 2013 年度诺贝尔物理学奖。当然，希格斯粒子只是冰山一角，其背后还有广大的探索区域，要找到希格斯粒子的所有衰变，还需要科学家的不断探索。这也预示着规范场论还将继续主导物理学的未来发展。

20 世纪的物理学沿着量子力学的方向走向粒子物理学，沿着相对论的方向走向宇宙物理学。物理学家们梦寐以求的"统一场论"将把微观世界、宏观世界和宇观世界统一起来。当代物理学已经确立了一个基本原则："全部基本力都是规范场。"四种已知的相互作用——电磁相互作用、弱相互作用、强相互作用和引力相互作用——都可以从规范变换的对称原理中推导出来。规范场论已经完成描述"弱 – 电 – 强"的目标，是综合协调力很强且已经被广泛接受的统一理论。

从爱因斯坦到杨振宁，从相对论到规范场论，理论的概念统一性协调力不断上升，也带动了理论的概念明晰性、概念一致性、概念简洁性和概念贯通性等协调力的上升，因为理论统一的过程是消除理论内部和外部的矛盾的过程，是增加理论的逻辑后承的过程，是扩大理论的结论解子占比的过程，也是继承和集成以往概念的过程。当然，不同单一概念协调力之间的关系是复杂的，可能具有不同的情形，要具体分析。例如，理论 T 的概念统一性协调力的上升在事实上带动了（以 ‖ 表示）③它的概念明晰性协调力的上升，这可以表示为

$$u(T\tau)\uparrow\ \Vdash c(T\tau)\uparrow$$

但不能表示为

---

① 也称"上帝粒子"。

② 欧洲核子研究组织（The European Organization for Nuclear Research），简称 CERN，运营着世界上最大的粒子物理实验室。它成立于 1954 年，由 23 个成员国组成，总部位于日内瓦西北郊区，法国和瑞士边境。

③ 所谓"事实上带动了"就是为了达到某个目的，选择通过某个途径进行研究，从而在事实上有意或无意地达到另外的目的。例如，为了提高某个理论的概念统一性协调力，科学家选择消除某些矛盾概念，从而有意或无意地提高了概念明晰性协调力。

$$u(T\tau)\uparrow \to c(T\tau)\uparrow$$

因为概念统一性不能逻辑蕴涵[①]概念明晰性。在理论比较时，我们也不能有

$$u(T\tau)>u(T'\tau) \to c(T\tau)>c(T'\tau)$$

即不能说如果理论 T 的概念统一性协调力大于理论 T′，则 T 的概念明晰性协调力也大于 T′。正确的表达是在公式前加上模态词"可能"（◇）：

$$\diamondsuit(u(T\tau)>u(T'\tau) \to c(T\tau)>c(T'\tau))$$

规范场论以一种逻辑上自洽的方式把不同类型的场论统一起来。弱电模型可以合理解释电磁相互作用、弱相互作用，标准模型可以合理解释电磁相互作用、弱相互作用、强相互作用，但弱电模型和标准模型都被规范场论所统摄。就概念统一性而言，弱电模型的异质性概念范围小于标准模型，而标准模型的异质性概念范围小于规范场论。

规范场论有一个发展和完善的过程，其统一性协调力也是在这一过程中不断增强的。规范场论逻辑地蕴涵以往的理论，意味着它的异质性概念范围大于或等于以往理论的异质性概念范围之和。更一般地，我们有公式：

$$\tau(T \to T'\wedge T'') \to \tau(uT \geqslant u(T')+u(T''))$$

即在时间 τ，如果理论 T 逻辑蕴涵理论 T′ 和 T″，则 T 的概念统一性不小于 T′ 和 T″ 的概念统一性之和。

类似地，我们有

$$\tau(T \to T'\wedge T'') \to \tau(cT \geqslant v(T')+c(T''))$$

即在时间 τ，如果理论 T 逻辑蕴涵理论 T′ 和 T″，则 T 的概念明晰性不小于 T′ 和 T″ 的概念明晰性之和。其他如概念一致性、概念简洁性、概念贯通性等亦如此。

建立物理学大一统理论的下一步是如何将引力纳入到规范场论模型中，实现物理学更大的统一。20世纪70年代，物理学界提出弦理论[②]。有些物理学家将引力理论和量子理论糅合起来，得到量子引力的表达式，但从数学的观点看这样的表达式没有意义，因为其中总包含无穷大。例如，把电子当作点粒子来计算它的电场和引力场时，就会发现在电场和引力场中均存在无穷大的能量。但

---

① 逻辑蕴涵的前件和后件所描述的事件或事实不存在时间上的先后关系。

② 参见 Becker K, Becker M, Schwarz J H. String Theory and M-theory: A Modern Introduction. Cambridge: Cambridge University Press, 2007.

是，在弦理论中，电子不再是点粒子，而是一根只有 10^{-33} 厘米大小的振动的弦。振动的弦这一额外自由度使得我们能够解释它的引力场。实际上，弦理论能够很好地处理所有基本粒子和相互作用的无穷大问题。如同提琴的不同泛音是同一根琴弦的不同谐音一样，电子、引力子、光子、中微子以及所有其他粒子都是同一根基本弦的不同振动方式。物理学家希望为弦理论找到一个更为基本的框架，得到一组方程，它们的近似解就是我们目前所拥有的不同理论。这样，我们就得到统一自然界中基本相互作用的理论，它把行星绕日旋转的引力、电子绕原子核旋转的电磁力、保持原子核完整的强相互作用或核力与许多辐射衰变相关的弱相互作用都统一起来。目前，这一目标已经部分实现。

弦理论追求直接的概念统一性，不仅有明显的成效，还带动了该理论的其他协调力的上升。由于消除了当代物理学的两大基石相对论与量子论的矛盾或相反解子，弦理论的概念明晰性增强。仅仅从作为一种优势解悖方案的角度，也可以确立弦理论作为一种科学假说的地位。从历史上看，减少顽固的相反解子，调和那些不协调的物理理论很可能导致理论探索的重大进展。20 世纪物理学的某些进展正是这样取得的。狭义相对论源于对麦克斯韦和牛顿力学的调和，广义相对论源于对狭义相对论和牛顿引力理论的调和，量子场论是对非相对论量子力学与狭义相对论的调和，规范场论是对相对论和量子力学的调和。

弦理论试图最终给出一种关于自然界所有粒子以及相互作用的定量描述，这是对理论的和谐性和精确性的追求，并取得了积极的进展。弦理论也具有一定的概念新奇性协调力，许多弦理论模型都预言存在具有分数电荷的非囚禁粒子，它们的质量几乎落在普朗克能区（Planck energy scale），有可能在宇宙射线中被发现。弦理论的概念确定性也让一些科学家感到振奋。在传统的量子场论中有无穷多种可能的理论，相比之下，目前弦理论的情况要好得多。按照某种特定的算法，科学家已经把无穷多的弦理论裁减到目前的 4 种或 5 种或 6 种。在确定性方面，这不能不说是一个重大进展。

与规范场论相比，弦理论的综合协调力较弱，所以目前没有完全被接受，甚至遭到强烈的批评，这是由弦理论的另一些协调力状况造成的。弦理论的强项在概念协调力方面，但在经验协调力和背景协调力方面很弱。弦理论所预言的新奇结论无法直接观察，也很难通过实验验证。虽然原则上我们可以发明一种足够先进的仪器，直接探测由弦构成的小环，但是，实际上做到这点是极其困难的。要真正看到粒子内部的环状结构，必须用实验探测普朗克能量以下的能区，这大约是现在的粒子加速器所能达到的能量的一亿亿倍。建造这样一个高速加速器，不仅在费用上难以想象，也不具备必需的时间和技术条件。有的科学家认为，要设计和建造这样的加速器，至少需要 10 光年的时间！所以，直接检验弦理论是无法实现的奢望。固然，从逻辑上说，对相对论与量子论的实验支持，也是对弦理论本身的支持，但是，迄今为止，弦理论毕竟没有增加新的经验证据，因此不能体现经验上的进步。弦理论无法与经验建立直接的联系，这导致它在背景协调力方面难以上升。弦理论在实验上无法直接验证，在技术上更谈不上应用。对弦理论的理解更多地靠数学上的自洽性，对于它的 10 维或 26 维图像在人类直觉上还难以把握，在心理上也难以接受。弦理论也不能带来直接的经济效益，对它的经费投入相当有限。在今天看来，弦理论的综合协调力不能像规范场论那样使大多数人接受，但它毕竟具有某些较强的局部协调力，因而是可以追求的理论。未来物理学的统一之路，也可能有基于规范场论的其他思路或方向，我们拭目以待！

三、还原与整合

中国魔术师的箱子层层相套，小箱外面套大箱，大箱外面还有更大的箱。约翰·洛西（John Losee）曾把内格尔的理论还原模型比喻为"中国套箱"（Chinese boxes），把内格尔的科学进步观称为"科学进步的中国套箱观"（Chinese-box view of scientific progress）[①]。后来的学者常常用中国套箱比喻累积式的科学进步观。小理论被较大的理论完全吸收，较大的理论又被更大的理论完全吸收，理论的箱子也是层层相套，越来越大。所谓"T_1 吸收 T_2"或"T_2 被 T_1 吸收"也可以表达为"T_2 被划归为 T_1"或"T_2 被还原为 T_1"。例如，说统计力学吸收了热力学，牛顿力学吸收了伽利略定律和开普勒定律，与说热力学被划归为或被还原为统计力学，伽利略定律和开普勒定律被划归为或被还原为牛顿力学是一样的。理论的中国套箱式的还原如果可能的话，它就意味着科学理

---

① 参见 Losee J. A Historical Introduction to the Philosophy of Science. 4th ed. New York: Oxford University Press, 2001: 174, 186-187.

论的异质性概念范围的扩大，意味着科学的概念统一性理想的实现。然而，中国套箱式的还原是否可能？在多大程度上是可能的？它是纯粹的概念问题吗？尤其是，它是纯粹的概念统一性问题吗？另外，概念统一性非得通过中国套箱式的还原才能实现吗？

内格尔对理论还原条件的研究部分地回答了这些问题。[①] 让我们先看看内格尔提出的理论还原的非形式条件。第一，从基本科学（还原理论或大理论）中推出的实验定律越多越好，这些实验定律之间的关系越密切越好，其经验证据越多越好。如果气体运动理论仅仅推出波义耳定律和查尔斯定律，那么该实验定律对气体运动理论支持的分量是不够的。但是，如果气体运动理论还推出从属科学（被还原理论或小理论）的其他定律，如范德瓦耳斯定律，那么气体运动理论就得到真正强有力的支持。另外，如果从气体运动理论中推出的几个定律之间不是互不相干，而是包含某个共同的不变成分，这个成分由一个理论参量来表达，这个参量与几种实验资料相联系，那么，这就不仅为热力学定律提供了统一的说明，还使得这些定律之间互为证据，并共同支持气体运动理论。气体运动理论的一个公设是：在标准温度和压强条件下，同等体积的气体含有相等数目的分子。因此，在标准条件下，一升气体的分子的数目对一切气体都相同，这就是阿伏伽德罗常数。可以表明，几个气体定律（如波义耳定律、查尔斯定律和比热定律）中出现的某一常数是阿伏伽德罗常数和其他理论参量的函数。而阿伏伽德罗常数也可以从热现象、布朗运动或晶体结构等不同类型的实验资料中测算出来。这一分析表明，内格尔把基本科学的概念一致性、从属科学的概念贯通性和经验多样性看成理论有意义的还原的部分非形式条件。基本科学的概念一致性要求推出更多的实验定律，扩大知识的范围，从而使得概念统一性的上升增加了可能性；从属科学的概念贯通性使得不同的实验定律由集合理论变成复合理论，导致知识的系统化程度上升；从属科学的经验多样性不仅直接地提高了它本身的经验协调力，也间接地提高了基本科学的经验协调力。总之，基本科学以及它推出的从属科学的协调力越强，理论的还原就越有意义。

①　参见内格尔.科学的结构——科学说明的逻辑问题.徐向东译.上海：上海译文出版社，2002：403-438.

第二，有意义地谈论一门科学的可还原或不可还原必须考虑时间因素，考虑科学在不同发展阶段上的成熟程度。热力学无疑可以还原到1866年之后的统计力学，这一年，玻尔兹曼（Boltzmann）借助于某些统计假说，成功地给出热力学第二定律的统计解释，但是，热力学显然还原不到1700年的力学。还原论者主张，在目前物理学的框架内处理生物学问题，显然比借助于单纯的生物学理论来处理这些问题更有效。反还原论者相信，在物理理论和生物理论的目前状态下，强调生物科学的"自主性"，按照独具特色的生物学范畴进行研究，可能比放弃这些范畴而采用现代物理学典型的分析方式更为有益。正确的态度是，置身于这一争论之外，历史地、具体地看待一门科学的可还原或不可还原的问题。内格尔正确地看到理论还原的时机问题，即一门科学并不是在任何情况下都可以被还原为另一门较为成熟的科学，其本身的自主发展阶段是很重要的。在从属科学发展的初期，要把它还原为某一成熟科学可能是不现实的。如前所述，还原不仅对基本科学的成熟程度或协调力水平提出要求，也对从属科学的自主发展提出要求。但是，内格尔的这一观点与他的另一观点并不矛盾，即通过一个基本学科的某个具有包容性的理论来获得一个统一的说明体系是一个最终可能实现的知识理想。实际的情形是，在科学发展的一定阶段上，其首要任务往往只是对某个或某些单一协调力的重点追求。理论各单一协调力的增强并不是齐头并进的，在科学发展的某一时间，对某一或某些单一协调力的追求可能因为偶然的原因具备了主观或客观的条件，而另外的单一协调力则暂时不具备必要的条件，但这并不意味着这些暂时不能超常增强的单一协调力丧失了追求的价值。

第三，还原不是题材的"性质"或"本质"的推演，而是在经验上可确认的陈述之间的推演。事物的"本质"不能从简单的观察中得到，"本质"实际上是由理论陈述决定的。电的"本质"通常是由麦克斯韦方程组来陈述的，分子和原子的"本质"必须由关于它们的结构的理论陈述来表达，而且还随着这些理论的变化而变化。还原必须先构造以这些元素的确定特征为假设的理论，然后把这些理论的推论结果与合适实验的结果相比较。如果按照经典统计力学的理论基元规定分子的"本质"，那么，只有引入把温度和动能联系起来的附加假设，热力学的还原才有可能，正是这个附加假设连接了力学和热力学之间的本体论。因此，还原是一个实在的逻辑问题和经验问题，而不是没有解决希望的思辨问题。内格尔的这一分析批驳了一些反还原论者，他们从对还原的错误理解出发而得出还原不可能的结论。因为还原是一个逻辑问题和经验问题，所以还原与理论的概念协调力和经验协调力直接相关。这一相关性从内格尔对理论还原的形式条件的分析中更为清楚地表达出来。

在内格尔看来，当从属科学的定律的确含有基本科学的理论假定所缺乏的词项 A 时，前者到后者的还原就需要两个必要的形式条件，即"可连接性条件"和"可推导性条件"。可连接性条件要求引入附加假定，在从属科学的特有词项 A 和基本科学的词项之间建立起恰当的关系。可推导性条件要求基本科学的理论前提与这些附加假定和与之相联系的协调定义一道推出从属科学，包括含有特有词项 A 的定律。这些附加假定所设定的联系似乎有三种可能性：逻辑的联系、约定的联系和事实的联系。逻辑的联系就是按照基本科学的理论基元的既定意义来阐明从属科学中 A 的意义，使 A 与基本科学中的一个理论表达式 B 相联系；约定的联系形成协调定义，它们构成 A 与基本科学的某一理论基元（或从理论基元中形成的某个构造）之间的一个对应；事实的联系形成物理假说，断言基本科学中的某一理论表达式 B 所指示的事态的发生是 A 所指示的事态的充分（或必要且充分）条件。在第三种情况下，A 的意义与 B 的意义不是分析地联系的。要完成理论的还原，单靠逻辑的和约定的联系是不行的，事实的联系不可缺少。考察一下波义耳－查尔斯定律是如何从气体运动理论中推导出来的。假定"温度"一词是这个定律不出现在气体运动理论中的唯一词项，推导要求引入一个附加公设：一个气体的温度正比于其他分子的平均动能。这一附加公设既可以理解为不能受实验检验的协调定义，也可以理解为可以受实验检验的物理假说。因为通过实验概念在温度与动能之间建立起间接的联系是可能的。但是，除了某些特殊情形，一般地判定一个公设是协调定义还是物理假说是不可能的。不论哪种理解，这种附加的假定都不能通过简单地说明它所包含的表达式的意义而得到保证，经验证据的支持是必要的。这就是说，即便从还原的形式条件来看，中国套箱式的还原也不是纯粹的概念问题，在每一次还原中都介入了经验研究。林定夷的工作进一步强化了这一结论。他给"理论还原"以一般意义上的精确表达，即理论 T_2 在理论 T_1 上得到还原，当且仅当：① T_2

上的术语能通过 T_1 上的术语来定义，而且，② T_2 上的规律可以从 T_1 上的规律导出。[①]

这一刻画似乎一般地表达了人们对中国套箱的理解。似乎中国套箱是一个与经验无关的概念问题，通过纯粹逻辑的研究就可以达到扩展知识的异质性范围的目的。但是，林定夷的分析与内格尔一样破除了关于中国套箱的神话。条件①中的定义不是严格的描述性定义（真实定义），也不是规定性定义（语词定义），而是外延性定义。例如，生物化学试图把生物学术语（T_2）还原为某种化学术语（T_1），用化学分子结构式从外延上"定义"青霉素、睾丸素、黄体酮、胆固醇等生物学术语，而不顾及这些术语的生物学含义。"青霉素"的生物学含义是由一种叫青霉菌的真菌所产生的抗菌物质；"睾丸素"的生物学含义是由睾丸所产生的雄性激素。现在，这些术语都对应于特殊的化学分子结构式，它们本来的内涵和外延多少都会有一些变化。人工合成的某种特殊的化学分子结构式也叫"青霉素"或"睾丸素"。外延性定义不能仅仅通过思考术语的意义或其他非经验的程序来解决，它的建立是具体科学研究即经验发现的结果。条件②中所说的"导出"必须引入适当的附加条件。如果这些附加条件是桥接原理的集合，则由此实现的还原是强还原；如果这些附加条件不仅包括桥接原理集，还包括另外的与还原理论联合作为内在原理的附加原理集，那么，由此实现的还原是弱还原。科学史上大多数还原的例子是弱还原。例如，在气体分子运动论中，还原推导作为内在原理的附加条件不只是牛顿力学中的既有原理，还包括这样一些用力学术语表达的假说或原理："气体均由分子所构成，每一分子可以看作体积可以忽略不计的弹性小球"，"同类气体的分子质量均相等"，"气体分子沿着各个方向运动的机会均等，没有任何方向上气体分子的运动会比其他方向上更为显著"，等等。这些内在原理加上适当的桥接原理集（这些桥接原理把力学量与热力学参量连接起来）就能导出气体定律和热力学定律。不论是强还原还是弱还原，这些附加条件本身都不存在于理论 T_1 中，是需要通过经验发现的。

因此，林定夷所理解的理论还原的一般形式实际上是这样的：

理论 T_2 在理论 T_1 上得到还原，当且仅当：

---

① 参见林定夷.科学逻辑与科学方法论.成都：电子科技大学出版社，2003：350.

$$① T_1(j_1 \wedge j_2) \rightarrow T_2(j_1')$$

即 T_2 上的术语（j_2）能通过 T_1 上的术语（j_1）获得外延性定义（j_1'）；而且

$$② T_1(j_1 \wedge j') \rightarrow T_2(j_2)$$

即 T_2 上的规律（j_2）只能从 T_1 上的规律（j_1）和引入的附加条件（j'）共同导出。

在理论推演过程中，最醒目的是较为稳定的核心解子（j_1、j_2），而不太稳定的外围解子（j_1'、j'）固然重要，但往往作为预设或公共知识而存在。在原概念基础上注入新理论而改造过的定义与原概念具有某种类似性，但不完全等同。因此，在还原推导过程中的概念含义已经发生某种变化。作为外延性定义和附加条件的外围解子必须通过经验研究获得，所以理论还原不仅是逻辑推导的问题，还是经验研究的问题。这样，把表现为纯粹概念推演的中国套箱称为"中国抽屉"更为恰当。还原理论或大理论是一个大框架，被还原理论或小理论是这个框架里的"抽屉"。"抽屉"不完全为框架所包容，可以进出自由，有很大的"自主性"，它不仅与框架中的逻辑和经验因素相关联，也与框架外的逻辑和经验因素相关联。作为外围解子的外延性定义和附加条件就是框架外的因素，但它们是必要的因素，没有这样的因素，理论还原就不能实现。"中国抽屉"式的还原表明，概念协调力和经验协调力不是没有联系的，它们常常联合起来，在概念推演中共同发挥作用。推演中辅助性的、非核心的概念解子往往直接来自经验概括和归纳，或基于经验的想象性假定。

历来有还原论和反还原论之争。过于严格的还原论不但不能实现，还为反还原论者提供一个死靶子。牛顿的机械还原论要求把力学作为大箱子，吸收物理学、化学和生物学的全部理论，这是不现实的；贝尔纳（Bernard）的非严格的还原论要求把物理化学理论作为大箱子，部分吸收关于生命的理论，这是可能的。还原论的合理性在于，弱小的理论可以通过还原到一个综合协调力很强的理论而得到保护和发展；强大的理论通过吸收来自不同异质性范围的小理论增强了它的统一性；还原的非形式条件还会在其他方面提高理论的综合协调力。但是，反还原论也不是毫无道理的。17 世纪和 18 世纪的生物学家用活力论对抗机械还原论。19 世纪的弥勒（Müller）用非严格的活力论反对非严格的还原论，为生物体保留特有的物理化学所不能解释的东西。反还原论的一般观念是：存在着从低级到高级的不同的运动形式，它们各有其特殊本质，不能相互化归或还原。在下述意义上，我们给反还原论者以必要的同情：不存在一个包罗万象的大一统的理论，对于任何单一协调力的追求都不可能走向极端；我们追求理论的统一性，但这是有条件的，在科学发展的一定阶段上，在不具备条件的情况下，我们应当暂时转移我们的直接目标，选择最容易实现的单一协调力作为首要的任务，以实现理论发展上的突破。当然，我们说不存在一个包罗万象的大一统的理论，并不意味着我们不能追求这样的理论，因为虽然宏大的目标难以实现，但在这样的追求的过程中，我们可能获得意外的收益。"夸父逐日"是理想，也是行动，在这样的追求中我们实现了人生的价值，但我们并不指望，也不可能相信夸父真的追上了太阳。只要我们把提升理论的综合协调力作为最后的目标，而把提升理论的单一的或局部的协调力作为实现这最后目标的策略或步骤，我们就不会在具体的研究中过深地陷入对某个具体的单一协调力的追求而不能自拔，从而失去在协调力的其他方面可能大有作为的良机。

值得注意的是，反还原论未必与科学的统一性理想相冲突，因为还原不是实现理论统一的唯一方式，实现理论统一的另一方式是整合。整合与还原不同。还原是通过小理论在实体上的概念贯通性和经验发现的辅助假定达到统一的大理论，大理论则通过推演出小理论而增强其概念一致性，小理论由于归附于大理论而采用与大理论相同的解决问题的方式或思路。整合是通过发现小理论在关系上的概念贯通性来重构一个大理论，小理论之间的那些似乎不相关的现象和问题在大理论中相关起来，大理论以不同于小理论的方式或思路分析小理论涉及的现象，解决小理论希望解决的问题。还原是众多小理论归向一个已经成熟的大理论，使其扩大了异质性经验范围或概念范围而获得统一性；整合是在众多小理论基础上产生一个全新的综合性大理论，使之扩大了异质性经验范围或概念范围而获得统一性。整合的结果，往往是产生理论的融合、合并乃至产生综合性的新学科。[①] 如果说还原导致的统一像"中国抽屉"的话，那么，整合导致的统一就像"中国拼板"。中国儿童玩的图画拼板游戏是把不同的拼板拼合起来，正好组成一幅完整的图画。整合也是在许多看起来孤立的事实中发现非实体的贯通性解子，在此基础上构造统一的理论。整合的理论模式是

---

① 参见张华夏.解释·还原·整合：M.邦格的某些科学哲学观点述评.自然辩证法研究，1987，(2)：12-22.

$$T_1(j) \wedge T_2(j) \wedge \cdots \wedge T_n(j) \to T(j)$$

其中，T是整合的理论，T_1到T_n是被整合的理论，j是贯通性解子。在达尔文进化论问世之前，比较解剖学、胚胎学、古生物学、生物地理学、分类学都遵循各自的解题思路和方法，其中的许多现象和问题都是互不相关的。但是，达尔文发现了其中的相关性，即贯通性的关系解子，从而建立了以自然选择理论为核心的进化论理论，使得那些本来不相干的问题在新的层面上得到统一的理解和解决。物理学、化学、生物学、社会学和经济学等不同学科领域内的不相干现象在协同论的基础上被整合起来。协同论研究事物有序的、自组织的集体行为，探寻其普遍规律。协同论发现，从混沌创建有序的必然性与所发生反应的物质本身无关，结构的形成过程遵循某种内在的自动机制和统一的规律。在物质领域，激光的性态、云雾的形成和细胞的聚合如出一辙；在非物质领域，生命的演化、物种的延续、群体行为的突然转向都遵循支配原理。

在理论的统一性追求中，还原与整合不是互相排斥、互不相容的，是有可能协调发展的。分子生物学从一些角度看是整合，从另一些角度看却是还原。将生物学还原为物理学和化学是一种可能的方向，而发现新的综合性术语同时说明生物学、物理学和化学现象也是一种可能的方向。两者具有相同的作用，没有逻辑上的理由表明哪一种方法具有先验的优先性或可行性。还原需要经验发现，整合同样需要经验发现。[①] 还原和整合都是依靠贯通解子来实现统一的，而贯通解子的发现，不论是实体还是性质、关系、结构，都离不开经验发现。这也表明，概念统一性与经验协调力有着不可分割的关系。没有经验发现，就没有经验协调力；没有经验协调力的上升，概念协调力的上升也难以为继。还原和整合各有优缺点。还原对局部的实体做充分的研究，但忽视了事物的整体，事物之间的一般性质、关系和结构；整合重视事物的整体和系统的特征，但对事物局部的特殊层面难以把握。还原和整合都试图最大限度地统一科学，但都不可能实现完全的大一统的科学。它们以统一性为目标，以经验发现的贯通性为手段，带动了理论的一致性、深刻性等协调力的上升，在科学创新中起着同样重要的意义。它们所得出的具体科学的结论可能是矛盾的，但从协调力的增强角度来看不是相互冲突的，可以相互补充、相互渗透、相互交叉。

---

① 参见林定夷.科学逻辑与科学方法论.成都：电子科技大学出版社，2003：364.

第十一节 概念确定性

一、定义

假如在 τ 时间，在 T 试图解决某概念问子 j 之后（记为 $T\tau \rightarrow j$），仍有其他 N 种不同后继理论 $\hat{T}$ 试图解决它，则我们有

$$f(T\tau) = 1 - N((T\tau \rightarrow j) \wedge (\hat{T} \rightarrow j))$$

即 $T\tau$ 的概念确定性协调力 f 等于 N，N 是后继理论的数目，这些理论试图推出与 T 相同的结果。为简便起见，我们把该公式记为

$$f(T\tau) = N_f(T)$$

或

$$f(T\tau) = N_f$$

其中，$N_f(T) \geqslant 0$。在理论 $T\tau$ 和理论 $T'\tau'$ 的比较中，如果

$$N_f(T) < N_f(T')$$

则

$$f(T\tau) < f(T'\tau')$$

即 T 的概念确定性协调力小于 T'。或者

$$f(T\tau) \downarrow \wedge f(T'\tau') \uparrow$$

意即 $T\tau$ 与 $T'\tau'$ 相比，$T\tau$ 面临概念确定性冲突，$T'\tau'$ 呈现概念确定性协调，或者说，$T\tau$ 的概念确定性协调力下降，且 $T'\tau'$ 的概念确定性协调力上升。

二、宇宙学问题是否得到最终解决?

人们可能根据不同的公认理论去分析同样的对象，从而产生不同的理论模型。有的理论模型提出后，一度成为公认理论，人们不愿再去设想和构造新的理论去解决同样的问题。有的理论模型提出后，很快遇到各种挑战，其中包括概念挑战，从而又有后继理论涌现出来。这一现象对理论评价产生的影响，笔

者用概念确定性来表达。以现代宇宙学理论为例，我们分析一下这一标准。

现代各种宇宙学理论主要停留在概念推演的水平。每个宇宙模型都是在已有的物理学定律或原理的基础上推演出来的。各种模型中的理论概念，没有一种报道描述了某种可直接观测的物体、过程或现象。米尔顿·穆尼兹（Milton K. Munitz）对宇宙学有深刻的理解："把宇宙作为一个整体的概念（像任何一种宇宙论模型中所包含并给予了特定的形式那样）说成是一个理论性概念，和简单地把任何模型都说成是一种假说的说法有所不同。作为一种假说——也就是作为一种为整理经验资料并使之成为可理解的而提出的一种提议——一个宇宙论模型必须服从科学评价的普通标准。体现宇宙作为一个整体的理论概念的宇宙论模型可以被接受，修改，或否定，就像任何其他在探究过程被暂时接受的假说一样。包容着这个理论概念的模型使其独特的解释符合以一致性、系统的简单性、数学上的严密性、广泛的阐述能力以及经验性的验证或证实为依据的评估过程。简言之，作为一个整体的概念模式，每个宇宙论模型都提供它自己对于可理解的宇宙的描绘。顺便说一下，它这样作并不要求这一模式——每个概念或数学方法所利用的——中的每一要素都直接与某个可观测的物体、过程或现象相关联。把宇宙作为一个整体的概念叫作理论概念，其要点在于，即使一个特定的宇宙论模型终于战胜了其对手而被接受，它所体现的宇宙作为一个整体的概念仍然是一个理论上的、人的思维产物，一种创造出来的认识方法。"[①]宇宙学理论的这种特征必然导致它的不确定性。实际上，没有任何宇宙模型能被最终接受，总会有新的宇宙模型被提出来。现举例如下：

1916 年，爱因斯坦提出有限无边、有物质无运动的静态宇宙模型（T_1）。按照广义相对论，四维时空的几何特性决定于物质的分布。爱因斯坦因而假设：宇宙间物质均匀分布，不随时间变化，所以存在一个"宇宙项"，它相当于一种宇宙斥力，当斥力与引力抵消时，就得到一个稳定的、平衡的宇宙。

1917 年，荷兰天文学家德西特（de Sitter）根据爱因斯坦广义相对论提出另一个宇宙模型，即一个有运动而无物质的空虚的宇宙模型（T_2）：宇宙在不断膨胀，它的物质平均密度为零。

---

① 参见穆尼茨.理解宇宙——宇宙哲学与科学.徐式谷，黄又林，段志诚译.北京：中国对外翻译出版公司，1997：50.

1922 年，俄国－苏联数学家弗里得曼（Friedmann）从爱因斯坦引力方程中得出一个非静态宇宙模型（T_3）：如果空间遵循欧几里得几何，则可以得到一个不断膨胀的宇宙；如果空间遵循黎曼几何，则可以得到一个膨胀和收缩相互轮换的封闭宇宙；如果空间遵循罗巴切夫斯基（Lobachevsky）几何，则可以得到一个膨胀的、敞开的宇宙。

1932 年，比利时天文学家勒梅特（Lemaitre）从宇宙膨胀理论出发，提出一个宇宙演化学说（T_4）。他认为整个宇宙物质最初聚集在一个"原始原子"里，后来猛烈爆炸，碎片向四面八方散开，结果形成今天的宇宙。

1948 年，美国物理学家伽莫夫（Gamow）结合核物理学和宇宙膨胀理论，发展了大爆炸理论（T_5）。该理论假设宇宙开始时是一个高温、高密的"原始火球"，球内充满辐射和基本粒子。后来，这个火球内的基本粒子互相发生核聚变反应，引发爆炸，向外膨胀，结果辐射温度和物质密度急剧下降，核反应停止，而其间产生的各种元素就形成今天宇宙中的各种物质。直到，这一理论一直主宰着宇宙论的探索。

假定 1916 年没有其他宇宙理论提出，设定 $\tau_1 = 1916$（年），则

$$f(T_1\tau_1) = 1 - N_f(T_1) = 1 - 0 = 1$$

即 T_1 在时间 τ_1 的概念确定性协调力等于 1。

假定 1916—1917 年没有其他宇宙理论提出，设定 $\tau_2 = 1916—1917$（年），则

$$f(T_1\tau_2) = 1 - N_f(T_1) = 1 - 1 = 0$$

即 T_1 在时间 τ_2 的概念确定性协调力等于 0；

$$f(T_2\tau_2) = 1 - N_f(T_2) = 1 - 0 = 1$$

即 T_2 在时间 τ_2 的概念确定性协调力等于 1。

假定 1916—1922 年没有其他宇宙理论提出，设定 $\tau_3 = 1916—1922$（年），则

$$f(T_1\tau_3) = 1 - N_f(T_1) = 1 - 2 = -1$$

即 T_1 在时间 τ_3 的概念确定性协调力等于 -1；

$$f(T_2\tau_3) = 1 - N_f(T_2) = 1 - 1 = 0$$

即 T_2 在时间 τ_3 的概念确定性协调力等于 0；

$$f(T_3\tau_3) = 1 - N_f(T_3) = 1 - 0 = 1$$

即 T_3 在时间 τ_3 的概念确定性协调力等于 1。

假定 1916—1932 年没有其他宇宙理论提出，设定 $\tau_4 = 1916$—1932（年），则
$$f(T_1\tau_4) = 1 - N_f(T_1) = 1 - 3 = -2$$
即 T_1 在时间 τ_4 的概念确定性协调力等于 -2；
$$f(T_2\tau_4) = 1 - N_f(T_2) = 1 - 2 = -1$$
即 T_2 在时间 τ_4 的概念确定性协调力等于 -1；
$$f(T_3\tau_4) = 1 - N_f(T_3) = 1 - 1 = 0$$
即 T_3 在时间 τ_4 的概念确定性协调力等于 0；
$$f(T_4\tau_4) = 1 - N_f(T_4) = 1 - 0 = 1$$
即 T_4 在时间 τ_4 的概念确定性协调力等于 1。

假定 1916—1948 年没有其他宇宙理论提出，设定 $\tau_5 = 1916$—1948（年），则
$$f(T_1\tau_5) = 1 - N_f(T_1) = 1 - 4 = -3$$
即 T_1 在时间 τ_5 的概念确定性协调力等于 -3；
$$f(T_2\tau_5) = 1 - N_f(T_2) = 1 - 3 = -2$$
即 T_2 在时间 τ_5 的概念确定性协调力等于 -2；
$$f(T_3\tau_5) = 1 - N_f(T_3) = 1 - 2 = -1$$
即 T_3 在时间 τ_5 的概念确定性协调力等于 -1；
$$f(T_4\tau_5) = 1 - N_f(T_4) = 1 - 1 = 0$$
即 T_4 在时间 τ_5 的概念确定性协调力等于 0；
$$f(T_5\tau_5) = 1 - N_f(T_5) = 1 - 0 = 1$$
即 T_5 在时间 τ_5 的概念确定性协调力等于 1。

很显然，如果取不同时段的不同宇宙理论进行比较，我们有表达式：

（1） $f(T_1\tau_1) > f(T_1\tau_2) > f(T_1\tau_3) > f(T_1\tau_4) > f(T_1\tau_5)$

该式表明，随着 T_1 之后解决同样问题的不同理论的不断增加，T_1 的概念确定性协调力越来越小。同理，我们有

（2） $f(T_2\tau_2) > f(T_2\tau_3) > f(T_2\tau_4) > f(T_2\tau_5)$

（3） $f(T_3\tau_3) > f(T_3\tau_4) > f(T_3\tau_5)$

（4）$f(T_4\tau_4) > f(T_4\tau_5)$

就概念确定性协调力而言，对于时间 τ_1 的理论 T_1、时间 τ_2 的理论 T_2、时间 τ_3 的理论 T_3、时间 τ_4 的理论 T_4、时间 τ_5 的理论 T_5，它们的概念确定性协调力相等。因而，我们有公式：

（5）$f(T_1\tau_1) = f(T_2\tau_2) = f(T_3\tau_3) = f(T_4\tau_4) = f(T_5\tau_5)$

同理，我们有

（6）$f(T_1\tau_2) = f(T_2\tau_3) = f(T_3\tau_4) = f(T_4\tau_5)$

（7）$f(T_1\tau_3) = f(T_2\tau_4) = f(T_3\tau_5)$

（8）$f(T_1\tau_4) = f(T_2\tau_5)$

总之，表达式（1）到（4）表明，随着解决同样问题的理论不断增加，先前理论的概念确定性协调力不断下降。所以，就概念确定性而言，我们仍然鼓励理论创新，因为最新的理论的概念确定性总是最高的。表达式（5）到（8）表明，如果我们设定不同的时段，在解决同样问题的理论系列中，总可以找到概念确定性相同的理论。因而，就任何理论而言，即便成为旧理论，甚至后来被新的理论取代，其历史地位也不容抹杀。

第十二节　概念深刻性

一、定义

在给出定义之前，先作一个一般的规定：如果 τ 时刻的理论 T 解答了以经验事实为问子的问题，则称 T 为第 1 层次的解子（记为 $j^{(1)}$）；如果 τ 时刻的 T 解答了以第 1 层次的理论为问子的问题，则称 τ 时刻的 T 为第 2 层次的解子（记为 $j^{(2)}$）；以此类推，如果 τ 时刻的 T 解答了以第 m–1 层次的理论为问子的问题，则称 τ 时刻的 T 是第 m 层次的解子（记为 $j^{(m)}$）。有了这个一般的规定，就可以对概念深刻性进行如下定义：

假如在 τ 时间，T 是第 N 层次的解子（记为 $j^{(N)}$），则有

$$d(T\tau) = N(j^{(N)})$$

即 $T\tau$ 的概念深刻性协调力 d 等于 N，N 表示理论所处的层次的数目。为简便起见，可以把该公式记为

$$d(T\tau) = N_d(T)$$

或

$$d(T\tau) = N_d$$

其中，$N_d(T) \geq 1$。在理论 $T\tau$ 和理论 $T'\tau'$ 的比较中，如果

$$N_d(T) < N_d(T')$$

则

$$d(T\tau) < d(T'\tau')$$

即 $T\tau$ 的概念深刻性协调力小于 $T'\tau'$。或者

$$d(T\tau)\downarrow \wedge d(T'\tau')\uparrow$$

即 $T\tau$ 与 $T'\tau'$ 相比，$T\tau$ 面临概念深刻性冲突，$T'\tau'$ 呈现概念深刻性协调，或者说，$T\tau$ 的概念深刻性协调力下降，且 $T'\tau'$ 的概念深刻性协调力上升。

二、理论的层次与概念深刻性

开普勒定律解决的问题是：为什么哥白尼的日心体系和第谷的地心体系与第谷精确的行星运动的观察数据不一致？为了解答这一问题，开普勒提出行星运动三定律。这是第 1 层次的解子（$j_1^{(1)}$）。设定 $\tau=2024$（年），我们有

$$d(j_1\tau) = N_d(j_1) = 1$$

开普勒定律得到验证后，人们又不禁要问：为什么行星绕日公转的轨道是椭圆？为什么从太阳到行星所连接的直线在同等时间内扫过同等的面积？为什么行星绕日公转的平方与行星离太阳平均距离的立方成正比？牛顿的运动三定律和万有引力定律解决了这些问题。这是第 2 层次的理论（$j_2^{(2)}$）。设定 $\tau=2024$（年），我们有

$$d(j_2\tau) = N_d(j_2) = 2$$

牛顿的万有引力定律有一个超距作用问题，但什么是超距作用呢？康德为了解决这个问题，提出一个新的本体论。他把力放在物质的优先地位，使作用

力成为物理世界的基础，以帮助人们理解超距作用。康德的新本体论是第 3 层次的理论（$j_3^{(3)}$）。设定 $\tau=2024$（年），我们有

$$d(j_3\tau) = N_d(j_3) = 3$$

从开普勒理论到牛顿理论，再到康德理论，三个理论相比，前面的理论较后面的理论处于概念深刻性冲突状态，而后面的理论较前面的理论呈现概念深刻性协调状态，或者说越后的理论越深刻。我们有表达式：

（1）$d(j_1\tau)\downarrow \wedge d(j_2\tau)\uparrow$

（2）$d(j_2\tau)\downarrow \wedge d(j_3\tau)\uparrow$

（3）$d(j_1\tau)\downarrow \wedge d(j_3\tau)\uparrow$

（4）$d(j_1\tau) < d(j_2\tau) < d(j_3\tau)$

从（1）到（3）是协调力状态比较，意指在 τ 时间，就 j_1、j_2 和 j_3 而言，先前理论与后继理论相比，后继理论更深刻。（4）是协调力大小比较，意指在 τ 时间，就 j_1、j_2 和 j_3 而言，后继理论的概念深刻性总是大于先前理论。

牛顿定律是否比开普勒定律深刻，科学家们对此有着不同的意见。英国科学家卡尔·皮尔逊（Karl Pearson）认为万有引力定律和开普勒定律都是对行星运动中所发生事件的描述，只不过牛顿的万有引力定律在经验上更简洁、更精确、包容更广。但他并不认为万有引力定律比开普勒定律在概念上更深刻，因为"它没有告诉我们粒子为什么这样运动；它没有告诉我们地球为什么绕太阳描绘一个确定的曲线。它仅仅是用几个简洁的词汇概述了所观察到的广大的现象范围之间的关系"。[①] 皮尔逊似乎有着否认在经验定律之间有概念深刻性差别的倾向，但是，万有引力定律中的超距作用概念显然是较为深刻的。但是，皮尔逊显然也没有否认，甚至承认有着比万有引力定律更深刻的理论，只要这个理论能告诉我们粒子为什么这样运动，地球为什么绕太阳描绘一个确定的曲线。

林定夷在分析科学理论的结构时似乎是用理论对解释现象的充分性来理解概念深刻性的，深刻性被看成充分理解现象的必要条件。"从某种意义上，我们甚至可以说，只有借助于适当的理论才能对自然现象做出科学上的充分解释，而用经验规律解释现象始终是不充分的。例如用巴尔末定律来解释氢光谱谱线

---

① 皮尔逊. 科学的规范. 李醒民译. 北京：华夏出版社，1998：95.

时如何地使人感到不能满意，就可以看出这一点。因为巴尔末定律本身只是氢光谱特征谱线的现象上齐一性的一种描述，它并不能说明为什么氢光谱恰好会有这些特征谱线。而一旦用玻尔理论来解释，给人的印象就要深刻得多了，因为它从某种机制上说明了为什么氢原子的光谱正好会有这一系列的特征谱线。"[①]在林定夷看来，理论层面上的"高层次理论"比经验层面上的"低层次理论"更深刻，因而也更能充分解释现象。低层次理论的经验规律解释现象始终是不充分的，所以要借助于高层次理论的适当的抽象理论。我们也可以这样来理解：当我们谈到理论的概念深刻性的时候，我们可能经历了对"事实"或"现象"（以对经验直接进行描述的概念或判断来表达）的"为什么"的追问，也可能经历了对"定义""规律""理论系统"（对经验事实的解释）的"为什么"的追问。我们常常把经验事实作为追问的起点，所以，一旦追问发生并给出答案，深刻性就产生了，而不断的追问导致深刻性的持续上升。因而，在经验协调力中，并没有"经验深刻性"标准，只是在概念协调力中有"概念深刻性"标准。从深刻性的角度看，概念层面比经验层面深刻是显然的。当然，这并没有否认"观察渗透理论"，也没有否认"问题渗透理论"。我们可以从理论对现象解释的充分性推测它的深刻性。如果把理论对现象的充分解释理解为理论普遍性（经验普遍性用经验一致性和经验统一性来表示）的增强，则可以有公式：

$$I(T\tau)\uparrow \wedge U(T\tau)\uparrow \rightarrow d(T\tau)\uparrow$$

该式意指理论 $T\tau$ 的经验普遍性的增强逻辑蕴涵它的概念深刻性的增强。这表明经验协调力和概念协调力存在某些必然联系，而这也是追求某些单一协调力会带动其他协调力上升的原因之一。但是，这样的公式可能只能作为某个具体理论的协调力关系的某种描述，而没有普遍意义。经验一致性和经验统一性强的理论可能是通过非深刻性途径构建的，不一定意味着它的深刻性。而且，对具体理论的追问最终导致的将是一种半科学半哲学的理论，甚至就是哲学理论，而哲学理论固然深刻性远超科学理论，但不可能有科学理论那样的经验协调力。

林定夷似乎认为，在经验上或概念上更为统一的理论在概念上也更深刻。他举例说，牛顿力学三定律和万有引力定律解释了极为广泛的现象范围内的许多经验规律（诸如自由落体、单摆、投射体、潮汐、月球、行星、彗星……直

---

① 林定夷.论科学中观察与理论的关系.广州：中山大学出版社，2016：133-134.

至人造卫星等的运动所显示的规律性），所以，牛顿理论所提供的对自然的理解就比它覆盖的自然规律所提供的理解要深刻得多。爱因斯坦的相对论所提供的解释又比牛顿理论所提供的解释深刻得多。林定夷似乎还认为，一个具体理论在经验上的精确性和在概念上的深刻性是一致的。他分析了牛顿定律与伽利略定律和开普勒定律的关系。牛顿定律说明，伽利略定律和开普勒定律不过是对自然界的一种近似描述。万有引力定律表明，落体定律中的系数 g 不再是伽利略意义下的一个常数，而是随着离地面高度的变化而变化；行星也不是真正沿椭圆轨道运动的，太阳也并不正好位于椭圆轨道的焦点上。牛顿定律并非逻辑地蕴涵开普勒定律，而是与一些假定性条件一起蕴涵开普勒定律，尽管这些假定性条件与事实和牛顿理论的基本原理相冲突。"由此，牛顿理论就在更深刻和更精确的意义上合理地指出了伽利略定律和开普勒定律为什么只是近似地反映着自然。"[①]

第十三节　小　结

上述概念协调力的十一个方面所标志的各协调力之和基本上能反映理论概念协调力的全貌。一个理论的综合概念协调力是该理论各单一概念协调力之和，即理论 T 在时间 τ 的概念协调力是

$$C(T\tau)=e(T\tau)+m(T\tau)+c(T\tau)+i(T\tau)+h(T\tau)+v(T\tau)$$
$$+s(T\tau)+p(T\tau)+u(T\tau)+f(T\tau)+d(T\tau)$$

或简化为

$$C(T\tau)=(e+m+c+i+h+v+s+p+u+f+d)(T\tau)$$

设

$$C_1=e,\ C_2=m,\ C_3=c,\ C_4=i,\ C_5=h,\ C_6=v,\ C_7=s,\ C_8=p,\ C_9=u,\ C_{10}=f,$$
$$C_{11}=d$$

则有

---

① 林定夷．科学逻辑与科学方法论．成都：电子科技大学出版社，2003：320.

$$C(T\tau) = \sum_{i=1}^{11} Ci$$

在理论的概念协调力的定义中，笔者使用"概念问子"和"概念解子"这样的概念，而这样的概念是基于"概念问题"的。概念问题与经验问题同样重要，不能论证哪种问题更重要。因而，在经验协调力与概念协调力之间无法判断哪一种更优越，这两种协调力具有同等重要的地位。理论的重要性部分地由理论的概念协调力决定。各单一概念协调力对于理论创新和理论评价具有同样的重要性，不存在单一概念协调力的重要性排序。各单一概念协调力具有同等地位，没有哪一个方面处在优越的地位。一个理论面临某种概念冲突是理论发展过程中的常态，应当设法消除这种冲突，而不是放弃该理论。放弃一个理论，要考察理论的综合协调力情况。一个理论在一定时间被放弃的合法理由是该理论的综合协调力面临着冲突。增强理论的经验协调力与增强理论的概念协调力都是增强理论协调力、间接把握真理的手段。概念协调力的增强是提高理论真理性的途径之一。在前后相继的理论之间、相互竞争的理论之间，以及不同领域的不同理论之间，都可以进行理论概念协调力大小的比较。理论的概念协调力的比较不是理论逻辑真值的直接比较，也不是理论的概念内容的比较。

第四章

背景冲突与背景协调

本章将定义并阐明背景协调力的五个评估标准，即实验标准、技术标准、思维标准、心理标准和行为标准。定义方法与经验协调力和概念协调力一致，仍然以"问子"和"解子"为基本概念，明确背景协调力标准的算法，通过理论与理论之间的不对称性比较来凸显理论背景协调力的高低、优劣。我们说，较弱的理论处于背景冲突状态，较强的理论处于背景协调状态。这五个标准反映了理论在内部思维活动、心理活动和外部操作活动及其表征中体现的能力，它们与静态的经验标准和概念标准不同，是一种动态标准，统称为"背景标准"。

第一节　实验冲突与实验协调

一、定义

假如在 τ 时间，T 的实验解子（记为 j_x）的综合评估指标值为 N，则我们有

$$x\,(T\tau)=Nj_x$$

即 τ 时间的 T 的实验协调力 x 等于 N，N 表示实验解子的综合评估指标值。为

简便起见，该公式可记为

$$x(T\tau) = N_x(T)$$

或

$$x(T\tau) = N_x$$

在理论 Tτ 和理论 T′τ′的比较中，如果

$$N_x(T) < N_x(T')$$

则

$$x(T\tau) < x(T'\tau')$$

即 T 的实验协调力小于 T′，或者

$$x(T\tau)\downarrow \wedge x(T'\tau')\uparrow$$

即 Tτ 面临实验冲突（实验协调力下降），T′τ′呈现实验协调（实验协调力上升）。

实验解子的综合评估指标包括实验设计、实验操作、实验装置、对实验的理论分析、实验结果等。对其中的每一方面都必须仔细加以评估。对于一个理论来说，有多少配套的实验设计，有多少进入器物阶段，有多少已经开始实施实验操作，有多少次成功实验，这些都是理论实验协调力大小的重要判据。2016 年 8 月 16 日凌晨，世界首颗量子科学实验卫星"墨子号"在中国酒泉成功发射，这标志着中国空间科学研究迈出重要一步。2016 年 12 月 9 日，"墨子号"量子科学实验卫星与阿里量子隐形传态实验平台建立天地链路。就量子力学而言，或具体地讲，就量子纠缠理论而言，"墨子号"的发射、"天地链路"的建立都使得量子力学或量子纠缠理论相比于其他还没有实验验证的理论更有可能呈现实验协调状态。

关于对实验的理论分析和实验结果，有理论被实验肯定的情况，有理论被实验否定的情况，也有理论既不能被实验肯定又不能被实验否定的情况。什么叫"理论被实验肯定"？什么叫"理论被实验否定"？如果理论预言的结果能在某种实验装置中得以实现，则可以认为理论被实验肯定了；如果理论预言的结果的反面在某种实验装置中得以实现，则可以认为理论被实验否定了。如果这两种情况都没有出现，则表明理论既不能被实验肯定又不能被实验否定。如果这两种情况中有一种情况出现，或两种情况都出现，那么出现几次，是可以统计的。肯定一次加 1 分，否定一次减 1 分，既不肯定也不否定计 0 分。

例如，在 17 世纪，光的微粒说（T_1）表明光在密度高的透明介质中的速度应比在空气中快，而光的波动说（T_2）则认为光在这种介质中应当走得慢些。在 1850 年和 1862 年，傅科让一面旋转的镜子以一定速度转动，使它在光线发出并从一面静止镜子反射出来这段时间内，正好旋转一周。结果表明，光在水中比在空气中走得慢，其比值等于水和空气的折射率之比。这就证实了波动说的预言，否定了微粒说的预言。设定 τ 为 17 世纪，再假定没有其他实验，则

$$x(T_1\tau) = N_x(T_1) = -1$$

$$x(T_2\tau) = N_x(T_2) = 1$$

因而，我们有

$$x(T_1\tau) < x(T_2\tau)$$

或

$$x(T_1\tau)\downarrow \wedge x(T_2\tau)\uparrow$$

再如，1807 年托马斯·杨（Thomas Young）进行了一次双缝干涉实验。1927 年 9 月 16 日，玻尔提出互补原理。这个原理的一个主要部分认为，一个原子实体的可感知的模型依赖于它所采用的实验安排。就光和电子的模型而言，当所用的是双缝干涉装置时，光和电子表现出波动模型，行为像波。由于波动模型（T_4）与粒子模型（T_3）相互排斥，在同一实验中，两种模型不可能同时表现出来。但是，在全面描述原子实体的本质时，二者缺一不可。这就是说，虽然波动模型和粒子模型在理论上矛盾，但两者都能在某种实验装置中表现出来，即都得到了实验肯定，因而可以在理论上同时被认可。设定 $\tau=19—20$（世纪），再假定没有其他实验，则

$$x(T_3\tau) = N_x(T_3) = 1$$

$$x(T_4\tau) = N_x(T_4) = 1$$

因而，我们有

$$x(T_3\tau) = x(T_4\tau)$$

二、实验：优越的探索手段

在经验协调力的计算中，将理论推测数据与观察数据进行对照是必要的，

而观察结果和观察数据大都来自实验。实验是观察数据合法性的根据，是我们探索世界的窗口。实验作为一种感性物质活动具有很多优点。第一，我们面对的观察对象和自然过程极为复杂，难以把握，为了解决特定的经验问题，我们需要对观察对象和自然过程进行有效的操作和控制，而实验正是达此目的的唯一途径。实验可以简化和纯化被观察对象。在实验中，人们可以借助各种物质技术手段，控制实验条件，排除各种偶然的、次要的因素，使对象的某些特征和因果关系在纯粹状态下呈现出来，便于寻找支配自然现象的规律。实验可以再现和强化被观察对象。实验是对客观对象的人工控制，这一方面保证观测资料和数据的准确性，另一方面可以使被观察对象重复出现。如果被观察对象不能重复出现，观察数据只是偶然呈现，那么实验就没有意义。实验可以使自然过程或条件在人为控制下得到定向强化，创造出在自然状态下难以出现的特殊条件，如超高温、超高压、超低温、超真空、超强磁场、超导电性等。这有助于发现具有重要意义的新的经验事实。实验还可以延缓或加速自然过程。在自然状态下，有些现象的过程转瞬即逝，十分短暂，如有的"共振态"粒子的寿命短至 10^{-24} 秒；有些则十分缓慢，如天体演化、生命起源不知经历了多少亿年，这是人们难以全面观察的。但是，人们可以进行各种模拟实验，放大、缩小、加速或延缓被观察对象发生、变化、发展的过程，以便从总体上把握对象。按照劳斯的语言，实验室的空间封闭和分割作用是理论陈述得以辩护的基础，是实验科学的必要条件。我们不仅在实验室中对事物进行分割、观察、分类和记录，我们还建构、分解事物，并介入其中。物质、粒子、过程、有机体、反应和突变都是实验室的产物。实验具有符号生产的功能，迫使沉默和隐蔽的事物现身，反射线物质的标识、云室、X射线结晶学、各种形式的色谱分析和光谱分析、通过高倍显微镜和望远镜的间接观察等，都是实验室生产的符号。实验材料、程序和仪器设备的标准化有利于人们判断自己的行为是否规范，有助于构造社会的同质性，便于记录、评价和描述偏差，有利于调整研究程序和物质材料，使之具有更广泛的用途并更加稳定。①

　　第二，实验的可重复性特点增强了实验数据的"客观性"。在同样的条件

---

① 参见劳斯. 知识与权力——走向科学的政治哲学. 盛晓明, 邱慧, 孟强译. 北京: 北京大学出版社, 2004: 235-240.

下，每个人可以重复自己的实验，也可以重复别人的实验，如果反复的实验一再表明在某些特定条件和程序下总是出现某个特定的结果或一组特定的数据，那么，该结果或数据就可以视为客观的、真实的。尽管根据同一实验数据可能得出不同的理论，但建立在客观、真实的观察实验证据之上的理论具有更大的可信度，可以获得更多的支持。如果急功近利，制造虚假的实验数据，并据此构造理论，也可以直接产生实验协调力，但这毕竟是虚假的协调力，不可能长久。震动世界的舍恩事件给我们敲响了警钟。亨德里克·舍恩（Jan Hendrik Schön）是德国物理学家，1997年加盟著名的贝尔实验室，2001年成为该实验室正式员工。在这不长的时间里，他以火箭般的速度，先后在《科学》《自然》等权威自然科学杂志上发表数十篇论文，论文涉及高温超导、纳米技术、分子电路和分子半导体等物理学前沿领域，其中关于纳米晶体管的研究成果被业界视为重大突破。2001年，舍恩平均每8天发表一篇科学论文。贝尔实验室自1925年成立以来培养了6位诺贝尔物理学奖得主，有人预计，舍恩可能是第7个幸运者。但是，当物理学界同行试图按照舍恩论文中所述方法重复那些实验时，没有一次能够成功；他们还发现，舍恩论文中的图表和曲线简直完美无缺，不像是实验室中产生的，因为科学实验总要受各种客观条件制约。调查表明，在1998—2001年，舍恩至少在16篇文章中捏造或篡改了实验数据。[①] 科学本质上不是一个人的事业，是所有人的事业，从长远来看，尽管个人品德、管理制度和评审制度等可能存在缺陷或漏洞，但在科学上造假迟早要被识破。造假源于个人或小集体的短期利益，这从根本上危害了大多数人的利益，所以，实际的监控者始终存在。这从一个侧面表明科学家集团或科学共同体存在的必要性，也表明新闻舆论的重要性。

第三，成功的实验可以提高理论的经验协调力。理论型经验问子若不与观测实验结果相对照，就无法确定观测型经验问子，就无法计算经验协调力。实验思想、实验设计、实验装置和实验操作等对实验结果具有重要影响。实验在各方面的精细化有助于我们获得精确的实验结果。如果实验数据不准确甚至错误，就会导致人们对正确的理论计算值产生怀疑，可能断送很有前途的理论。

---

① 参见王阳，张保光. 贝尔实验室与舍恩事件调查——科研机构查处科学不端行为的案例研究. 科学学研究，2014，32（4）：501-507.

特别是对经验精确性的判断不能不要求实验的精确。关于重量与质量关系的理论，伽利略的精确性就不如牛顿，因为伽利略的自由落体实验不如牛顿的摆锤实验精细。意大利热拉亚的巴利安尼（Balliani）曾仔细地重复伽利略的实验。他让两个同样大小的铁球和蜡球从同一地点同时坠落。结果，当铁球已落了 50 英尺①而到达地面时，蜡球还差 1 英尺。巴利安尼用空气的阻力解释这个差异。因为蜡球重量较小，所以阻力对它的作用要大于铁球。牛顿对此作了更精密的考察。他从数学上证明，一个摆锤摆动的时间与其质量的平方根成正比，与其重量的平方根成反比。为印证这个结果，他设计了更精确的实验。他使用了同样体积的不同摆锤，使它们所受的空间阻力相同。有的摆锤是各种物质的实心体，有的是空心的，里面装上各种液体或谷子。他发现，在所有情况下，在同一地点，同长的摆在度量误差极小的范围内，摆动时间相等。

第四，成功的实验可以间接地提高理论的某些背景协调力。实验室背景直接影响着我们的社会实践，新材料、新设备和新方法是从实验室向外部世界转移的。核电厂、化工制造和产业化的生物技术都起源于实验室的操作过程。我们对资源的有效利用、保护和开发，对不同资源的交换和替代，这些都出自实验室的理解方式，即认为事物在人工条件下可以被隔离和使用，从而产生确定的效果。实验室的拓展导致大量社会系统和技术系统的出现，使得我们有可能利用新科学、新技术和新的管理手段。石油的开采、运输、提炼和使用，交流电的发电、配电和使用，检查、治疗和控制身体的医疗器械的维护，经过检测的农产品、肉类和奶制品的常年异地供应，都是实验科学和技术向社会扩展的结果。为了让这些系统稳定、可靠地运转，就必须提供持续不断的服务，如供应、保养、操作、消费和计算等。劳斯描述的实验室实践与福柯（Foucault）的规训实践是一致的：规范化的规训和限制对于科学实践向实验室之外的拓展是不可或缺的；实验室的微观世界与"规训社会"都追求对世界的完全监控；实验室实践和福柯的规训实践都旨在提高社会生产力和效用。②虽然福柯和劳斯都立足于充分探讨知识和权力的内在关联，但从协调力的观点来看，实验室实践的拓展所产生的效应确实使得实验科学家受到普遍的尊重，使得实验科学理论

① 1 英尺 =30.48 厘米。
② 参见劳斯. 知识与权力——走向科学的政治哲学. 盛晓明，邱慧，孟强译. 北京：北京大学出版社，2004：240-261.

具备更多的技术协调力、行为协调力和心理协调力。

实验的上述优点证明了它在理论发现、理论检验和理论评价中具有不可估量的作用。作为背景协调力的一种评估标准，实验应当受到充分的重视。

三、没有判决性实验

弗兰西斯·培根（Francis Bacon）曾提出，存在一种判决性实验，它们对相互竞争理论之间的争端作出定论性的判决。在 19 世纪，人们普遍认为，傅科关于光在空气中的速度大于它在水中的速度的测定是判决性实验。例如，物理学家阿拉戈（Arago）声称，傅科实验不仅证明光不是一种发射粒子流，还证明光是一种波运动。迪昂指出阿拉戈的几点错误。第一，傅科实验仅仅否证了一组假说。在牛顿和拉普拉斯的微粒说内，光在水中比在空气中运动得快这个预言，只是从一组命题中推演出来的。把光比作一群抛射体的发射假说，只是这些前提中的一个。此外，还有关于发射粒子以及它们所穿过的介质间相互作用的命题。微粒说的支持者，面对傅科的结果，本来可以决定保留发射假说，并对微粒说的其他前提进行调整。第二，即使除发射假说外微粒说的每个假定根据其他理由都被认为是真的，傅科的实验仍未证明光是一种波的运动。第三,一个实验，只有当它仅仅接受一个解释而消除其他一切可能的解释时，才是"判决性的"。但是，不可能有这类实验。①

单个的成功实验可以在短期内增强理论的实验协调力和经验协调力，但实验和实验数据本身是否可靠是需要时间来检验的，而且后来发展的新的理论也可能对以前的实验给出新的解释。拉卡托斯曾说，当一个研究纲领遭到失败并且被另一个纲领所取代时，如果一个实验实际上为胜利的纲领提供了一个十分成功的证据，并为被击败的纲领提供了失败的证据，我们就可以以长期的事后之明鉴称这个实验为判决性实验。但是，如果几年以后，"失败"阵营中的一个科学家在所谓失败的纲领内部对所谓的"判决性"实验给出了科学的说明（或给出了与所谓失败的纲领相一致的说明）时，"判决性实验"这一尊称可能要被收回，而这一实验也就可能把失败变成该纲领新的胜利。例如，在 18 世纪，

① 参见约翰·洛西.科学哲学历史导论.邱仁宗，金吾伦，林夏水，等译.武汉：华中工学院出版社，1982：173.

有许多实验被广泛接受，作为反对伽利略自由落体定律和牛顿万有引力理论的"判决性"证据；在19世纪，有好几个以测量光速为基础的"判决性"证据证伪了微粒论，然而后来根据相对论，证明这些实验是错误的。[①]

实验是人对自然的干预，在干预过程中，自然本身也会发生变化，而这种变化是超乎实验之外的，是人所不能把握的，所以实验并不是纯粹"客观"的，人的标准和规范已经渗透到实验中，在实验中起重要作用。实验和理论的关系是相互的，实验本身是渗透理论的。因此，实验并不能作为理论接受的唯一判据。从科学史上看，不同的甚至相反的理论往往依据同一观察实验数据。例如，第谷的天文观察的精确数据对于地心说和日心说同样有用，根据加热氧化汞的实验，普里斯特利和卡文迪什论证燃素说，而拉瓦锡却提出氧化说。因此，实验只能支持理论，不能决定理论的真假和最终取舍。

实验协调力对理论的支持作用是毋庸置疑的，但不能完全决定理论的取舍。某个具体的实验可能在一定时期内证明某个理论，但不能保证永久有效。一个理论，即使在某个历史时刻或时段呈现实验协调，也仍可能在以后的发展中被其他理论所取代；一个理论，即使在某个历史时刻或时段面临实验冲突，也不能据此全盘否定其科学性。

第二节　技术冲突与技术协调

一、定义

假如在 τ 时间，T 的技术解子（记为 j_0）的综合评估指标值为 N，则我们有

$$o(T\tau) = Nj_0$$

即 τ 时间的 T 的背景技术协调力 o 等于 N，N 表示技术解子的综合评估指标值。为简便起见，我们把该公式记为

$$o(T\tau) = N_0$$

---

① 参见拉卡托斯.科学研究纲领方法论.兰征译.上海：上海译文出版社，1986：118-119.

或

$$o(T\tau) = N$$

在理论 $T\tau$ 和理论 $T'\tau'$ 的比较中，如果

$$N_o(T) < N_o(T')$$

则

$$o(T\tau) < o(T'\tau')$$

T 的背景技术协调力小于 T'，即或者

$$o(T\tau)\downarrow \wedge o(T'\tau')\uparrow$$

即前者面临技术冲突（技术协调力下降），后者呈现技术协调（技术协调力上升）。

技术解子的综合评估指标包括理论是否被技术化或技术化的程度。一个理论的技术化程度由技术客体中必然由该理论影响的综合功能指标来决定。如果 N=0，则表明 T 实际上没有被应用于技术客体中或没有被技术化；同样，如果 N=1，则表明 T 被应用于某类技术客体中或被技术化。

二、理论与技术：硬币的两面

如果我们把理论从广义上理解为一种知识，而把技术从狭义上理解为技术实践（而不是关于技术的知识），那么，可以说，理论与技术从来就是密切联系在一起的。人类自产生以后的绝大部分时间是在原始社会中度过的。从人类开始制造工具，有了技术实践起，人就从动物界分化出来了。人类能创造工具本身就表明人类已经具备了一定的知识。例如，在中石器时代，厚背薄刃的石斧（指标 1）、尖的骨针（指标 2）、圆的石球（指标 3）和弯弓（指标 4）等的制造，表明人们已经有了一定的几何图形的知识（T_1）；中国新石器时代出土的乐器如土鼓（指标 1）、石磬（指标 2）、陶钟（指标 3）、苇龠（指标 4）、陶制埙（指标 5）等说明当时人们已具备一定的声学知识（T_2）。这样，设定 τ_1 为中石器时代，τ_2 为中国新石器时代，我们有

$$o(T_1\tau_1) = N_o(T_1) = 4$$

$$o(T_2\tau_2) = N_o(T_2) = 5$$

但是，人们具备的知识是否统统都被工具化或技术化了呢？有的知识，如

关于神灵的知识显然不能被技术化，其技术协调力为零。这也从一个侧面反映了神学与科学是两个完全不同的领域。如果在上述意义上谈理论与技术，不承认两者之间的某种分离或独立的倾向，或并列的发展，大概是很难的。

那么，在什么意义上，我们断言理论与技术是硬币的两面呢？当我们把理论理解为系统的（科学的）知识，把技术理解为科学的技术实践或客体的某种功能释放时，上述断言肯定就成立了。关于科学理论与科学技术的首次"联姻"，至少有两种不同说法。一种说法认为这种"联姻"是从瓦特（Watt）1765年发明蒸汽机的分离冷凝器开始的。分离冷凝器大大降低了蒸汽消耗量，使热效率提高到 3%，比纽可门机提高 4 —6 倍，耗煤量减少了 3/4。为瓦特分离冷凝器提供理论基础的是当时格拉斯哥大学化学教授布莱克刚刚提出的潜热理论。[①]另一种说法认为这种"联姻"是从伽利略制作了望远镜开始的。1608 年，伽利略听说一个荷兰人发明了一种仪器，用它可以清楚地观察远处的物体。伽利略在光学定律指导下制作了一架望远镜，能够把物体放大到几乎一千倍。1610年，科学家已经用望远镜观察木星的卫星。[②]这就把"联姻"的时间一下子提前了一百多年。其科学理论与科学技术实际"联姻"的时间并不重要，上述两种说法可以看作提供了"联姻"的两个实例。因为，只要我们把理论和技术理解为是科学的（不同的人可能对此有不同理解），理论和技术在原则上从来就不是分离的，如同硬币的两面，我们用"联姻"一词只是表明两者实际上的结合。

三、理论技术化

笔者指的"技术化"，是理论被技术化，即理论被人工物化为具有一定功能的技术客体，而在这种客体释放其可预见功能的过程中，我们就确信，理论被技术化了。例如，当我们通过望远镜或显微镜看到肉眼看不到的事物时，我们就可以确认，被应用于制造望远镜或显微镜的光的折射理论被技术化了；当我们看到应用爱因斯坦受激辐射假说制造的激光器发射激光时，我们就可以断言，

---

① 参见王玉仓.科学技术史.北京：中国人民大学出版社，1993：361.
② 参见沃尔夫.十六、十七世纪科学、技术和哲学史（上册).周昌忠，苗以顺，毛荣运，等译.北京：商务印书馆，1995：91.

受激辐射假说被技术化了；当核电站通过原子核裂变反应释放能量时，我们就可以说爱因斯坦狭义相对论的质能关系式（$E = mc^2$）被技术化了。1991 年，托马斯·S. 雷（Thomas. S. Ray）博士应用达尔文生物进化论编制了一种"蒂拉"（Tierra）计算机程序。当我们在计算机中看到这种程序能在无人干预的情况下自我"繁殖"，在繁殖中产生自发变异，并能保留有用变异，形成新的程序时，我们就可以说，达尔文进化论被技术化了。

一个理论能被实际技术化，这是它科学性的一个标志。在理论比较评估中，那些被技术化并且技术化程度较高的理论自然具有一种优越性，即获得了一种技术协调力。20 世纪以前，差不多所有的计算机都应用十进制及整数和分数的数学理论。后来的计算机则采用二进制，为了解决信息处理问题，对专门的数学工具（大型服务理论、概率论、对策论等）的要求也越来越高。计算机的功能通过信息处理的量和质的方面的综合指标反映出来，这些指标可用于评估该计算机设计中涉及的数学理论的技术协调力。以后，我们要想发明具有学习、思考和创造功能的智能机，就必须首先发明具有更强的技术协调力的数学理论。量子力学的威力在很大程度上是由它的技术化造成的。量子力学效应导致数以百计的技术发明，如晶体管、激光器、电子显微镜、DNA 分子存储控制器、核聚变器等，它们在医学、工业、商业等领域产生了革命性的影响。

理论技术化以物化形态印证着理论原理的可靠性。自然客体的功能释放是人类据以生存的必要条件，也使得人类产生好奇心。人类总是试图通过经验观察和理论构思来理解自然现象，理论的经验协调力和概念协调力越强，证明这种理解越可靠。这种可靠性可以通过人工技术得到一定程度的印证。人工制品的功能释放模拟或组合自然过程的功能释放，甚至产生在自然条件下无法出现的功能释放。人工技术和人工制品已经包含着科学原理和科学理论，所以，当技术客体的功能释放得以实现时，人们自然会增加对科学原理和科学理论的信任。科学的目的不仅在于理解自然，满足人类好奇心，还在于复制自然过程，创造人工自然，增进人类福祉。科学不仅是合乎逻辑和经验的理论性构建活动，也是增强人类适应和改造自然能力的实践性活动。晶体管是量子力学给我们带来的厚礼。没有晶体管，也就没有现代电子学和计算机技术。晶体管的发现是薛定谔方程的直接物化结果。薛定谔方程解释了人们以前熟悉但无法理解的导电性。例如，按照薛定谔方程，金属中的原子有序地排列在晶格上，金属原子中的外层电子只是被松散地束缚在原子核周围。这些外层电子可以在整个晶体中漫游，从而在电场的作用下产生电流。但是，在橡胶和塑料中，外层电子受到紧密的束缚，电子不能自由游动，也就不能产生电流。这就解释了为什么金属导电而橡胶和塑料不导电。晶体管在电脑、收音机和电视机等设备中起着控制电流的作用，而薛定谔方程正是通过晶体管的物化形式这一中介产生电脑、收音机和电视机等新的物化形式的。所以，量子力学所具有的技术协调力也是它科学性的重要标志。

科学实验仪器是理论的物化形态，是观测和实验的工具，是人类感官的放大。我们通过科学实验仪器获得的观察数据和实验数据就是经验解子。这些经验解子与理论计算值对照产生检验理论的正例和反例。正例和反例的数目是我们根据协调力统计模型计算经验协调力诸多指标的根据。这表明，背景协调力与经验协调力不是互不相干的，而是深层相通的。由于通过科学仪器的运用而产生的经验数据已经包含了科学仪器背后的理论，所以，科学数据的纯粹客观性是不存在的。人的肉眼观察包含了理论，同样，人通过仪器的观察也包含了理论。观察负载的理论不仅有观察者的理论，还有观测仪器背后的理论。这也说明了，为什么科学实验结果不能对受检验理论起到终极判决性作用。

应当指出，科学理论在构建之初不一定以技术化为目标，在某一历史时刻或时段没有被技术化的理论并不能被判定为非科学的，理由如下。

第一，理论的科学性是由理论的综合协调力决定的，单一协调力的缺失不足以否定理论的科学性。没有被技术化的理论可能具备经验协调力、概念协调力和某些背景协调力。科学理论是通过认识从自然中来，到自然中去。"从自然中来"的理论只要具备足够的经验协调力和概念协调力，就拥有"到自然中去"的潜在能力。只要条件具备，这种潜在能力迟早会外化为能够释放某种功能的人工物形式。

第二，理论是否得到应用，是否被成功地物化为一种能够释放某种或某些功能的技术客体，在很大程度上取决于这种物化是否能立即给人们带来利益。制造人工制品需要人力、物力、财力，需要成本，人们一般不会把时间和精力浪费在不能产生切实利益的实践活动中。

第三，有时候，即使一个理论被技术化后能给人们带来利益，但由于当时其他物质技术条件的限制，理论在那时难以实际上被技术化。例如，在21世纪的今天，在月球或火星上建立适合人类居住的人工环境虽然有很多理论上和技术上的支持，但实际建造条件是不充分、不可行的，但这并不意味着那些理论和技术是不科学的。

第四，一个理论在某一历史时刻或时段没有被技术化并不意味着在任何历史时刻或时段都不能被技术化，因为技术化可能需要相当长的过程。这是因为技术化本身需要足够的理论条件、技术条件和实践条件，而这些条件有时候是需要长期探索和准备的。

第三节 思维冲突与思维协调

一、定义

假如在 τ 时间，T 的思维解子（记为 j_k）的综合评估指标值为 N，则我们有

$$k(T\tau) = Nj_k$$

即 $T\tau$ 的思维协调力 k 等于 N，N 表示思维解子的综合评估指标值。为简便起见，我们把该公式记为

$$k(T\tau) = N_k(T)$$

或

$$k(T\tau) = N_k$$

理论 $T\tau$ 与理论 $T'\tau'$ 相比，如果

$$N_k(T) < N_k(T')$$

则 T 的背景思维协调力小于 T'，即

$$k(T\tau) < k(T'\tau')$$

或者

$$k(T\tau)\downarrow \wedge k(T'\tau')\uparrow$$

意即 $T\tau$ 与 $T'\tau'$ 相比，前者面临思维冲突（思维协调力下降），后者呈现思维协调（思维协调力上升）。

理论的创造、理解和评价都必须经过人的思维活动，从理论与思维活动的

关系中考察理论协调力的大小是一种重要的背景考察方式。

二、从创造的思维过程看

发现和解答有价值的问题，在很大程度上依赖于创造性思维活动。这是理论的可发现性问题和可解决性问题。对于创造型的思维冲突与创造型的思维协调，可以给出下述定义：

假如 $T\tau$ 的创造型思维解子（记为 j_{kc}）的综合评估指标值为 N，则我们有

$$kc(T\tau) = Nj_{kc}$$

即 $T\tau$ 的创造型思维协调力 kc 等于 N，N 表示创造型思维解子的综合评估指标值。为简便起见，我们把该公式记为

$$kc(T\tau) = N_{kc}(T)$$

或

$$kc(T\tau) = N_{kc}$$

如果

$$N_{kc}(T) < N_{kc}(T')$$

则

$$kc(T\tau) < kc(T'\tau')$$

或

$$kc(T\tau)\downarrow \wedge kc(T'\tau')\uparrow$$

一个理论的创造型思维解子的综合评估指标主要包括问题创新、思路创新、成果创新和领域创新等。1742 年，德国中学教师哥德巴赫（Goldbach）在给大数学家欧拉的信中提出著名的哥德巴赫猜想：任一大于 2 的整数都可以写成三个质数之和。欧拉在回信中提出的等价问题陈述是：任一大于 2 的偶数都可以写成两个质数之和。后来，人们把欧拉的陈述表述为：任一充分大的偶数都可以表示为一个素因子个数不超过 a 个的数与另一个素因子不超过 b 个的数之和（记作 "a+b"）。哥德巴赫提出了一个创造性问题，该问题后来被称为 "数学皇冠上的明珠"，其权重可以由后来试图解决这个问题的文章或理论的数量来衡量。一个问题（有时候，问题本身也可以视为理论）的创造型思维协调力可以

由对它的逐次努力解决的数量来衡量（不能故意增加解题的次数）。一个问题，如果一次性就被简单地解决，那么就可以印证这个问题的创造性不强。哥德巴赫猜想至今没有最终解决，但各国数学家都在努力尝试证明，并不断取得突破，这个过程反而印证该猜想的创造型思维协调力很强。

1920 年，挪威的布伦（Brun）证明了"9+9"；1924 年，德国的拉德马赫（Rademacher）证明了"7+7"；1932 年，德国的埃斯特曼（Estermann）证明了"6+6"[①]；1937 年，意大利的里奇（Ricci）先后证明了"5+7""4+9""3+15""2+366"；1938 年，俄国的布赫夕塔布（Бухштаб）证明了"5+5"；1939 年和 1940 年，俄国的塔尔塔科夫斯基（Тартаковский）和布赫夕塔布相继证明了"4+4"；1948 年，匈牙利的雷尼（Rényi）证明了"1+c"，其中，c 为一个很大的自然数；1956 年，中国的王元证明了"3+4""3+3""2+3"；1962 年，中国的潘承洞和俄国的巴尔巴恩（Барбан）证明了"1+5"，中国的王元证明了"1+4"；1965 年，俄国的布赫夕塔布和维诺格拉多夫（Виноградов）及意大利的邦别里（Bombieri）证明了"1+3"；1966 年，中国的陈景润证明了"1+2"。[②]

理论的创造型思维协调力只有在一定时段才是固定的，随着时间的推进，协调力可能会增强。例如，设定哥德巴赫猜想为 T，如果 $\tau=1920$（年），则

$$kc(T\tau) = N_{kc}(T) = 1$$

即哥德巴赫猜想在 1920 年的创造型思维协调力等于 1；如果 $\tau=1920—1940$（年），则

$$kc(T\tau) = N_{kc}(T) = 9$$

即哥德巴赫猜想在 1920 年的创造型思维协调力等于 9；如果 $\tau=1920—1966$（年），则

$$kc(T\tau) = N_{kc}(T) = 17$$

即哥德巴赫猜想在 1920—1966 年的创造型思维协调力等于 17。

1849 年，法国数学家阿尔方·德·波利尼亚克（Alphonse de Polignac）提出"波利尼亚克猜想"：对所有自然数 k，存在无数多个素数对（p，p+2k）。

---

① 埃斯特曼常被误以为是英国人，但其实是德国人。参见 https://mathshistory.st-andrews.ac.uk/Biographies/Estermann/。

② 参见潘承洞，潘承彪.哥德巴赫猜想.北京：科学出版社，1981：12-15；郭金海.1950—1970 年代中国数学家的哥德巴赫猜想研究.科学，2022，74（6）：59-62，69.

k 等于 1 时，该猜想被称为"孪生素数猜想"；k 等于其他自然数时，该猜想被称为"弱孪生素数猜想"。[①] 该创造性问题被视为"数学圣杯"，吸引很多数学家努力进行证明，但还是不能排除素数的间隔会一直增长，最终超过一个特定上限的可能。2013 年 5 月 21 日，华人数学家张益唐在《数学年刊》上发表《素数的有界间距》一文[②]，在孪生素数猜想的证明上取得重大突破。张益唐证明了孪生素数猜想的一个弱化形式，发现存在无穷多个之差小于 7000 万的素数对。张益唐论文的创新性不在于提出创新性问题，而在于第一次证明存在无穷多组间距小于定值的素数对，在于为证明孪生素数猜想而提供的新的思路。尽管数学界后来不断改进张益唐的证明，使得定值数一再缩小，但那些证明的创造性远远弱于张益唐的证明。张益唐的证明在一定时段的权重可以由该段时间的论文引用率来衡量。

理论的思维创造性，一部分是静态的，潜藏在理论文本中，有待挖掘；一部分是动态的，是理论文本本身不曾包含的，是需要发现的。例如，问题创新不仅指理论本身已经提出的新问题，还指理论所启发的新问题。数学中的毕达哥拉斯学派有一个工作理论 T′：一切量都可以用有理数来表示。在很长一段时间里，没有人能针对 T′ 提出什么问题。但是，后来有一个叫希帕索斯（Hippasus）的人发现等腰直角三角形的直角边与斜边不可通约，它是一个无理数。这就针对 T 提出了一个有价值的问题 p。可以断言，若其他指标相同，发现 p 以前（τ_1）的 T′ 与发现 p 以后（τ_2）的 T′ 相比，前者小于后者，即

$$kc(T'\tau_1) < kc(T'\tau_2)$$

或者说，前者面临创造型思维冲突，而后者呈现创造型思维协调，即

$$kc(T'\tau_1)\downarrow \wedge kc(T'\tau_2)\uparrow$$

后来（τ_3），p 在古典逻辑和欧几里得几何学 T″ 中得到解决。因而，若其他指标相同，我们有

$$kc(T'\tau_3) < kc(T''\tau_3)$$

或

---

① 关于哥德巴赫猜想和孪生素数猜想，参见司钊，司琳 . 哥德巴赫猜想与孪生素数猜想 . 西安：西北工业大学出版社，2002.

② 参见 Zhang Y T. Bounded gaps between primes. Annals of Mathematics, 2014, 179, (3): 1121-1174.

$$kc(T'\tau_3)\downarrow \wedge kc(T''\tau_3)\uparrow$$

可见，一个理论的创造型思维协调力可能随着时间的推进而增强。

三、从理解的思维过程看

构造理论的前提是理解世界，接受理论的前提是理解理论。因而，我们有一个可理解性问题。"可理解性"可以从两个方面去看，一是世界的可理解性，二是理论的可理解性。谈到世界的可理解性，爱因斯坦曾引用康德的话："世界的永久秘密就在于它的可理解性。"爱因斯坦认为："这里所说的'可理解性'这个词是在最谨慎的意义上来使用的。它的含义是：感觉印象之间产生了某种秩序，这种秩序的产生，是通过普遍概念及其相互关系的创造，并且通过这些概念同感觉经验的某种确定的关系。就是在这个意义上，我们的感觉经验世界是可理解的。它是可理解的这件事，是一个奇迹。"[①]科学家首先在经验和语言中理解世界，然后才使用通用的语言构造科学理论，而科学理论本身又成为被理解的对象。从理论理解的思维过程看，一个既成的理论是否能被思维所理解，首先在于世界的可理解性，如果世界不可理解，则谈不上构建科学理论，也谈不上理论的可理解性。其次是理论的可理解性，把世界的可理解性通过通用语言表达出来，使得他人可以理解文本，使得文本的意义可以传播、传承，从而达到共同体和大众理解世界的目的。再次就是表达技巧的可理解性，理论文本不仅是研究者理解世界的结果，也成为被其他研究者所理解的对象，所以提高表达技巧是为了让读者更明白，是为读者服务的。表达技巧是可理解的、通用的、可传递的。理论一旦成为文本，一旦发表出来，就面对读者，就要被理解、消化，所以，理论是否被接受，一方面取决于理论本身的可理解性程度，另一方面取决于受众思维的理解、消化能力。因而，思维评价、接受或拒斥理论的问题首先是一个可理解性问题。好的理论总趋向于以最可理解的方式表达、反映最复杂的客观规律。一个理论，如果表述复杂，难以理解，其思维协调力就会下降；反之，同样一个理论，如果表述简洁，易于理解，其思维协调力就会上升。当然，有些好的科学理论，由于其内容上的复杂性或专业性，它必须首

---

① 爱因斯坦.爱因斯坦文集.第1卷.许良英，范岱年编译.北京：商务印书馆，1976：343.

先在能够理解它的大脑那里获得理解型思维协调力，然后通过科学普及让更多的人去理解和接受。

如果我们把理论在理解的思维过程中所处的冲突或协调状态规定为理解型的冲突或协调，就不难给这种类型的思维冲突与思维协调一个一般性的定义：

假如 $T\tau$ 的理解型思维解子（记为 j_{ka}）的综合评估指标值为 N，则我们有

$$ka(T\tau) = Nj_{ka}$$

即 $T\tau$ 的理解型思维协调力 ka 等于 N，N 表示理解型思维解子的综合评估指标值。我们可以把该公式简记为

$$ka(T\tau) = N_{ka}(T)$$

或

$$ka(T\tau) = N_{ka}$$

假如

$$N_{ka}(T\tau) < N_{ka}(T'\tau')$$

则

$$ka(T\tau) < ka(T'\tau')$$

即 $T\tau$ 的理解型思维协调力小于 $T'\tau'$。或者

$$ka(T\tau)\downarrow \wedge ka(T'\tau')\uparrow$$

即 $T\tau$ 面临理解型思维冲突（理解型思维协调力下降），$T'\tau'$ 呈现理解型思维协调（理解型思维协调力上升）。

伽利略很懂得理解型思维协调力的重要性。他那本惊世骇俗的出版于1632年的《关于托勒密和哥白尼两大世界体系的对话》（T_1）在语言上是用当时意大利的土语写成的（指标1），在体例上采用了日常对话体（指标2），在论证上简洁明快、通俗易懂（指标3），在内容上避开了一些大同小异的体系（指标4），如第谷体系、威廉·吉尔伯特体系，甚至开普勒体系。开普勒是伽利略的朋友，开普勒体系又为日心说提供了强有力的支持，为什么伽利略连开普勒体系也避而不谈呢？伽利略这样做，无疑是想使日心说具有更强的可理解性，因为开普勒体系可能只有专业天文学家和数学家才能看懂，而对于一般读者，这个体系就显得有些高深莫测了。设定 τ_1 为 1632—2024（年），我们有

$$ka(T_1\tau_1) = N_{ka}(T_1) = 4$$

即自 1632 年到 2024 年，伽利略《对话》的理解型思维协调力等于 4。

理论面临理解型思维冲突的情况在科学史上经常发生。1829 年，18 岁的法国青年伽罗华（Galois）把自己关于群论的研究成果（T_2）交给法国科学院审查。遗憾的是，科学院的数学家柯西（Cauchy）（负指标 1）、傅里叶（Fourier）（负指标 2）等人读不懂伽罗华的论文，所以，该论文不仅没有得到重视，后来反而被丢失了（负指标 3）。1831 年，伽罗华又将论文交给数学家泊松（Siméon Denis Poisson），结果又因泊松难以理解而遭到否决（负指标 4）。伽罗华的论文因此被压制了整整 17 年（负指标 5）。在这整整 17 年里，就是与那些已经公布于世的最平庸的论文相比，伽罗华的论文也面临严重的思维冲突。

设定 τ_2=1829—1845（年），我们有

$$ka(T_2\tau_2) = N_{ka}(T_2) = -5$$

即自 1829 年到 1845 年，伽罗华群论的理解型思维协调力等于 −5。

但是，群论的真理性不会因为某种暂时的冲突而完全消失，真理总会有闪光的时候。到 1846 年，伽罗华的论文终于在刘维尔（Liouville）主编的《数学杂志》上发表了（正指标 1）。伽罗华的群论逐步为越来越多的人所理解（其他正指标），最后得到公认。

设定 τ_1=1846（年），我们有

$$ka(T_2\tau_1) = N_{ka}(T_2) = 1$$

即 1846 年，伽罗华群论的理解型思维协调力等于 1。

如果设定 τ_1=1829—1846（年），我们有

$$ka(T_2\tau_1) = N_{ka}(T_2) = -4$$

1905 年（τ_3），德国的《物理学年鉴》发表了爱因斯坦的《论动体的电动力学》（T_3）一文。该文标志着狭义相对论的诞生，是划时代的科学事件。但是，论文发表之后，只有很少的科学家，如德国的普朗克、法国的朗之万（Langevin）等，对相对论持肯定态度，正如朗之万当年所说的，全世界只有 12 个人懂得相对论（12 个正指标），因此

$$ka(T_3\tau_3) = N_{ka}(T_3) = 12$$

当时，多数科学家对相对论感到疑惑和不解，并保持沉默（零指标），甚至还有少数科学家，如极端民族主义者魏兰德（Paul Weyland）、勒纳（Philipp

Lenard）等（假定只有这两人）对相对论进行责骂（负指标 2）。因此

$$ka(T_3\tau_3) = N_{ka}(T_3) = 12 + 0 - 2 = 10$$

爱因斯坦和他的支持者很了解相对论面临思维冲突这个不利情况，他们尽力向学术界和普通大众宣传和解释相对论，使得越来越多的人理解和支持这个革命性理论。

理解型思维协调力与经验协调力和概念协调力是一致的。理论文本的制造者不仅自己要明白理论的含义，也要使读者明白理论的含义，这就要求文本制造者和读者之间具有共通的语言、逻辑和标准。读者在理解文本的基础上可能对文本进行阐释，从而完善和发展理论。阐释者对理论文本的理解和阐释也包括对理论文本所表现的经验协调力和概念协调力的理解和阐释。所以，科学文本制造者和阐释者若对理论的经验指标和概念指标有清楚的认知，则对于文本的传播和进化极具意义。在此情况下，经验协调力和概念协调力强的理论文本愈容易被理解。有时候，对具体理论的理解是由理论依托的抽象理论决定的，如果读者更了解和熟悉具体理论模型背后的范式或研究传统等抽象理论，则具体理论文本更容易被理解。

四、从评价的思维过程看

理论被思维理解后，思维需要以某种标准对理论作出评价性判断，以区别优劣，决定取舍。所以，评价问题也是可选择性问题。评价需要标准，没有标准的评价是不存在的。费耶阿本德的非理性主义似乎取消了评判标准，但"怎么都行"本身却又成了一种新的标准。思维依据标准对理论的评价导致理论出现另一种类型的思维冲突与思维协调，即评价型思维冲突与评价型思维协调。对此，可以给出下述定义：

假如在 $T\tau$ 的评价型思维解子（记为 j_{ke}）的综合评估指标值为 N，则我们有

$$ke(T\tau) = Nj_{ke}$$

即 $T\tau$ 的评价型思维协调力 ke 等于 N，N 表示评价型思维解子的综合评估指标值。该公式简记为

$$ke(T\tau) = N_{ke}(T)$$

或

$$ke(T\tau) = N_{ke}$$

如果

$$N_{ke}(T) < N_{ke}(T')$$

则

$$ke(T\tau) < ke(T'\tau')$$

或者

$$ke(T\tau)\downarrow \wedge ke(T'\tau')\uparrow$$

一个理论的评价型思维解子的综合评估指标包括一定数量和质量（比如学术地位、学术信誉、学术能力等）的人对该理论的评价情况（肯定评价、否定评价、未评价等）。例如，当 $N \geqslant 1$ 时，说明理论 T 至少受到 1 人的肯定评价；当 $N \leqslant -1$ 时，说明理论 T 至少受到 1 人的否定评价；当 $N = 0$ 时，说明理论 T 未受评价。

举两个简单的例子。阿伏伽德罗于 1811 年发表的分子假说（T_1）：同体积的气体在相同温度和压力下含有相同数目的分子。该假说提出分子概念，指出分子和原子的区别。[①] 虽然可以为决定元素的结合数提供一种普遍的方法，但至少在 19 世纪 60 年代以前（τ_1），它并没有为人们广泛接受，原因之一是在这段时间里，在化学界占主导地位的理论是瑞典权威化学家贝采利乌斯（Berzelius）的电化学学说（T_2）。[②] 该学说认为同种原子不可能结合在一起。据此，英、法、德等国科学家都不接受阿伏伽德罗假说。因此，我们有

$$ke(T_1\tau_1) < ke(T_2\tau_1)$$

或

$$ke(T_1\tau_1)\downarrow \wedge ke(T_2\tau_1)\uparrow$$

就是说，在时间 τ_1，阿伏伽德罗假说的评价型思维协调力小于贝采利乌斯的电化学学说；或者说，与贝采利乌斯的电化学学说相比，阿伏伽德罗假说处于评

---

① 关于阿伏伽德罗假说，参见 Nash L K. The Atomic Molecular Theory. Cambridge: Harvard University Press, 1950.

② 关于贝采利乌斯及其电化学学说，参见 Morachevskii A G. Jons Jakob Berzelius (to 225th anniversary of his birthday). Russian Journal of Applied Chemistry, 2004, 77: 1388-1391.

价型思维冲突状态。

阿伏伽德罗假说在问世后没有立即被化学界所接受的另一个概念上的原因是，该假说与道尔顿的原子论不完全符合，道尔顿没有区别分子和原子。1860年，欧洲一百多位化学家在德国的卡尔斯鲁厄举办了一次化学研讨会。会后，意大利化学家坎尼扎罗向每位与会者散发了一本小册子《化学哲学教程概要》，重新阐述了阿伏伽德罗假说，引起德国化学家迈尔（Julius Lothar Meyer）的注意。1864年，迈尔出版了《现代化学理论》（*Die modernen Theorien der Chemie*）一书，很多化学家从这本书中了解到阿伏伽德罗假说。后来，阿伏伽德罗假说被广泛接受的经验原因是，人们通过实验证实，在温度和压强相同的情况下，1摩尔的任何气体所占的体积都基本相等。人们通过电化学当量法、布朗运动法、油滴法、X射线衍射法、光散射法等各种各样的方法进行测定，得出阿伏伽德罗常数，即1摩尔任何物质所含有的分子数都大致相等。现在公认的数值是各种方法测定的平均值，1986年，该值被修订为 6.022×10^{23}。今天，阿伏伽德罗假说已经被全世界科学家公认为"阿伏伽德罗定律"。

1882年，俄国微生物学家和免疫学家梅契尼柯夫（Metchnikoff）在观察海星幼虫的消化过程中发现，海星幼虫的中胚层内含有一种会四处游走类似变形虫的细胞，那些游走细胞能把腔中的食物碎屑吞噬、消化掉。梅契尼柯夫拜访了维也纳大学的知名动物学教授克劳斯（Claus），并将这一发现告诉他，克劳斯建议他把这种游走细胞命名为"吞噬细胞"。次年，梅契尼柯夫回到敖德萨，以吞噬细胞为题，向俄罗斯医师及自然科学家协会提交了一份正式报告。1884年，梅契尼柯夫发表了一篇论文，论述了水蚤吞噬细胞在抵抗微生物感染时所扮演的角色，正式提出细胞免疫学说（T_3）：微生物或毒素进入人体时会引发免疫反应，具有吞噬功能的白细胞吞噬这些微生物或毒素，并把这些异物的抗原送到细胞表面。这种"抗原呈递细胞"可活化免疫系统中的B细胞，使它分化成能制造抗体的"淋巴细胞"，并分泌出专门针对这种异物的抗体。当相同微生物或毒素再次进入体内时，抗体就迅速与它们结合，使之失去活性，促使吞噬细胞吞食并消灭它们。1888年10月15日，梅契尼柯夫与家人和学生来到巴黎，继续为细胞免疫学说寻找更多证据。但是，该学说在当时遭到德国科学界的强烈反对。主要的原因是，体液免疫学说在德国得到经验证明和权威支持，在德国

处于强势地位。匈牙利生物学家佛多（Fodor）与英国生物学家纳陶（Nuttall）
首先证明血清可以杀菌，德国医学家贝林（Behring）与日本免疫学家北里柴三
郎（Kitasato Shibasaburo）也紧接着先后发现血清可以中和白喉毒素。特别是德
国微生物学泰斗柯赫（Koch）先前已证明血液中确实含有可以杀菌的物质，但
他反对细胞免疫学说，力主体液免疫学说。这影响了很多德国学者，他们坚持
认为，使动物对微生物免疫的是它们的血液，而不是它们的免疫细胞。但是，
梅契尼柯夫仍然坚持寻找更多的证据证明自己的学说。到 1908 年，虽然体液免
疫学说仍处于强势地位，但诺贝尔奖委员会不顾争议，仍决定给梅契尼柯夫和
艾利希（Ehrlich）颁发该年度的诺贝尔生理学或医学奖，表彰他们在免疫学研
究上的巨大贡献。[①] 这样，至少在 1908 年以前（τ_2），体液免疫学说（T_4）面临
评价型思维协调，"吞噬学说"面临评价型思维冲突，即

$$ke(T_3\tau_2) < ke(T_4\tau_2)$$

或

$$ke(T_3\tau_2)\downarrow \wedge ke(T_4\tau_2)\uparrow$$

　　1905 年，爱因斯坦根据普朗克的量子学说，提出光量子假说：同原子、电
子一样，光也具有粒子性。[②] 光是以光速 C 运动着的粒子流，构成粒子流的粒子
叫"光量子"。与普朗克的能量子一样，每个光量子的能量也是 E=hv；按照相对
论的质能关系式，每个光子的动量是 p=E/c=h/λ。密立根（Millikan）一开始不
相信光量子假说，力图以实验来否定它，但事与愿违。1915 年，实验的结果证
实了爱因斯坦光电效应公式。密立根根据光量子理论测定的 h 值与普朗克辐射
公式给出的 h 值一致。1922—1923 年，康普顿（Compton）研究了 x 射线经金
属或石墨等物质散射后的光谱。根据古典电磁波理论，入射波长应与散射波长
相等，但康普顿实验发现了一个不同的效应：除存在波长不变的散射外，还存
在大于入射波长的散射。光的波动说无法解释这种效应，而光量子假说却能成
功地给予解释。按照光量子理论，入射 x 射线是光子束，光子同散射体中的自
由电子碰撞时，把自己的一部分能量传给电子，使散射后的光子能量减少，造

---

① 参见 Kaufmann S H E. Elie Metchnikoff's and Paul Ehrlich's impact on infection biology. Microbes and
　　Infection, 2008, 10: 1417-1419.

② 参见吴小超，肖明 . 论爱因斯坦光量子假说及其革命性意义 . 湖北教育学院学报，2005，（5）：11-
　　14.

成光子频率减小，波长变大。因此，密立根实验和康普顿效应从经验和背景实验上证实了光量子假说，使光的微粒说（T_5）得以复兴，并相应获得较好的评价。设定 τ_3=1915—1923（年），至少对于那些赞成光量子假说的科学家，与光的波动说（T_6）相比，光的微粒说呈现评价型思维协调，即

$$ke(T_6\tau_3) < ke(T_5\tau_3)$$

或

$$ke(T_6\tau_3)\downarrow \wedge ke(T_5\tau_3)\uparrow$$

第四节　心理冲突与心理协调

一、定义

假如在 τ 时间，T 的心理解子（记为 j_y）的综合评估指标值为 N，则我们有

$$y(T\tau) = N(j_y)$$

即 τ 时间的 T 的心理协调力 y 等于 N，N 表示心理解子的综合评估指标值。为简便起见，我们把该公式记为

$$y(T\tau) = N_y(T)$$

或

$$y(T\tau) = N_y$$

理论 $T\tau$ 与理论 $T'\tau'$ 相比，如果

$$N_y(T) < N_y(T')$$

则

$$y(T\tau) < y(T'\tau')$$

即 $T\tau$ 的心理协调力小于 $T'\tau'$。或者

$$y(T\tau)\downarrow \wedge y(T'\tau')\uparrow$$

即前者面临心理冲突，后者呈现心理协调；或者说前者的心理协调力下降，后者的心理协调力上升。

心理解子的综合评估指标主要指理论能够满足多少人（重要人物要加上权重）的心理需求，满足的程度有多大等。

二、"怪人""疯子"荣获诺贝尔奖

1938 年，美国遗传学家麦克林托克（McClintock）[①]提出转座基因概念，此后，她深入研究转座基因，完善转座基因理论（T_1）。麦克林托克发现，在印度彩色玉米通常颜色不均，颜色的大小和出现时间受某些不稳定基因的控制。后来，她进一步发现，玉米籽粒或叶片颜色的出现受位于 9 号染色体上的基因控制，如果控制色素形成的 C 基因存在，籽粒或叶片有色；否则无色。但是，C 基因受到附近 Ds（解离）基因控制，Ds 基因存在时，C 基因不能使籽粒或叶片表现为有色，但当 Ds 基因离开 C 基因，即从原来位置断裂或脱落，C 基因又重新恢复表达，使籽粒或叶片表现为有色。然而，Ds 基因又受第三个基因 Ac（激活子）控制，Ac 基因存在时，Ds 基因对 C 基因的抑制被解除，C 基因得以表达，籽粒或叶片表现为有色；Ac 基因不存在时，C 基因受到抑制，不能表达，籽粒或叶片表现为无色。这就是麦克林托克发现的"Ds-Ac 调控系统"。在这一系统中，Ds 基因与 C 基因位于同一染色体上并紧挨在一起，而 Ac 基因和 Ds 基因相距甚远，甚至不在同一染色体上，但它能够激活 Ds 基因。Ds 基因可以离开 C 基因，也可以回到 C 基因附近，所以说它可以"转座"或"跳动"。这就是说，玉米籽粒或叶片出现色斑以及色斑大小不只受色素基因 C 控制，更受 Ds 和 Ac 控制。转座基因理论指出有些基因具有"跳跃"性，它们不仅能在染色体的不同位置间跳跃，甚至能在不同的染色体之间跳跃。这一理论不仅解决了整个有机体如何从单个细胞发育起来的问题，而且还解决了如何产生所有新种的问题，无疑是生物学上的重大成果。1951 年（τ_1），麦克林托克发表《染色体结构和基因表达》一文[②]。但这一成果一出现就面临一种心理冲突。当时大多数生物学家都相信"静止基因"理论（T_2）：生物细胞内的基因在染色体上的位置是固定不变的，它们以一定顺序在染色体上呈线性排列，彼此之间的距离也是不变的；

[①] 关于麦克林托克，参见 Ravindran S. Barbara McClintock and the discovery of jumping genes. PNAS, 2012, 109(50): 20198-20199.

[②] 参见 McClintock B. Chromosome organization and genic expression. Cold Spring Harbor Symposia on Quantitative Biology, 1951，16: 13-47.

它们只能通过交换重组改变自己的相对位置，通过基因突变改变自己的相对性质。因而，转座基因理论在问世之初受到人们心理上的排斥，有人甚至说麦克林托克是"怪人""疯子"。设定 τ_1=1951 年，则与流行的静止基因理论 T_2 相比，转座基因理论 T_1 的心理协调力处于下降状态，即

$$y(T_1\tau_1)\downarrow \wedge y(T_2\tau_1)\uparrow$$

随着分子遗传学的发展，人们发现麦克林托克的发现在生物学和医学领域具有广泛的用途，活动遗传成分能够引起人类疾病，但在进化和细胞调节中具有重要作用。20 世纪 60 年代后期和 70 年代，分子生物学家发现活动遗传成分不是玉米特有的，他们在细菌、果蝇和其他动物体内也发现了活动遗传成分。到 80 年代和 90 年代，分子生物学家已经能够证明，激活因子 Ac 是一种"转座酶"的密码，解离 Ds 的结构相似，但不能为"转座酶"指定密码。这就解释了激活子能够自动转座而解离要有激活子的存在才能转座的现象。因此，人们对转座基因理论的心理对抗逐步转变为接受和赞赏，越来越多的人开始相信这一理论。1967 年，麦克林托克荣获金伯遗传学奖（Kimber Genetics Award）；1970 年，荣获国家科学奖章（National Medal of Science）；1981 年，荣获医学沃尔夫奖（Wolf Prize in Medicine）、艾伯特·拉斯克基础医学研究奖（Albert Lasker Award for Basic Medical Research）、麦克阿瑟基金会研究员基金（MacArthur Foundation Grant）和托马斯·亨特·摩尔根奖章（Thomas Hunt Morgan Medal）；1982 年荣获哥伦比亚大学霍维茨奖（Louisa Gross Horwitz Prize）；1983 年，荣获诺贝尔生理学或医学奖（Nobel Prize for Physiology or Medicine）。设定 τ_2 为 1967—1983 年，我们有公式：

$$y(T_1\tau_2)\uparrow \wedge y(T_2\tau_2)\downarrow$$

即在 1967—1983 年，与理论 T_2 相比，转座基因理论 T_1 的心理协调力处于上升状态。

后来，人们找到了越来越多的可移动的基因，转座基因理论逐步呈现出越来越强的心理协调力。

应当强调，一个理论面临心理冲突，会使该理论的总体协调力下降，但并不表明一定要放弃该理论。第一，在一定历史时刻或时段中面临心理冲突的理论，在另一历史时刻或时段，可能会呈现出心理协调。例如，1967 年前后，对

于麦克林托克的理论，人们在心理上的反应是不一样的。人们对新理论在心理上的排斥反应过渡到接纳反应是需要一定条件的，这种反应的变化有的是因为新理论得到了新的经验证据的支持，有的是因为新理论得到了新范式或新的抽象理论的支持，有的是因为新理论得到了实践中的某些背景支持。

第二，在一定空间中面临心理冲突的理论在另一空间中可能会呈现出心理协调。例如，1934 年 10 月，日本人汤川秀树（Hideki Yukawa）构想了一种核力理论。他注意到海森伯 1932 年提出的中子－质子模型中缺少足够的核力，他又发现核力的作用范围与量子的质量成反比。由此，他设想存在一种新的粒子，以充分解释核子（质子和中子）之间的相互作用。他通过量子物理学计算，预言这种粒子的质量大约是电子质量的 200 倍。汤川秀树称这种新粒子为"重量子"或"U 量子"。1935 年，汤川秀树把这一理论发表在《日本物理－数学学会会议录》第一卷上[①]。这一理论公布时在西方和日本有不同的心理反应。日本人基于一种爱国情感，更乐于接受同胞的理论，热烈欢呼新粒子的发现；而在西方，这一理论并没有引起多大反响。直到 1937 年，汤川秀树的预言得到观测验证以后，西方人才开始重视这一理论。安德森（Anderson）和他的助手内德梅耶（Neddermeyer）在次级宇宙线中发现一种重于电子并且轻于质子的粒子。安德森和内德梅耶称这种粒子为"中间子"；奥本海墨（Oppenheimer）建议将这种粒子命名为"汤川子"，以纪念汤川秀树的贡献；1938 年，巴巴（Bhabha）从这种粒子本身的特点出发，把它命名为"介子"，汤川秀树的理论也就被称为"介子理论"[②]。该理论后来得到进一步的发展，并得到实验证实。鲍威尔（Powell）和他的同事在布里斯托尔大学利用自己开发的照相乳胶技术记录下带电粒子的运动轨迹，从而发现宇宙线中存在 π 介子的证据。1949 年和 1950 年，汤川秀树和鲍威尔先后荣获诺贝尔物理学奖。[③]

第三，对一个理论的评价不能单一地归结为心理原因，一般是多种原因综合作用的结果。从麦克林托克转座基因理论的发现和发展中，我们看到，理论

---

① Yukawa H. On the interaction of elementary particles. Proceedings of the Physico-Mathematical Society of Japan, 1935, 17: 48-57.

② Singh R, Virk H S. Homi J. Bhabha: Physics Nobel Prize nominee and nominator. OmniScience: A Multi-Disciplinary Journal, 2017, 7(1): 4-10.

③ The Nobel Foundation. Nobel Lectures in Physics (1942-1962). Amsterdam: Elsevier Publishing Company, 1964.

评价涉及的因素很多，有经验因素，如是否发现新的经验证据；有概念因素，如是否与当时的流行理论冲突；有背景因素，如是否有技术上或工程上的应用；等等。这些因素本身不是心理的，但却深刻影响对理论的心理评价。

三、理论与心理：解不开的结

人的心理因素十分复杂。不同的人可能有不同的心理特征。有人心境淡泊，也有人热情奔放；有人好奇、敏捷，也有人麻木、迟钝；有人乐观，也有人悲观；有人谦逊谨慎，也有人骄傲自大；有人独立思考，也有人人云亦云。具有同一心理特征的人在程度上也千差万别，有不同等级。比如，就好奇心而言，有人满足于获得既成的知识，有人则从创造知识中自娱，牛顿、爱因斯坦的好奇心与一般人的好奇心恐怕不能同日而语。就审美感而言，有人停留于事物的外观，有人则深入到事物的本质，所以，科学家与一般人对美的感悟是有天壤之别的。人不仅有个性心理，还有社会心理，如爱国心，仰慕伟人、名人，尊重长者，集体荣誉感，等等。

不论个人心理还是社会心理，与理论接受、理论评价、理论创造的关系都十分密切，不可分割。一个乐观的理论，在悲观者那里不容易得到好评，悲观者也很难创造出乐观的理论；缺乏激情的人可能偏爱保守的理论，好奇心很强的人容易喜欢或构造新颖的理论；爱国的人对自己同胞的理论情有独钟，仰慕伟人的人对伟人的理论深信不疑；如此等等，不一而足。社会心理因素对理论的影响也显而易见。对于社会心理因素在理论评价和确认中的重要性，已被总结为马太效应、潮流效应、权威效应、普朗克原理等。就马太效应而言，同样的理论，如果由著名学者提出，则比由一般人提出更容易引起重视，更容易被接受、被引证，更容易得到较高的评价；同样的科学家，在声望较高的名牌单位工作比在声望较低的非名牌单位工作更容易得到较高的评价；当一个人的成就因为其他协调力较强而得到承认后，人们很容易追溯并重新评估其早期工作，给予比原先更高的评价。马太效应的合理性在于科研成就的最初获取并得到认可，但这并非由马太效应决定，而是由其他协调力状况决定的，而且成就的不断累积也不完全是由马太效应决定的，它只是使人对成就获得者产生归纳式的信任，从而在心理上获得认同感。这种认同感可以提高科研评价的效力，也有利于科学普及。马太效应鼓励学人努力奋斗，积累科学成就，进入科学家群体，成为名人和权威，这对于科学进步起到积极的作用。但是，马太效应对科学评价的负面影响也是存在的，在科学史上，年轻科学家被权威压制，而导致重大成果被低估、被淹没、被延迟发表的不幸事例时有发生。权威的误判可能导致更为严重的后果，就算很有潜力的年轻学人也可能会失去对学术的信心，选择放弃学术事业，或选择通过不当手段获得成功的机会。对于这样的负面效应，只能通过更为优化的科研管理加以规避。潮流效应、权威效应也有类似的情况，其形成不完全是由心理因素决定的，而是由综合协调力决定的，其正面作用是在大多数情况下增强科研工作的效率，加速科技进步；其负面影响是在个别情况下的误判而导致丧失真理。普朗克原理反映了普朗克本人对权威思想的保守性批判，对年轻人大胆突破、勇于创新的鼓励。权威一旦形成，其思想确实容易趋于谨慎和保守，因为其不断累积的成功经验会出现归纳式固化，其范式也很难从心理上和思想上打破，因而在遇到既有范式不能解决的新问题时，不能很快转变范式。年轻人没有权威的包袱，不怕犯错，不受特定范式的约束，思想更为自由，虽然在常规研究中可能表现为缺点，但在非常规研究中也可能取得权威不能取得的新成就。心理指标对年轻人取得的成就的评判往往是负面的，所以，年轻人一旦取得公认的成果，必定是在协调力的其他方面有显著的表现。

科学哲学对人的特殊心理因素与科学理论的关系的研究是远远不够的。科学哲学对一些问题的讨论习惯于借助人类最普遍的心理特征，即这些心理特征是不存在个性差异的。休谟问题中有一个心理学问题："为什么一切有理性的人期望并相信，他们对之没有经验的事例将与他们对之有经验的事例是一致的呢？"休谟的回答是由于"习惯"，即由于我们反复和联想的机制，这是出于生存的需要，也具有内在合理性。汉森借助格式塔心理学证明观察渗透理论，这是不错的。其实，也可以说，观察和理论都渗透了心理，只是心理因素不能被夸大到极致。

无论从哪个角度，在哪个层次上看心理与理论的关系，我们都会发现，这是一个难解的结。所幸的是，我们可以悬置这个结，因为我们只追求理论的综合协调力，而并不把希望寄托在某个单一协调力（比如心理协调力）或局部协调力（比如背景协调力）之上。理论的心理协调力在经验协调力、概念协调力和背景协调力之间架起一座桥梁，比如，经验新奇性和概念新奇性较强的理论更能满足人们的好奇心，经验简单性和概念简单性较强的理论更容易满足人们追求科学美的心理，经验统一性和概念统一性则能够唤起人们对自身潜在能力的无限向往，而理论在技术上的功能表达不仅唤起人们的好奇心，更给人们带来实实在在的利益。当然，理论的心理协调力较强并不一定意味着理论的其他协调力也强，因为造成理论心理协调力增强的因素很多，不一定单单由其他协调力引起。

第五节　行为冲突与行为协调

一、定义

假如在 τ 时间，T 的行为解子（记为 j_b）的综合评估指标值为 N，则我们有

$$b(T\tau) = N(j_b)$$

即 τ 时间的 T 的行为协调力 b 等于 N，N 表示行为解子的综合评估指标值。我们可以把该公式简记为

$$b(T\tau) = N_b(T)$$

或

$$b(T\tau) = N_b$$

理论 $T\tau$ 与理论 $T'\tau'$ 相比，如果

$$N_b(T) < N_b(T')$$

则

$$b(T\tau) < b(T'\tau')$$

即 $T\tau$ 的背景行为协调力小于 $T'\tau'$。或者

$$b(T\tau)\downarrow \wedge b(T'\tau')\uparrow$$

即前者面临行为冲突，后者呈现行为协调，或者说，前者的行为协调力下降，后者的行为协调力上升。

行为解子的综合评估指标主要指理论携带者（理论构造者、理论信奉者）在多大程度上受到扶持、压迫，或根本未受关注。这些指标包括是否并在多大程度上给予自由的时间、足够的空间、必要或优越的条件等。确定优先权，建立专利制度是从管理的外围为扶持理论携带者提供根据和保证。在上述公式中，当 $N > 0$ 时，j_b= 扶持；当 $N < 0$ 时，j_b= 压迫；当 $N=0$ 时，j_b= 未受关注。

二、17世纪科学中心何以转移？

科学史专家梅森说："在十七世纪，科学的中心已从中世纪商业繁荣和文艺复兴的文化中心德国和意大利北部，转移到受地理大发现好处的大西洋沿岸地区，如法国、荷兰和英国南部。"[1]这表明，梅森不是没有认识到科学中心的转移与文化和工商业的关系。但梅森对于 17 世纪科学中心转移原因的说明是集中在纯概念方面的。在梅森看来，17 世纪大西洋沿岸地区的科学崛起与两个人有关，即英国的弗兰西斯·培根和法国的笛卡儿，正是这两个人提供了为科学崛起所需要的科学方法。例如，伽利略和开普勒在他们的学科范围内完成了笛卡儿提倡的数学方法，牛顿则采用伽利略的方法提出影响悠久的宇宙体系。[2]

梅森的看法不无道理，但在这里，笔者更想从实践的角度来考察这个问题。下面选择两个特例来说明，在 17 世纪，理论面对的行为冲突和呈现的行为协调对科学中心的转移产生了直接影响。

1615 年，在意大利，哥白尼学说（T_1）的代表者伽利略受到罗马宗教法庭的传讯，法庭强迫伽利略放弃哥白尼学说（负指标 1）。1633 年，在意大利，罗马宗教法庭审判了伽利略，定为宣传异端罪，被判终身监禁（负指标 2）。此后九年，伽利略被监禁在佛罗伦萨附近的一所村舍里，直到去世（负指标 3）。在被监禁期间，伽利略在秘密状态下完成《关于两种新科学的对话与数学证明》一书[3]。这本奠定了经典力学基础的巨著，在当时的意大利无法出版，它是于

---

① 梅森.自然科学史.周煦良，全增嘏，傅季重，等译.上海：上海译文出版社，1980：153.
② 参见梅森.自然科学史.周煦良，全增嘏，傅季重，等译.上海：上海译文出版社，1980：161.
③ 《关于两种新科学的对话与数学证明》（*The Discourses and Mathematical Demonstrations Relating to Two New Sciences*，意大利语：Discorsi e dimostrazioni matematiche intorno a due nuove scienze pronounced）出版于 1638 年，简称《关于两种新科学的对话》。它是伽利略所著的最后一本书，该书涵盖了伽利略过去三十年中在物理学方面的大部分工作。它部分是用意大利语写的，部分是用拉丁语写的。

1638 年在荷兰首次出版的。设定 τ_1=17 世纪，我们有

$$b(T_1\tau_1) = N_b(T_1) = -3$$

与伽利略在意大利的不幸境遇相反，牛顿在英国备受尊重。1705 年，被尊称为"卓越的科学家""杰出的数学家""公务员"（正指标 1），并且担任皇家学会主席的艾萨克·牛顿被安妮女王封为爵士（正指标 2）。牛顿以"艾萨克爵士"的头衔生活了 22 年（正指标 3）。这些年里，牛顿春风得意，他的权势、名望和财产与日俱增（正指标 4）。牛顿于 1727 年去世，享年 84 岁（正指标 5）。其时，他已被国人视为国宝。人们把他安葬在威斯敏斯特教堂，让他享受与国王和英雄同等的殊荣（正指标 6）。直到今天，牛顿的塑像仍然醒目地矗立在威斯敏斯特教堂的"科学家之角"（正指标 7）。有位诗人写道：

> 遥借星月之光
>
> 伏枕远望
>
> 教堂前矗立着牛顿雕像
>
> 看那默然无语
>
> 却棱角分明的脸庞
>
> 这大理石幻化的一代英才
>
> 永远在神秘的思想大海中
>
> 独自远航

在牛顿的墓碑上，镌刻有这样一句墓志铭："生民们，曾有如此一位伟人为人类而生，你们应当感到庆幸。"[①]

设定 τ_2=18 世纪，我们有

$$b(T_2\tau_2) = N_b(T_2) = 7$$

因此，有

$$b(T_1\tau_1)\downarrow \wedge b(T_2\tau_2)\uparrow$$

即伽利略在意大利和牛顿在英国的境遇迥异，和牛顿体系（T_2）相比，哥白尼学说（T_1）呈现行为冲突，而牛顿体系则呈现行为协调。我们从这两个极端的片段中不难看出，背景因素在 17 世纪科学中心的转移中起着多么大的作用。

---

① 参见邓纳姆.天才引导的历程.苗锋译.北京：中国对外翻译出版公司，1994：206.

三、李森科事件的启示

在 20 世纪中叶（τ），有个叫李森科（Lysenko）的乌克兰人，他攀权附势，不学无术。为了迎合某些权贵，他编造了一个春化理论（T_3），坚持生物的获得性遗传，否定孟德尔基于基因的遗传学并以此攻击摩尔根（Morgan）基因学说（T_4）。李森科斥责基因学说为"不可知论""唯心论"。尽管春化理论的综合协调力很差，但在当时却获得了很强的行为协调力。李森科得到斯大林（Stalin）（正指标 1）和赫鲁晓夫（Khrushchev）（正指标 2）的支持，他使用阴谋手段迫害反对者，使得那些支持基因理论的人遭受到不公正的待遇（负指标 1、负指标 2）。李森科被戴上三顶桂冠：国家科学院院士（正指标 3）、国家农业科学院院士（正指标 4）、乌克兰科学院院士（正指标 5）。由此，我们有公式：

$$b(T_3\tau) = N_b(T_3) = 5$$
$$b(T_4\tau) = N_b(T_4) = -2$$

因此，

$$b(T_3\tau) > b(T_4\tau)$$

或

$$b(T_4\tau)\downarrow \wedge b(T_3\tau)\uparrow$$

即在 20 世纪中叶，春化理论的行为协调力大于基因学说；或者说，春化理论的行为协调力上升，即呈现行为协调，而基因学说的行为协调力下降，即面临行为冲突。

李森科事件曾促使福柯思考知识与权力的关系问题。传统的权力 – 知识观对知识和权力进行明确划界，知识领域是"真理和思想自由"的领域，不应受权力的染指。知识只有在权力不发生作用的地方才存在，只有在它的命令、要求和利益之外才能发展。权力制造疯狂，只有放弃权力才能获得知识。福柯打破了这个界限，提出新的权力 – 知识观。没有权力就没有知识，权力根本离不开知识。他不仅仅看到权力如何利用和压制知识达到自己的目的，还看到两者密切的内在关联。权力产生知识，知识的形成依靠一个沟通、记录、积累和转移的系统，这种系统本身就是一种权力形式；而任何权力的行使都离不开对知识的汲取、占有、分配和保留。权力和知识直接相关，不建构知识领域就不存在权力关系，不预设和建构权力关系也就没有任何知识。因此，不存在知识和权力的明确划界。在西方思想史上，培根喊出"知识就是力量"的口号，尼采提出"知识是权力的工具"的洞见。福柯的思想与之一脉相承，独创性地提出"真理是权力的一种形式"，并给出系统的分析和论证。福柯的权力关系是由人体、权力和知识构成的三角关系，其中，人体是权力关系运作的核心，它既是知识的对象，又是权力施展的对象。

《规训与惩罚：监狱的诞生》(*Discipline and Punish: The Birth of the Prison*) [①] 是福柯运用系谱学分析权力–知识机制的一部力作。他围绕刑法学考察了西方权力–知识形态的历史演变，探讨了司法领域的权力–知识形式。古希腊的权力–知识形式是度量，它是确立公正秩序、人与自然秩序的手段，也是数学和物理学的母体。中世纪的权力–知识形式是司法调查，它是验证和重构事实、事件、行为和权利的手段，也是经验知识和自然科学的母体。工业社会的权力–知识形式是检查，它是确立和恢复规范、规则、资格并进行区分与排斥的手段，也是心理学、社会学、精神病学、精神分析等一切人文科学的母体。这些形式可能互相重叠，但各有其独特功能，与不同的政治权力相联系。度量为秩序服务，司法调查为中央集权服务，检查为筛选和排斥服务。福柯的分析深刻表明科学合理性不能独立于权力来讨论，而恰恰必须结合权力才能理解科学，一定的权力–知识形式在不同的历史阶段都有其合理性。但是，我们宁愿把权力看作科学合理性的一个政治学维度，而不是全部向度。否则，我们只能理解某一阶段的某一知识–权力模式的合理性，而很难理解不同阶段知识–权力模式的演变的合理性。因此，福柯并不把历史上的惩罚模式和规训模式的递进看成从非理性向理性、从野蛮向文明的进步，而是历史的断裂，权力–知识综合体支配人体方式的变化，也支配形式和效果的变化。

在《权力与知识》一书中，福柯更关心科学的政治地位和科学所服务的意识形态。每一社会都有自己真理的"普遍政治学"。机制和例证、技术和程序、人的身份和地位决定着话语的分类、真假陈述的区分、真理的评估。真理产生

---

① 参见 Foucault M. Discipline and Punish: The Birth of the Prison. Sheridan A(trans.). New York: Vintage Books, 1979. 参见福柯. 规训与惩罚：监狱的诞生. 刘北城，杨远婴译. 北京：生活·读书·新知三联书店，1999.

于科学话语制度，服从于经济和政治，通过教育和信息传播，是意识形态斗争的结果。在这种真理制度下，科学家不再关注普遍价值，只是为占据特殊地位争权夺利。阶级地位、生活和工作条件、有利的真理制度成为知识分子关心的三种特权。[①]科学家的特权地位构成一种政治威胁。19世纪末，达尔文和达尔文主义者为政治所包围，进入历史的前台。在20世纪，物理学家介入政治并逐渐取代了生物学家的特权地位。为什么？在福柯看来，这是由经济和政治领域的扩张造成的。福柯显然夸大了科学的政治维度，把它抬高到不恰当的位置。科学家的地位确实与政治斗争有关，但不完全是政治斗争的结果。不管是19世纪的生物学还是20世纪的物理学都经历了艰难的认知过程，其历史地位的变化和确定是由综合协调力决定的，不是由某个单一协调力决定的。单纯权力的运作不能造就真正的科学家。我们不能仅仅看到某门科学在某一阶段的特权地位与其在经济和政治领域的作用有关，我们也要看到某门科学之所以在某一阶段在经济和政治领域发挥作用与其在认知方面的协调力的爆发式增强有关。理论的不同协调力之间可以相互增强，单一的或局部的协调力可能带动或推动其他协调力的增强。在行为协调力与其他协调力之间存在这种效应。因此，科学家必须得到尊重。我们鼓励科学家争权夺利，因为有权有利就能提高理论的行为协调力；但是，我们反对通过争权夺利成为科学家，因为科学家不是由经济和政治地位唯一决定的。通过争权夺利而取得的"科学家"的头衔将被历史判定为"伪科学家"。李森科为春化理论争权夺利没有错，但他错就错在不恰当地把理论的行为协调力凌驾于其他协调力之上。所以他的理论具有强烈的时间性和地方性特点，在特殊的时段、特殊的地区成为特殊的"科学"理论，但不幸的是，过分依靠强权的理论不仅总是昙花一现，还要被戴上"伪科学"的帽子而贻笑大方。

在科学中，任何单一协调力都不能被赋予特权地位。与其他单一协调力一样，行为协调力固然重要，但不具有决定性。所以，我们虽然尊重科学家，给科学家以权力，但我们不能迷信科学家，科学家的权力必须受到制约。某一理论的行为协调力过高，虽然对该理论有利，但也可能造成压制其他理论的

---

① Foucalt M. Power/Knowledge: Selected Interviews and Other Writings, 1972-1977. Gordon C.(ed.). Brighton: Harvester Press, 1980: 131-132.

局面，不利于理论之间的正常竞争。我们支持形成合法的"科学权威"，它是科学的旗帜、竞争者的榜样；但是，我们也反对"科学学阀"，因为它会破坏科学市场的合法竞争和良性循环。我们给科学家以权力，也是因为权力具有真理性（行为协调力）。权力不是凭空给予的，是获取的，权力的获取是有理由的。人们要求获取权力的正当理由与运用权力的正当目标之间具有内在的一致性。我们赋予科学家以权力，不是因为他们天生就是科学家，而是因为他们在真理的探求上的成功，赋予他们权力是想请他们通过权力的运作引导对真理性知识的进一步探求。当然，科学家的权力会异化，可能偏离那种一致性，为个人利益随意摆弄科学、践踏科学。这正是学术腐败的个体根源。我们给科学家以权力，还因为科学给我们带来直接的实惠。但是，科学家可能沉湎于个人的兴趣，不考虑或无法把握科学的全部后果，这可能从根本上或长远上危害人类利益。所以，我们要建立好的监督制度、好的政治制度，在科学家或科学家集团之间建立起相互制约的机制，将科学家的个人权力纳入合法的轨道。

第六节 小 结

上述背景冲突与背景协调的五个方面各自构成单一的背景因素。在这些因素之间存在着相互作用的关系，但不能区分哪种因素更为优越。一个理论的综合背景协调力是该理论各单一背景协调力之和。理论 T 在时间 τ 的背景协调力的计算公式是

$$B(T\tau) = x(T\tau) + o(T\tau) + k(T\tau) + y(T\tau) + b(T\tau)$$

或简化为

$$B(T\tau) = (x + o + k + y + b)\, T\tau$$

设 $B_1 = x$，$B_2 = o$，$B_3 = k$，$B_4 = y$，$B_5 = b$
则

$$B(T\tau) = \sum_{i=1}^{5} Bi$$

从经验到概念再到背景，笔者所谈的冲突与协调全是不对称性的。只有在理论之间的不对称关系中才能体现理论的进步。一个理论面临背景冲突，这并不构成放弃该理论的充分理由。就背景协调力而言，我们有理由追求一个局部背景协调力较强的理论，接受一个综合背景协调力较强的理论。在经验协调力、概念协调力和背景协调力之间存在深刻的联系，这是需要继续深入探讨的重大课题。

第五章

理论：理解科学的钥匙

第一节　对理论的重新划分

一、经验理论、概念理论与背景理论

　　劳丹指出，在通常所称的"科学理论"中，有必要区分两类不同的命题网络（propositional networks）。一类命题网络指非常具体的一套相关联的学说（通常称为"假说"、"公理"或"原理"），它们用于具体的实验预测，并对自然现象给出详细解释。这类例子有麦克斯韦电磁场理论、玻尔 – 克拉姆斯 – 斯莱特的原子结构理论、爱因斯坦光电效应理论、马克思劳动价值理论、魏格纳大陆漂移理论、弗洛伊德的恋母情结理论等。另一类命题网络指那些更普遍的，更不易受到检验的几套学说或假设。它不指任何单独的理论，而是指单个理论的整个谱系。例如，"进化论"并不指哪个单独的理论，而是指在历史上和概念上相互关联的整整一族理论，这些理论都假定生物物种具有共同的遗传方式。"原子论"一般也指一大套学说，这些学说都假定物质不连续。①

　　劳丹认为，从前很多分析家只专注于第一种理论，而忽视了第二种理论；库恩和拉卡托斯不同，这两个人都把那些比较普遍的而非具体的理论作为理解

① 参见 Laudan L. Progress and Its Problems: Towards a Theory of Scientific Growth. Berkeley: University of California Press, 1977: 71-72.

和评价科学进步的主要工具。但是，劳丹不满足于库恩和拉卡托斯对大理论的解释，以及基于这种解释对科学进步的理解。为了寻求一个历史上稳妥或哲学上恰当的科学进步理论，劳丹致力于对大理论——研究传统作新的解释。劳丹将理论划分为不同类型，区别各自的特征，这对科学进步理论的探讨十分必要，也十分有益。不过，不同类型的理论不一定有根本不同的评价模式，但基于一个根本的评价模式，不同类型的理论可能会表现出不同的评价特点和操作要求。而且，我们后面将会看到，劳丹"研究传统"的概念虽然比库恩的"范式"和拉卡托斯的"研究纲领"大大改进了，但仍然具有较大的含糊性，这些含糊性又被传递到对一些问题的分析上，因此，对理论类型的分析，必须进一步地明晰化。

不妨首先根据所解答的问题的性质区别三类理论：经验理论、概念理论和背景理论。经验理论由经验问题和对经验问题的解答构成，它具有直接的经验协调力，同时也具有直接的概念协调力和背景协调力，如道尔顿倍比定律、沃尔夫假说、孟德尔定律、普朗克黑体辐射公式、沃森和克里克的 DNA（脱氧核糖核酸）分子结构理论等。经验理论是直接从观察实验所得的经验材料中产生的，它是第一层次的理论。

概念理论由概念问题和对概念问题的解答构成。有的概念理论是在经验理论的基础上产生的。例如，道尔顿为了解释倍比定律，创立了道尔顿原子论；普朗克为了解释黑体辐射公式，提出了能量子理论；等等。这类概念理论与经验理论一样具有直接的经验协调力，可用于直接回答一些经验问题，不妨称之为亚经验理论。概念理论中还有两类理论，它们没有直接的经验协调力，不能用于直接回答经验问题，不妨分别称之为工作理论和超理论。如果我们把经验理论和亚经验理论总称为具体理论的话，那么工作理论和超理论就是抽象理论。

工作理论虽然不能直接推导出具体理论，但它为具体理论提供概念框架，指导具体理论的构建。例如，达尔文承认，他从马尔萨斯《人口论》中获得了一个工作理论。他在《自传》中写道："1838 年 10 月，就是在我开始进行自己有系统的问题调查以后 15 个月，我为了消遣，偶而翻阅了马尔萨斯的《人口论》一书；当时我根据长期对动物和植物的生活方式的观察，就已经胸有成竹，能够去正确估计这种随时随地都在发生的生存斗争的意义，马上在我头脑中出现一个想法，就是：在这些〔自然〕环境条件下，有利的变异应该有被保存的趋势，而无利的变异则应该有被消灭的趋势。这样的结果，应该会引起新种的形成。因此，最后，我终于获得了一个用来指导工作的理论……"[①]再如，普朗克的能量子理论和爱因斯坦的光量子理论都采用了同样的工作理论，即能量是不连续的，或者说能量不是无限可分的，而是有一个最小单元。

为工作理论直接或间接提供概念框架的是超理论。超理论也不能直接推导出工作理论，但参与指导构造工作理论。例如，上述达尔文的工作理论有一个超理论，即物种是变化的。达尔文是受赖尔《地质学原理》的启发坚定了这一信念的。为了感谢赖尔对他的启发，达尔文曾在 1837 年的《考察日记》（全名是《贝格尔号皇家军舰在舰长费支罗伊率领下的环球旅行期内所访问的各国的地质学和自然史的考察日记》）一书的扉页上写道："我把这本书的第二版呈献给英国皇家学会会员查理士·莱伊尔先生，因为这本考察日记和我的其他著作所以能够被公认具有重要的科学功绩，正就是由于学习了大家都知道的他的惊人名著——《地质学原理》。"[②]再如，上述普朗克和爱因斯坦的工作理论的超理论是粒子和不连续变化的理论。这一超理论具有很大的贯通性，它为其他很多重要的工作理论，如"细胞是一切生物的单位""遗传是由自主种质的粒子机能操纵的""电是带电荷的粒子"等，提供概念框架。

关于工作理论和超理论，有两点是应当指明的。第一，一个具体理论在构建过程中，不一定只使用一种工作理论。例如，普朗克构造能量子理论时，不仅仅使用"能量不连续"这一工作理论，为了找到辐射系统熵的表达式以及熵与概率的关系，他还采用了玻尔兹曼的统计方法。第二，超理论有不同的层次。最低层次的超理论直接为工作理论提供概念框架。例如，"物种是变化的"这一超理论为上述达尔文的工作理论直接提供概念框架，所以是最低层次的超理论。这一超理论之上还有一个超理论，即"事物可变"，这已经是一种哲学原理。那么，这一原理之上是否还有概念框架呢？有的，那就是"事物存在"。如果我们在此之上不再找到概念框架，那么这就是最高层次的超理论。中间层次和最高层次的超理论间接地为工作理论服务，它们必须通过最低层次的超理论，才能

---

① 参见达尔文. 达尔文回忆录——我的思想和性格的发展回忆录. 毕黎译. 北京：商务印书馆，1982：78.

② 达尔文. 一个自然科学家在贝格尔舰上的环球旅行记. 周邦立译. 北京：科学出版社，1957：56.

帮助构筑具体理论。

　　背景理论由背景问题和对背景问题的解答构成。对实验问题及其解答构成实验论，它包括实验设计论、实验操作论、实验装置论、实验分析论等。实验结果为具体理论提供经验证据，以便与理论推测相对照，使得经验协调力的运算成为可能。但实验结果本身是需要分析的，它是否合理？在何种情况下合理？科学家似乎是根据经验和习惯进行实验，而对这样的问题缺乏理论反思，往往造成实验过程中的时间浪费、精力浪费和资源浪费。因此，系统整理科学史上的实验案例，从理论上进行总结，构建具有指导意义的实验论是必要的。对技术问题及其解答构成技术论，它包括技术原理论和技术客体论。技术原理论探讨具体科学理论如何转化为实用技术，这是理论层面或分析层面的问题；技术客体论探讨实用技术如何转化为按照人的意愿释放某种特定功能的人工物或技术客体，这是实践层面或操作层面的问题。技术是具体科学理论与实物客体的联系中介，具体理论通过分析过程和操作过程实物化。实物化的实现是具体理论的技术协调力的体现方式。对思维问题及其解答构成思维论，它包括创造思维论、理解思维论和评价思维论。创造思维论探讨理论创造过程中的问题及其解答；理解思维论探讨理论理解过程中的问题及其解答；评价思维论探讨理论评价过程中的问题及其解答。对科学中的心理问题及其解答构成科学心理论，它包括个体科学心理论和群体科学心理论。个体科学心理论探讨个人在科学创造、科学理解和科学评价中的心理特点和倾向性；群体科学心理论探讨社会群体或专业群体在科学创造、科学理解和科学评价中的心理特点和倾向性。对科学中的行为问题及其解答构成行为论，它包括政治行为论、经济行为论和管理行为论等。政治行为论探讨政治权力对科学活动的影响及其规律；经济行为论探讨经济发展状况对科学活动的影响及其规律；管理行为论探讨科学管理与科学活动的关系和规律。与经验理论和概念理论处于观念层面不同，背景理论更多关注实践层面和操作层面。科学哲学的实践层面和操作层面的理论在科学社会学、技术哲学、工程哲学、科学语用学、科学心理学、科学实验和测量、科技经济、科技政策等研究方面得到一定程度的体现，但总体上看，这方面的研究还需围绕背景问题进一步补充和拓展，需要进一步深化、细化和系统化，使之更为凝练、统一和协调。

二、单一理论、复合理论与集合理论

根据理论的构成特点，可以把理论划分为三种类型，即单一理论、复合理论和集合理论。单一理论是理论的最小单位，它是由单个的问子和单个的解子构成的，如欧几里得几何第五公设、细胞定义、倍比定律、黑体辐射公式、光速不变原理等。复合理论是由一些单一理论构成的，这些单一理论密切关联，自成系统。例如，与欧几里得几何学一样，罗巴切夫斯基几何学也是从某个原理或一些公理出发推演出一系列命题，构成了一个相互关联的命题系统。再如，孟德尔定律，它包括了生物遗传的两个定律：分离定律和自由组合定律。这两个定律作为单一理论都统摄于孟德尔遗传因子概念中。其他如达尔文进化论、麦克斯韦电磁场理论、普朗克作用量子理论、爱因斯坦相对论、贝塔朗菲一般系统论、普里戈金耗散结构理论等，都是复合理论。我们常常说构建一个理论，实际上指构建一个复合理论。集合理论是由一组单一理论或复合理论组成的有意义的集合体。在现有理论中任意挑选一组理论都可以形成一个理论集。但是，要形成有意义的理论集，必须满足下面两个条件之一。

第一，理论集内的所有理论共同致力于解决某个问题或一组相关问题。例如，致力于解决"日－地"关系问题的集合理论，至少包括了托勒密理论和哥白尼理论；致力于解决一组关于宇宙学问题的集合理论，是所有单一或复合的宇宙学理论的集合体；致力于解决环境问题的集合理论则包括了物理学、化学、生物学等学科中的相关理论。这种类型的集合理论可以称为共问子的集合理论，这是对某个或某些相同问题提供解答的理论的集合。

第二，理论集中的每个成员能够对一个或一些问题提供相同的解答。例如，"电是什么？"德国的费希纳（Fechner）、韦伯（Weber）、黎曼、基尔霍夫（Kirchhoff）和克劳修斯提出了各自的理论，这些理论对这个问题有一个共同的解答：电是带电荷的粒子。所以，这些人的理论可以组成一个有意义的集合体。对于同样的问题，英国的法拉第、开尔文、麦克斯韦和菲茨杰拉德（FitzGerald）各自提出的理论，也有一个共同的解答：电现象是由连续的以太中的应变造成的。所以，这些人的理论也组成了一个有意义的集合体。这种类型的集合理论可以称为共解子的集合理论，它们至少为一个问题提供了相同的解子。

三、具体理论的集合理论与抽象理论

应当指出，研究传统概念的一个重要缺陷就是没有认真区分具体理论的集合理论与抽象理论。我们先看看劳丹为他的最大理论所举的几个例子：当人们谈论"原子论""进化论""气体运动论"时，他们并不指某个单独的理论，而是指单个理论的整个谱系。比如"进化论"，它不是指任何单独的理论，而是指在历史上和概念上相关联的整整一族理论，它们都假定物质是不连续的。一个特别生动的例子是由较近的"量子理论"提供的，它包含各种各样的具体理论。自 1930 年起，"量子理论"一词就包括量子场论、群论、S-矩阵理论和重正化场论等，在这些理论的任何两个理论之间都存在巨大的概念分歧。[①]

在这些例子中，"大理论"指"单个理论的整个谱系"或"在历史上和概念上相关联的整整一族理论"或"包含各种各样的具体理论"的理论。只不过这些大理论都有一个共同假定而已。这些大理论是什么呢？正是集合理论，而且是共解子的集合理论。但是，到后来，这些大理论又变成了"一套本体论和方法论的假定"[②]，即变成了普遍理论。实际上，就是在普遍理论中，劳丹对工作理论与超理论也未作区分。"大理论"的含糊性使得劳丹在处理理论与研究传统之间的关系上陷入困境。劳丹对此也直言不讳："我谨慎、模糊地描绘了一个理论与作为其'母理论'的研究传统之间的那类关系。我已谈过研究传统'激发'、'包含'或'产生'理论，而理论'预设'、'构成'甚至'限定'研究传统。这是极其复杂的事；我用来刻画理论与研究传统之间关系的隐喻的含糊性说明了干净利索地处理这一问题的艰难性。"[③]劳丹在阐述"理论与研究传统"的关系时，其"理论"实指"具体理论"，其"研究传统"实指"抽象理论"。在笔者看来，"理论"包含了"具体理论"和"抽象理论"。劳丹没有区分"构成"和"例示"这两个概念，混淆了"构成"和"例示"的不同层次。"构成"发生

---

① 参见 Laudan L. Progress and Its Problems: Towards a Theory of Scientific Growth. Berkeley: University of California Press, 1977: 71-72.

② Laudan L. Progress and Its Problems: Towards a Theory of Scientific Growth. Berkeley: University of California Press, 1977: 80-81.

③ Laudan L. Progress and Its Problems: Towards a Theory of Scientific Growth. Berkeley: University of California Press, 1977: 84；另外参见拉里·劳丹.进步及其问题——科学增长理论刍议.方在庆译.上海：上海译文出版社，1991：84.

在同一层次，表达部分构成整体；"例示"发生在不同层次，表达下层例示上层。劳丹所说的"理论构成了研究传统"的准确表达是"具体理论例示了抽象理论"。

要想避免大理论的模糊性困难，区别一下具体理论的集合理论与抽象理论是必要的。在具体理论的集合理论与抽象理论之间至少存在下述区别。

第一，具体理论的集合理论仍然是具体理论；而在抽象理论中，超理论的例示理论是工作理论，工作理论的例示理论是具体理论。所以，具体理论的集合理论具有直接的经验协调力，例如，可以解释、预测事件，受事件检验，等等。抽象理论则没有直接的经验协调力，它只有通过具体理论才能获得间接的经验协调力。

第二，具体理论的集合理论与其构成理论的关系是包含关系。我们说具体理论的集合理论包含了其构成理论，而构成理论则是构成具体理论的集合理论。抽象理论与其例示理论之间的关系较为复杂。我们可以说抽象理论激发、产生、限制其例示理论，但不能说抽象理论包含其例示理论，因为其例示理论不是构成抽象理论的要素，它只是例示了抽象理论。

第三，对于具体理论的集合理论，其构成理论的修改、增加或减少都会导致产生新的集合理论；而对于抽象理论，即使其例示理论经过修改、增加或减少，都不会改变抽象理论本身。假定具体理论的集合理论 T 为 $\{T_1, T_2, T_3, T_4\}$。其中，T_1、T_2、T_3、T_4 为 T 的构成理论。如果我们对其中的构成理论加以修改，例如，修改 T_3，形成 T'_3，进而形成集合理论 T'：$\{T_1, T_2, T'_3, T_4\}$。T' 不是 T，而是在 T 的基础上形成的新的集合理论。在此种情况下，新集合理论 T' 与原集合理论 T 是交叉关系。如果在原集合理论 T 的基础上删除一个构成理论，例如，删除 T_3，形成 $\{T_1, T_2, T_4\}$，则新的集合理论被 T 包含。如果在 T 的基础上增加一个构成理论，例如，增加 T_5，形成 $\{T_1, T_2, T_3, T_4, T_5\}$，则新的集合理论包含 T。抽象理论则不同。抽象理论的例示理论不是构成抽象理论的要素，它是抽象理论介入创造性构建的产物，同时也反过来印证和支持抽象理论。所以，例示理论的修改、增加或减少对抽象理论的存在形式不会有任何影响。

第四，在具体理论的集合理论与其构成理论之间，在抽象理论与其例示理论之间，有不同的关联方式。具体理论的集合理论通过两种方式与其构成理论相关联：其一是通过解决某个或某些共同问题相关联，这是共问子的关联方式。其二是通过对某个或某些问题提供相同的解答相关联，这是共解子的关联方式。抽象理论与其例示理论也通过两种方式相关联：其一是历史方式。从科学史上看，具体理论大多是在这种或那种抽象理论的框架中提出的。其二是概念方式。抽象理论与其例示理论在概念上相互作用，有不同的表现形式。对于这种联系方式，笔者将在后面详谈。应当指明，历史的联系方式和概念的联系方式是劳丹首先发现并加以阐明的。

四、迪昂问题

1906 年，法国物理学家、哲学家迪昂（Duhem）在《物理学理论的目的和结构》一书[①]中指出，单独的理论不能作出某种现象将要发生的预见，只有各种理论（通常包括受检验的理论假说和一组辅助假设）的结合才能推出这些关于自然界的预测。同样，一个孤立的理论不可能单独受到实验的反驳，受到反驳的只能是理论复合体。迪昂的论证试图要求我们想象一个境况，其中，一个理论复合体 O 推导出某观察结果 W，且这个结果是假的：

$$[O（由 T_1，T_2\cdots T_\beta 构成）+ 初始条件] \rightarrow W$$

观察到非 W

这个推理逻辑表明，被证伪的是理论复合体本身，因此不能断定该复合体中的任何元素 T_i 是否被证伪。这样，在理论复合体被证伪的情况下，我们应该假定理论复合体中的每个成员都被结果证伪了吗？同样，在理论复合体得到成功证实的情况下，我们应该假定理论复合体中的每个成员都被结果证实了吗？在证伪或证实程度上都跟其他成员获得了同样数量的提高吗？劳丹认为这些问题比较困难，而且仍然是没有回答的问题。

但是，劳丹认为这些问题不会对他的解题的理论评价模式构成威胁，因为他的模式只关心理论解决问题的有效性，而不用在理论间作任何真假分配。所以，存在一种处理迪昂论点的自然方式，这种方式允许我们不用退回到唯一一只

---

① 参见 Duhem P. La théorie physique: son objet, sa structure. 2nd ed. Paris: Chevalier et Rivière, 1914；另外
参见 Duhem P. The Aim and Structure of Physical Theory. Wiener P(trans.). Princeton: Princeton University
Press, 1954.

谈及理论复合体的评价。这种方式不是把功或过归于一处，而是公平地散布在这个复合体的成员中（共同承担罪行说的一个合理变种）。于是，劳丹提出两个原则：

A_1：每当任何一个理论复合体 O 遇到一个反常问题 a 时，a 就可看成是 O 的每一个非分解元素 T_1、T_2……T_β 的一个反常。

A_2：每当任何一个理论复合体 O 适当地解决了一个经验问题 b 时，b 就可看成是 O 中的每一个非分解元素 T_1、T_2……T_β 的一个已解决的问题。

劳丹强调，每当一个理论复合体产生一个反常时，这个反常就不利于复合体的每一个因素；而其中每一个因素面临反常这一事实虽然并不要求放弃这一因素，但是存在解决这一反常的认知压力。劳丹还指出，对迪昂派分析的真正挑战不在于表明我们如何能"确定"真与假，而在于表明对于选择一个更好的理论复合体来说，存在什么样的合理策略。[①]

笔者赞成劳丹对迪昂问题的处理方式，即不在理论复合体中的非分解元素中进行真假分配。设理论复合体为 O，经验问题为 p（未解决的经验问题记为 p_N，已解决的经验问题记为 p_Y），复合体中的单一理论为 T_i（i=1，2…β），劳丹的处理原则可以表述为

$$A_1' : p_N \subset O \rightarrow p_N \subset T_i$$

$$A_2' : p_Y \subset O \rightarrow p_Y \subset T_i$$

迪昂问题是针对一个经验问题而言的，并且没有涉及理论与理论之间的比较。我们不妨引入一个理论复合体 O'，将它与理论复合体 O 进行协调力的比较。按照协调力评价模式，劳丹的处理方式可以表示为：

在理论 O 与 O' 的 τ 时刻的比较中，如果理论复合体 O 的经验一致性协调力下降，而理论复合体 O' 的经验一致性协调力上升，那么，在 τ 时间，O 内的每一单一理论的经验一致性协调力下降，而 O' 内的每一单一理论的经验一致性协调力上升。这可以表示为

$$I\,(O\tau)\downarrow \wedge I\,(O'\tau)\uparrow \rightarrow I\,(T_i\tau)\downarrow \wedge I\,(T_i'\tau)\uparrow$$

经验一致性取决于一定时刻理论的经验解子导出的与观测型经验问子相符

---

① 参见 Laudan L. Progress and Its Problems: Towards a Theory of Scientific Growth. Berkeley: University of California Press, 1977: 42-44.

的理论型经验问子的种类数。理论在一段时间内解决了一个经验问题就会增加一个"种类数"，其经验一致性呈现局部上升态势，但不一定能够改变理论比较的总体态势。假定一个理论 T 与另一理论 T′ 在 τ 时间的比较中处于经验一致性冲突状态，即

$$I(T\tau) < I(T'\tau)$$

再假定理论 T 在 τ 时间成功地解决了一个经验问题，即在 τ 时间 T 的经验解子导出了一类与观测型经验问子相符的理论型经验问子，那么，我们并不能肯定 T 的经验一致性协调力在 τ 时间会赶上或超过 T′，即不能肯定是否有

$$I(T\tau) \geq I(T'\tau)$$

因为这还要看在 τ 时间 T′ 解决了多少经验问题。但是，我们可以肯定 τ 时间的理论 T 的经验一致性协调力相对于 τ−x（x>0）时刻上升了，可用公式表示为

$$I(T\tau)\uparrow \wedge I(T(\tau-x))\downarrow$$

我们也可以肯定理论 T 的经验一致性协调力在 τ 时间相对于另一理论 T′ 具有上升的趋势（局部状态），哪怕 T 在 τ 时间的经验一致性协调力与 T′ 相比处于冲突状态（总体状态）。如果用符号 ∝ 代表"趋势"，那么这种情况可以表示为

$$(I(T\tau)\downarrow \wedge I(T'\tau)\uparrow) \wedge \propto (I(T\tau)\uparrow \wedge I(T'\tau)\downarrow)$$

实际上，劳丹的处理方式可以推广到一切单一协调力，某一理论复合体的某个单一协调力在 τ 时间的上升可以视为该复合体内的任一单一理论在 τ 时间的上升；某一理论复合体的某个单一协调力在 τ 时间的下降可以视为该复合体内的任一单一理论在 τ 时间的下降。迪昂问题表明，理论之间的比较就是理论复合体的比较，但是，对于协调力评价模式而言，理论的比较评价并不在意理论是单一的、复合的还是集合的[①]，这一方面是因为某些背景协调力不涉及理论的推测；另一方面，迪昂所谓的"非分解元素"就是协调力模式中的单一理论，而按照劳丹的处理方式，对于单一理论的比较评价也成为可能。一个单一理论的成败取决于它所属的复合理论或集合理论；一个单一理论在某个复合理论或集合理论中的成功并不意味着它一定在其他复合理论或集合理论中的成功；一个单一理论在某个复合理论或集合理论中的失败并不意味着它一定在其他复合理论或集合理论中的失败；一个失败的复合理论或集合理论可能通过修改或替

---

① 单一理论相当于这里谈及的理论的非分解元素，复合理论和集合理论相当于这里谈及的理论复合体。

换其中的单一理论获得成功。迪昂问题反映了理论解决问题的某种复杂性。对该问题的探讨使我们认识到：当一个理论（不论是单一的、复合的还是集合的）面临冲突时，不能简单地当作谬误抛弃这个理论，尽管这个理论面临认知上的压力；当一个理论呈现协调时，也不能简单地当作永恒不变的真理而不敢修正，尽管这个理论具有真理性。我们的目标不是追求具体的理论的增生，而是追求理论的协调力的增强。理论的增生只不过是我们追求协调力增强的副产品。由此，我们就从科学哲学和科学逻辑的侧面更深刻地看到绝对真理与相对真理的关系。

第二节　理论比较中的对称性冲突和对称性协调

一、在集合理论与其构成理论之间

迪昂问题实际上提出了共问子的集合理论[①]的功能问题，以及该理论与其构成理论之间的关系问题。劳丹的解决方式倾向于把集合理论与其构成理论之间的关系看成对称性的协调关系。因为，在劳丹看来，一个集合理论（劳丹称之为理论复合体）区别于复合理论[②]。如果遇到一个反常问题，则该问题就可看成是该集合理论的每一个构成理论（劳丹称之为非分解元素）的反常问题。同样，如果一个集合理论恰当地解决了一个经验问题，则该问题可看成是该集合理论的每一个构成理论已解决的问题。这就是说，从经验协调力来看，集合理论的经验协调力上升，则导致其每一个构成理论的经验协调力上升；集合理论的经验协调力下降，则导致其每一个构成理论的经验协调力下降。尽管研究传统有时指一组具体理论，但它仅限于共解子的具体理论的集合理论，并不指共问子的具体理论的集合理论。而且，研究传统概念更接近抽象理论，而非具体理论的集合理论。由于这些原因，劳丹没有注意到迪昂问题与研究传统的任何联系。

---

① 本节中所谈的集合理论指具体理论的集合理论，不指抽象理论的集合理论。

② 一个复合理论，如果排除或不考虑其单一理论之间严格的逻辑性、系统性，也可看作集合理论，而且是既共问子也共解子的集合理论。

当然，不能否认劳丹对迪昂问题的解决方式给予我们的启发意义。这种解决方式表明了集合理论与其构成理论之间的关系不是对称性冲突关系，而只能是对称性协调关系，尽管劳丹在认识这种协调关系上暴露出两种片面性：第一，仅仅考虑到经验协调的方面，而且仅仅局限在经验一致性方面；第二，只考虑集合理论对构成理论的影响，没有考虑构成理论对集合理论的影响。

二、在工作理论与其例示理论之间

（一）工作理论的否定和肯定功能

劳丹较为详细地研究了研究传统对于其"构成理论"的否定和肯定功能[①]，其启发意义是显而易见的。在协调论语境中，工作理论与其例示理论之间的对称性冲突关系表现为它们之间的相互否定关系；工作理论与其例示理论之间的对称性协调关系表现为它们之间的相互肯定关系。

1. 工作理论的否定功能

工作理论与其例示理论的对称性冲突关系表现为工作理论的否定或排斥功能。如果一个具体理论不能被吸纳进某个工作理论的框架内，成为该工作理论的例示理论，那么，这个具体理论就有可能与该工作理论形成对称性的冲突关系。这种关系一般是这样形成的，即归属于某个工作理论的具体理论被吸纳进另一个工作理论中，而该工作理论与原工作理论之间存在对称性冲突关系。所以，一般地，工作理论与其例示的具体理论之间的对称性冲突关系可以归结为工作理论与工作理论之间的对称性冲突关系。工作理论的否定功能就表现在对与之发生对称性冲突的理论的强烈的排斥作用。这种排斥作用表现在以下几个方面。

第一，工作理论对具体问题的排斥。如果一个具体的经验问题不能被吸纳进某个工作理论的框架内，那么，该工作理论就会把这些问题看作不相干的或不合法的，并产生强烈的排斥倾向。这是由于这些问题对工作理论构成威胁，承认这些问题的合法性就会降低工作理论的协调力。例如，19世纪的唯象论化

---

① 参见 Laudan L. Progress and Its Problems: Towards a Theory of Scientific Growth. Berkeley: University of California Press, 1977: 81-93.

学认为，唯一合法的问题是那些与用化学试剂可以观察到的反应有关的问题。例如，唯象论化学同意研究酸和碱如何反应生成盐的问题，不同意研究原子之间如何结合的问题，因为这一工作理论根本不承认有原子这样的实体。

第二，工作理论对具体理论的排斥。如果一个具体理论被吸纳进工作理论 T 中，而 T 与另一工作理论 T′ 发生对称性冲突，那么，在 T′ 看来，这个具体理论是没有必要的。例如，惠更斯和莱布尼茨信奉笛卡儿"接触作用"的工作理论，他们认为牛顿的天体力学理论完全没必要，因为这个具体理论是建立在"超距作用"这一工作理论的基础上的，而在"接触作用"与"超距作用"之间存在对称性的冲突关系。

另一种情形是，如果一个具体理论同时遵循两种工作理论，而这两种工作理论又发生对称性冲突，那么，这个具体理论就会受到严厉的批判。例如，惠更斯的运动理论，一方面，它拘泥于笛卡儿的工作理论，承认空间中充满物质，不承认有空的空间；另一方面，该理论为了能够在经验上满意，既增强其经验协调力，又假定自然界存在真空。由于"真空"与"假空"是两个具有对称性冲突关系的工作理论，这就使得惠更斯理论的概念协调力呈下降趋势，因而受到普遍怀疑。

2. 工作理论的肯定功能

工作理论与其例示理论之间的对称性协调关系表现为工作理论的肯定功能，即启发作用和辩护功能。

第一，工作理论的启发作用。正如劳丹所指出的，工作理论虽然不能直接演绎出具体理论，但却可以为具体理论的构造提供重要思路。例如，卡诺遵循工作理论"热是一种实体的守恒物质，能够在宏观物体的各个构成部分之间运动"。从这个工作理论推不出蒸汽机理论，但确实可以受到启发，帮助构造蒸汽机理论。卡诺从这一工作理论出发，就有理由把热流与流水下落作类比，用输入和输出的温度梯度对应瀑布顶端和底端的高度。没有这个类比，很难想象卡诺如何得出他的蒸汽机理论。再如，笛卡儿为了构造关于光和颜色的理论，制定了他的工作理论：物体具有的性质仅仅限于大小、形状、位置和运动。按这一工作理论，笛卡儿用粒子的形状和旋转速度来解释颜色，用粒子在不同媒介中有不同的速度来解释折射。从笛卡儿的工作理论显然推不出具体的关于光和颜色的理论，但它确实能为构造这样的理论提供指导。

劳丹还受拉卡托斯的启发，指出工作理论在具体理论的修正和发展中所具有的灵活性空间和启示作用。这就是，当一个具体理论的协调力呈下降趋势时，可以对该具体理论在它所遵奉的工作理论的框架内作出修正，以提高具体理论的协调力。例如，早期气体动力学理论信奉这样的工作理论：物质具有分子构成和机械构成。当这一具体理论发生预言错误时，它可以修改其工作理论。比如，如果气体并未像具体理论预测的那样凝结，就可以增添分子之间微弱的相互作用，使工作理论与具体理论保持协调一致。

第二，工作理论的辩护功能。劳丹认识到，具体理论不能在自身内部得到辩护，只有工作理论或研究传统才能为之提供辩护。例如，卡诺的蒸汽机理论不能在自身内部得到辩护，为之提供辩护的是这样的工作理论：热是一种物质形式，物质守恒。具体理论与工作理论之间形成了对称性的协调关系，这是辩护成立的理由。但是，当劳丹说不能用证实了的理论的材料为另一个具体理论提供辩护[1]时，他就错了。对具体理论的辩护其实可以来自三个方面：其一是经验方面，即具体理论可以因为经验协调力较强而得到辩护；其二是概念方面，即具体理论可以因为概念协调力增强而得到辩护；其三是背景方面，即具体理论可以因为背景协调力较强而得到辩护。总之，为理论的合理性提供辩护的是理论的综合协调力，凡有利于提高理论综合协调力的辩护都是正当的辩护。工作理论为具体理论提供的辩护只是来自概念方面，不能把这种特殊的辩护归结为唯一的辩护方式。

工作理论的肯定功能和否定功能是相互依存的，有肯定功能，就有否定功能，反之亦然。劳丹认为研究传统的制约作用（作为一种否定功能）是消极的[2]，这只能是一种片面的看法。工作理论的否定功能有其消极的一面，也有其积极的一面。如果工作理论排除了一个综合协调力和局部协调力都很强的理论，则其制约作用是消极的；如果工作理论排除了一个综合协调力和局部协调力都很弱的理论，同时又使其例示理论的协调力上升，则其制约作用是积极的。再

---

[1]　参见 Laudan L. Progress and Its Problems: Towards a Theory of Scientific Growth. Berkeley: University of California Press, 1977: 92.

[2]　参见 Laudan L. Progress and Its Problems: Towards a Theory of Scientific Growth. Berkeley: University of California Press, 1977: 89.

说，如果一个工作理论没有否定功能，也就不可能有肯定功能，而肯定功能是积极的还是消极的，也不能一概而论。

（二）具体理论的否定和肯定功能

既然工作理论对具体理论有否定和肯定功能，那么，能不能反过来说，具体理论对工作理论也有否定和肯定功能呢？劳丹没有讨论这一问题。笔者对于这个问题的回答是肯定的。因为工作理论与具体理论之间存在对称性的关系，既然是对称性的，作用就是相互的。可以说，具体理论能够启发工作理论，或为工作理论提供辩护。一个具体理论可能成为某个工作理论的例示理论，甚至同时成为两种呈对称性冲突关系的工作理论的例示理论。具体理论也可能排斥某个工作理论，无论如何都不能成为该工作理论的例示理论。上述情况可以用前述同样的例子反过来加以说明。

当然，不可否认，一个工作理论的功能在力度上比一个具体理论强。因为工作理论更抽象、更稳固，延续时间更长。相比之下，一个具体理论的生命是短暂的、容易改变的，就是说，在同一个工作理论的框架内，具体理论可以经历很多变化。也许因为这个原因，劳丹忽视了具体理论对工作理论的影响和作用。劳丹没有注意到，虽然一个具体理论对一个工作理论的支持作用可能很微弱，但是一组具体理论的集合理论，如果其综合协调力呈上升趋势，就会对该工作理论提供强有力的支持或辩护。劳丹同样没有注意到，一个具体理论对一个工作理论的排斥不会对该工作理论造成很大威胁，甚至微不足道，但是，一组具体理论的集合理论，如果其综合协调力逐步增强，就会对它所排斥的工作理论造成很大威胁，因为，它会启发形成新的工作理论或者被吸纳进另一个工作理论，而与原工作理论对抗。考察一下量子论在 20 世纪的成长过程，这种情况就十分清楚。普朗克能量子理论提出后，对于"能量连续"的工作理论并不构成很大威胁，但是，后来，爱因斯坦提出光量子理论，玻尔提出原子结构理论，德布罗意提出物质波理论，海森伯创立矩阵力学，薛定谔创立波动力学，等等，随着这些协调力较强的具体理论的不断提出，"能量连续"这一经典工作理论只好暂时退却，处于次要地位。

三、在超理论与其例示理论之间

（一）表现为对称性冲突

超理论与其例示的工作理论之间的对称性冲突关系主要表现在下述三个方面。

（1）如果一个超理论在某段时间内不成功，那么，一个工作理论，无论其本身成功与否，只要是该超理论的例示理论，就会遭到怀疑。例如，爱因斯坦以后，作为超理论的"以太"哲学概念逐渐丧失其优越地位，在此种情况下，根据这一超理论制定的任何工作理论，不论其能否指导构建出较好的具体理论，都会遭到普遍怀疑。

（2）在某段时间内，如果一个不成功的工作理论成为某个超理论的例示理论，则即使该超理论在这段时间内相当成功，也会使该超理论的声誉下降。例如，"辩证法"这一超理论绝不会把永动机的工作理论归属于自身，因为这一失败的工作理论会损害辩证法的声誉。

（3）超理论与工作理论具有相互排斥、相互否定的功能或倾向。当超理论与工作理论发生对称性冲突关系时，冲突的矛头既指向超理论，又指向工作理论。矛头指向超理论时，则要求修改或放弃该超理论；矛头指向工作理论时，则要求修改或放弃该工作理论。矛头指向的最终情形取决于超理论和工作理论的协调力状况。如果此时工作理论相当成功，协调力很强，而超理论不成功，协调力不强，甚至很弱，那么，人们就会倾向于放弃该超理论。但放弃一个超理论并不意味着工作理论失去了超理论的支持，因为人们可以寻找一个新的超理论，使之与工作理论保持对称性协调关系，从而使工作理论得到保护。劳丹注意到这种情况，他说："一个高度成功的研究传统将导致放弃与之不一致的世界观，并建立与之相一致的新的世界观。"[1]就韧性或弹性而言，工作理论远不如超理论，超理论比工作理论具有更大的贯通性；而且"无论古代还是近代的科学史都充满了面对科学理论的挑战而世界观并不消失殆尽的案例"。[2]

---

[1] Laudan L. Progress and Its Problems: Towards a Theory of Scientific Growth. Berkeley: University of California Press, 1977: 101.

[2] Laudan L. Progress and Its Problems: Towards a Theory of Scientific Growth. Berkeley: University of California Press, 1977: 101.

（二）表现为对称性协调

超理论与其例示的工作理论之间的对称性协调关系表现在下述三个方面。

（1）如果一个超理论在某段时间内相当成功，那么，其例示的工作理论，无论本身成功与否，都会获得强有力的支持。例如，从牛顿时起，作为超理论的机械论逐步成为最通行的理论。由于作为工作理论的"力"概念属于这一成功的超理论，不同领域的科学家都争相选择这一工作理论，于是出现了热力理论、电力理论、磁力理论、生命力理论、化学亲和力理论等具体理论。

（2）一个超理论，无论本身成功与否，只要其例示的工作理论高度成功，就会得到支持、辩护。例如，在哈维时代，有机械论、中心论、循环论等超理论。哈维根据这些超理论制定了他的工作理论：血液运行是一个机械过程；人是小宇宙，心脏是人体中的太阳；血液在人体中循环。由于哈维的工作理论取得了成功（哈维据此提出科学的血液循环理论），该工作理论所属的超理论自然得到支持和辩护。

（3）超理论与工作理论具有相互启发、相互辩护的功能或倾向。例如，17世纪后期，英格兰的时代精神或超理论启示了牛顿式工作理论，并为之提供辩护；反过来，牛顿式工作理论协调力的增强也强化了当时的时代精神。20世纪20年代末期，量子力学的工作理论之所以出现，并被许多科学家很快接受，是因为这些科学家不相信严格的因果范畴；反过来，量子力学的工作理论的巨大成功也使这种"严格的因果范畴不可靠"的超理论得到支持。

第三节　具体理论与工作理论的分离与结合

理论与研究传统具有可分性（separability）特征，即在有些情况下，理论可以从原来启发它们或为它们辩护的研究传统中脱离出来。对于这样的分离过程，劳丹有以下三点说明。

第一，理论可能最终从一个已知的研究传统中分离出来，这使人误以为理论独立于或不属于研究传统。

第二，理论不能自我证明；它们必然要作出一些它们不能提供合理说明的关于世界的假定，而为这样的假定提供合理辩护是研究传统的功能之一。所以，通常只有当一个理论被另一个更成功的研究传统所吸纳（即被辩护）时，它才从原研究传统中分离出来。

第三，不应低估分离过程的困难性。正是因为一个研究传统对于它的构成理论起着重要的辩护作用，所以任何一个起着同样作用的可供选择的研究传统在概念上必定相当充分，而其支持者也必定有充分的想象力，允许这个研究传统对分离出来的理论进行辩护，证明其合理性。[①]

一个具体理论与一个工作理论的分离必定意味着与另一个工作理论的结合，因为一个具体理论最终必须依附于一个工作理论。在这一点上，笔者与劳丹并无分歧。但是，劳丹显然是从工作理论对具体理论的肯定功能的角度来谈具体理论与工作理论的分离与结合的，所以：①劳丹未能说明分离和结合的动因是什么；②劳丹认为具体理论只有在能与一个十分成功的工作理论相结合的情况下才能从另一个工作理论中分离出来，这也是片面的。

我们应当从具体理论对工作理论的肯定和否定的双重功能上来谈论分离和结合这个诱人的过程，而这也就需要对工作理论的形成和其协调力状况有一个清晰的认识。惠更斯的碰撞理论为了追求对称性概念协调力，在笛卡儿式的工作理论内发展出来。但是，它为了追求经验协调力，对笛卡儿式工作理论的"假空"规定又有排斥倾向，假定了自然界存在真空，这就在经验上倾向于牛顿式工作理论。正因为如此，作为笛卡儿式工作理论的激烈反对者，牛顿能够表明他的工作理论可以吸纳惠更斯的碰撞理论。这样的结果是，惠更斯的理论不仅保留了较强的经验协调力，而且在概念上得到统一，这无疑加强了其综合协调力。另外，牛顿式工作理论吸纳惠更斯具有较强经验协调力的碰撞理论，也会提高该工作理论本身的协调力。考虑普朗克黑体辐射理论对于量子工作理论的启示和发展，一个具体理论也可能和一个暂时还不太成功的工作理论相结合。

总之，一个具体理论T与工作理论T_1相分离，而与另一工作理论T_2相结合，

---

① 参见 Laudan L. Progress and Its Problems: Towards a Theory of Scientific Growth. Berkeley: University of California Press, 1977: 94-95.

常常是在下述情况下发生的，即 T 在 T_1 内发展起来，并有较强的协调力，同时 T 对 T_1 又有排斥倾向，对 T_2 有趋附倾向。这导致两种结合：①具体理论 T 启发和发展了工作理论 T_2，而此时 T_2 虽然并不十分成功（在综合协调力上不如 T_1），但其局部协调力处于上升状态；②具体理论 T 在某段时间内被一个十分成功的（在综合协调力上占优势）工作理论 T_2 所吸纳，并为 T_2 提供辩护。

第四节　工作理论的进化

一、内部的变化还是外部的取代？

库恩和拉卡托斯两人都认为，研究传统之类的实体具有一套严格的永不改变的原则，对这些原则的任何改变都会改变研究传统本身并产生新的研究传统。劳丹不同意这一观点。他通过考察科学思想史中的一些著名的研究传统，如亚里士多德主义、笛卡儿主义、达尔文主义、牛顿主义、斯塔耳派化学、机械论生物学等，发现基本上不存在这套永不改变的原则，它可以始终刻画研究传统的特征。例如，笛卡儿的信奉者会放弃笛卡儿关于物质与广延同一性的观点，牛顿派学者可能会放弃牛顿关于所有物质都有惯性质量的主张，但是，我们能不能说，笛卡儿的门徒放弃了笛卡儿的传统，牛顿派学者放弃了牛顿传统呢？劳丹给出否定的回答，其主要意图是想保存研究传统进化中的连续性（continuity）。但是，这也产生了一个令人困惑的问题：如果一个研究传统经历了某些深层的改变，而在某种意义上仍然是"那个"研究传统，那么，我们怎么区分是在同一研究传统内部发生了变化，还是一个研究传统被另一个研究传统所取代呢？

劳丹不能回答这个问题，但他为部分回答这一问题提供了这样一种认识："在任何已知时间内，一个研究传统的某些成分比该传统内的其他成分更重要、更坚固。"[1]"与拉卡托斯一样，我也认为一个研究传统的某些成分是极为神圣的，

---

[1] Laudan L. Progress and Its Problems: Towards a Theory of Scientific Growth. Berkeley: University of California Press, 1977: 99.

放弃了它们就是放弃了研究传统本身。但与拉卡托斯不同，我确信研究传统内可归入不可反驳类的成分会随时间发生变化。"①劳丹举例说，绝对时空观念在18世纪的牛顿传统中是不可反驳的核心，但19世纪的牛顿派就不再把它看成是不可反驳的了；19世纪末被视为马克思主义传统的本质的东西与半个世纪后马克思主义传统的"本质"迥然不同。看来，劳丹是想对研究传统内的不可反驳的核心按历史时段的不同作相对化处理，以此表明一个研究传统的进化是内部的变化，而不是外部的取代。

二、"不可反驳的核心"在哪里?

劳丹上述处理问题的方式又给我们带来一个新的难题：在任何给定时间内，大理论或研究传统的哪些成分应该被看作不可反驳的呢？劳丹认为库恩和拉卡托斯没有解决这个问题。劳丹也坦率地承认，他本人同样不能对此给出令人满意的解答。与库恩和拉卡托斯把核心的选择看成任意的不同，劳丹认为核心的选择可以是合理的，例如可以考虑它在概念上的充分根据。他是这样分析的：任何一个给定研究传统的核心假定都不断经受着概念上的审查。在任何给定的时间内，研究传统的某些假定会被认为是强有力的、不成问题的，而一些假定则被认为不太清楚或缺少根据。随着新的证据的出现，研究传统的不同成分或者受到支持或者受到怀疑，这样，构成研究传统的不同成分的相对坚固性程度就会发生变化。在任何一个有活力的研究传统的进化过程中，科学家需要更多地了解研究传统的各种成分在概念上的独立性和自主性。只要一个研究传统能成功地解决问题，该传统内的某些成分，即使以前曾被认为是本质上的、不可反驳的，现在也可以被抛弃掉。例如，马赫和弗雷格（Frege）证明，在牛顿研究传统中，没有任何其他成分要求时间和空间的绝对性。此后，绝对时空观念就处在牛顿传统的外围了。②

诚如劳丹所分析的，一个研究传统内的构成成分的重要性会随时间发生变化。但是，如果我们一定要寻求所谓核心和非核心，实际上只会增加研究传统

---

① Laudan L. Progress and Its Problems: Towards a Theory of Scientific Growth. Berkeley: University of California Press, 1977: 99.

② 参见 Laudan L. Progress and Its Problems: Towards a Theory of Scientific Growth. Berkeley: University of California Press, 1977: 100.

的含混性。按照劳丹的思路发展下去，研究传统可以无限扩大，而且也不难找到所谓核心和非核心。试设想有两个不相矛盾的研究传统 T_1 和 T_2，T_1 在时间 τ 内是解决问题所必需的，但在时间 τ' 内不必要；T_2 在时间 τ 内不必要，但在时间 τ' 是解决问题所必需的。T_1 和 T_2 可以组成更大的研究传统 T，T_1 和 T_2 便成为 T 的构成成分。根据上述情况，对研究传统 T 而言，它在时间 τ 内的核心是 T_1，在时间 τ' 内的核心是 T_2。这样，研究传统就被泛化了，失去了其特定的意义。

三、超越"核心"的合理性追求

在对"不可反驳的核心"（unrejectable core）的选择问题上，库恩和拉卡托斯持随意态度，而劳丹则力求谨慎地寻找一种合理的选择。笔者赞成劳丹对合理性的追求态度，但需要破除劳丹所追求的不可触及的美丽幻象。这种幻象是在范式、研究纲领、研究传统等所谓大理论的含糊性中生发出来的，一旦我们抛弃了这些大理论，这种幻象也就消失了。

作为抽象理论的工作理论，它站在具体理论的背后，帮助具体理论的构建，而不介入具体理论的网络中，不会成为具体理论的一部分。在工作理论那里，无所谓"核心"，如果一定要找"核心"，它本身就是核心。通过历史的或概念的研究，找出工作理论并不十分困难。实际上，在大多数情况下，科学家对工作理论的认识是一种自觉的认识。为了构造具体理论，科学家必须借助工作理论。在特殊情况下，比如在具体理论从某个工作理论脱离出来的过程中，在新的工作理论的形成过程中，工作理论本身就有一个逐步明晰、完善的过程。一个工作理论，只有通过一组明确的例示理论才能取得合法地位，因此，它存在的时间由其例示理论跨越的时间来决定。

工作理论以三种形式存在，即单一形式、复合形式和集合形式。对应三种形式的工作理论，不妨分别称之为单一工作理论、复合工作理论和集合工作理论。对于复合工作理论或集合工作理论而言，其内部各解子之间是完全平等的关系，没有任何解子处于优越地位。所以，其中无所谓"核心"与"非核心"的区别。工作理论与其解子之间始终是对称性关系。这倒类似于劳丹对迪昂问题的处理方式，如果一个工作理论协调力较强，则意味着其各个解子有较强的协调力；如果一个工作理论协调力较弱，则意味着其各个解子的协调力较弱。反之，一个工作理论的解子的协调力状况也相应标志该工作理论本身的协调力状况。

在工作理论与工作理论之间，存在两种关系，即独立关系和交融关系。独立关系指在两个工作理论之间没有任何贯通性解子，解子的连续性中断了，两个工作理论完全不同。各个不同的单一工作理论是这种关系的特例。交融关系指在两个工作理论之间存在共同的解子，解子保持了连续性，两个工作理论部分相同，部分不同。对于新的工作理论在形成过程中所保持的连续性，可以给出下述例示：假定在任何已知时间 τ 内，工作理论 T 为 $\{j_1, j_2, j_3\}$（其中 j 为 T 的解子），其具体例示理论为 $\{T_1, T_2, T_3, T_4\}$。在时间 τ' 内，可以发现，如果在 T 的基础上减少一个解子，形成工作理论 T'，即 $\{j_1, j_2\}$，则可产生成功的例示理论 T_5，而这个例示理论在工作理论 T 下不能产生出来。同时，又可以发现，T' 也满足例示理论 $\{T_1, T_2, T_3, T_4\}$，就是说 T' 对于产生这个集合形式的例示理论是必不可少的，而 T 中的 j_3（如果 j_3 单独有自己的例示理论，则成为一个单一工作理论）不满足例示理论 T_5，即对于产生例示理论 T_5 是不必要的。在这种情况下，T' 比 T 在概念上具有更大的贯通性，所以完全可以说 T' 是不同于 T 的新的工作理论，而不排除 T' 与 T 的连续性。我们可以把 T 和 T' 放入一个工作理论的连续性的系列中，只有这个系列发生中断时，完全不同的工作理论才会出现。

四、如何保证工作理论的进化？

工作理论的进化指工作理论的协调力随时间而保持的增强状态。保证工作理论的进化有两种途径或方式，即具体方式和抽象方式。

（1）具体方式是使工作理论的例示理论的协调力增强。具体的例示理论有其单一的、复合的或集合的形式，我们要求在所有这些形式下，具体的例示理论的协调力都处于上升状态。为满足这一要求，对具体理论作出修改或发明新的具体理论都是必要的。正如劳丹所指出的："一个研究传统发生变化的最明显的方式是修改其从属的、具体的理论。研究传统不断经历着这种类型的变化。研究传统中的研究者经常发现，在传统的框架之内，存在一个更为有效的理论，它能比该框架内的其他理论更好地处理一个领域中的某些现象。"[1]

在一个研究传统的框架内，当科学家发现一个比以前的具体理论更好的理论时，就会放弃以前的理论。这是为什么呢？劳丹认为这是"由于科学家在认知上主要忠于研究传统而不是忠于其具体理论"。[2]劳丹描绘了一种客观事实，但未对此作出合理性评价。实际上还有这样的情形，即科学家顽强地坚持某一具体理论，而宁愿放弃某个工作理论。在笔者看来，科学家忠于某个研究传统不一定是合理的，只有当科学家致力于协调力的增长时，其行为（不论是放弃具体理论，还是放弃研究传统或工作理论）才是合理的。

（2）抽象方式是使工作理论的协调力保持上升状态。当一个工作理论处在退化状态，即其协调力呈下降趋势时，科学家就会考虑修改或放弃该工作理论，寻找新的工作理论。如果工作理论同时又是集合理论或复合理论，科学家可能通过增加或删减该集合理论或复合理论中的单一解子来改进原工作理论，从而形成新的工作理论。改进的目标或是帮助形成协调力较强的具体理论，或是满足某个超理论的要求。如何根据具体情况在两个工作理论之间作出选择？对此，协调力模式提供了更具体的判断标准或原则：第一，在某个时刻或时段，如果两个工作理论 T 和 T′ 自身的协调力等价，并且 T 与成功的超理论 T_1 处于对称性协调状态，T′ 与 T_1 处于对称性冲突状态，则 T 比 T′ 更科学，更可取。第二，在某个时刻或时段，如果两个工作理论 T 和 T′ 都与某个超理论保持对称性协调关系或对称性冲突关系，在 T 和 T′ 之间的合理选择就取决于它们本身协调力的不对称性比较。

第五节　工作理论的分解与综合

工作理论在进化和退化过程中必然经历形式上的变化，并导致新的工作理

---

[1] Laudan L. Progress and Its Problems: Towards a Theory of Scientific Growth. Berkeley: University of California Press, 1977: 96；另外参见劳丹 . 进步及其问题———一种新的科学增长论 . 刘新民译 . 北京：华夏出版社，1990：97.

[2] Laudan L. Progress and Its Problems: Towards a Theory of Scientific Growth. Berkeley: University of California Press, 1977: 96.

论的形成。就某一个工作理论而言，其解子可能最终被修改、增加或减少，这导致产生新的工作理论。就几个相关的工作理论而言，工作理论的变化采取两种基本形式，即分解形式和综合形式。分解形式就是把一个复合的或集合的工作理论分解为几个部分，某个部分各自形成新的工作理论。综合形式就是把几个工作理论的解子综合到一起，使之相互沟通、关联，形成新的工作理论。新工作理论与原工作理论可能形成一个贯通性系列理论或集合工作理论，也可能形成一个复合工作理论。

劳丹似乎更重视研究传统或工作理论的综合，尽管在一些情况下，综合的前提是分解。对于综合的形式，有两种情况引人注目。其一是被综合的工作理论之间具有对称性的协调关系，其二是被综合的工作理论之间具有对称性的冲突关系。

在第一种情况下，我们可以从两个工作理论中各自取出一些解子或同时使用两个工作理论的所有解子，用于解决新的问题，从而形成新的工作理论。新的工作理论可能是复合工作理论，其内部解子构成一个内在关联的系统；也可能是集合工作理论，其内部解子没有构成内在关联的系统，但也没有矛盾。从对称性角度来看，新的工作理论与原工作理论相互强化，都增强了协调力；从不对称的角度来看，新工作理论至少在局部协调力上超过原工作理论。劳丹的一个描述类似于这种情况，他说，一个研究传统可以嫁接到另一个研究传统上去，而不必对这两个研究传统的预先假定进行重大修改。在 18 世纪的自然哲学中，许多牛顿派科学家又是微流体理论家。他们信奉的微流体传统使他们假定了不可感觉的以太流，以便解释电、磁、热、感觉等经验问题。他们信奉的牛顿主义使他们假定了这些微流体的粒子之间的超距作用。这两种研究传统的混合组成了一个较大的研究传统，斯科费尔得（Schofield）名之为"唯物主义"。这种综合不但无损于两个研究传统中的预先假定，而且指明了重要的研究方向，使科学家能够处理前两个传统单独难以处理的经验问题和概念问题。①这种形式的综合特征是，被综合的工作理论之间具有对称性的协调关系，在协调力上相互增强。这样，在新的工作理论内部不会出现概念矛盾，这不仅

---

① Laudan L. Progress and Its Problems: Towards a Theory of Scientific Growth. Berkeley: University of California Press, 1977: 103-104.

能够解决新的概念问题，还能够用于指导构建新的具体理论，解决新的经验问题。

在第二种情况下，由于两个工作理论之间存在总体上的对称性冲突，不可能同时使用两个工作理论的所有解子去解决某个或某些概念问题，只能在它们的非冲突成分中取出某些解子，构建解决问题的新工作理论。劳丹认识到，两个或更多研究传统的混合要求放弃准备联合的每个传统中的某些基本要素，而且，新的研究传统，如果成功了，则要求放弃原研究传统。通常的科学革命就是以这种方式发生的，它并不要求新的研究传统中的所有成分重新组合，形成新的研究传统。罗杰·波斯克维克（Roger Boskovich）曾从牛顿主义和莱布尼茨主义这两个不相容的研究传统中精心挑选出一些假定，构成了他的"自然体系"。[①]劳丹的例子牵涉到用于综合的原研究传统的不相容性，但在概括时，他疏忽了关键的一点，即被综合的工作理论之间具有对称性的冲突关系，在协调力上相互削弱。在这种情况下，选取原工作理论的某些非冲突成分作为解子构成的新工作理论至少可以在局部协调力上超过原工作理论。

第六节　理论评估

一、协调力与进步

库恩和归纳主义者认为，对于占统治地位的范式而言，追求一个可供选择的范式是不合理的（除非在危机阶段），而费耶阿本德和拉卡托斯则主张，任何一个理论，不管它多么退步，追求它总是合理的。为了在这两种观点之间找到一个健全的中间地带，就产生"合理追求"（rational pursuit）问题。劳丹认为对研究传统的评价有两个最普遍、最重要的方式，即共时（synchronic）评价方式和历时（diachronic）评价方式。共时评价方式考察一个研究传统的（瞬时）恰当性，即考察一个研究传统内最新的理论解决问题的有效性。历时评价方式考

---

① Laudan L. Progress and Its Problems: Towards a Theory of Scientific Growth. Berkeley: University of California Press, 1977: 104-105.

察一个研究传统的进步性，这主要是确定，随着时间的流逝，研究传统的组成理论解决问题的有效性是增大了，还是减小了，以及研究传统的（瞬时）恰当性。在这个一般规定下，劳丹给出两个他认为特别重要的附属标准。

（1）一个研究传统的总体进步——这通过比较构成传统内最早说法的一组理论和最新说法的一组理论的恰当性来判定。

（2）一个研究传统的进步速度——这由辨明一个研究传统在任何特定时间内的瞬时恰当性的变化来判定。①

笔者不得不指出，劳丹的共时恰当性和历时进步性概念含糊不清。

首先，所谓"共时"或"瞬时"恰当性并不共时。劳丹为了考察一个研究传统的共时恰当性，就得判明该研究传统内最新理论解决问题的有效性情况。但是，如何判明这种有效性？只有在理论与理论的比较中才能判断理论解决问题的有效性。在一个研究传统内，要确定其最新理论的有效性，必须将该最新理论与它的先驱理论进行比较，而这样一来，在相互比较的两个理论之间就出现了一个时间间隔，按劳丹进步性的含义，这等于在谈研究传统的进步性。有人可能说，研究传统内最近的某个瞬时可能不止一个理论，这些理论之间可以进行比较，但是，这样一来，哪个理论是研究传统内最新的呢？

其次，两个附属标准相互循环。一个研究传统的总体进步和进步速度都是以瞬时恰当性来定义的，这是不妥的。正如笔者已经表明的，瞬时恰当性是一种进步性，因此，以进步性定义总体进步与进步速度，即以进步性定义进步性，是一种循环定义。

再次，即使瞬时恰当性可以判明，两个附属标准也是含混的。"总体进步"要求将构成研究传统最早说法的一组理论的瞬时恰当性与构成该传统最新说法的一组理论的瞬时恰当性进行比较，这等于是考察在传统的总的时间间隔内传统瞬时恰当性的变化。而"进步速度"不过是指任何一个特定的时间间隔内研究传统瞬时恰当性的变化。这样看来，"总体进步"倒成了一种总体的"进步速度"。

最后，即使我们把"总体进步"看成一个明晰的定义，这个定义也有问题。

---

① 参见 Laudan L. Progress and Its Problems: Towards a Theory of Scientific Growth. Berkeley: University of California Press, 1977: 106-107.

因为一个研究传统内最早一组理论与最新一组理论相比较，不一定能反映一个研究传统的总体进步。在一个研究传统内，在最早一组理论与最新一组理论之间有一个连续的理论序列，在这个序列中，相对最好的理论①可能既不在最早的那组理论中出现，也不在最新的那组理论中出现，而恰恰出现在中间地带。如果我们相信一个研究传统内相对最好的理论一定会出现在传统内最新的那组理论中，我们只好假定，研究传统内的理论系列，自始至终是一个逐步进步的系列，但这样一来，难道研究传统只有进步，没有退步吗？

在笔者看来，克服"合理追求"问题上的困难，需要在扩展和明晰"理论"概念的基础上引入四个概念：内在进步、外在进步、综合进步、局部进步。笔者分别给出下述定义。

（1）内在进步——在一个抽象理论内，其最新例示理论与其最接近的先驱例示理论相比，在协调力上处于增强状态。

（2）外在进步——在某个历史时刻或时段，一个抽象理论的例示理论与另一个抽象理论的例示理论相比，在协调力上处于增强状态。

（3）综合进步——在某个历史时刻或时段，一个具体理论在综合协调力上处于增强状态。

（4）局部进步——在某个历史时刻或时段，一个具体理论在局部协调力上处于增强状态。

有了这四个定义，就不难理解下述概念：内在的综合进步、内在的局部进步、外在的综合进步和外在的局部进步。

上述分析使我们有了一个更加明晰的理论进步观念，从而帮助我们对合法认知态度有一个更丰富、更全面、更深刻的认识。

二、两种认知态度：接受与追求

与以前的科学评价不同，劳丹在两点上有所超越。第一，以前都假定理论评价的合法认知态度只有一种，而劳丹则证明存在两种迥然不同的理论评价的

---

① "相对最好的理论"指在一个研究传统内的有限的理论序列中就某个局部协调力或综合协调力而言协调力最强的理论。这里的"相对"包括相对于某个协调力标准和相对于有限数目的一组理论内的其他理论。

合法认知态度，其中每一种认知态度对于一个理论在认知上的可信度来说都提出了完全不同的看法，许多按单一态度分析被看作不合理的科学活动，如果按双重态度分析都是高度合理的。第二，以前都假定认知上的合法态度必须与确定科学理论的充分经验基础有关，劳丹认为这个假定太狭窄了，合法认知态度应该建立在通过解决问题而进步的观念上。

笔者基本赞同劳丹的上述观点，但也将表明，作两点改进是必要的。第一，两种合法认知态度中的每一种都存在两种非常不同的类型，对于认知评价具有非常不同的意义；第二，合法认知态度必须建立在通过增强理论协调力而进步的观念之上。下面分别考察劳丹提出的两种合法认知态度，看看我们能够作出什么样的具体改进。

1. 接受的态度

劳丹指出，科学家通常在一组竞争的理论和研究传统中挑选出一个理论并加以接受，即把这个理论和研究传统看成是正确的。那么，科学家选择什么样的理论呢？有许多不同答案。归纳主义者说"选择确证度最高的理论"或"选择最实用的理论"；证伪主义者说"选择证伪度最高的理论"；其他人如库恩，可能认为不能作出合理选择。劳丹不满意这些答案，给出自己的答案，即"选择解决问题的恰当性最高的理论或研究传统"，换句话说，"选择一个研究传统而不选择其竞争对手是进步的（因而是合理的），正是因为所选择的传统比它的竞争对手能更好地解决问题"。①

劳丹认为他自己的评价模式有三个明显的优点：①它是可操作的。不同于归纳主义和证伪主义的评价模式，这一基本评价标准至少在原则上简便易行。②它对合理接受和科学进步同时作出说明，表明两者是联系在一起的，而以前的模式对此未作解释。③它比以前的模式更能广泛地应用于实际的科学史。②

笔者认为，对劳丹的接受模式作如下改进将使这些优点更充分地发挥出来。那么，应该选择什么样的理论？笔者的回答是：应该选择在综合协调力上更强

---

① Laudan L. Progress and Its Problems: Towards a Theory of Scientific Growth. Berkeley: University of California Press, 1977: 109.

② 参见 Laudan L. Progress and Its Problems: Towards a Theory of Scientific Growth. Berkeley: University of California Press, 1977: 109.

的理论。我们选择一个抽象理论或具体理论，而不选择其竞争对手是进步的（因而也是合理的），正是因为我们所选择的抽象理论或具体理论比它的竞争对手具有更强的综合协调力。当然，有以下三点是应当特别强调的。

第一，与具体理论不同，抽象理论有两种综合协调力，即内在综合协调力和外在综合协调力。一个抽象理论的内在综合协调力指的是，在某个时刻或时段，该抽象理论内的最新例示理论与其最接近的先驱例示理论相比，在综合协调力上处于增强状态。一个抽象理论的外在综合协调力意指，该抽象理论的例示理论与另一个抽象理论的例示理论相比，在综合协调力上处于增强状态。

第二，我们在考察一个抽象理论的综合协调力时所比较的具体理论跨越的时段是我们判断该抽象理论综合协调力的先定时段，就是说，综合协调力的比较是基于这个时段的比较，一旦改变了这个时段，协调力状况就会发生变化。因为在一个抽象理论内具体理论的发展不一定始终是进步的或退步的，而可能是一个进步和退步交错发生的过程。比较不同抽象理论在不同时刻或时段的例示理论，也因为同样原因会显示协调力状况的差别。但是，由于我们的判断是对目前状况的判断，所以在时间选择上，我们倾向于"此时此刻"或"最接近的时段"。

第三，抽象理论在一定时刻或时段中的内在综合协调力与外在综合协调力不一定是一致的。有时，内在综合协调力处于增强状态，但外在综合协调力可能处于减弱状态；而内在综合协调力处于减弱状态时，外在综合协调力却处在增强状态。这就出现了一个问题：在接受的合法认知态度中，如果一个抽象理论内在综合协调力与其外在综合协调力不一致，我们该依据哪一种综合协调力去判断该抽象理论是否可接受呢？

对于这一问题，可以给出这样的回答：与具体理论不同，抽象理论有两个可接受性标准，即内在可接受性标准和外在可接受性标准。一个抽象理论的内在可接受性由其内在的综合协调力来判断，一个抽象理论的外在可接受性由其外在的综合协调力来判断。一个抽象理论是内在可接受的并不意味着它一定是外在可接受的；反之，一个抽象理论是外在可接受的也并不意味着它一定是内在可接受的。当然，最好的情况是，在一定的历史时刻或时段，一个抽象理论既是内在可接受的又是外在可接受的。但情况不可能总是这样。

到这里，仍未回答上述问题，因为没有说明当抽象理论的内在可接受性与外在可接受性发生冲突时，应当依据哪一种可接受性来决定抽象理论的选择。干脆地讲，外在可接受性是最终判定依据。考虑一下地心说抽象理论和日心说抽象理论的发展和替代过程，这是不难理解的。就内在可接受性而言，在一定历史时刻或时段，地心说抽象理论所例示的最新的具体的托勒密体系较以前任何关于地心的具体体系都具有更强的综合协调力，因而地心说抽象理论具有内在可接受性。就外在可接受性而言，在同样历史时刻或时段，日心说抽象理论所例示的最新的具体的哥白尼体系在综合协调力上超过了托勒密体系，因而日心说抽象理论比地心说抽象理论具有更强的外在可接受性。在一个特定历史时刻或时段，如果出现上述情况，我们仍然能够说，日心说抽象理论取代地心说抽象理论是进步的，因而也是更合理的。

2. 追求的态度

对追求的合法认知态度的概括是劳丹的一个重要贡献，它大大缩短了我们对合理评价作出充分说明的距离。费耶阿本德考察过许多历史案例，这些案例表明，科学家曾审查和追求过和那些竞争对手相比具有明显的较少可接受性、不太值得信仰的理论。劳丹进一步指出，每一个全新研究传统的出现都发生在这种情况中。这就是说，科学家在一个研究传统与其竞争对手相比还没有资格被接受之前，就开始追求和探究这种研究传统了。劳丹将这种非同寻常的情况从费耶阿本德和库恩的非理性主义的结论中挽救过来，使之有了一个理性的理由。"如果我们坚持认为接受的态度穷尽了科学的合理性，就不能解释科学家对相互矛盾的理论的研究，也不能解释科学家对不太成功的理论的研究，而这两种现象都得到过充分的历史证明。"[①] 因此，应该认识到，"科学家能够有很好的理由研究他们并不准备接受的理论"。[②]

但是，劳丹对"追求的态度"的内涵的确定是不能令人满意的。劳丹的一些说法仍表现出一定程度的含混性。例如，"追求一个比其竞争对手具有更高进

---

① Laudan L. Progress and Its Problems: Towards a Theory of Scientific Growth. Berkeley: University of California Press, 1977: 110.

② Laudan L. Progress and Its Problems: Towards a Theory of Scientific Growth. Berkeley: University of California Press, 1977: 110.

步速度的研究传统总是合理的"。[1] "在论证追求的合理性是基于相对的进步而不是全面的成功时，我将以前描述科学的诸如'有前途''多产'等模糊的用法明晰化。"[2] 在第一句话中，如同前述，"进步速度"仍不清晰。假如需要并明确这一概念，就必须把两个理论在解决同样问题时所需要的时间进行比较，这样，无论对理论的综合进步还是局部进步，都存在一个进步速度问题。但是，不需要过宽的"进步速度"概念来说明"追求态度"不同于"接受态度"的特殊情形。在第二句话中也存在说明过宽的问题。劳丹认为"追求的合理性是基于相对的进步而不是全面的成功"。这里，"相对的进步"应改为"局部的进步"，因为即使是综合进步（或"全面成功"）也会表现出相对的进步。而且，从劳丹选用的案例来看，追求的态度只是基于理论的局部进步。

与"接受的态度"一样，"追求的态度"需要进一步明晰和丰富。对于"可追求性"，我们需要进一步区分内在可追求性和外在可追求性。一个抽象理论的内在的局部进步决定了该抽象理论的内在可追求性；一个抽象理论的外在的局部进步决定了该抽象理论的外在可追求性。一个抽象理论的内在的局部进步，指该抽象理论内的最新理论与其最接近的先驱例示理论相比，在局部协调力上呈增强状态；一个抽象理论的外在的局部进步，指在某个特定历史时刻或时段，该抽象理论的例示理论与另一抽象理论的例示理论相比，在局部协调力上呈增强状态。劳丹选用的两个典型案例正好满足抽象理论的外在可追求性定义，这里借用其中之一说明如下。

19世纪早期，原子论抽象理论引起了人们极大的兴趣，这是因为原子论抽象理论在那时获得了一种外在可追求性。当时，原子论抽象理论在综合协调力上无法与亲和势抽象理论相提并论。前者试图建立物质微观构成理论，后者则试图用某些化学元素与其他化学元素化合时的不同趋势来解释化学变化。结果，亲和势抽象理论在用于解释化学物质之间的关系和预测不同的化学物质的化合方面取得巨大成功。相反，原子论抽象理论并没有取得像亲和势抽象理论那样的全面成功，而且该抽象理论的最新例示理论即道尔顿学说面临很多不对称性

---

[1] Laudan L. Progress and Its Problems: Towards a Theory of Scientific Growth. Berkeley: University of California Press, 1977: 111.

[2] Laudan L. Progress and Its Problems: Towards a Theory of Scientific Growth. Berkeley: University of California Press, 1977: 112.

冲突。但这个学说在局部的经验协调力上占明显的优势。该学说能够预测，不管各种化合物有多少参与反应，化合物质总以某一确定的比例和倍数化合（我们今天称之为定比定律和倍比定律）。由于这个原因，道尔顿化学体系提出不到十年就引起欧洲科学界的轰动。尽管大多数科学家拒绝接受这个体系，但仍有科学家认为这个学说很有希望，很有前途，值得进一步发展，并开始认真研究这一学说。

劳丹没有注意到一个抽象理论的内在可追求性。其实，这种例子也有很多。还以原子论抽象理论为例，在该抽象理论内，阿伏伽德罗的分子学说与其先驱理论道尔顿原子论相比，一开始在综合协调力上较弱，但在局部协调力上占优势，所以虽不具有可接受性，但具有可追求性。我们可以看看科学史专家梅森的一段记述：阿伏伽德罗的假说很可能为决定元素原子的结合数提供一个普遍的方法，但是在1860年以前，它并没有为人们广泛接受，因为这个假说要求同一元素的原子应当合成分子。道尔顿和其他一些人都反对这种见解，因为他们坚持认为同类原子必然相互排斥，而不能结合成分子。而且，道尔顿本人就认为，不同种类的原子原子量不同，其大小以及处于气体状态时每单位体积内的数目也不同。盖－吕萨克的结合体积定律意味着同样体积的不同气体含有同样数目的微粒，但道尔顿一开始却不相信这条定律的正确性。后来的实验证据逼迫他接受盖－吕萨克定律，可是他始终否定阿伏伽德罗假说的正确性。[①]梅森的这段记述生动地表明，在一定历史时刻或时段，一个抽象理论内的某个具体理论，虽不具有可接受性，但具有可追求性。而笔者要强调的是，一个具体理论可以把自身的可追求性传递给它所属的抽象理论。上例中，阿伏伽德罗的分子学说的可追求性就表明了它所属的原子论抽象理论的内在可追求性。

我们区分理论的内在进步与外在进步、综合进步与局部进步，并把接受和追求这两种合法认知态度建立在增强协调力而进步的观念之上，是为了证明下述看法的合理性，即我们接受综合协调力较强的理论，追求综合协调力较弱，但局部协调力较强的理论。

---

① 参见 Mason S F. A History of the Sciences. New York: Collier Books, 1962: 453；另外参见梅森 . 自然科学史 . 周煦良，全增嘏，傅季重，等译 . 上海：上海译文出版社，1980：427.

第七节　再论特设性

大多数科学家和哲学家对特设性理论是不满的、担忧的。但也有人为特设性理论辩护，认为特设性理论是可接受的理论。劳丹就断言，如果一个特设性理论出了问题，一定是在概念上出了问题，即其在经验上的所得补偿不了其在概念上的所失，甚至引起其解决问题有效性的全面下降。这种解释不无道理，但也失之偏颇。笔者曾经表明，一个特设性理论虽然在综合协调力上弱于其竞争对手，但在局部协调力（如经验过硬性）上占有优势。因而，从本质上讲，特设性理论并不是可接受的理论，它只是可追求的理论。如果一个可追求的特设性理论最终在综合协调力上战胜了其对手，那么，该理论的性质就发生了变化，它不能再被看作是特设的，因为它已具有可接受性。我们为特设性理论辩护，不是因为它具有可接受性，而是因为它具有可追求性。

一个特设性理论，即使决定了它所归属的抽象理论的内在可追求性，也并不意味着它决定了该抽象理论的外在可追求性；反之，一个特设性理论，即使决定了它所归属的抽象理论的外在可追求性，也并不意味着它决定了该抽象理论的内在可追求性。也就是说，一个抽象理论的内在可追求性和外在可追求性并不由于其例示的特设性理论而有一种必然的相互推导关系。假定在某个历史时刻或时段 τ，有抽象理论 T 和抽象理论 T'。T 有两个前后相继的例示理论 T_1 和 T_2，其中 T_2 为特设性理论。T' 有两个前后相继的例示理论 T'_1 和 T'_2。如果 T_2 在综合协调力上不及 T_1，但在局部协调力上超过 T_1，那么，我们说抽象理论 T 在时间 τ 获得了内在可追求性。但这时，我们无法肯定 T_2 是否在局部协调力上超过 T' 内的 T'_2，所以不能断定抽象理论 T 在时间 τ 获得了外在可追求性。同样道理，如果抽象理论 T 因为 T_2 仅在局部协调力上超过 T' 而获得外在可追求性，也不能据此推断 T 具有内在可追求性。这就表明，由特设性理论决定的其所归属的抽象理论的可追求性本身还有一定的局限性。

第六章
进步与革命

第一节 进步、合理性与真理

在劳丹以前，有两种合理性。一种合理性要求合理性标准永久不变，这保证了理论评价的规范性，但似乎遭到科学史的大量反驳；另一种合理性承认合理性标准的变化，但认为应该用最新标准去评价历史，这就忽视了历史上的科学家用他们自己的标准对理论作出的评价，因而丢失了理论评价的规范性。这两种合理性都建立在理论达到真理或逼近真理的观念之上，而进步性则依附于合理性，即一个理论只有是合理的，才能是进步的。

劳丹希望找到一种新的合理性模式，使我们既能恰当地谈论历史上合理性标准的变化，又能规范地评价历史上的理论。由此确定的策略是，将科学进步目标和理论评价标准合二为一。科学唯一最一般的认知目标被确定为解题。在某个领域中，理论解题效力的增长是衡量科学在该领域进步的最主要的标志。一个理论或研究传统只要是进步的，就是合理的。这样，与传统观点使进步依附于合理性不同，这种关系被颠倒过来了，即用科学进步来说明科学观念的合理接受。这种颠倒的关系对于劳丹来说具有特别重要的意义。如果合理性在于最大限度地确保科学进步，而进步在于解决越来越多的重要问题，科学又是一个解题体系，那么，用"解题"取代"真理"就是很自然的。

　　劳丹拒斥古典的而非实用的"真理"定义。劳丹指出，自巴门尼德和柏拉图时代起，就没有人能够证明，科学能够在短期或长期内达到真理（reach the "Truth"）；一些哲学家认为现在的理论总比以前的理论更逼真（closer to the truth），但从来没有一个关于"逼真"的令人满意的定义。由于解决问题的模式已经能够满足我们评价理论的需要，而我们又无法确定科学是否已经达到真理或正在逼近真理，再预设一个终极的真理目标是没有必要的。但是，为了建立科学理论与"真实世界"（the real world）的联系，劳丹不得不借用真理观念。他说："在这个模式（指解题模式——笔者）中，绝不排除众所周知的科学理论是真的可能性；同样，它也不排除科学知识随时间推移越来越接近真理的可能性。"[①] 在科学理论的评价上排除真理，而在科学理论的内容上又引进真理，这是能够允许的吗？难道理论评价与理论同真实世界的联系没有关系吗？没有真理观念，也就没有理论与外在世界的联系，理论的客观性就得不到保证，不仅如此，没有理论与外在世界的联系，也谈不上理论发现。理论发现与理论评价是不能分割的。科学家总致力于发现好的理论，而好的理论必然有一个发现过程。发现与评价是一致的，发现过程已渗透了评价，而评价本身就是在发现。科学史一再表明，科学家对真理的信仰和追求是他们发现、创造的动力和源泉。

　　劳丹对传统真理观的批判不无道理，但他在真理问题的处理上不能令人满意。那么，如何解决真理问题？出路何在？笔者的答案是：抛弃传统真理观，重建一种新的真理观，这就是协调论真理观。传统的符合论、融贯论和实用论三种真理观各自反映了真理的某种侧面，既有优点也有缺点。符合论仅仅把真理看成符合"客观事实"的命题，否认真理与其他命题的关系；融贯论把真理视为没有矛盾的命题体系，把真理与经验完全割裂；实用论宣称"有用即为真理"，把理论解决实际问题看成真理的根本特征，漠视理论的符合性和融贯性。协调论真理观希望克服传统三种真理观的缺点，而吸收其优点。在协调论中，经验协调吸收了符合论的优点，将理论与经验进行对照，对理论与事实的"符合"进行了分类研究；概念协调吸取了融贯论的优点，不仅主张一个融贯的概念体系应当包括各种信念，还对信念存有的方式进行了细化分析；背景协调则

① Laudan L. Progress and Its Problems: Towards a Theory of Scientific Growth. Berkeley: University of California Press, 1977: 126.

吸取了实用论的优点，描述了理论在实践、思维和心理中的可操作性特征。在协调论中，经验协调的关键概念"经验问子"（经验事实）并没有纯粹的"客观性"，而是渗透了人的某种判断和心理。概念协调承认矛盾在概念系统中的暂时存在，其所描述的信念存有方式与经验协调具有深刻的联系。背景协调中的实验协调包括了对"事实"的构建和选择，技术协调所谈的理论"技术化"实际上是一种与经验主动式的"符合"，思维协调所论及的"创造"、"理解"和"评价"渗透了经验、概念和背景因素，心理协调包含了信念的选择和运用，行为协调是某些信念的外化。凡此种种表明，经验协调、概念协调和背景协调之间存在着内在的关联，但总体上不互相排斥，也无法相互取代或相互推导。三大协调力之间是一种平权关系。协调论并不反对预设一个科学进步的终极目标，但它从来不企图完全抵达这种目标，它只要求我们在时间的推移中，在冲突与协调的动态关系中去逐步地接近目标。因而，协调论真理观实现了相对真理和绝对真理的统一。

似乎又回到传统，协调论预设了科学的目标，它是稳固的、不可动摇的。这种预设是必要的，因为它是对科学本质的规定，如果在科学中我们找不到确定的目标，科学就没有了努力的方向，科学就成为盲目的科学，就不再是知识的典范。那么，这些合理性标准或目标是否在发生变化呢？在协调论中，这种变化乃是一种假象。协调论的科学目标是由许多非分解的单一标准构成的复合标准，其中的局部标准未必每一个都能在某一历史时刻或时段同样引起人们的关注，在任一历史时刻或时段，总有一些标准显现出来，发挥作用，另一些标准则隐匿起来，似乎没有影响。应当指出，某个或某些标准虽然一时隐匿起来，没有（或较少）引起人们的注意，但这并不意味着这些标准本身已丧失了合理性价值。所以，如果有变化，那不是标准本身的合理性在变化，而是人们关注的重心在发生转移。

与传统将进步、合理性和真理三者统一在一起不同，劳丹虽然以新颖的形式将进步与合理性结合在一起，却割断了它们与真理的联系。协调论试图恢复这种联系，但并不回到传统，它希望在更高的层次上将进步、合理性和真理三者统一起来。协调论认为，理论的合理性在于其协调性，凡是协调的就是合理的；科学进步在于理论协调力的不断增强；理论的真理性在于理论具有较强的协调力，一个理论，它的协调力越强，越进步，就越具有真理性。传统虽然将进步、合理性、真理三者统一起来，但它通过达到或逼近真理，最终直接把握真理的企图，由于不可能成为现实而使人丧失信心。劳丹看到这种传统真理观的困难，希望在解决问题的模式中克服这些困难，但是，他的解题模式的狭隘性和封闭性使人看不到真理的光辉，容易丢失前进的目标，从而丢失基于这种目标的合理性。协调论真理观不仅使人看到一个浑然一体的真实世界，还能看到人类理智把握这个世界的始终如一的目标和必备的自信心，所以，它所实现的进步、合理性和真理的统一是超越传统模式的新的统一。

第二节　科学革命的特征

劳丹对科学革命有着与库恩完全不同的理解。在库恩看来，科学革命与常规科学是根本不同的。新范式的出现标志着科学革命的到来，它在短期内使旧范式失去人们的信任，并使新范式得到科学共同体的一致赞同。科学革命以短暂的、激动人心的理论活动为先导，在这段时间内，许多可供选择的观点相互激烈竞争，以前被视为神圣不可侵犯的范式中的某些成分突然间变为激烈争论的对象，引起轩然大波。最后，某个新观点战胜了所有其他观点，成为新范式被确立下来，并变为不容置疑的常规科学，要求该领域的科学家绝对赞成。劳丹认为，库恩过分夸大了科学革命与常规科学的区别。有许多证据表明，科学革命并不像库恩所分析的那样发生，常规科学也并不是那么常规。对任何一个范式或研究传统的概念基础的争论在历史上从没有停止过。任何一个范式或研究传统都很少在某个领域取得像"常规科学"所要求的那种一统天下的地位。劳丹指出，无论是考察 18 世纪的力学、19 世纪的化学、20 世纪的量子力学，还是检视生物学中的进化论、地质学中的矿物学、化学中的共振理论、数学中的证明论，我们都看到一个较库恩的解释更为复杂的情形。在上述的每一个领域中，存在两个或更多的研究传统是普遍现象而不是例外。

那么，科学革命的概念是不是多余的呢？劳丹认为只要重新定义科学革命的概念，就可以使之在历史上富有成效。新的定义应当允许科学家在各自学科的基础问题上长期意见不一。为满足这个要求，劳丹给出科学革命新的定义："当一个迄今为止某个已知领域的科学家不知道或忽视的研究传统发展到某个阶段，使得该领域的科学家感到有责任认真对待这个传统，把它作为对他们或他们的同行所忠于的那个传统的竞争者时，一场科学革命就发生了。"①这个定义没有预先假定科学革命的内在合理性和进步性。劳丹反对库恩关于科学革命在本质上是进步的说法，认为一场科学革命是否合理和进步是一件偶然的事情。另外，劳丹强调，科学革命不是某些科学史学家和科学哲学家所想象的那种核心分析单元。对研究传统的批评和修改，以及新的研究传统的出现，这些都是科学的"正常"现象，所以，不必过分强调科学革命。

劳丹对库恩科学革命观的批评不无道理，但他走得太远了。如果科学革命没有内在合理性和进步性，我们很难想象有什么样的非理性或不合理的因素能激起以理智著称的科学家群体同时对某领域的理论产生足够兴趣，使他们感到有责任认真对待这个理论，并把它看成是对他们自己所忠于的理论的竞争者或挑战者？劳丹对科学革命的定义只涉及现象，未涉及本质。从协调论的观点看，科学革命有如下本质特征。

第一，科学革命意味着新理论与旧理论发生了冲突与更替。科学革命可能发生在具体理论的层次，也可能发生在抽象理论的层次，但深刻的科学革命发生在抽象理论的层次。

第二，当科学革命发生时，理论在短期内积聚了较强的协调力，这种协调力可能是综合的，也可能是局部的。因此，科学革命具有内在的合理性和进步性。科学革命一旦发生，它至少是局部进步的，即具有局部的较强协调力，否则不会引起足够的重视。一场革命可能接受一个综合协调力暂时较弱但局部协调力迅速增强的理论。对科学革命的进步性判断不能脱离时间因素，因为理论的可追求性和可接受性会随时间发生变化。科学革命的时段不能太长，超过了某个时段就不再叫"科学革命"了。

第三，科学革命的结束并不意味着只有协调，没有冲突。因为对称性的冲突关系始终伴随着一个理论从发生到衰亡的过程，而就不对称关系而言，冲突

① Laudan L. Progress and Its Problems: Towards a Theory of Scientific Growth. Berkeley: University of California Press, 1977: 138.

355

与协调是不可分割地联系在一起的。

第四，科学革命与"革命的科学"不同。科学革命一定意味着理论的进步，而革命的科学可能随时间的流逝而退步。科学革命与常规科学也不同，科学革命的冲击力很强。常规科学虽然也充满冲突，但不如科学革命那样激烈，那样集中爆发。

第三节　理论比较评价的合理性

当我们考察科学变化的过程时，可以把科学革命作为重点分析单元，因为它反映了科学变化过程中的跃迁性特征。但是，科学革命不能以舍弃连续性为代价，否则，我们就失去了理论比较评价的客观基础，使理论之间的比较评价成为非理性的。有些人，如汉森、奎因、库恩和费耶阿本德等，对"科学革命"作了极端化理解，宣扬不可通约性思想。他们认为科学革命前与科学革命后的理论根本不同，例如，托勒密主义者和哥白尼主义者、林耐（Linné）主义者和达尔文主义者、牛顿主义者和相对论主义者，都是以完全不同的方式观察世界，甚至是观察到不同的世界，不可能有意义地在它们之间谈论任何相似性。因此，他们必然得出这样的消极结论：在理论与理论之间不可能作出合理的评价，因而也不可能作出合理的选择。他们的主要论证是：科学理论各自规定了所使用的术语的意义。理论不同，理论术语的意义也就不同，是不可通约的。科学家根据不同理论写出的观察报告也不可通约，因为观察术语基于理论，而理论之间是不可通约的。这就是说，不同的科学家可能使用同样的语言，但这些语言却具有不同的意义。这样，在理论之间进行比较和合理评价是不可能的。

正如劳丹指出的那样，这种论证方式有一个主要缺陷，即它假定仅当两个理论可相互被翻译为对方的语言，或被翻译为中性语言时，才可以在两个理论间进行合理选择。在逻辑实证主义盛行时期，人们普遍希望通过寻找一种不带任何理论偏见的观察语言，把它作为相互竞争的理论的经验评价的客观基础。但是，这种努力失败了。因此，库恩、汉森、费耶阿本德等哲学家主张理论不可通约，因而不能进行客观比较。与此相反，劳丹指出，即使我们不能找到一种中性的观察语言和用以把理论翻译为观察语言的对应规则，我们仍然能够有意义地在理论之间进行客观的、合理的评价。为此，劳丹提出两种总括论证，即解决问题的论证（the argument from problem solving）和进步的论证（the argument from progress）。

在下面的讨论中，笔者想指出，劳丹另辟蹊径寻求理论合理比较和评价的努力具有开创性的意义，但十分遗憾，他在某些地方止步不前。

让我们先看看解决问题的论证。只要能够有意义地谈论处理同样问题的不同理论，我们就可以对相互竞争的理论作出合理的比较评价。但是，问题的陈述受理论的影响，如何表明不同的理论说的是"同样"的问题呢？有一个简单的答案：描述问题所必需的理论假定可能不同于试图解决这个问题的理论，所以有可能表明相互竞争的解释性理论本身是在讨论同样的问题。例如，反射问题包括许多理论假定，诸如光是以直线传播的，某些障碍物能够改变光线传播方向，可见光不能连续充满每一媒质，等等。整个 17 世纪后期，许多关于光的相互冲突的理论（包括笛卡儿、霍布斯、胡克、巴洛、牛顿和惠更斯的理论）都可以致力于反射问题的研究，因为这些试图解决反射问题的理论与用以描述反射问题的理论假定并不相同。这个论证没有预先假定经验问题可用某些纯粹观察的、不带理论偏见的语言来表述，但是，就任一科学领域中的任何与课题相关的理论而言，我们可以系统地阐明其共同的课题。相互竞争的研究传统所共有的问题远远多于某个研究传统所独具的问题，这些共同具有的问题为合理评价相互竞争的研究传统的相对有效性提供了基础。[①]

解决问题的论证部分地说明了理论比较评价的可行性和合理性。但这个论证有其局限性，所以缺少足够的说服力。第一，把相互竞争的理论放置在同一科学领域，理论之间的竞争发生在同一科学领域内部。这个前提造成两个后果。其一是认为相互竞争的理论所共有的问题远远多于某个理论所独具的问题。但是，如果两个理论分别来自不同的科学领域，情况就会相反，两个理论所独具的问题将远远多于两个理论所共有的问题。其二是使得理论之间的合理比较和评价局限在同一科学领域中，不能处理不同科学领域中的理论的合理比较评价

---

① Laudan L. Progress and Its Problems: Towards a Theory of Scientific Growth. Berkeley: University of California Press, 1977: 142-145.

问题。第二，解决问题的论证只能有助于理论之间的经验一致性比较和评价，而这只是一种单一协调力的比较评价，离经验协调力、概念协调力和背景协调力的综合比较评价相距甚远。

劳丹可能在一定程度上认识到解决问题的论证的局限性，因而又给出一个进步的论证。即使我们不能决定理论是否处理同一个问题，也仍然有可能对理论进行客观的比较评价。合理性在于接受那些最具有解决问题的有效性的研究传统。在一个研究传统内部可以大致决定该传统的有效性，无须涉及其他研究传统。因此，以下述方式，我们能够对研究传统的进步性或退步性进行描述：我们问一个研究传统是否已解决了它为自身提出的问题；在这一过程中，它是否产生了经验反常或概念问题；随着时间的推移，它是否已设法扩大它已解决的问题的范围，并尽量降低它留下的概念问题和反常的数目及重要性。[①]

进步的论证似乎克服了第一个论证不能在不同课题项目的理论之间进行比较评价的困难，但是，"解题的有效性"与"综合协调力"相比实在太单薄了，以至于仍然没有表明，相比较的研究传统是否可以来自不同领域。劳丹从未注意到研究传统或抽象理论的内在进步与外在进步的区别，他习惯于关注研究传统或抽象理论的内在进步性。在说明如何确定一个研究传统的进步性时，他在一个注释中强调："我们应当把自己限定在那些在经过详细考察的研究传统的框架内所能表达的问题和反常上，并且应当忽略竞争的和（被假定为）不可通约的研究传统。"[②]

劳丹对进步的论证还有一个补充说明。他说，我们原则上可以对研究传统的相对优点进行合理评价，从而避免不可通约性困难。例如，我们可以按理论的内在一致性或连贯性来比较理论。我们可以问：两个或更多的理论，哪个更简单？哪个曾遭到反驳？哪个产生了更精确的预测？[③]在这里，劳丹几乎触及了一个更广泛的合理性的理论，但遗憾的是，这些性质只是作为克服理论间不可通约性的一种辅助工具或手段，并没有归入进步性因素中。因此，这种补充性

① Laudan L. Progress and Its Problems: Towards a Theory of Scientific Growth. Berkeley: University of California Press, 1977: 145-146.

② Laudan L. Progress and Its Problems: Towards a Theory of Scientific Growth. Berkeley: University of California Press, 1977: 236-237.

③ Laudan L. Progress and Its Problems: Towards a Theory of Scientific Growth. Berkeley: University of California Press, 1977: 146.

说明与解题理论到底是什么关系并没有得到阐明。

另外，我们可以在劳丹的一个注释中了解到这种处理方式的另一个原因。他写道："我对不可通约性的研究与科迪格类似。我们两个人都认为，即使不同理论之间的实质性翻译是不恰当的，也仍然存在理论比较的方法论标准。然而，在这些方法论标准应当是什么的问题上，我与科迪格迥然不同。追随马格劳（Margenau），科迪格就理论的经验确证、'可扩展性'、'多种联系'、'简单性'和'因果关系'强调理论比较。不幸的是，这些词汇在科迪格的讨论中大多纯粹是直觉的概念，希望他把这些概念精制为理论比较评价中所需要的灵敏的分析工具。"[1]看来，劳丹对科迪格讨论的方法论标准很感兴趣，但他不满意科迪格的概念停留在直觉的水平。如果这些方法论标准能够精确地加以定义和阐明，并成为解题模式有机的、核心的部分，那么科迪格的研究将是对劳丹理论的超越。但是，科迪格和劳丹都没有这样做，这一工作只是在协调论中得到较为充分的体现。

第四节 进步的性质

许多科学哲学家，从休厄尔、皮尔士（Pierce）和迪昂到柯林伍德、波普尔、赖欣巴赫、拉卡托斯、施特格缪勒（Stegmüller）在探讨认识进步的模式时，都坚持一种累积的科学进步观。该进步观认为，认识的进步只能通过纯粹积累而获得。如果后来的理论成功地解决了其先驱理论没有成功地给以解决的问题，同时又能够成功地解决其先驱理论已成功解决的所有问题，那么，这后来的理论就是进步的。这种累积的科学进步观对人产生如此深刻的影响，以至于当库恩发现后来被称为"库恩损失"的现象时，他仍然宣称："一个科学共同体很少或从不接受一个新理论，除非该新理论解决了其先驱理论已经解决的所有或几乎所有数量的疑难。"[2]

---

[1] Laudan L. Progress and Its Problems: Towards a Theory of Scientific Growth. Berkeley: University of California Press, 1977: 237.

[2] Kakatos I, Musgrave A. Criticism and the Growth of Knowledge. Cambridge: Cambridge University Press, 1970: 20.

依据科学史的实际，可以帮助我们从这种累积的科学进步观中彻底摆脱出来。在劳丹看来，累积的科学进步观是无效的，因为它所要求的进步条件在科学史上很少能得到满足。科学史上有一些特别生动的样例，足以说明新的理论在取代旧理论时总伴随问题损失，即库恩损失现象。例如，牛顿的光学理论不能解决冰洲石中的折射问题，这个问题已经由惠更斯的光学理论解释了；19 世纪初的热质说不能解释热的传递和热的产生，而这些问题在 18 世纪 90 年代已由伦福德（Rumford）解决；富兰克林的电学理论，虽然在 18 世纪中叶到末叶被广泛接受，但它从未恰当地解决带负电荷的物质之间的相互排斥问题，而这个问题已由富兰克林之前的多种理论，尤其是电的旋涡理论所解决。存在一种非累积的进步（non-cumulative progress），即知识不一定是通过经验理论的累积而进步的。"人们常常放弃对经验问题的考虑，或把它看得无足轻重。任何恰当的科学发展理论大概都必须承认，在某些情况下，压缩经验问题的范围并不妨碍进步。"①

笔者想指出，不管是传统的累积进步观，还是非累积的进步观，都是一种狭隘的进步观。因为这些进步观过分依赖对理论的经验问题的讨论。前者把旧理论已解决的问题看作新理论已解决问题的真子集，后者只是认识到一种交叉关系，即新理论在取代旧理论时存在问题损失和问题获得，把进步诉诸经验问题的相对重要性或相对数量的知识。虽然非累积的进步观比累积的进步观要进步些，但它在说明理论在非累积的情况下如何进步方面显得十分虚弱。让我们分析一下劳丹的一个例证：

假定我们的科学目标是理解鸟的胚胎学。我们有一个理论 T_e，它对鹰和白鹭的胚胎发育提供了详细说明。我们有另一理论 T_s，它解释了所有比鹰小的（包括白鹭）鸟的胚胎发育，但不能解释鹰的情况。在这种情况下，我们肯定认为 T_s 比 T_e 更可取（即是对 T_e 的一个进步的改进），尽管 T_s 不能解决鹰的胚胎发育问题。这样似乎可能的判断，在几乎所有标准的（累积的）科学进步理论中都不会被允许。②

---

① Laudan L. Progress and Its Problems: Towards a Theory of Scientific Growth. Berkeley: University of California Press, 1977: 149-150.

② 参见 Laudan L. Progress and Its Problems: Towards a Theory of Scientific Growth. Berkeley: University of California Press, 1977: 239.

凭什么把 T_s 看得比 T_e 更可取、更进步呢？在劳丹看来，"问题的相对重要性和相对数量的知识能够允许我们详细谈论那些知识的增长是进步的情况"。[①] 劳丹大概觉得 T_s 解决的问题比 T_e 要多些。T_e 只解决了鹰和白鹭的胚胎发育问题，而 T_s 则解决了比鹰小的包括白鹭在内的所有鸟的胚胎发育问题，显然，T_s 涉及的鸟类比 T_e 多。但是，如果诉诸问题的相对重要性，假定 T_s 长期不能解释鹰的胚胎发育问题，该问题的相对重要性就会上升，而解决该问题的 T_e 的相对重要性也会随之上升，这就抵消了 T_s 在解决问题数量上所占的优势。所以，按照劳丹的理论，要说明 T_s 比 T_e 更进步是很困难的。

就批判累积的进步观而言，这个例子是不错的。它表明，一个理论的进步与该理论是否解决了某个具体的问题无关，只与它的解题状况有关。按照协调力模式，在该例中，就经验一致性看来，在时间 τ，T_s 超过了 T_e，即

$$I(T_e\tau) < I(T_s\tau)$$

或

$$I(T_e\tau)\downarrow \wedge I(T_s\tau)\uparrow$$

但是，我们不能肯定 T_s 在协调力的所有方面都超过 T_e，我们必须考察两个理论在经验协调力、概念协调力和背景协调力方面的状况，才能综合判断哪个理论更进步。把对进步的判断诉诸问题的相对重要性、理论解决问题的数量和时间因素也是片面的。问题的相对重要性由协调力状况决定，每一单一协调力的上升都可以提升理论的重要性；时间因素不是决定性的，如果一个问题长期没有任何理论能够解决，那么这个问题就会被每个理论看作不重要的问题；所谓时间因素影响问题的重要性也是由理论的协调力状况决定的，当一个长期没有被任何理论解决的问题忽然由某个新理论解决时，该新理论的协调力会呈现上升的趋势或相对于某个理论呈现上升状态，由此引发该问题的重要性的加强。

应当指出，上述分析并不排除 T_s 比 T_e 进步的可能性。只要把进步观念从原先的狭隘模式中解救出来，我们就可以有一个更充足、更全面的分析工具。因此，两个理论即使在某个局部协调力上不等价，也并不妨碍理论在其他协调力或综合协调力上的比较评价。在上例中，即使 T_s 在经验一致性上超过 T_e，我们

---

① Laudan L. Progress and Its Problems: Towards a Theory of Scientific Growth. Berkeley: University of California Press, 1977: 150.

仍然可以通过其他协调力或综合协调力的比较，来判断 T_e 和 T_s 谁在总体上更进步。

第五节　科学与成熟科学

科学与非科学是理论协调力由强到弱的链条的两端，中间有很大的缓冲地带，因而没有截然分明的界限。我们说一个理论是"科学"的，仅仅因为它在某个历史时刻或时段具有较强的协调力。哲学理论、逻辑学理论、宗教理论、伦理学理论、美学理论以及更广泛的文化观念都可以纳入超理论的范畴。就协调力由强到弱的链条的两端来看，超理论本身也有"科学的"和"非科学的"相对区分。一个理论的科学性程度以及在极端情况下被看成是科学的还是非科学的，在不同历史时刻或时段有不同表现、不同判断，因为理论的相对协调力处在变化当中。超理论亦然。公元前 4 世纪的形而上学在当时是科学的超理论，因为它与当时主要的具有较强协调力的具体的经验理论和工作理论相一致。但是在其他时间和场合，它就不一定是科学的。19 世纪末 20 世纪初的马克思主义是科学的超理论，因为它与当时具有较强协调力的具体科学成就通过工作理论保持高度的一致。随着时间的流逝，我们说要完善和发展马克思主义，也就是为了使之与发展了的具体科学成就和社会实践继续保持一致，从而保证其科学性，同时，马克思主义在新条件下被视为不科学的个别原理就被抛弃掉了。

库恩和拉卡托斯认为，存在两种完全不同的科学，即不成熟（immature）科学和成熟（mature）科学［对库恩来说是"前范式"（pre-paradigm）科学和"后范式"（post-paradigm）科学］。不成熟科学相当于科学的婴儿期，成熟科学相当于科学的成年期，科学从婴儿期转变为成年期时，科学游戏规则会发生实质性变化。在库恩看来，当一个范式在某个领域建立起霸权地位时，该范式就成熟了；在拉卡托斯看来，当一门科学完全忽视反常问题，忽视外界的思想影响和社会影响，集中探讨研究纲领的数学表达时，这门科学就成熟了。总之，用来描述一个成熟科学的主要标志是范式或研究纲领的出现，它是自主的，与外界批评无关。库恩和拉卡托斯两人一致认为，比起不成熟科学，成熟科学更进步，更科学。

劳丹指出，上述成熟科学概念面临以下三方面的困难。

第一，成熟科学概念在科学史中很难找到例证。库恩无法给出任何一门主要的科学曾经存在过占统治地位的范式，也无法指出任何一门主要的科学对基础的东西停止过争论。拉卡托斯并未证明轻视反常和漠视纲领外的概念问题曾成为一门自然科学的主要特征。

第二，即使成熟科学存在，库恩和拉卡托斯关于成熟科学比不成熟科学在本质上更进步和更科学的论点也不能成立。库恩并未表明，如果一个范式在科学领域占绝对统治地位就必然能够解决更多的经验问题。拉卡托斯也没有找到可信的例子来表明他主张的自主、忽视反常的研究纲领可能比不自主、承认反常的研究纲领更进步。

第三，成熟和不成熟的二分法在方法论上是可疑的，因为它允许任一科学合理性模式把历史上的反例统统看成不相干的而加以抛弃，把不适合于这个模式的实际的科学范例统统解释为原始科学或伪科学。[①]

上述第一和第三个论点具有较强的说服力，相比之下，第二个论点不能令人满意。假定库恩和拉卡托斯的成熟科学概念存在，并不难得出成熟科学比不成熟科学更进步的结论。如果库恩的范式具有霸权地位，它就会具有较强的协调力，即使该范式不能解决最多的经验问题，它在总体上仍然是进步的。如果拉卡托斯的研究纲领在数学表述上别具特色，它就至少在局部协调力上处于进步状态。劳丹的论证单从理论解决问题的数量出发，常常因分析视界过窄而得出错误结论。

应当指出，劳丹的总体结论是正确的，他希望能找出一种描述成熟科学的方法，使之既符合历史，又具有合理性。但是，在劳丹的模式中很难找到这种方法。为了满足劳丹对成熟科学的要求，协调力模式概括出成熟科学的三个特征：第一，成熟科学和不成熟科学的区分是相对的，不是绝对的。在任一历史时刻或时段，那些在协调力上较强的科学与那些在协调力上较弱的科学相比，前者相对成熟，而后者则相对不成熟。第二，应区分局部成熟的科学和综合成

---

① 参见 Laudan L. Progress and Its Problems: Towards a Theory of Scientific Growth. Berkeley: University of California Press, 1977: 150-151.

熟的科学。两门科学相比，在局部协调力上占优势的科学是局部成熟的科学，在综合协调力上占优势的科学是综合成熟的科学。第三，在理论相比较的关系中，成熟科学总比不成熟科学更进步，更科学。

主要参考文献

阿基米德.阿基米德全集.修订本.朱恩宽,常心怡,等译.西安:陕西出版集团,陕西科学技术出版社,2010.

爱因斯坦.爱因斯坦文集.第1卷.许良英,范岱年编译.北京:商务印书馆,1976.

爱因斯坦.爱因斯坦文集.第1卷(增补本).许良英,李宝恒,赵中立,等编译.北京:商务印书馆,2009.

爱因斯坦.爱因斯坦文集.第2卷(增补本).范岱年,赵中立,许良英编译.北京:商务印书馆,2009.

巴伯.科学与社会秩序.顾昕,郏斌祥,赵雷进译.北京:生活·读书·新知三联书店,1991.

贝塔兰菲.一般系统论:基础·发展·应用.秋同,袁嘉新译.北京:社会科学文献出版社,1987.

陈毓芳.氢光谱波长的规律(巴尔末公式)的发现.大学物理,1982,(4):12-16.

达尔文.达尔文回忆录——我的思想和性格的发展回忆录.毕黎译.北京:商务印书馆,1982.

达尔文.物种起源.舒德干,等译.西安:陕西人民出版社,2001.

达尔文 . 一个自然科学家在贝格尔舰上的环球旅行记 . 周邦立译 . 北京：科学出版社，1957.

丹皮尔 . 科学史及其与哲学和宗教的关系 . 李珩译 . 北京：商务印书馆，1975.

邓纳姆 . 天才引导的历程 . 苗锋译 . 北京：中国对外翻译出版公司，1994.

丁绪贤 . 化学史通考 . 上海：商务印书馆，1936.

董元彦，王运，张方钰 . 无机及分析化学 . 3 版 . 北京：科学出版社，2011.

福柯 . 规训与惩罚：监狱的诞生 . 刘北城，杨远婴译 . 北京：生活·读书·新知三联书店，1999.

高策 . 杨振宁与规范场 . 科学中国人，1995，（3）：11-12，23.

哥白尼 . 天体运行论 . 叶式辉译 . 西安：陕西人民出版社，2001.

桂起权，陈自立，朱福喜 . 次协调逻辑与人工智能 . 武汉：武汉大学出版社，2002.

郭金海 . 1950—1970 年代中国数学家的哥德巴赫猜想研究 . 科学，2022，74（6）：59-62，69.

国家自然科学资金委员会 . 国家自然科学基金资助项目优秀成果选编 . 北京：科学出版社，2016.

何祚麻 . 粒子之小和宇宙之大：宏观、微观和宇观 . 清华大学学报（哲学社会科学版），2004，（2）：1-4，35.

亨普尔 . 自然科学的哲学 . 北京：中国人民大学出版社，2006.

洪谦 . 逻辑经验主义 . 北京：商务印书馆，1989.

胡宗球，华英杰，朱立红，等 . 无机化学（上册）. 北京：科学出版社，2013.

《化学思想史》编写组 . 化学思想史 . 长沙：湖南教育出版社，1986.

黄顺基，刘大椿 . 科学技术哲学的前沿与进展 . 北京：人民出版社，1991.

伽利略 . 关于托勒密和哥白尼两大世界体系的对话 . 周煦良，等译 . 北京：北京大学出版社，2006.

江天骥 . 科学哲学名著选读 . 武汉：湖北人民出版社，1988.

江天骥 . 西方科学哲学的新趋向——最近几十年来的科学哲学（1951—现

在）.自然辩证法通讯，2000，（4）：18-22.

卡约里.物理学史.戴念祖译.呼和浩特：内蒙古人民出版社，1981.

开普勒.世界的和谐.张卜天译.北京：北京大学出版社，2011.

库德里亚夫采夫，康费杰拉托夫.物理学史与技术史.梁士元，蒋云峰，王文亮，等译.哈尔滨：黑龙江教育出版社，1985.

拉卡托斯.科学研究纲领方法论.兰征译.上海：上海译文出版社，1986.

拉里·劳丹.进步及其问题——科学增长理论刍议.方在庆译.上海：上海译文出版社，1991.

劳丹.进步及其问题——一种新的科学增长论.刘新民译.北京：华夏出版社，1990.

劳斯.知识与权力——走向科学的政治哲学.盛晓明，邱慧，孟强译.北京：北京大学出版社，2004.

李蒙，桂起权.次协调型科学哲学解读：从逻辑的观点看.自然辩证法研究，2007，（9）：16-19.

林德宏，肖玲，等.科学认识思想史.南京：江苏教育出版社，1995.

林定夷.科学逻辑与科学方法论.成都：电子科技大学出版社，2003.

林定夷.论科学中观察与理论的关系.广州：中山大学出版社，2016.

林定夷.问题学之探究.广州：中山大学出版社，2016.

刘大椿.科学活动论.北京：人民出版社，1985.

刘大椿.科学哲学通论.北京：中国人民大学出版社，1998.

刘大椿.在冲突与协调间寻找合理性.光明日报，2006-07-26（10）.

罗慧生.西方科学哲学史纲.天津：天津人民出版社，1988.

罗特斯坦.心灵的标符——音乐与数学的内在生命.李晓东译.长春：吉林人民出版社，2001.

马雷.进步、合理性与真理.北京：人民出版社，2003.

马慰国.预测医学.西安：陕西科学技术出版社，2006.

麦卡里斯特.美与科学革命.李为译.长春：吉林人民出版社，2000.

梅森.自然科学史.周煦良，全增嘏，傅季重，等译.上海：上海译文出版社，1980.

穆尼茨.理解宇宙——宇宙哲学与科学.徐式谷，黄又林，段志诚译.北京：中国对外翻译出版公司，1997.

内格尔.科学的结构——科学说明的逻辑问题.徐向东译.上海：上海译文出版社，2002.

牛顿.光学.周岳明，舒幼生，邢峰，等译.北京：北京大学出版社，2007.

牛顿.自然哲学之数学原理.王克迪译.西安：陕西人民出版社，武汉：武汉出版社，2001.

派斯.爱因斯坦传（上册）.方在庆，李勇，等译.北京：商务印书馆，2004.

潘登，高宏波.叶绿体 DNA 的发现历程.生物学通报，2012，47（7）：53-55.

潘天群.《冲突与协调——科学合理性新论》阅评.江海学刊，2007，（3）：230-231.

皮尔逊.科学的规范.李醒民译.北京：华夏出版社，1998.

申先甲，张锡鑫，祁有龙.物理学史简编.济南：山东教育出版社，1985.

石峰，莫忠息.信息论基础.3 版.武汉：武汉大学出版社，2014.

舒炜光，邱仁宗.当代西方科学哲学述评.北京：人民出版社，1987.

司钊，司琳.哥德巴赫猜想与孪生素数猜想.西安：西北工业大学出版社，2002.

斯潘根贝格，莫泽.科学的旅程.郭奕玲，陈蓉霞，沈慧君译.北京：北京大学出版社，2014.

陶德麟.陶德麟文集.武汉：武汉大学出版社，2007.

涂纪亮，罗嘉昌.当代西方著名哲学家评传.第 3 卷.济南：山东人民出版社，1996.

王阳，张保光.贝尔实验室与舍恩事件调查——科研机构查处科学不端行为的案例研究.科学学研究，2014，32（4）：501-507.

王玉仓.科学技术史.北京：中国人民大学出版社，1993.

威廉·哈维.心血运动论.凌大好译.西安：陕西人民出版社，2001.

维纳.控制论——或关于在动物和机器中控制和通讯的科学.郝季仁译.北

京：科学出版社，1985.

沃尔夫.十八世纪科学、技术和哲学史.周昌忠，苗以顺，毛荣运译.北京：商务印书馆，1997.

沃尔夫.十六、十七世纪科学、技术和哲学史（上册）.周昌忠，苗以顺，毛荣运，等译.北京：商务印书馆，1995.

吴国盛.科学的历程.4版.长沙：湖南科学技术出版社，2018.

吴小超，肖明.论爱因斯坦光量子假说及其革命性意义.湖北教育学院学报，2005，（5）：11-14.

颜雪松，伍庆华，胡成玉.遗传算法及其应用.武汉：中国地质大学出版社，2018.

杨振宁，莫耶斯.大自然具有一种异乎寻常的美：杨振宁与莫耶斯的对话.杨建邺译.科学与文化评论，2007，4（4）：105-109.

郁慕镛.科学定律的发现.杭州：浙江科学技术出版社，1990：8.

约翰·洛西.科学哲学历史导论.邱仁宗，金吾伦，林夏水，等译.武汉：华中工学院出版社，1982.

张华夏.解释·还原·整合：M.邦格的某些科学哲学观点述评.自然辩证法研究，1987，（2）：12-22.

张建军.逻辑悖论研究引论.南京：南京大学出版社，2002.

张之沧，张继武.科学发展机制论.石家庄：河北人民出版社，1994.

张之沧.科学：人的游戏.北京：中国青年出版社，1988.

中共中央马克思恩格斯列宁斯大林著作编译局编译.马克思恩格斯选集.第三卷.3版.北京：人民出版社，2012.

中国大百科全书出版社编辑部，中国大百科全书总编辑委员会《哲学》编辑委员会.中国大百科全书 哲学.2版.北京：中国大百科全书出版社，1998.

Achinstein P. Concepts of Science: A Philosophical Analysis. Baltimore: Johns Hopkins University Press, 1968.

Bainton R H. Hunted Heretic: The Life and Death of Michael Servetus, 1511-1553. Boston: The Beacon Press, 1953.

Bateson W. Mendel's Principles of Heredity. Cambridge: Cambridge University

Press, 1913.

Becker K, Becker M, Schwarz J H. String Theory and M-theory: A Modern Introduction. Cambridge: Cambridge University Press, 2007.

Bernal J D. Science in History. New York: Hawthorn Books, 1965.

Butts R E. Scientific progress: The Laudan manifesto. Philosophy of the Social Sciences, 1979, 9(4): 475-483.

Campbell J. Rutherford: Scientist Supreme. Christchurch: AAS Publications, 1999 .

Campbell N R. Foundations of Science: the Philosophy of Theory and Experiment. (Formerly titled: Physics, the Elements). New York: Dover Publications, 1957.

Caneva K L. Robert Mayer and the Conservation of Energy. Princeton: Princeton University Press, 1993.

Cardwell D S. James Joule: a Biography. Manchester: Manchester University Press, 1989.

Carleton L R. Problems, methodology, and outlaw science. Philosophy of the Social Sciences, 1982, 12(2): 143-151.

Carnap R. Testability and Meaning. Philosophy of Science. 1936, 3(4): 419-471.

Carnap R. The Nature and Application of Inductive Logic, Consisting of Six Sections From: Logical Foundations of Probability. Chicago: The University of Chicago Press, 1951.

Cavendish H. Experiments to determine the density of earth.Philosophical Transactions of the Royal Society, 1798, 88: 469-526.

Cheney M. Tesla Man Out of Time. Englewood Cliffs: Prentice Hall, 1981.

Churchland P M. Scientific Realism and the Plasticity of Mind. Cambridge: Cambridge University Press, 1979.

Clausius R. The Mechanical Theory of Heat: With Its Applications to the Steam-Engine and to the Physical Properties of Bodies. London: J. Van Voorst, 1867.

Cohen I B. Benjamin Franklin's Science. Cambridge: Harvard University Press, 1990.

Cohen I B. Revolution in Science. Cambridge: Harvard University Press, 1985.

Cohen R S, Laudan L. Physics, Philosophy and Psychoanalysis. Dordrecht: D.Reidel Publishing Company, 1983.

Darwin C R. On the Origin of Species by Means of Natural Selection, or the Preservation of Favoured races in the Struggle for Life. London: John Murray, 1859.

Davidson D. On the very idea of a conceptual scheme//Proceedings and Addresses of the American Philosophical Association, 1974, (47): 1973-1974.

Davies P, Brown J. Superstrings: A Theory of Everything? Cambridge: Cambridge University Press, 1988.

Dibner B. Alessandro Volta and the Electric Battery. New York: Franklin Watts, 1964.

Dirac P A M. The Quantum Theory of Dispersion. Proceedings of the Royal Society of London. Series A, 1927, 114(769): 710-728.

Dreyer J L E. Tycho Brahe: A Picture of Scientific Life and Work in the Sixteenth Century. New York: Dover, 1963.

Duhem P. The Aim and Structure of Physical Theory. Wiener P(trans.). Princeton: Princeton University Press, 1954.

Eisberg R M. Fundamentals of Modern Physics. New York: John Wiley & Sons,Inc. 1961.

Everett H. "Relative state" formulation of quantum mechanics. Reviews of Modern Physics, 1957, 29(3): 454-462.

Faraday M. Experimental Researches in Electricity. London: Bernard Quaritch, 1878.

Farber E. Critical Problems in the History of Science//Clagett M. Proceedings of the Institute for the History of Science. Madison: University of Wisconsin Press, 1959.

Feyerabend P. Against Method: Outline of an Anarchistic Theory of Knowledge. London: New Left Books, 1975.

Feyerabend P. Changing patterns of reconstruction. The British Journal for the Philosophy of Science, 1977, 28(4): 351-369.

Feyerabend P. Science in a Free Society. London: New Left Books, 1978.

Feyerabend P K. Zahar on einstein. The British Journal for the Philosophy of Science, 1974, 25(1): 25-28.

Foucault M. Discipline and Punish: The Birth of the Prison. Sheridan A(trans.). New York: Vintage Books, 1979.

Foucalt M. Power/Knowledge: Selected Interviews and Other Writings, 1972-1977. Gordon C.(ed.). Brighton: Harvester Press, 1980: 131-132.

Friedman M. Explanation and scientific understanding. The Journal of Philosophy, 1974, 71(1): 5-19.

Fulton J F. Michael Servetus Humanist and Martyr. New York: Herbert Reichner, 1953.

Garber D. Learning from the past: reflections on the role of history in the philosophy of science. Synthese, 1986, 67(1): 91-114.

Gingerich O. "Crisis" versus aesthetic in the Copernican revolution. Vistas in astronomy, 1975, 17: 85-95.

Glasstone S. Thermodynamics for Chemists. Huntington: Krieger Publishing Company, 1972.

Goodman N. Fact, Fiction, and Forecast. 4th ed. Cambridge: Harvard University Press, 1983.

Gordin A, Michael D. A Well-ordered Thing: Dmitrii Mendeleev and the Shadow of the Periodic Table. New York: Basic Books, 2004.

Greenaway F. John Dalton and the Atom. Ithaca, New York: Cornell University Press, 1966.

Grünbaum A. Can we ascertain the falsity of a scientific hypothesis?. Stud Gen (Berl), 1969, 22(11): 1061-1093.

Hanson N R. Patterns of Discovery. Cambridge: Cambridge University Press, 1958.

Hanson N R. Copenhagen interpretation of quantum theory. American Journal of Physics, 1959, 27(1): 1-10.

Hanson N R. The copernican disturbance and the keplerian revolution. Journal of the History of Ideas, 1961, 22(2): 169-184.

Harré H R. An Introduction to the Logic of the Sciences. London: The Macmillan Press Ltd, 1960.

Heilbron J L, Moselry H G. The Life and Letters of an English Physicist, 1887-1915. Berkeley, Los Angeles and London: University of California Press, 1974.

Heisenberg W. Über quantentheoretische Umdeutung kinematischer und mechanischer Beziehungen. Zeitschrift für Physik, 1925, 33(1): 879-893.

Hempel C G. Philosophy of Natural Science. Englewood cliffs, N.J.: Prentice-Hall, 1966.

Hesse M. The Structure of Scientific Inference. Berkeley: University of California Press, 1974.

Hestenes D. The Zitterbewegung interpretation of quantum mechanics. Foundations of Physics, 1990, 20(10): 1213-1232.

Holton G. The Scientific Imagination: Case Studies. Cambridge: The Cambridge University Press, 1978.

Horgan J. The End of Science. Reading: Addison Wesley Publishing Company, 1996.

Hull D L. Laudan's progress and its problems. Philosophy of the Social Sciences, 1979, 9(4): 457-465.

Huygens C. Treatise on Light, 1690. Thompson S P(trans.). Chicago: The University of Chicago Press, 1912.

Israel P, Friedel R, Finn B S. Edison's Electric Light: Biography of an Invention. New Brunswick: Rutgers University Press, 1986.

Iu S I, Kurinnoi V I. Jakob Bertselius. Moscow, Academy of Sciences, 1961.

Jarvie I C. Laudan's problematic progress and the social sciences. Philosophy of the Social Sciences, 1979, 9(4): 484-497.

Kaufmann S H E. Elie Metchnikoff's and Paul Ehrlich's impact on infection biology. Microbes and Infection, 2008, 10: 1417-1419.

Kitcher P, Salmon W S. Scientific Explanation.Minnesota Studies in the Philosophy of Science. Minneapolis: TheUniversity of Minnesota Press, 1989.

Koenigsberger L. Hermann von Helmholtz. Welby F A(trans.). New York: Dover Publications, 1965.

Kordig C R. The Justification of Scientific Change. Dordrecht: D.Reidel Publishing Company, 1971.

Kripes H. Some problems for "Progress and Its Problems". Philosophy of Science, 1980, 47(4): 601-616.

Kuhn T S. The Copernican Revolution: Planetary Astronomy in the Development of Western Thought. Cambridge: Harvard University Press, 1957.

Kuhn T S. The Structure of Scientific Revolutions. Chicago: The University of Chicago Press, 1962.

Kuhn T S. The Essential Tension. Chicago: The University of Chicago Press, 1977.

Kuhn T S. The Essential Tension: Selected Studies in Scientific Tradition and Change. Chicago, London: The University of Chicago Press, 1979.

Kuhn T S. Theory-change as structure-change: comments on the sneed formalism//Butts R, Hintikka J. Historical and Philosophical Dimensions of Logic, Methodology and Philosophy of Science. Dordrecht: D. Reidel Publishing Company, 1977: 300-301.

Lakatos I. The Methodology of Scientific Research Programmes. Cambridge: Cambridge University Press, 1978.

Lakatos I, Musgrave A. Criticism and the Growth of Knowledge. Cambridge: Cambridge University Press, 1970.

Laplace P S. A Philosophical Essay on Probabilities. New York: John Wiley & Sons, London: Chapman & Hall, Limted, 1902.

Laudan L. Progress and Its Problems: Towards a Theory of Scientific Growth. Berkeley: University of California Press, 1977.

Laudan L. Science and Values: The Aims of Science and Their Role in Scientific

Debate. Berkeley: University of California Press, 1984.

Laudan L. Beyond Positivism and Relativism: Theory, Method and Evidence. Colorado: Westview Press, 1996.

Lavoisier M. Essays Physical and Chemical. Henry T(trans.). London: F.Cass, 1970.

Lightman A. The Discoveries: Great Breakthroughs in Twentieth-Century Science, Including the Original Papers. New York: Vintage Books, 2006.

Lorentz H A. The Theory of Electrons. Leipzig: B. G. Teubner, 1909.

Lugg A. An alternative to the traditional model? Laudan on disagreement and consensus in science.Philosophy of Science, 1986, 53(3): 419-424.

Mach E. The Science of Mechanics: A Critical and Historical Account of Its Development. LaSalle: Open Court Publishing Company, 1960.

March E. The Science of Mechanics: A Critical and Historical Account of Its Development. 6th ed. McCormack T J(trans.). Chicago: Open Court Publishing Company, 1988.

Magill F N. The Nobel Prize Winners: Physics. Pasadena: Salem Press, 1989.

Magill F N. The Nobel Prize Winners: Physiology or Medicine.Pasadena: Salem Press,1991.

Maxwell J C. On Faraday's lines of force. Transactions of the Cambridge Philosophical Society, 1856, 10(3): 27-83.

Maxwell J C. On physical lines of force. The London, Edinburgh, and Dublin Philosophical Magazine and Journal of Science, 1861, 21: 338-348.

Mayr E. Karl Jordan's contribution to current conceptions in systematics and evolution. Ecological Entomology, 1955, 107(1): 45-66.

Mayr E. Toward a New Philosophy of Biology: Observations of an Evolutionist. Cambridge: Harvard University Press, 1988.

McAllister J W. Beauty and Revolution in Science.Ithaca: Cornell University Press, 1996.

McClintock B. Chromosome organization and genic expression. Cold Spring

Harbor Symposia on Quantitative Biology, 1951, (16): 13-47.

McMullin E. Discussion Review: Laudan's progress and its problems. Philosophy of Science, 1979, 46(4): 623-644.

Meyer H W. A History of Electricity and Magnetism. Cambridge: The MIT Press, 1971.

Miller D. Popper's qualitative theory of verisimilitude. The British Journal for the Philosophy of Science, 1974, 25(2): 166-177.

Moore R. Niels Bohr: The Man, His Science, and the World Theory They Changed. Cambridge: Harvard University Press, 1966.

Morachevskii A G. Jons Jakob Berzelius (to 225th anniversary of his birthday). Russian Journal of Applied Chemistry, 2004, 77: 1388-1391.

Moyers B. A World of Ideas: Conversation with Thought of Men and Women about American Life Today and the Ideas Shaping Our Future. New York: Public Affairs Television, Inc., 1989.

Nagel E. The Structure of Science: Problems in the Logic of Scientific Explanation. Indianapolis: Hackett Publishing Company, 1979.

Nash L K. The Atomic Molecular Theory. Cambridge: Harvard University Press, 1950.

Newton I. Opticks: or, a Treatise of the Reflections, Refractions, Infletions and Colours of Light. 4th ed. London: William Innys, 1730.

Newton-Smith W H. The Rationality of Science. London: Routledge & Kegan Paul Ltd, 1981.

Šibalić N, Adams C S. Rydberg Physics. Bristol: IOP Publishing, 2018.

Pais A. Atomic structure and spectral lines//Pais A. Inward Bound: of Matter and Forces in the Physical World. New York: Oxford University Press, 1986 .

Pais A. Niels Bohr's times//Physics, Philosophy and Polity. Oxford: Oxford University Press, 1991: 146-149.

Palter R. An approach to the history of early astronomy. Studies in History and Philosophy of Science Part A, 1970, (2): 93-133.

Patterson E C. John Dalton and the Atomic Theory. New York: Doubleday, 1970.

Pearson K. The Grammar of Science. London: Adam and Charles Black. 1911.

Planck M. Scientific Autobiography and Other Papers. Gaynor F(trans.). London: Willian & Norgate LTD, 1950.

Popper K R. Conjectures and Refutations: The Growth of Scientific Knowledge. London: Routledge & Kegan Paul, 1963.

Popper K R. The Logic of Scientific Discovery. London: Hutchinson, 1968.

Popper K R. The rationality of scientific revolutions//Harré R. Problems of Scientific Revolution. Oxford: Oxford University Press, 1975.

Priestley B J, Maclean J. Considerations on the Doctrine of Phlogiston, and the Decomposition of Water. Princeton: Princeton University Press, 1929.

Putnam H. Mind, Language and Reality. Cambridge: The Cambridge University Press, 1975.

Quine W V O. Word and Object. Cambridge: The MIT Press, 1960.

Quine W V O. From a Logical Point of View: 9 Logico-Philosophical Essays. 2nd ed. Harvard:Harvard University Press, 1964.

Quine W V O, Ullian J S. The Web of Belief. 2nd ed. New York:Random House Inc., 1978.

Ravindran S. Barbara McClintock and the discovery of jumping genes.PNAS, 2012, 109(50): 20198-20199.

Ray C. The Evolution of Relativity. Bristol: Adam Hilger, 1987.

Reichenbach H. From Copernicus to Einstein. Ralph B(trans.). New York: Dover, 1980.

Rosen W. The Most Powerful Idea in the World: A Story of Steam, Industry and Invention. Chicago: University of Chicago Press, 2012 .

Rothstein E. Emblems of Mind: The Inner Life of Music and Mathematics. Chicago: The University of Chicago Press, 2006.

Russell B. A History of Western Philosophy. New York: Simon and Schuster, Inc., 1945.

Sarkar H. Truth, problem-solving and methodology. Studies in History & Philosophy of Science, 1981, 12(1): 61-73.

Scheffler I. Science and Subjectivity. Indianapolis: Bobbs-Merrill, 1967.

Schwarzschild K. Biography of Karl Schwarzschild (1873-1916), Gesammelte Werke Collected Works. Berlin, Heidelberg: Springer Berlin Heidelberg, 1992: 1-28.

Seebeck T J. Ueber die magnetische polarisation der metalle und erze durch temperaturdifferenz. Annalen Der Physik, 1826, 82(1): 1-20.

Shamos M H. Great Experiments in Physics. New York: Holt, Rinehart and Winston, 1959.

Siegel H. Truth, problem solving and the rationality of science.Studies in History & Philosophy of Science, 1983, 14(2): 89-112.

Singh R, Virk H S. Homi J. Bhabha: Physics Nobel Prize nominee and nominator. OmniScience: A Multi-Disciplinary Journal, 2017, 7(1): 4-10.

Suppe F. The Structure of Scientific Theories. Chicago: University of Illinois Press, 1974.

Suppes P. Science and Values: The Aims of Science and Their Role in Scientific Debate. Larry Laudan. Larry Laudan. Philosophy of Science, 1986, 53(3): 449-451.

Thagard P. Computational Philosophy of Science. Cambridge: The MIT Press, 1988.

Thomas J M. Argon and the non-inert pair: rayleigh and ramsay. Angewandte Chemie International Edition, 2004, 43(47): 6418-6424.

Tichy P. On Popper's definition of verisimilitude. The British Journal for the Philosophy of Science, 1974, 25(2): 155-160.

Toulmin S. Human Understanding: The Collective Use and Evolution of Concepts. Princeton: Princeton University Press, 1972.

Venema G A. The Foundations of Geometry. 2nd ed. Upper Saddle River: Pearson Education, Inc., 2006.

Vladár I. Julius Robert Mayer and the principle of the constancy of energy. Orvosi Hetilap, 1978, 119: 478-479.

Volta A. On the electricity excited by the mere contact of conducting substances of different kinds. Proc R Soc lond, 1832: 27-29.

Watkins J. Science and Scepticism. Princeton: Princeton University Press, 1984.

Weber R J, Pekins D N. Inventive Minds: Creativity in Technology. New York: Oxford University Press, 1992.

Wrinch D, Jeffreys H. On certain fundamental principles of scientific inquiry. Philosophical Magazine, 1921, 42: 369-390.

Yang C N, Mills R. Conservation of isotopic spin and isotopic gauge invariance. Physical Review, 1954, 96(1): 191-196.

Yukawa H. On the interaction of elementary particles.Proceedings of the Physico-Mathematical Society of Japan, 1935, 17: 48-57.

Zhang Y T. Bounded gaps between primes. Annals of Mathematics, 2014, 179(3): 1121-1174.